普 通 高 等 教 育 信 息 技 术 类 系 列 教 材
西安交通大学研究生“十四五”规划精品系列教材

ARM 嵌入式系统与人工智能

王平辉　吕红强　刘　源　马　杰　编著

科 学 出 版 社
北 京

内 容 简 介

本书共分 8 章，第 1 章介绍 ARM 体系架构，包括 ARM 架构及处理器的命名规则、系列分支及 ARMv8 体系架构基础知识；第 2 章介绍基于树莓派 4B 的开发环境搭建、开发过程及调试和仿真；第 3 章介绍 ARMv8 汇编的基础知识，包括执行机制、指令集等内容；第 4 章介绍 ARM 异常与中断机制，包括 ARM 异常系统概述、进入和退出异常处理程序和中断等概念；第 5 章介绍 ARM 存储系统，包括内存管理、地址转换、缓存策略等内容；第 6 章介绍嵌入式人工智能的发展、GPU 的运行机制及人工智能芯片等相关技术；第 7 章以昇腾、鲲鹏、Harmony 为例，介绍 ARM 架构产品及其操作系统；第 8 章通过覆铜板表面缺陷检测系统介绍基于树莓派 4B 的综合案例。

本书注重内容的可读性、系统性和前瞻性，安排了大量的实验内容和分析，让学生能从 ARM 结构处理器到人工智能芯片有深入的系统的认知，培养学生将所学理论知识转化为工程实际应用的能力。本书既可作为高等院校相关工科专业的教材，也可供相关工程技术人员参考。

图书在版编目（CIP）数据

ARM 嵌入式系统与人工智能 / 王平辉等编著. —北京：科学出版社，2024.6
普通高等教育信息技术类系列教材　西安交通大学研究生“十四五”规划精品系列教材
ISBN 978-7-03-077932-8

Ⅰ. ①A…　Ⅱ. ①王…　Ⅲ. ①微处理器-系统设计-高等学校-教材
Ⅳ. ①TP332

中国国家版本馆 CIP 数据核字（2024）第 031221 号

责任编辑：吕燕新　吴超莉 / 责任校对：赵丽杰
责任印制：吕春珉 / 封面设计：东方人华平面设计部

科学出版社出版
北京东黄城根北街 16 号
邮政编码：100717
http://www.sciencep.com

天津市新科印刷有限公司印刷
科学出版社发行　各地新华书店经销
*
2024 年 6 月第　一　版　开本：787×1092　1/16
2024 年 6 月第一次印刷　印张：18 3/4
字数：468 000

定价：59.00 元

（如有印装质量问题，我社负责调换）
销售部电话 010-62136230　编辑部电话 010-62135397-2039

PREFACE

前　言

在当今世界中，计算机与控制技术已经成为现代社会和经济发展中不可或缺的一部分。无论是在工业生产、商业运作、医疗保健还是在社交娱乐等方面，计算机与控制相关技术都发挥着越来越重要的作用，嵌入式系统的发展也变得越来越重要。作为一种特殊的计算机系统，嵌入式系统通常被用于控制和监测各种机器和设备，如监测汽车、飞机、家用电器、医疗设备等。嵌入式系统需要具备低功耗、高性能、低成本和灵活性等特点，这正是ARM 体系架构所擅长的领域。在嵌入式系统领域中，ARM 体系架构已经成为一种主流的选择，并且在全球范围内得到了广泛的应用和推广。

党的二十大报告强调，构建新一代信息技术、人工智能等一批新的增长引擎。随着人工智能和嵌入式系统等信息化技术在各行业的普及，面向嵌入式系统的人工智能和网络安全技术的研发成为学术界和产业界关注的热点，国内领衔学者包括北京理工大学的王越院士、中国航天科技集团公司的沈绪榜院士、西安交通大学的管晓宏院士和郑南宁院士等。本书以此为背景，面向工科专业所开设的计算机与控制技术课程，所关注的问题包括如何培养学生理解、熟悉和利用计算机软硬件技术解决学科中的实际工程问题的能力。自 20 世纪 80 年代以来，微型计算机技术迅猛发展，迫切需要工科学生在理论和实践方面进行深度融合；且各类工程设备（装置）开始广泛应用计算机系统作为控制系统核心，这就令学习“ARM 嵌入式系统与人工智能”课程成为众多工科专业的“刚需”。

作为一本专门针对 ARM 体系架构的教材，本书不仅注重理论知识的讲解，还融入实践教学和案例分析。在本书中，我们通过一系列实例代码和实际应用案例，向读者介绍如何使用 ARM 汇编语言进行嵌入式系统的开发和编程。这些示例代码和应用案例不仅可以帮助读者更好地理解 ARM 体系架构的相关知识和技能，还可以提高读者的实际应用能力和解决问题的能力。

除了讲述 ARM 体系架构的相关知识和技能之外，本书还介绍了一些国产 ARM 处理器和操作系统的相关内容，如昇腾、鲲鹏、Harmony 操作系统等。这些内容展示了中国在 ARM 体系架构相关领域的一些成果和进展，并且为读者提供了更多的了解和学习的机会。同时，本书还介绍了嵌入式人工智能和基于深度学习的图像分类系统的内容，这些内容也是当今行业领域中最具前沿性和挑战性的方向。

总体而言，本书是一本价值和实用性较高的教材，不仅可以帮助读者深入了解 ARM 体系架构的相关知识和技能，还可以提高读者的实际应用能力和解决问题的能力。我们深信，通过不断学习和实践，读者可以更好地应对未来的挑战和机遇，并且为嵌入式系统的发展做出更大贡献。

本书第 1～3 章由吕红强撰写，第 4、5、8 章由刘源撰写，第 6～7 章由王平辉撰写；本书涉及的实例程序由刘源与马杰校对。本书大纲拟定、组织编写工作由王平辉负责。在撰写过程中，参考了大量书籍和文献，在此对相关作者表示衷心感谢。

由于编者水平有限，书中难免存在不妥之处，恳请广大读者提出宝贵意见和建议。

CONTENTS

目　录

第1章 ARM体系架构

1.1 ARM架构介绍

1.1.1 ARM架构发展史

处理器架构是由处理器厂商为属于同一系列的处理器产品制定的标准规范，用来区分不同类型的处理器。目前，主流的通用处理器架构有PowerPC（performance optimization with enhanced RISC-performance computing，PPC）、x86、MIPS（microprocessor without interlocked pipeline stages，无内部互锁流水级微处理器）、RISC-V和ARM等。

PowerPC是一种精简指令集（reduced instruction set computer，RISC）架构的中央处理器（central processing unit，CPU），基本设计源自IBM（国际商用机器）公司的POWER（performance optimized with enhanced RISC）。20世纪90年代，IBM公司、Apple（苹果）公司和Motorola（摩托罗拉）公司联合开发了PowerPC芯片，并制造了基于PowerPC的多处理器计算机。PowerPC架构的特点是可伸缩性好、方便灵活。第一代PowerPC采用0.6μm制程，晶体管集成的单芯片约为280万个。

1978年6月8日，Intel（英特尔）公司发布了16位微处理器8086，同时也开创了一个新时代：x86架构诞生了。x86指的是特定微处理器执行的一些计算机语言指令集，定义了芯片的基本使用规则。在随后的发展中，x86家族不断壮大，应用也从台式计算机延伸到笔记本计算机、服务器、超级计算机、便携设备。

MIPS架构是一种采取精简指令集的处理器架构，1981年由MIPS科技公司开发并授权，是一种基于固定长度的定期编码指令集，采用导入/存储（load/store）数据模型。经改进，这种架构可以支持高级语言的优化执行。它的算术和逻辑运算采用3个操作数的形式，允许编译器优化复杂的表达式。如今基于该架构的芯片被广泛应用于各种电子产品、网络设备、个人娱乐装置与商业装置。

RISC-V架构是基于精简指令集计算原理建立的开放指令集架构（instruction set architecture，ISA），RISC-V是在指令集不断发展和成熟的基础上建立的全新指令。RISC-V指令集因完全开源、设计简单、易于移植到UNIX操作系统、模块化设计、工具链完整，并且拥有大量的开源实现和流片案例，所以得到很多芯片公司的认可。RISC-V架构的起步相对较晚，但发展很快。它可以根据具体场景选择适合指令集的指令集架构。基于 RISC-V 指令集架构可以设计服务器 CPU、家用电器 CPU、工控 CPU 等。

ARM 公司于 1990 年 11 月成立于英国剑桥，全名为 Advanced RISC Machines，是由 Acorn 计算机公司、Apple 公司和 VLSI 科技公司共同组建的合资公司。ARM 公司是全球领先的半导体知识产权提供商。全球超过 90%的移动设备内部都使用了 ARM 架构的处理器。

1985 年，ARM1 处理器 Acorn RISC Machine 面世，只有不到 25000 个晶体管。

1986 年，ARM2 发布，作为 ARM 处理器的第一个生产版本，只有 30000 个晶体管。其指令集在 ARM1 的基础上进行了改进，增加了对 32 位乘法指令和协处理器指令的支持。

1994 年，ARM 提出创建一个 ARM 指令集的子集，即 Thumb 指令集，每条指令只需要 16 位，将代码密度提高了约 35%，并将 32 位处理器占用的内存降到与 16 位微控制器相当的大小。Thumb 使得 ARM 在智能终端（如智能手机）领域具备一定的竞争力。

ARM9 和 ARM11 系列的后续发展通过引入多处理、单指令多数据（single instruction multiple data，SIMD）多媒体指令、数字信号处理（digital signal processing，DSP）功能、Java 加速等，使 ARM 架构的能力得到进一步的拓展。

2005 年，ARM 架构系列出现分支，其被分为 3 个系列，分别为 A（application，应用）系列、R（real-time，实时）系列、M（microcontroller，微控制器）系列，分别侧重于高性能处理器、高实时性处理器和微控制器。

2008 年，ARM 发布多核处理器 Cortex-A9 MPCore，可以在非必要时由高性能模式切换成性能较低的低功耗模式，适应了当时蓬勃发展的智能手机行业对微处理器的性能需求，即保证用户体验的同时延长待机时间。

2011 年，ARM 推出 ARMv8-A 架构，引入 64 位处理器，这一变革使得 ARM 处理器能够在高性能计算领域中与 x86 架构竞争。此外，ARMv8-A 架构还提供了对 32 位指令集的兼容，从而保留了对原有应用程序的支持。

同年，ARM 发布 Big.LITTLE 架构，该架构允许系统在高性能和低功耗模式之间动态切换，旨在提供更好的平衡，以满足不同用途的设备需求，从而延长电池寿命。

2021 年，ARM 推出 ARMv9-A 架构。该架构引入一系列新特性，包括更高的安全性和更强大的机密计算架构（confidential compute architecture，CCA），提升了 ARM 在服务器和云计算领域的竞争力。这使得 ARM 架构在云计算领域崭露头角，一些云服务提供商开始采用 ARM 服务器来提供更高的性能和能效，以降低能源消耗和运营成本。

现今，ARM 架构已在移动设备、物联网（internet of things，IoT）、嵌入式系统和自动驾驶等领域广泛应用。它在低功耗、高性能和节能等方面的特性使得其在这些领域备受欢迎。

图 1.1 展示了 ARM 架构的发展。

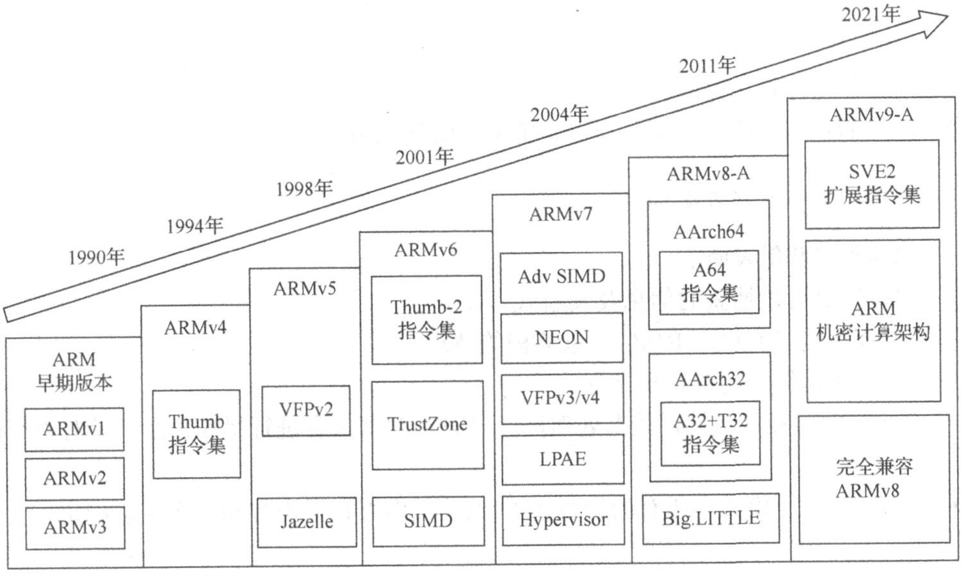

图 1.1 ARM 架构的发展

1.1.2 ARM 规范

ARM 采用 RISC 体系架构，是世界上使用最普遍的一种处理器架构[1]。ARM 架构指定了一组规则，这些规则规定了执行特定指令时硬件的工作方式。它是硬件和软件之间的契约，定义了它们如何交互。当编写软件以符合 ARM 规范时，软件在任何基于 ARM 的处理器或芯片组上都将以相同的方式执行。

ARM 架构指定了以下内容。

1. 指令集

1）每条指令的功能。
2）该指令在内存中的表示方式（如何编码）。

2. 寄存器组

1）寄存器的数量。
2）寄存器的大小。
3）寄存器的功能。
4）寄存器的初始状态。

3. 异常模型

1）不同等级的特权。
2）异常的类型。
3）进入和退出异常时会发生什么。

4. 内存模型

1）内存如何被有序访问。
2）缓存的行为、软件必须执行显式维护的时间和方式。

5. 调试、跟踪和分析方式

1）如何设置和触发断点。
2）跟踪工具可以捕获的信息及其格式。
3）ARM 架构具有以下 RISC 体系架构的特点。

- 一个大而统一的寄存器文件。
- 一个加载/存储架构，数据处理操作只对寄存器内容进行操作，而不是对内存内容进行操作。
- 简单的寻址模式，所有的加载/存储地址仅由寄存器内容和指令字段确定。

1.2 ARM 架构及处理器命名规则

ARM 版本分为两种，一种是 ARM 架构版本，另一种是 ARM 处理器版本[2]。

1.2.1 ARM 架构命名规则

ARM 架构命名格式如下。

```
ARMv{n}{variants}{x(variants)}
```

上述命名格式分为 4 个组成部分，分别说明如下。

- ARMv：固定字符，即 ARM 版本。
- n：指令集版本号，迄今为止，ARM 架构版本共发布了 9 个系列，因此 n={1:9}。
- variants：变种，常见的有 T（Thumb 指令集）、M（长乘法指令）、E（增强型 DSP 指令）、J（Java 加速器，Jazelle）、SIMD（ARM 媒体功能扩展）等。
- x(variants)：排除 x 后指定的变种。

例如，ARMv6TxM 表示 ARM 指令集版本为 6，支持 T 变种，不支持 M 变种。

1.2.2 ARM 处理器命名规则

1. ARMv3～ARMv6 时期

ARM 处理器命名格式如下。

```
ARM{x}{y}{z}{T}{D}{M}{I}{E}{J}{F}{-S}
```

上述命名格式说明如下。

- x：处理器系列。
- y：存储管理/保护单元。

- z：Cache 数量。
- T：支持 Thumb 指令集。
- D：支持片上调试。
- M：支持快速乘法器。
- I：支持嵌入式跟踪调试。
- E：支持增强型 DSP 指令。
- J：支持 Jazelle。
- F：具备向量浮点（vector floating point，VFP）单元。
- -S：可综合版本。

例如，ARM920T 表示 CPU 属于 ARM9 系列，拥有 2 个存储管理/保护单元，0 个 Cache，支持 Thumb 指令集。

2. ARMv7 及以后版本

在 ARMv7 以后，ARM 公司舍弃了之前冗长的命名方法，统一用 Cortex 作为主名。表 1.1 列出了 ARM 架构版本及其对应的处理器。

表 1.1　ARM 架构版本及其对应的处理器

ARM 架构版本	处理器
ARMv1	ARM1
ARMv2	ARM2、ARM3
ARMv3	ARM6、ARM7
ARMv4	StrongARM、ARM7TDMI、ARM9TDMI、ARM940T、ARM920T
ARMv5	ARM7EJ、ARM9E-S、ARM966E-S、ARM10E、ARM1020E、ARM1022E、XScale
ARMv6	ARM1136J(F)-S、ARM1156T2(F)-S、ARM1176JZ(F)-S、ARM11 MPCore
ARMv7	Cortex-M3、Cortex-M4、Cortex-M7、Cortex-M23、Cortex-M33、Cortex-R4、Cortex-R5、Cortex-R7、Cortex-R8、Cortex-A5、Cortex-A8、Cortex-A9、Cortex-A15
ARMv8	Cortex-M55、Cortex-R52、Cortex-A35、Cortex-A53、Cortex-A57、Cortex-A72、Cortex-A73、Cortex-A55、Cortex-A75
ARMv9	Cortex-X2、Cortex-A710、Cortex-A510

1.3　ARM 架构系列分支

ARM 处理器在 ARM11 后采用 Cortex 命名，并根据不同的性能与应用场景分为 A、R、M 系列[3]。

1.3.1　A 系列

A 系列定义了一种针对高性能处理器的架构，支持基于内存管理单元（memory management unit，MMU）的虚拟内存系统架构，因此能够运行功能齐全的操作系统，支持 ARM（A64、A32）和 Thumb（T32）指令集，是能效最高的处理器。A 系列应用于智能手机、笔记本计算机、数字电视、家用网络等产品。

A 系列代表性处理器有以下几种。

1）Cortex-A53：使用较广泛的中端处理器，性能和功耗相平衡。

- 提供 ARM 灵活访问。
- 高单线程和浮点单元（float point unit，FPU）/嵌入式运算加速器 NEON（ARM advanced SIMD）性能的选择。
- 支持汽车和网络等广泛的应用。
- 部署较广泛的 64 位 ARMv8-A 处理器。

2）Cortex-A73：高性能、高能效的 CPU。

- 与前代产品相比，电源效率提高了 30%。
- ARMv8-A 系列中最小的处理器。
- 专为移动和消费类应用而设计。

1.3.2 R 系列

R 系列定义了一种针对确定性时序和低中断延迟的体系结构。该系列不支持虚拟内存系统，使用简单的内存保护单元（memory protection unit，MPU）保护内存区域，支持 A32 和 T32 指令集，主要应用于医疗设备、工业控制系统、汽车制动系统动力传输、大容量存储控制器、打印机等[4]。

R 系列代表性处理器有以下几种。

1）Cortex-R4：小尺寸实时处理器。

- 提供卓越的功耗效率和成本效益。
- 通过异常管理提供高可靠性。
- 专为需要高性能、实时、安全和经济高效处理的应用而设计，多用于汽车和相机等。

2）Cortex-R82：高性能实时处理器。

- 为复杂的应用程序提供高效、高性能的运算服务。
- 支持用于机器学习加速的 ARM NEON 技术。
- 具有内存管理单元，可在同一内核上启用实时和丰富的操作系统，如 Linux。
- 多用于计算存储、5G 调制解调器等。

1.3.3 M 系列

M 系列定义了一种针对低成本系统的架构，实现了为低延迟中断处理而设计的程序员模型，具有寄存器硬件堆栈，并支持用高级语言编写中断处理程序。M 系列使用了与其他系列不同的异常处理模型，仅支持 Thumb 指令集的变体，常应用于微控制器、混合信号设备、智能传感器、汽车电子设备和安全气囊等。

M 系列代表性处理器有以下几种。

1）Cortex-M4：高性能的嵌入式处理器，旨在满足需要高效、易于使用的控制和信号处理功能的数字信号控制市场。

- 集成数字信号处理器（digital signal processor，DSP）简化了系统设计。

- 微控制器的基本特性使其成为工业应用的理想选择。
- 部署最广泛的 Cortex-M 系列处理器，具有广泛的生态系统。

2）Cortex-M55：首款采用 ARM Helium 矢量处理技术的处理器，支持人工智能（artificial intelligence，AI）功能。

- 为 Cortex-M 提供高效的机器学习和 DSP 性能。
- 通过易于使用的 Cortex-M、单一工具链、优化的软件库和行业领先的嵌入式生态系统，简化物联网的 AI 实施。

1.3.4　SC 系列

除上述三大系列外，ARM 架构还有一个主推安全的 Cortex-SC（secure core）系列，主要用于政府安全芯片、支付、SIM 卡等。

Cortex-SC 系列代表性处理器有以下几种。

1）SC300：具有低动态功耗的高性能处理器。

- 将 Cortex-M3 处理器的性能优势与增强的安全功能相结合。
- 可应对侧信道攻击和故障注入，主要用于防篡改智能卡。

2）SC000：主要用于大容量智能卡和嵌入式安全系统。

- 将 Cortex-M0 处理器的性能优势与增强的安全功能相结合。
- 具备广泛的嵌入式工具、软件和知识库生态系统，兼容 SC300 处理器。

1.4　ARMv8 体系架构基础知识

ARMv8-A 于 2001 年发布[5]，是 ARM 架构的第一个 64 位版本，如今，基于 ARMv8-A 的处理器已经被部署到从手机到超级计算机等多种设备中。ARMv8-A 具备 64 位寄存器操作能力，同时保持了与现有软件的向后兼容性。

ARMv8-A 架构新增特性介绍如下。

- 更大的物理地址，使得处理器能够访问超过 4GB 的物理内存。
- 64 位虚拟寻址，使得虚拟内存可以突破 4GB 的限制，这对使用内存映射文件 I/O 或稀疏寻址的桌面和服务器软件来说非常重要。
- 自动事件信号，可以实现节能、高性能的自旋锁。
- 更丰富的寄存器硬件资源，31 个 64 位通用寄存器减少了对堆栈的使用，提高了性能。
- 较大的个人计算机（personal computer，PC）相对寻址范围，一个±4GB 的寻址范围，可在共享库和位置无关的可执行程序中进行大范围寻址；额外的 16KB 和 64KB 页面，降低了快表（translation lookaside buffer，TLB）的未命中率。
- 新的异常模型，降低了操作系统和虚拟化软件的复杂性。
- 高效的缓存管理，用户空间缓存操作提高了动态代码的生成效率。
- 增加了专为 C++11、C11 和 Java 内存模型设计的加载/获取、存储/释放指令，通过消除显式的内存屏障指令来改进线程安全代码性能。

1.4.1 硬件资源

ARMv8 架构的典型处理器包括 Cortex-A53、Cortex-A57、Cortex-A72 等。Cortex-A72 是一款高性能、低功耗的处理器，完整实现了 ARMv8 架构，在单个处理器设备中有 1～4 个核心，核心频率最高可达 2.5GHz，具有 L1 和 L2 缓存子系统[6]。

1. 总线

Cortex-A72 采用先进的微控制器总线架构（advanced microcontroller bus architecture，AMBA），并支持以下协议。

- AMBA 4 高级可扩展接口（advanced eXtensible interface，AXI）协议，用于加速器一致性端口（accelerator coherency port，ACP）。
- AMBA4 AXI 一致性扩展（AXI coherency extensions，ACE）协议。
- AMBA3 高级外围总线（advanced peripheral bus，APB）协议。
- AMBA3 高级跟踪总线（advanced trace bus，ATB）协议。

2. 接口

Cortex-A72 具有以下外部接口。

- 实现 ACE 或相干集线器接口（coherent hub interface，CHI）的内存接口。ACE 是高级可扩展接口协议的扩展，支持硬件缓存一致性、分布式虚拟内存消息传递和管理虚拟内存系统；CHI 是一种协议，提供了一种使用可伸缩互连连接多个节点的体系结构，互连上的节点可能是核心、核心集群、I/O 桥接器、内存控制器或图形处理器。
- 可选加速器一致性接口，支持对 Cortex-A72 处理器内存系统的内存一致性访问。
- 可选的通用中断控制器（generic interrupt controller，GIC）接口。
- APB 从设备接口，支持对调试寄存器的访问。
- ATB 接口，输出用于调试的跟踪信息。
- 处理器性能监视器，为每个核心提供中断输出和事件接口。
- 通用定时器接口，处理器有一个全局定时器输入，每个核心有 4 个定时器中断输出。
- 交叉触发接口（cross trigger interface，CTI），这个外部接口通过简化的交叉触发矩阵（cross trigger matrix，CTM），与每个核心对应的交叉触发接口相连。
- 电源管理接口。

3. 缓存

Cortex-A72 的每个内核中都有 L1 指令缓存和数据缓存，以及多个内核之间共享的 L2 缓存。

L1 指令缓存具有以下特点。

- 48KB，3 路关联指令存储。
- 固定行长度为 64B，每 16 位具有奇偶校验保护，指令缓存每 16 位指令数据实现一个奇偶校验位。

- L1 指令缓存每次最多可提取 128 位，具体取决于对齐方式。
- L1 指令缓存在软件中显示为物理标记、物理索引的阵列，仅当将新数据写入指令地址时，才需要刷新指令缓存。
- 系统控制寄存器（system control register，SCTLR）的 I 位启用或禁用 L1 指令缓存。如果禁用 I 位，则读取将无法访问任何指令缓存数组。

图 1.2 显示了一个四核 Cortex-A72 处理器配置的示例框图。

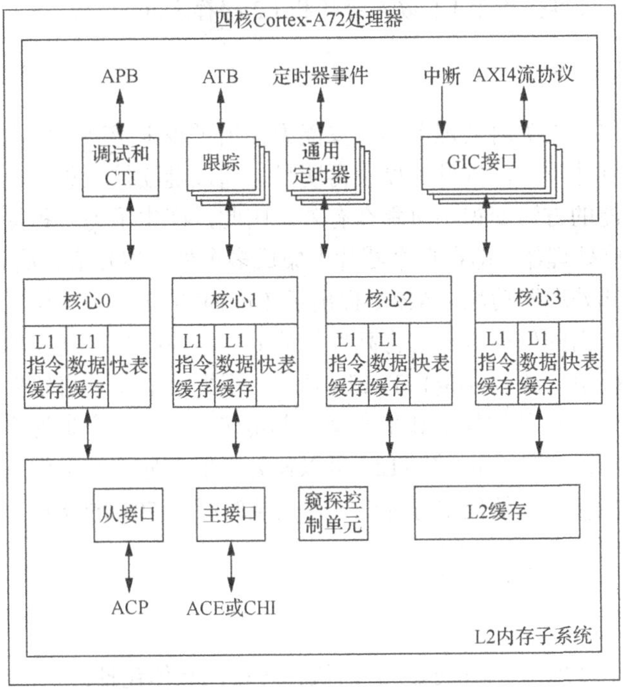

图 1.2　四核 Cortex-A72 处理器配置

L1 数据缓存具有以下特点。

- 32KB，双向设置关联数据存储。
- 固定行长度为 64B，每 32 位具有纠错码（error correction code，ECC）保护。
- L1 数据缓存实现了修改、独占、共享、无效（modified，exclusive，shared，invalid，MESI）协议，保证了缓存的一致性。
- L1 数据缓存的启用和禁用由 CP15 系统控制寄存器的 C 位控制，当数据缓存被禁用时，不会因为来自该处理器的数据请求而向 L1 数据缓存和 L2 缓存分配新的缓存行。

L2 高速缓存具有以下特点。

- L2 高速缓存是可配置大小的 16 路集合关联，支持物理寻址。缓存可配置为 512KB、1MB、2MB 和 4MB。
- L2 高速缓存在每个高速缓存行中包含一个脏位，对高速缓存行的写入会导致该行从 L2 高速缓存中移出，之后该行被写回内存。
- L2 高速缓存被划分为多个库，以实现并行操作。

- SCTLR 的 C 位启用或禁用 L2 高速缓存。当启用 SCTLR 的 C 位时，将启用 L2 高速缓存。
- L2 高速缓存在大多数内存中支持可选的 ECC 保护，对于导致 L2 高速缓存命中的核心指令和数据访问，数据阵列上检测到单位错误，L2 内存系统支持串联 ECC 校正。
- 处理器 SCU 使用 MESI 和 MOESI［modified，owned（被占用），exclusive，shared，invalid］协议维护单个 L1 数据缓存和 L2 缓存之间的一致性。

4. Big.LITTLE 技术

随着科技的发展，人类对处理器的计算能力提出了越来越高的需求。如今，单核处理器的性能已经基本到达顶点，提升速度不再明显，通过继续扩大集成电路的规模和增加工艺来提高处理器性能的方法变得不再那么有效。因此，产生了另一种提升计算机系统计算能力的手段——多核处理器，即在单个芯片上集成多个处理器核心，从而成倍地提升性能。

为了进一步降低处理器功耗，ARM 提出了 Big.LITTLE（大小核）技术。该技术旨在为适当的作业分配恰当的处理器。它将高性能的处理器核心与最高能效的处理器核心结合到一个处理器子系统中，通过 Big.LITTLE 处理，根据性能要求将软件工作负载动态、瞬间迁移至适当的 CPU。这种软件负载平衡操作非常快，对于用户来说完全是无缝的。通过为每项任务选择最佳处理器，Big.LITTLE 可以使处理器在处理低工作负载和后台任务时减少 70%甚至更多的能耗，在处理中等强度工作负载时减少 50%的能耗，同时仍能提供高性能内核的峰值性能。

1.4.2 执行状态

执行状态定义了处理器（processor）的执行环境，具体包括：

- 支持的寄存器位宽。
- 支持的指令集。
- 异常模型、虚拟内存系统架构、程序员模型等重要方面。

ARMv8-A 提供了两种执行状态，分别为 32 位执行状态 AArch32 和 64 位执行状态 AArch64[7]。

AArch32 是 32 位执行状态，地址保存在 32 位寄存器中，基本指令集中的指令使用 32 位寄存器进行处理，支持 T32 和 A32 指令集。AArch32 执行状态与 ARMv7-A 架构兼容，并增强了配置文件以支持 AArch64 执行中包含的某些功能。

AArch32 执行状态具有以下特点。

- 提供 13 个 32 位通用寄存器、1 个 32 位的程序计数器（program counter，PC）、堆栈指针（stack pointer，SP）和链接寄存器（link register，LR），LR 被用作异常链接寄存器（exception link register，ELR）和过程链接寄存器。
- 提供单个 ELR，用于从超级监控（hypervisor，HYP）模式返回异常。
- 提供 32 个 64 位寄存器，支持高级 SIMD 矢量和标量浮点运算。
- 支持基于处理器模式的 ARMv7-A 异常模型，并将其映射到基于异常等级（exception level，EL）的 ARMv8 异常模型。

- 支持 32 位虚拟寻址。
- 支持 A32 和 T32 指令集。
- 定义了保持处理器状态的进程状态（process state，PSTATE）元素，A32 和 T32 指令集中包括直接对各种 PSTATE 元素进行操作的指令，以及使用应用程序状态寄存器（application program status register，APSR）或当前程序状态寄存器（current program status register，CPSR）访问 PSTATE 的指令。

AArch64 是 64 位执行状态，地址保存在 64 位寄存器中，基本指令集中的指令可以使用 64 位寄存器进行处理，支持 A64 指令集[8]。

AArc64 执行状态具有以下特点。

- 提供 31 个 64 位通用寄存器，其中 X30 用作过程链接寄存器。
- 提供 64 位 PC、SP 和 ELR。
- 提供 32 个 128 位寄存器，支持高级 SIMD 矢量和标量浮点运算。
- 提供单一指令集 A64。
- 定义了 ARMv8 异常模型，最多支持 4 个异常等级，即 EL0～EL3，提供了一个执行权限层次结构。
- 支持 64 位虚拟寻址。
- 定义了保存处理器状态的 PSTATE 元素，A64 指令集中包括直接操作各种 PSTATE 元素的指令。
- 使用后缀命名每个系统寄存器，后缀表示可以访问该寄存器的最低异常等级。

1.4.3 异常等级

异常等级提供了软件执行特权的逻辑分层，适用于 ARMv8 架构的所有操作状态，类似计算机科学中常见的分层保护域的概念。在 ARMv8 中，处理器的执行发生在 4 个异常等级之一，从低到高分别为 EL0、EL1、EL2、EL3。

每个异常等级运行的典型软件举例如下。

- EL0：普通用户应用程序。
- EL1：操作系统内核程序。
- EL2：虚拟化。
- EL3：底层固件，包括安全监视器。

ARMv8-A 提供了两种安全状态：安全状态和非安全状态，又称为安全世界和普通世界。在安全状态下，处理器可以访问安全和非安全物理地址空间和寄存器；在非安全状态下，处理器只能访问非安全物理地址空间和寄存器。这使得操作系统可以与受信任的操作系统并行运行在相同的硬件上，并对某些针对软件和硬件的攻击提供保护，由安全监视器充当安全状态和非安全状态之间的移动网关。

ARMv8-A 还提供非安全状态下对虚拟化（hypervisor）的支持，可以运行虚拟机管理程序，并承载多个客户的操作系统。

图 1.3 和图 1.4 分别给出了 AArch32 和 AArch64 异常等级结构。

在 AArch32 状态下，受信任的操作系统软件在安全状态 EL3 中运行；在 AArch64 状态下，受信任的操作系统软件主要在安全状态 EL1 中运行。

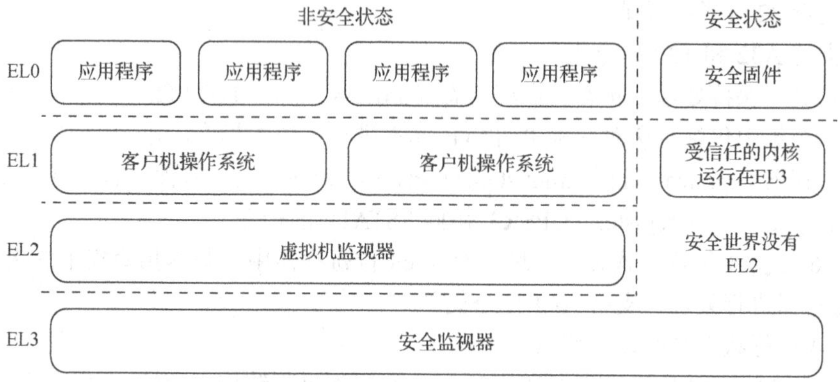

图 1.3　AArch32 异常等级结构

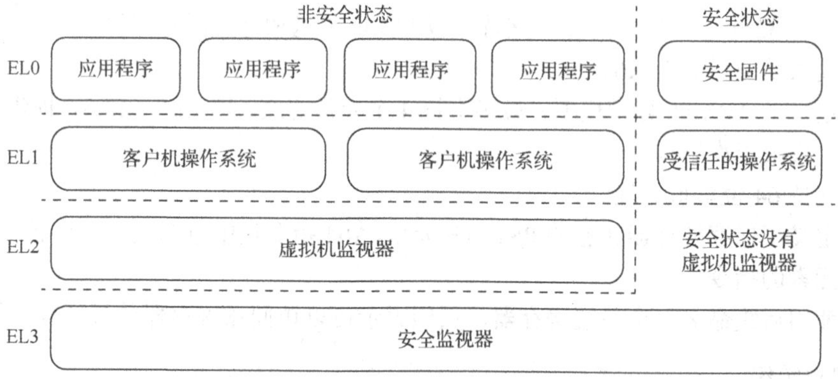

图 1.4　AArch64 异常等级结构

1. 异常等级切换

异常等级之间的切换遵循以下规则。

- 移动到更高的异常等级，如从 EL0 移动到 EL1 表示增加了软件权限。
- 在某个异常等级发生的异常不能被带入较低的异常等级。
- 在 EL0 上没有异常处理，异常必须在更高的异常等级中处理。
- 结束异常并返回到之前的异常等级通过执行 ERET 指令来实现。
- 从异常返回可以保持在相同的异常等级，也可以进入较低的异常等级。
- 安全状态会随着异常等级的改变而改变。

2. 执行状态切换

ARMv8 可以实现执行状态的切换。例如，当前正在运行 AArch64 状态，用户希望在 EL0 上运行 32 位应用程序，则系统可以切换到 AArch32 状态，当应用程序执行结束后，再切换回 AArch64 状态。

执行状态只能在异常进入或返回时更改，当从较低的异常等级移动到较高的异常等级时，执行状态可以保持不变或更改为 AArch64，当从较高的异常等级移动到较低的异常等级时，执行状态可以保持不变或更改为 AArch32。64 位操作系统内核可以同时托管 32 位和 64 位应用程序，而 32 位操作系统内核只能托管 32 位应用程序，如图 1.5 所示。

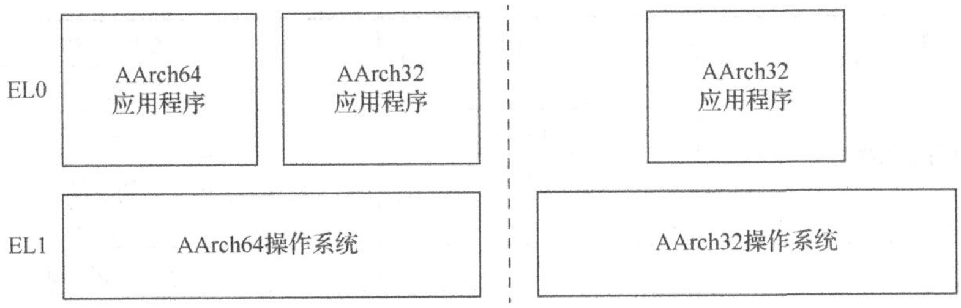

图 1.5　32 位和 64 位操作系统内核支持托管的应用程序

1.4.4　支持的数据类型

1. 基本数据类型

基本数据类型是在程序执行期间由处理器操作的基本数据单元。AArch32 和 AArch64 执行状态支持从 8 位（1B）到 128 位（16B）的基本数据类型。表 1.2 展示了 AArch32 和 AArch64 基本数据类型及典型应用。

表 1.2　AArch32 和 AArch64 基本数据类型及典型应用

数据类型	位数	典型应用
字节	8	字符 字节整数
半字	16	半字整数 半精度浮点数
字	32	宽字符 字整数 单精度浮点数
双字	64	双字整数 双精度浮点数 压缩整数 压缩半精度浮点数 压缩单精度浮点数
四字	128	四字整数 压缩整数 压缩半精度浮点数 压缩单精度浮点数 压缩双精度浮点数

2. 数值数据类型

数值数据类型是基本标量值，如整数或浮点数。表 1.3 列出了数值数据类型及其相应的 C/C++类型。

表 1.3　数值数据类型及其相应的 C/C++类型

类型	位数	C/C++类型
有符号整数	8	char
	16	short
	32	int, long
	64	long long
无符号整数	8	unsigned char
	16	unsigned short
	32	unsigned int, unsigned long
	64	unsigned long long
浮点数	16	n/a
	32	float
	64	double

计算机浮点数表示思想基于科学记数法，浮点数编码分为三部分，包括符号位（symbol bit，S）、指数（exponent）、尾数（fraction）。例如，1.234×10^2，指数为 2，基数为 10，尾数为 1.234，而在计算机中，浮点数以 2 为基数来表示，因此只需记录符号位、指数和尾数。

ARMv8 架构支持以下浮点型数据。

- 半精度：16 位。半精度浮点数编码如图 1.6 所示。

图 1.6　半精度浮点数编码

- 单精度：32 位。单精度浮点数编码如图 1.7 所示。

图 1.7　单精度浮点数编码

- 双精度：64 位。双精度浮点数编码如图 1.8 所示。

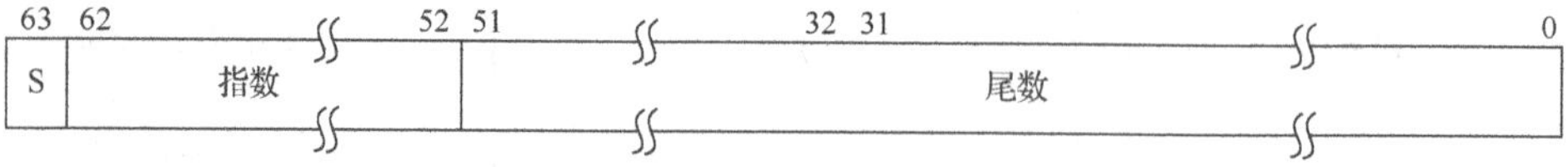

图 1.8　双精度浮点数编码

- 其他：16 位浮点数编码如图 1.9 所示。

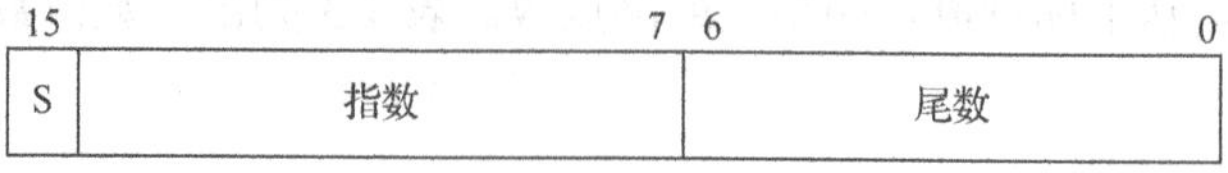

图 1.9　16 位浮点数编码

1.4.5　寄存器

在 ARM 架构的计算机中，CPU 并不直接操作内存中的数据，而是将它加载到寄存器中，然后在寄存器中执行数据处理操作。寄存器是 CPU 电路的一部分，拥有非常高的读写速度，允许即时访问。

1. 通用寄存器

AArch32 执行状态提供 16×32 位的通用寄存器，AArch64 执行状态提供 31 个 64 位的通用寄存器，可在所有时间和所有异常级别访问，它们通常被称为寄存器 X0～X30，如图 1.10 所示。

32 位 W 寄存器构成相应 64 位 X 寄存器的下半部分。即 W0 映射到 X0 的下位词，W1 映射到 X1 的下位词。从 W 寄存器读取会忽略相应 X 寄存器的高 32 位并保持它们不变。写入 W 寄存器会将 X 寄存器的高 32 位设置为 0，如图 1.11 所示。也就是说，向 W0 写入 0xFFFFFFFF 会将 X0 设置为 0x00000000FFFFFFFF。

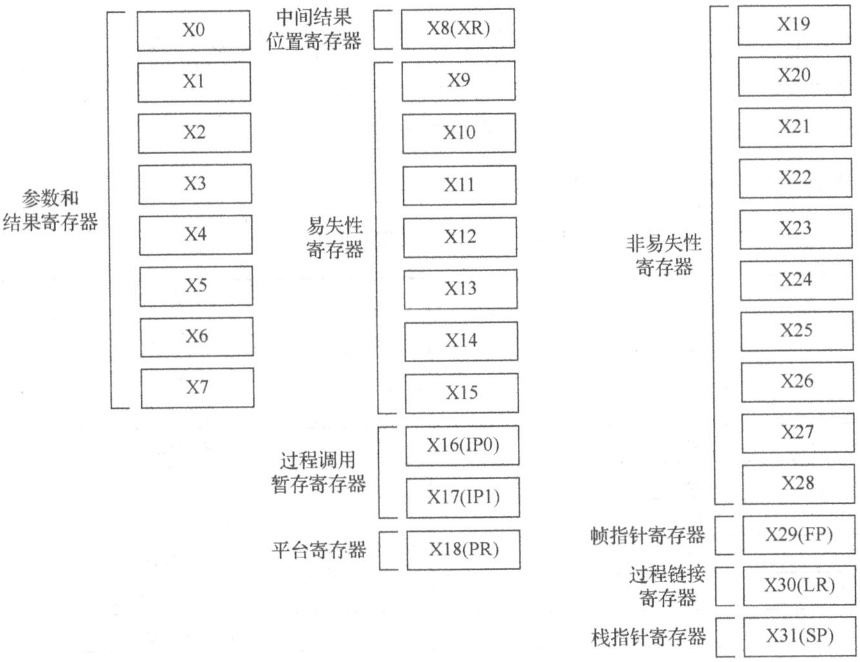

图 1.10　通用寄存器分类

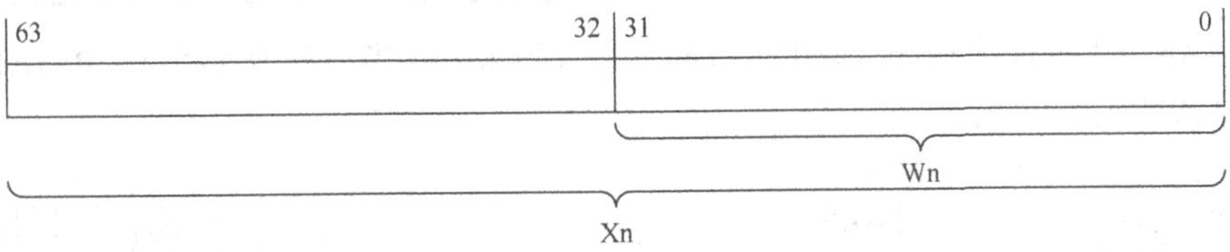

图 1.11　64 位通用寄存器和低 32 位数据

2. 程序状态寄存器

在 AArch32 执行状态下，当前程序状态寄存器（CPSR）可以在任何处理器模式下被访问。它包含了条件标志位、中断禁止位、当前处理器模式标志及其他的一些控制和状态位[9]。

ARM 体系结构包含 1 个 CPSR 和 5 个程序状态保存寄存器（saved program status register，SPSR）。每一种处理器模式下都有一个专用的物理状态寄存器，即 SPSR。当特定的异常中断发生时，这个寄存器用于存放当前程序状态寄存器的内容。在异常中断程序退出时，可以用 SPSR 中保存的值来恢复 CPSR。由于用户模式和系统模式不是异常中断模式，因此它们没有 SPSR。当在用户模式或系统模式中访问 SPSR 时，会产生不可预知的结果。SPSR 格式与 CPSR 格式相同，使用 MSR 和 MRS 指令来设置和读取这些寄存器。

SPSR 用来进行异常处理，其功能包括：

- 保存算术逻辑部件（arithmetic and logic unit，ALU）中的当前操作信息。
- 控制允许和禁止中断。
- 设置处理器的运行模式。

CPSR 编码格式如图 1.12 所示。

31	30	29	28	22	21	20	19　10	9	8	7	6	5	4	0
N	Z	C	V		SS	IL		D	A	I	F		M	M[3:0]

图 1.12　CPSR 编码格式

CPSR 各字段的意义如表 1.4 所示。

表 1.4　CPSR 各字段的意义

字段	意义
N	负数标志位
Z	零标志位
C	进位标志位
V	溢出标志位
SS	软件单步位
IL	非法执行状态位
D	调试屏蔽位
A	错误中断屏蔽位
I	IRQ 中断屏蔽位
F	FIQ 中断屏蔽位
M[4]	异常的执行状态，0 表示 AArch64
M[3:0]	异常来源的异常等级

在 AArch64 执行状态下，使用 PSTATE 寄存器来表示当前处理器状态。PSTATE 寄存器编码格式如图 1.13 所示。

31	30	29	28		23	22	21	20	19　10	9	8	7	6	5	4	3　2	1	0
N	Z	C	V		UAO	PAN	SS	IL		D	A	I	F		0	EL		SP

图 1.13　PSTATE 寄存器编码格式

PSTATE 寄存器各字段的意义如表 1.5 所示。

表 1.5　PSTATE 寄存器各字段的意义

分组	字段名称	意义
状态标志	N	负数标志位
	Z	零标志位
	C	进位标志位
	V	溢出标志位
异常屏蔽位	D	调试屏蔽位
	A	错误中断屏蔽位
	I	IRQ 中断屏蔽位
	F	FIQ 中断屏蔽位
执行状态控制	SS	软件单步位
	IL	非法执行状态位
	EL	当前异常等级字段 0～3 分别表示异常等级 EL0～EL3
	nRW	当前执行状态位 0：当前执行状态为 AArch64 1：当前执行状态为 AArch32
	SP	堆栈指针寄存器选择位
访问权限	PAN	特权模式禁止访问位 0：在 EL1 或者 EL2 访问属于 EL0 的虚拟地址时会触发一个访问权限错误 1：不支持该功能，需要软件来模拟
	UAO	用户访问覆盖标志位 1：当运行在 EL1 或者 EL2 时，没有特权的加载存储指令可以和有特权的加载存储指令一样访问内存，如 LDTR 指令 0：不支持该功能

在 AArch64 中，通过执行 ERET 指令从异常中返回，这会导致 SPSR_ELn 被复制到 PSTATE，以恢复 ALU 标志、执行状态、异常等级和处理器分支。PSTATE 中{N, Z, C, V}字段可以在 EL0 访问，所有其他字段可以在 EL1 或更高的等级访问，并且在 EL0 中是未定义的。

3. 特殊寄存器

图 1.14 展示了 ARM 架构中的特殊寄存器。

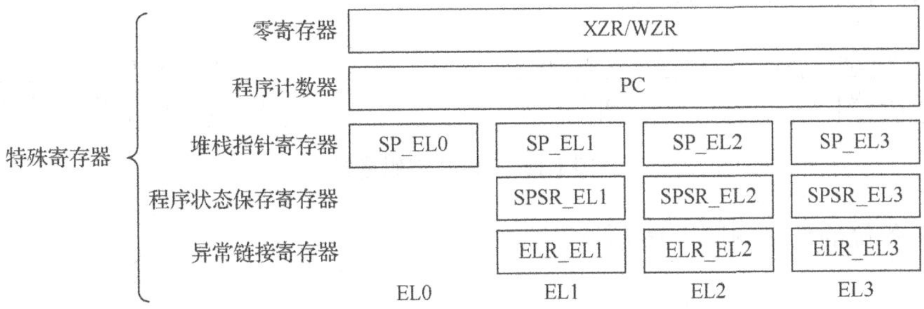

图 1.14　特殊寄存器

（1）零寄存器（XZR/WZR）

当用作源寄存器时，零寄存器读取为零；当用作目标寄存器时，零寄存器丢弃结果。在大多数指令中可以使用零寄存器。XZR 为 64 位零寄存器，WZR 为 32 位零寄存器。

（2）程序计数器（PC）

程序计数器（PC）用来存储指向下一条指令的地址。在原始的 ARMv7 指令集中，将 PC 作为通用寄存器，使得 PC 能够实现一些巧妙的编程技巧，但这也为编译器和复杂管道的设计带来了复杂性。ARMv8 取消了对 PC 寄存器直接访问的支持，PC 永远不能以寄存器名称的形式访问，它的使用隐含在某些指令中，如相对于 PC 的加载和地址生成。不能将 PC 设定为数据处理指令或加载指令的目标。

（3）堆栈指针寄存器（SP）

在 ARMv8 体系结构中，要使用的堆栈指针的选择在某种程度上与异常等级分离。默认情况下，接收异常会选择目标异常等级 SP_ELn 的堆栈指针。例如，接收 EL1 的异常将选择 SP_EL1。每个异常等级都有自己的堆栈指针 SP_EL0、SP_EL1、SP_EL2 和 SP_EL3。

当 AArch64 的异常等级不是 EL0 时，处理器可以使用以下任何一种。

- 与异常等级相关联的专用 64 位堆栈指针 SP_ELn。
- 与 EL0 关联的堆栈指针 SP_EL0。

当 AArch64 的异常等级处于 EL0 时，只能访问 SP_EL0。

栈指针寄存器不能被大多数指令引用。然而，某些形式的算数指令（如 ADD 指令）可以读写当前堆栈指针来调整函数中的堆栈指针。例如：

```
ADD SP, SP, #0X10                //将 SP 指针向前调整 0X10 字节
```

（4）程序状态保存寄存器（SPSR）

发生异常时，处理器状态存储在相关的程序状态保存寄存器中，其方式与 ARMv7 中的 CPSR 类似。SPSR 在发生异常之前保存 PSTATE 的值，用于在执行异常返回时恢复 PSTATE 的值。

SPSR 编码格式如图 1.15 所示。

31	30	29	28	22	21	20	19 10	9	8	7	6	5	4	0
N	Z	C	V		SS	IL		D	A	I	F		M	M[3:0]

图 1.15　SPSR 编码格式

SPSR 各位的意义如图 1.16 所示。

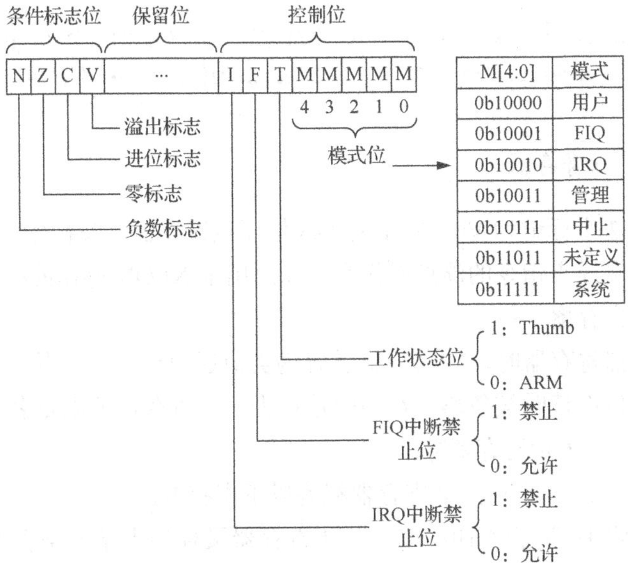

图 1.16 SPSR 各位的意义

在 ARMv8 中，写入的 SPSR 依赖于异常等级。如果在 EL1 中接收异常，则使用 SPSR_EL1；在 EL2 中接收异常，则使用 SPSR_EL2；在 EL3 中接收异常，则使用 SPSR_EL3。内核在接收异常时，会对 SPSR 进行填充。

（5）异常链接寄存器（ELR）

异常链接寄存器（ELR）用于保存异常返回的地址。

4. 系统寄存器

在 AArch64 中，系统配置通过系统寄存器控制，并使用 MSR 和 MRS 指令访问。

系统寄存器通过后缀名标识寄存器可以被访问的最低异常等级。例如：

- TTBR0_EL1 可以在 EL1、EL2、EL3 下访问。
- TTBR0_EL2 可以在 EL2 和 EL3 下访问。

以前的 ARM 体系结构使用协处理器进行系统配置。但是，AArch64 不再包含对协处理器的支持。下面为 ARMv8 支持的系统寄存器。

- 通用系统控制寄存器。
- 调试寄存器。
- 通用定时器寄存器。
- 可选性能监视寄存器。
- 可选活动监视寄存器。
- 可选可伸缩矢量扩展寄存器。

系统寄存器不能被数据处理或加载/存储指令直接使用，相反，需要将系统寄存器的内容读入一个通用寄存器，对其进行操作，然后再将其写回系统寄存器。例如：

```
MRS Xd, <system_register>        //读取系统寄存器的值至 Xd 中
MSR <system_register>, Xn        //将 Xn 的值写入系统寄存器
```

5. NEON 和浮点寄存器

ARMv8 还有 32 个标记为 V0～V31 的 128 位浮点寄存器，又称作 V 寄存器。这 32 个寄存器用于存储标量浮点指令的浮点操作数，以及用于 NEON 操作的标量和向量操作数。

（1）标量浮点寄存器

当用作标量浮点寄存器时，V 寄存器的行为类似通用整数寄存器，只有较低的位被访问，而未使用的高位在读时被忽略，在写时被设为零。寄存器的限定名称表示有效位的数量，其中 n 为 0～31，表示寄存器号。

在 AArch64 中，浮点单元将 V 寄存器视为以下寄存器。

- 32 个 16 位 H 寄存器 H0～H31。H 寄存器又称为半精度寄存器，包含半精度浮点值。
- 32 个 32 位 S 寄存器 S0～S31。S 寄存器又称为单精度寄存器，包含单精度浮点值。
- 32 个 64 位 D 寄存器 D0～D31。D 寄存器又称为双精度寄存器，包含双精度浮点值。

表 1.6 展示了不同大小浮点数的操作数名称。

表 1.6　不同大小浮点数的操作数名称

精度	位数	名称
半精度	16	Hn
单精度	32	Sn
双精度	64	Dn

不同精度的浮点数据在 V 寄存器中的排列视图如图 1.17 所示。

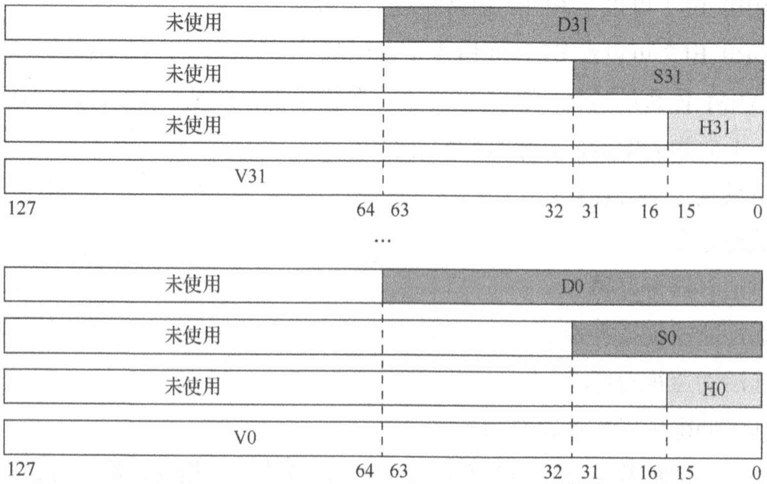

图 1.17　浮点数据在 V 寄存器中的排列视图

（2）标量整数寄存器

当用作整数标量寄存器时，数据的有效位宽从8位到128位不等，遵循低位有效原则。表1.7展示了不同大小标量操作数的名称。

表1.7 不同大小标量操作数的名称

大小	位数	名称
字节	8	Bn
半字	16	Hn
字	32	Sn
双字	64	Dn
四字	128	Qn

不同大小标量整型数据在V寄存器中的排列视图如图1.18所示。

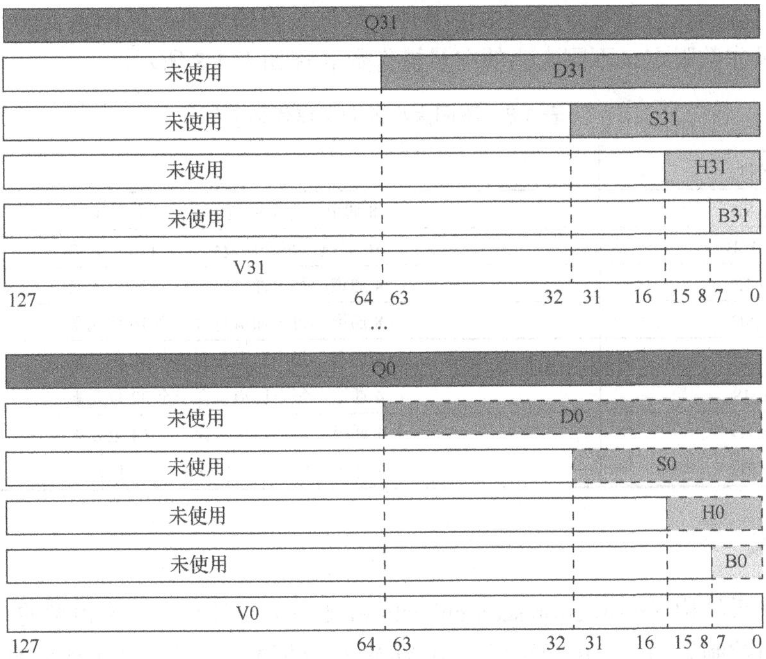

图1.18 标量整型数据在V寄存器中的排列视图

（3）向量寄存器

V寄存器可以存储相同数据类型的NEON向量元素，向量被划分为多个通道，每个通道包含一个数据值，称为元素。向量中的通道数取决于向量的大小和向量中的数据元素。

用作NEON向量寄存器时，每个V寄存器位宽可以是128位，存储两个或多个元素；也可以是64位，存储1个或多个元素。

存储向量时V寄存器的排列视图如图1.19所示。

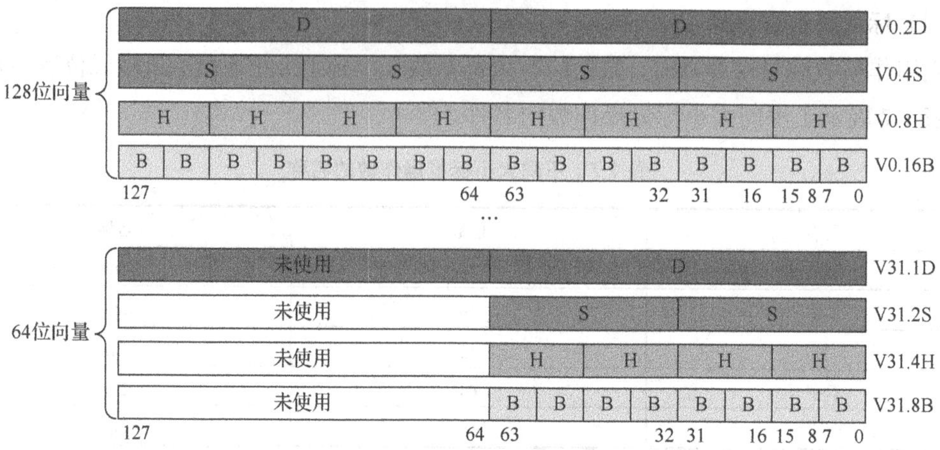

图 1.19　存储向量时 V 寄存器的排列视图

当这些寄存器在特定指令形式中使用时，数据元素的大小、其中包含的元素或通道的数量由指令操作数限定。不同大小的向量操作数名称如表 1.8 所示。

表 1.8　不同大小的向量操作数名称

名称	大小
Vn.8B	8 通道，每个通道包含一个 8 位元素
Vn.16B	16 通道，每个通道包含一个 8 位元素
Vn.4H	4 通道，每个通道包含一个 16 位元素
Vn.8H	8 通道，每个通道包含一个 16 位元素
Vn.2S	2 通道，每个通道包含一个 32 位元素
Vn.4S	4 通道，每个通道包含一个 32 位元素
Vn.1D	1 通道，每个通道包含一个 64 位元素
Vn.2D	2 通道，每个通道包含一个 64 位元素

1.4.6　指令集

指令集体系结构（instruction set architecture，ISA）是计算机抽象模型的一部分，它定义了软件如何控制处理器。用户可以使用 ARM 指令集编写符合 ARM 规范的软件或固件，这些软件或固件在所有基于 ARM 的处理器上都将以相同的方式执行。

ARMv8 体系结构中引入的重要变化之一是增加了 64 位指令集。该指令集对现有的 32 位指令集体系结构进行了补充，支持对 64 位整数寄存器和数据操作的访问，以及使用 64 位内存指针。该新指令被称为 A64，并以 AArch64 执行状态执行。ARMv8 仍然包括原始的 ARM 指令集，现在称为 A32，以及 Thumb（T32）指令集。A32 和 T32 都以 AArch32 执行状态执行，并向后兼容 ARMv7。

尽管 ARMv8-A 提供了与 32 位 ARM 架构的向后兼容性，但 A64 指令集是独立的，与早期的 ISA 不同，编码也不同。A64 增加了一些额外的功能，同时也删除了其他可能限制高速或能源效率的部分。ARMv8 架构还对 32 位指令集（A32 和 T32）做了增强，但是，这些具有增强特性的代码与较早的 ARMv7 不兼容。

（1）A64指令集

A64指令集是32位固定长度指令集，其中的“64”指该指令集在AArch64执行状态下执行。

（2）A32指令集

A32指令集为固定长度指令集，使用32位指令编码。A32指令集指在ARMv6和ARMv7中使用的ARM指令集，在ARMv8以后改名为A32与A64进行区分。

（3）T32指令集

T32为可变长度指令集，使用16位或32位指令编码。在ARMv6和ARMv7架构中称为Thumb指令集。Thumb最初是作为16位指令的补充集引入的，以改进用户的代码密度。随着时间的推移，Thumb指令集演变为16位与32位混合长度的指令集，其中32位Thumb指令又被称为Thumb-2指令。与ARM32位指令相比，Thumb指令集在保留32位宽度优势的同时大大节省了系统的存储空间。但Thumb不是一个完整的体系结构，包含的指令集十分有限，常与ARM指令搭配使用。

1.5 ARM编程语言

编程语言是一组词汇和语法规则的集合，用于指示计算机设备或机器执行特定的任务。根据编程语言的特点可以分为机器语言、汇编语言和高级语言。编程语言与硬件的层级关系如图1.20所示。

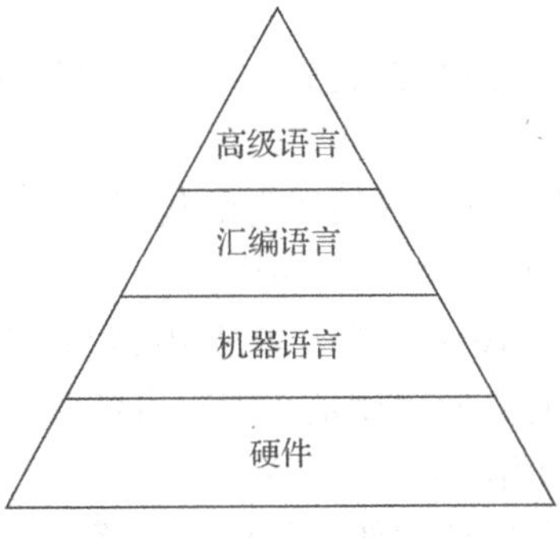

图1.20 编程语言与硬件的层级关系

机器语言是由一组二进制指令组成的语言，本质上是由0、1组成的序列，是计算机唯一可以直接理解的语言。然而，机器语言可读性差，易出错，学习和使用十分困难。为了解决这一缺点，人们引入了易于理解和记忆的名称和符号来表示机器指令中的操作码，这种用指令助记符组成的语言称作汇编语言。由于计算机并不能理解这些指令助记符，因此需要一个程序将汇编语言翻译成机器语言，这种程序称为汇编器。

汇编语言是面向机器的程序设计语言。它介于高级语言和机器语言之间，比机器语言易于读写、调试和修改，同时具有机器语言执行速度快、占用内存空间少的优点。它与高级语言的主要区别是它与机器的特定硬件体系结构紧密对应。这也造成了汇编语言的局限性：在不同型号CPU之间不具备可移植性[7]。

高级语言是更加接近自然语言的一种计算机程序设计语言，基本脱离了机器的硬件系统，使用人们更容易理解的方式编写程序，其可移植性强，对程序员友好，易于学习、编写和维护。如今广泛使用的高级语言有 C、C++、Python、Go、Java 等。

对汇编语言的学习会极大地促进对执行该汇编语言的处理器体系结构的认知。掌握汇编语言相关知识对于理解处理器是如何设计的及为什么如此设计非常有帮助。事实上，处理器体系结构研究的一个重要部分就是对其指令集体系结构的研究，而汇编语言正是以人类可以理解的方式对指令集的描述。

了解汇编语言会让人了解以下几点。

1）程序如何与处理器和操作系统交互。

2）数据如何在存储器和其他外部设备（简称外设）中表示。

3）处理器如何访问和执行指令。

4）指令如何访问和处理数据。

5）程序如何访问外设。

尽管 C、C++、Python、Go、Java 等用于应用程序开发的高级语言十分盛行，但汇编语言的重要性仍然不可低估。汇编语言可以直接操作硬件，解决有关性能的关键问题。汇编语言的使用包括编码设备驱动程序、实时系统、低级嵌入式系统、引导代码、逆向工程等。例如，对于以下情况，汇编语言仍是最佳选择。

1）启动处理机的第一步。

2）中断服务等驻留程序。

3）多线程程序的低级锁定代码。

4）没有编译器的处理器。

5）在编译器无法生成最佳（或足够高效）代码的情况下。

6）系统内存有限。

7）需要对架构或处理器功能进行低级访问的代码。

此外，汇编语言还可以帮助实现以下任务[10]。

1）编写操作系统。尽管现代操作系统大多是用高级语言编写的，但仍有一些代码只能用汇编语言来完成。汇编语言的典型用途是在编写设备驱动程序时，保存正在运行的程序的状态，以便另一个程序可以使用 CPU，或者恢复正在运行的程序的保存状态以便它可以继续执行，以及管理内存和内存保护硬件。现代操作系统的核心任务还有很多，这些任务更适合以汇编语言来完成。操作系统的精心设计可以最大限度地减少所需的汇编量，但不能完全消除它。

2）实现更高效的程序。具备使用基本汇编语言编程的能力有助于学生更充分地理解现代高级编程语言运行时系统所提供的相关服务，如文件管理、可变长度字符串的管理、动态内存分配、堆栈管理和递归过程调用、重定位加载程序、内存中绝对地址的分配、动态链接库等许多常见功能，以便在编写程序时，结合系统资源的不同特点，做出更高效的选择。

3）找到程序或硬件的漏洞。编写汇编代码时，开发人员可以频繁使用调试器来排查代码中的错误，以便在底层单步执行程序。理解汇编语言与处理器体系结构，能够更好地帮助开发人员找到并修复代码中的漏洞。

4）进行更快的矢量计算和图形编程。许多现代处理器也支持向量类型，而编译器通常不善于有效利用向量指令，这使得内嵌小段汇编代码成为更优选择。例如，为了实现音（视）频编（解）码器的矢量性能，通常需要在包含向量和矩阵乘法的内部循环中使用小段汇编代码。

5）设计和优化编译器。如图 1.21 所示，C 和 C++语言在生成可执行程序的过程中，必须经编译器生成汇编代码，生成的汇编代码质量将影响可执行程序的性能，但编译器并不总是能生成比人工汇编程序更好的汇编代码。因此，负责编译器代码生成部分的程序员必须精通目标 CPU 的汇编编程，从而编写出性能更优的编译器。优化编译器，可以使编译器编译的每个程序都受益。

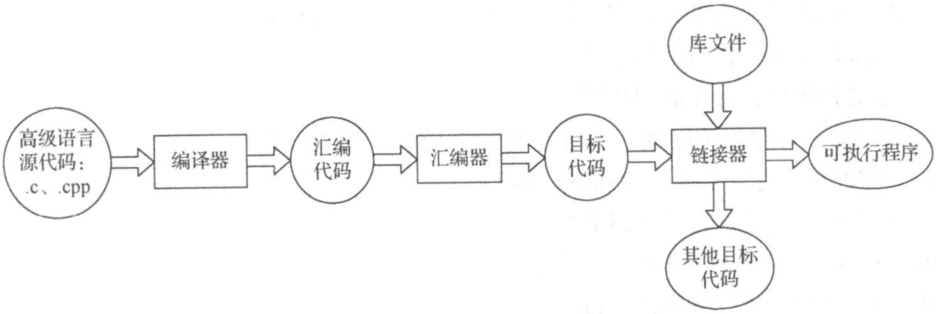

图 1.21 .c、.cpp 代码典型编译与链接过程

C 和 C++语言都属于编译型程序设计语言，不仅拥有功能丰富的库函数，还具备运算速度快、编译效率高、可移植性良好的特点，而且可以实现对系统硬件的控制。C 语言是一门结构化程序设计语言，支持自顶向下的结构化程序设计。C++语言则是一门面向对象的程序设计语言，其将客观世界抽象为各种类对象，将类对象所属数据和方法进行封装，然后考虑各个类对象之间可能发生的数据交互。这为软件开发中采用模块化程序设计方法提供了有力的保障。

在应用系统的程序设计中，若所有编程任务均由汇编语言来完成，其工作量巨大，不易移植。鉴于 ARM 的运算速度、存储速度较快[10]，C 和 C++语言的特性也被充分发挥，如开发时间大为缩短、代码移植方便、程序架构清晰等，这使得 C 和 C++语言在 ARM 编程中占据了重要地位。目前，在 ARM 程序的开发中，除上述 ARM 启动代码、部分中断服务程序、操作系统编写与移植等少数场景下需要使用汇编语言外，绝大部分代码可使用 C 和 C++语言来完成。

Python 是一门广泛使用的通用高级编程语言。它由吉多·范罗苏姆（Guido van Rossum）[11]于 1990 年创建，并由 Python 软件基金会进一步开发，其设计强调代码的可读性，允许程序员用更少的代码行来表达概念。作为解释型语言，Python 没有像 C 和 C++那样单独的编译和执行步骤，而是直接从源代码运行程序。在计算机内部，Python 解释器将源代码转换为字节码的中间形式，然后翻译成计算机使用的机器语言并运行。使用者不用再担心如何编译程序，如何确保正确链接和加载相关库等，这使得 Python 的使用更加简单，也更易于移植。

Python 语言具有极强的可读性、可移植性，易于维护，同时具备丰富的第三方扩展组件，如数据库、数学计算、图形、机器视觉、人工智能、深度学习框架等。随着嵌入式处理器的计算性能逐渐增强，原来主要用于个人计算机、服务器端的 Python 语言，目前正越来越多地被嵌入式项目所采纳。

习　题

1．简述 ARM 架构中 A、R、M 系列的特征与区别。
2．分析 ARM7TDMI-S 各字母所代表的含义。
3．ARMv8 架构包含哪几种执行状态？不同执行状态之间的切换需要遵循什么规则？
4．AArch64 包含多少个异常等级？它们分别有什么特点？
5．AArch64 执行状态提供了多少个通用寄存器？
6．简述 PSTATE 寄存器的作用。
7．PSTATE 寄存器中的 N、Z、C、V 标志位分别代表什么？
8．ARMv8 架构包含哪些特殊寄存器？
9．简述异常链接寄存器（ELR）的作用。
10．ARMv8 架构支持哪些系统寄存器？
11．如何修改系统寄存器的值？
12．简述 NEON 和浮点寄存器的用途。
13．ARMv8 架构支持哪些指令集？它们分别具有什么特点？
14．使用汇编语言和 C 语言进行 ARM 程序开发分别具有什么特点？

参考文献

[1] 徐惠民．微机原理与接口技术[M]．北京：高等教育出版社，2009.
[2] 马忠梅，李奇，徐琰，等．ARM Cortex 核 TI 微控制器原理与应用[M]．北京：北京航空航天大学出版社，2011.
[3] JAGGAR D. ARM architecture and systems[J]. IEEE MICRO, 1997, 17(4): 9-11.
[4] 王宜怀，吴瑾，蒋银珍．嵌入式系统原理与实践——ARM Cortex-M4 Kinetis 微控制器[M]．北京：电子工业出版社，2012.
[5] 王子派．ARM 系列微处理器架构初探[J]．电子世界，2016，14（40）：56-57.
[6] RYZHYK L. The ARM Architecture[J]. Chicago University, Illinois, EUA, 2006.
[7] 王晶，张云泉，梁军．基于 ARM V8 平台的向量算法库实现与优化[J]．计算机工程，2019，45（6）：82-88.
[8] 贾少波．基于 X86 平台的 ARM 指令集模拟器的设计[J]．电子设计工程，2013，21（12）：164-169.
[9] 高承志．基于 ARM 架构的通信控制器设计[J]．自动化与信息工程，2011，32（3）：45-48.
[10] 周立功．ARM 微控制器基础与实战[M]．2 版．北京：北京航空航天大学出版社，2005.
[11] FLUR S, GRAY K E, PULTE C, et al. Modelling the ARMv8 architecture, operationally: concurrency and ISA[J] ACM sigplan notices: A monthly publication of the special interest group on programming languages, 2016, 1: 608-621.

第 2 章 开发环境搭建

本章将详细介绍树莓派 4B 开发环境的搭建方法，旨在帮助读者掌握树莓派 4B 的基本操作方法及开发流程。首先介绍树莓派 4B 的硬件资源，之后从软件的角度分别介绍在树莓派 4B 中，汇编语言、C 语言及 Python 语言开发环境的搭建方法[1]。

2.1 树莓派 4B 硬件资源

树莓派（Raspberry Pi）是一款基于 ARM 的微型计算机主板，由英国 Raspberry PI 基金会开发，专为学生计算机编程教育而设计[2]。树莓派于 2012 年推出，迄今已发布 4 代产品，本书以第四代产品树莓派 4B 开发板作为实验平台，介绍 ARM 编程实践过程。树莓派 4B 实物如图 2.1 所示。

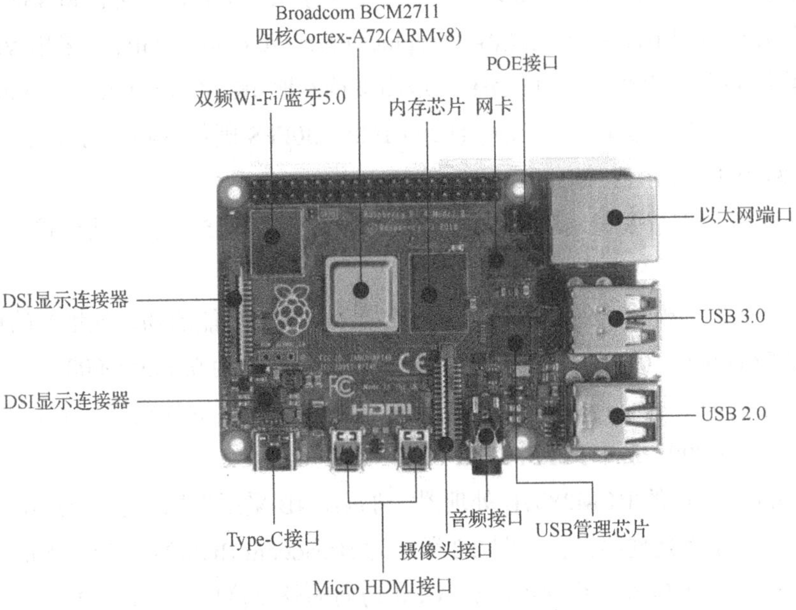

图 2.1 树莓派 4B 实物

注：DSI 为显示串行接口（display serial interface）；HDMI 为高清多媒体接口（high definition multimedia）。

树莓派包含了微型计算机的基本功能，包括处理器、内存等，此外还具有网络通信、视频输出等功能。树莓派 4B 的硬件接口信息如表 2.1 所示。

表 2.1　树莓派 4B 的硬件接口信息

规格	参数
处理器	Broadcom BCM2711，四核 Cortex-A72 (ARMv8) 64 位 SoC @ 1.5GHz
内存	1GB/2GB/4GB/8GB 可选 LPDDR4-3200 SDRAM
GPU	VideoCore VI 3D 图形
视频输出	2×HDMI 输出，分辨率最高可达 4K 60FPS（4K 像素，60Hz 刷新率）
无线网络	IEEE 802.11 ac 2.4GHz/5GHz 无线网
蓝牙	蓝牙5.0
USB 接口	2×USB 2.0，2×USB 3.0
以太网	1×千兆以太网接口
硬件解码	H.264［1080P60FPS（1080 像素，60Hz 刷新率），1080P30FPS（1080 像素，30Hz 刷新率）］ H.265［4KP60FPS（4K 像素，60Hz 刷新率）］
MIPI	2 通道 MIPI DSI 显示端口 2 通道 MIPI CSI 摄像头端口

注：FPS 为每秒帧数（frames per second）。H.264 是一种高度压缩数字视频编解码器标准，H.265 为其升级标准。

2.1.1　BCM2711 处理器

树莓派 4B 的主芯片型号为 BCM2711，BCM2711 芯片采用四核 64 位 ARM Cortex-A72 架构，最高频率可达到 1.5GHz。处理器 L1 缓存具有 32KB 的数据缓存和 48KB 的指令缓存，L2 缓存大小为 1MB。图形处理器（graphics processing unit，GPU）采用 VideoCore VI 3D 图形，其最高主频能够达到 500MHz。最高支持本地 4K 60FPS HEVC（high efficiency video coding，高效率视频编码），支持 H.264 1080P 30FPS 硬件编码。另外它支持双 4K 输出，但是接两个 4K 显示器时刷新率只能到 30Hz[3]。

BCM2711 芯片支持两种地址模式：32 位低地址模式和 35 位全地址模式。默认使用低地址模式。

- 32 位低地址模式：外设寄存器（一般指某一特殊功能的物理地址）的地址空间为 0xFC000000～0xFF7FFFFF，外设寄存器的基地址为 0xFE000000。
- 35 位全地址模式：支持更大的地址空间，该模式下外设寄存器的地址空间为 0x47C000000～0x47FFFFFFF。

相较于树莓派 3B 的 BCM2837B 处理器，树莓派 4B 采用性能更强大的 BCM2711 处理器，以及 Cortex-A72 处理器内核。图 2.2 所示为 Broadcom BCM2711 处理器的内部架构，除了四核 CPU 外，还包含一系列可以被 ARM 访问的外设接口，如表 2.2 所示。BCM2711 集成了多种可以被 ARM 安全访问的外设。

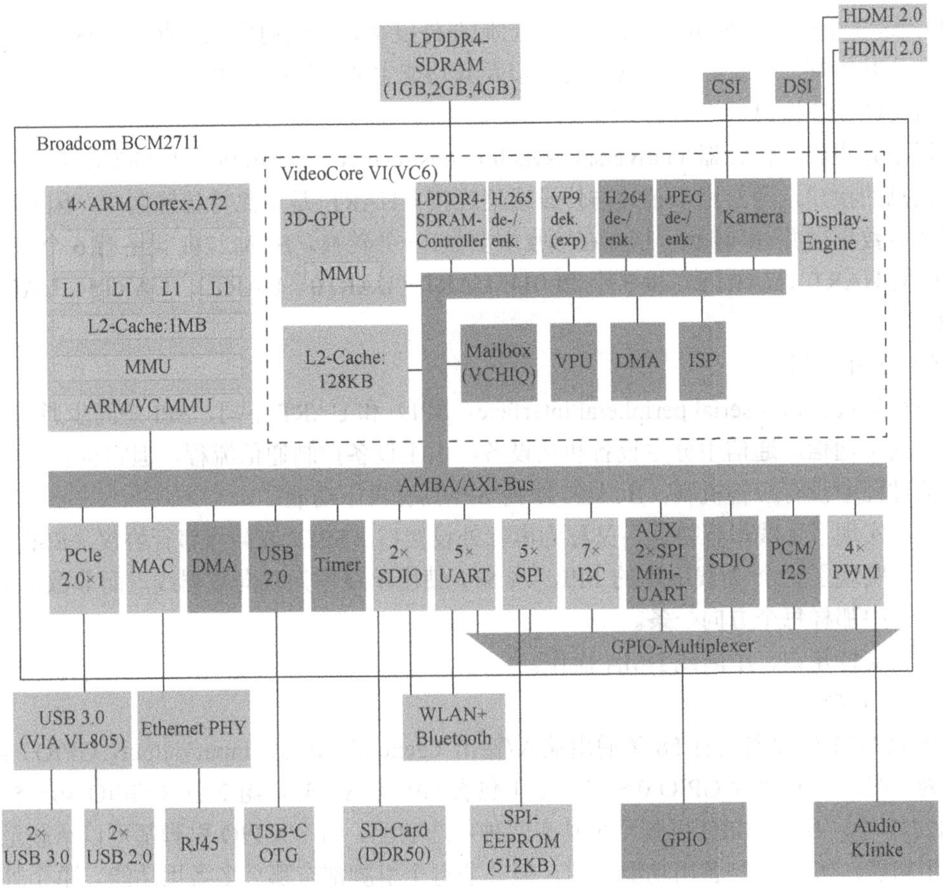

图 2.2 Broadcom BCM2711 处理器的内部架构

注：CSI 为摄像头串行接口（camera serial interface）。

表 2.2 BCM2711 外设列表

外设	规格
定时器	系统定时器外设提供 4 个 32 位定时器通道和一个 64 位空闲运行计数器
中断控制器	BCM2711 有两种中断控制器供选择，即 GIC400 中断控制器和传统中断控制器。GIC400 为默认的中断控制器
GPIO	通用输入/输出接口，树莓派 4B 通过标准的 40 针脚提供 28 个 BCM2711 GPIO
USB	BCM2711 提供 2 个 USB 2.0 接口和 2 个 USB 3.0 接口
PCM/I2S	脉冲编码调制控制器，提供电话或高质量串行音频流的输入/输出
DMA 控制器	直接存储器访问控制器，BCM2711 提供 16 个 DMA 通道
BSC	Broadcom 串口控制器，兼容 I2C 总线接口
SPI	串行外设接口，支持 2/3 线的 SPI 通信，BCM2711 拥有 5 个 SPI 接口
PWM	脉冲宽度调制控制器，BCM2711 提供 2 个 PWM 模块（PWM0 和 PWM1），每个模块有 2 个输出通道
UART	通用异步收发传输器，BCM2711 有 6 个 UART，1 个 mini UART 和 5 个 PL011 UART

注：SPI 为串行外设接口（serial peripheral interface）。

BCM2711 设备有 3 个辅助外设：1 个小型 UART（UART1）和 2 个 SPI 主机（SPI1 和

SPI2）。这3个外设被分组在一起，因为它们在外设寄存器映射中共享相同的区域，并且共享一个公共终端。除此之外，其他的接口及其功能主要包括以下内容。

（1）UART 接口

通用异步收发传输器（universal asynchronous receiver transmitter，UART），是一个异步收发信息的接口，通常用于芯片与外设通信连接。UART 是单比特传输接口，因此在发送端需要对数据做并-串转换，相应在接收端要做串-并转换。BCM2711 设备有6个UART：1个小型 UART（UART1）和5个 PL011 UART（UART0、UART2、UART3、UART4 和 UART5）。

（2）SPI 接口

串行外设接口（serial peripheral interface，SPI）和 UART 不同，SPI 是同步通信接口，支持全双工通信。通信中分主设备和从设备，由主设备控制通信流程，但它也有缺点，就是通信过程中没有应答机制。BCM2711 的 SPI 具有以下功能。

- 实现了3线串行协议，又称为串行外设接口（SPI）或同步串行协议（SSP）。
- 实现了一个2线版本的 SPI，该 SPI 使用单线作为双向数据线，而非像标准 SPI 中那样每个方向一条。
- 支持轮询、中断或 DMA 操作。

（3）GPIO

BCM2711 处理器共有58条通用输入/输出（general purpose input/output，GPIO）线路，共分为三组。组0包含 GPIO 0～27，组1包含 GPIO 28～45，组2包含 GPIO 46～57。在 BCM2711 中，所有 GPIO 引脚至少具有两种可选功能。每个 GPIO 引脚都可以承载至少两个备用功能，多达6种备用功能可用，但并非每个引脚都有那么多备用功能。单个外设可能出现在多个组中，以允许灵活选择 I/O 电压。

（4）PWM

BCM2711 设备具有两个脉冲宽度调制（pulse width modulation，PWM）控制器模块，分别命名为 PWM0 和 PWM1（每个都有两个输出通道），每个 PWM 控制器具有两个独立的输出比特流，以固定频率计时。

（5）PCM/I2S

PCM（脉冲编码调制）音频接口是一个 APB 外设，提供电话或高质量串行音频流的输入/输出。它支持许多经典的 PCM 格式，包括 I2S。

（6）中断控制器

BCM2711 有大量不同来源的中断，可以选择两个中断控制器。默认选择 GIC400 中断控制器，但可以通过配置中的设置选择传统中断控制器。

（7）DMA 控制器

直接内存访问（direct memory access，DMA）控制器是一种在系统内部转移数据的外设，可以将其视为一种能够通过一组专用总线将内部和外部存储器与每个具有 DMA 能力的外设连接起来的控制器。BCM2711 的 DMA 控制器总共提供16个 DMA 通道，其中有4个是 DMA Lite 通道（性能和功能降低），4个是 DMA4 通道（性能提高，地址范围更宽）。每个通道独立于其他通道运行。

（8）定时器

系统计时器外设提供 4 个 32 位计时器通道和一个 64 位自由运行计数器。每个通道都有一个输出比较寄存器，用于与自由运行计数器值的 32 个最低有效位进行比较。

2.1.2 树莓派的 GPIO 引脚

树莓派有 40 针通用 I/O（GPIO）接口，其中包括 2 个 5V 和 2 个 3.3V 引脚，以及 8 个不可配置的接地 GND 引脚，任何 GPIO 引脚都可以被指定为输入或输出引脚，并用于各种用途。处于输出模式时，对应引脚可以输出 3.3V 高电平或者 0V 低电平。处于输入模式时，通过内置的上（下）拉电阻，可以读取 3.3V 或者 0V 的输入信号；其中 GPIO2 和 GPIO3 拥有固定的上拉电阻，其他引脚则可以通过软件进行配置。树莓派的 GPIO 引脚定义如图 2.3 所示。

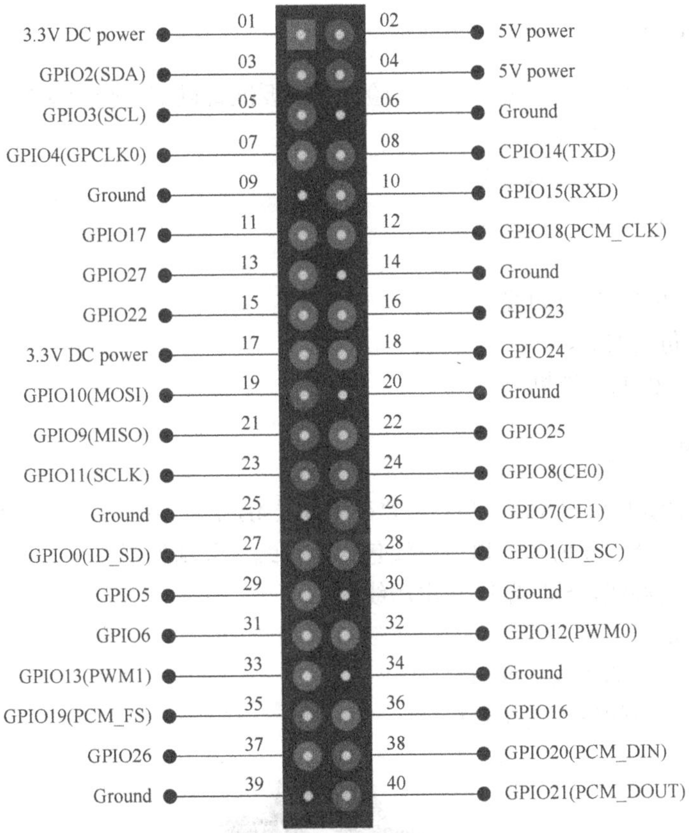

图 2.3 树莓派 GPIO 引脚定义

除了简单的输入/输出以外，GPIO 引脚还可用于如下复用功能。

- PWM：所有引脚都可以通过软件配置为 PWM，其中 GPIO12、GPIO13、GPIO18、GPIO19 具备硬件 PWM 功能。
- SPI：可配置为 SPI0（GPIO10/MOSI、GPIO9/MISO、GPIO11/SCLK、GPIO8/CE0、GPIO7/CE1）和 SPI1（GPIO20/MOSI、GPIO19/MISO、GPIO21/SCLK、GPIO18/CE0、GPIO17/CE1、GPIO16/CE2），共 2 路 SPI 总线。

- I2C：GPIO2 为数据信号线，GPIO3 为时钟信号线，GPIO0 和 GPIO1 分别为 EEPROM 的数据总线和时钟总线。
- Serial（串行）：GPIO14 和 GPIO15 分别为串行发送信号 TX 和串行接收信号 RX。

2.2　C 语言和汇编语言开发环境

编译运行 C 语言或汇编语言程序有两种方式：一是在目标平台中直接编译运行；二是在其他平台中编写源码，通过交叉编译器将源码编译为目标平台的可执行文件，然后复制到目标平台上运行。本书主要采用第二种方式在树莓派 4B 上编译运行 C 语言或汇编语言程序。

2.2.1　实验前准备

使用树莓派 4B 作为硬件平台进行实验时，需要准备以下实验设备[4]。

- 树莓派 4B 开发板。
- microSD 卡一张、读卡器。
- USB 转串口线。
- 杜邦线若干。
- Type-C 和 USB 电源线。
- J-Link 仿真器。
- Linux 主机或虚拟机。

2.2.2　串口调试

目前，多数计算机中已无硬件串口，要在树莓派 4B 上使用串口进行实验，需要使用一根 USB 转串口线，如图 2.4 所示。串口一端包含 4 根线，分别如下。

- 红色：电源线，5V 或 3.3V 电源线。
- 黑色：地线。
- 白色：串口的接收线 RXD。
- 绿色：串口的发送线 TXD。

图 2.4　USB 转串口线

将串口一端与树莓派的 GPIO 接口连接，连接方法如下。

- 地线连接到引脚 06——Ground。
- RXD 线连接引脚 08——TXD(GPIO14)。
- TXD 线连接引脚 10——RXD(GPIO15)。

2.2.3　J-Link 仿真器调试

除了使用串口对树莓派进行调试外，还可以使用硬件仿真器来调试树莓派。使用硬件仿真器调试的原理是使用仿真头取代开发板的主芯片，仿真开发板上的芯片行为来进行调试。当前常用的硬件仿真器是国际标准测试协议仿真器，JTAG 仿真器通过 JTAG 边界扫描口与 CPU 进行通信，进而实现对开发板 CPU 及其外设的调试功能。本书中的大部分实验是在树莓派 4B 裸机上完成的，并未在树莓派上安装操作系统，使用硬件仿真器进行调试，可以帮助人们更直观地完成对代码的调试[5]。

J-Link 是 SEGGER（赛格）公司为支持仿真 ARM 内核芯片推出的 JTAG 仿真器，可以使用 J-Link 仿真树莓派 4B 主芯片行为。J-Link 仿真器提供 20 引脚的 JTAG 接口，如图 2.5 所示。

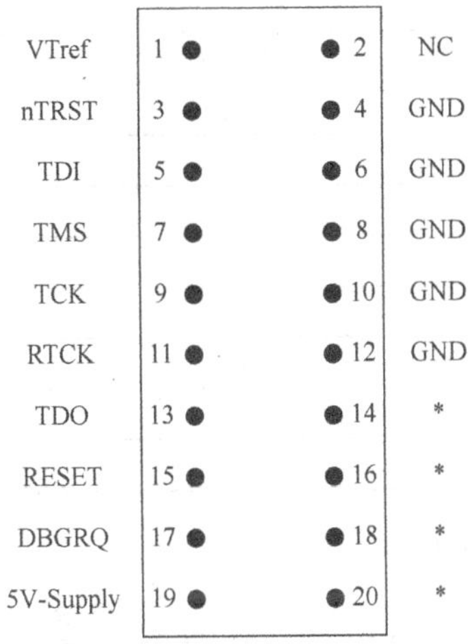

图 2.5　J-Link 仿真器引脚图

J-Link 引脚的名称、类型及功能说明如表 2.3 所示。

表 2.3　J-Link 引脚的名称、类型及功能说明

引脚号	名称	类型	功能说明
1	VTref	输入	参考电压
2	NC	悬空	悬空
3	nTRST	输出	复位信号
4，6，8 10，12	GND	输入	接地
5	TDI	输出	JTAG 数据信号，JTAG 输出数据到目标 CPU
7	TMS	输出	JTAG 模式设置
9	TCK	输出	JTAG 时钟信号
11	RTCK	输入	CPU 反馈的时钟信号
13	TDO	输入	CPU 反馈的数据信号

续表

引脚号	名称	类型	功能说明
14，16 18，20	*	保留	保留
15	RESET	输入/输出	目标 CPU 复位信号
17	DBGRQ	悬空	保留
19	5V-Supply	输出	输出 5V 电压

使用 J-Link 调试树莓派 4B 主要包括以下 6 个步骤。

1. 连接树莓派与 J-Link

在树莓派上使用 J-Link 仿真调试，需要先连接树莓派 4B 开发板与 J-Link 仿真器，树莓派 4B 已经内置了 JTAG 接口，使用杜邦线连接 J-Link 引脚与树莓派引脚，共 8 个引脚需要连接，连接方法如表 2.4 所示。

表 2.4　树莓派 4B 与 J-Link 仿真器的连接方法

JTAG 接口	树莓派管脚	树莓派管脚名称
TRST	15	GPIO22
RTCK	16	GPIO23
TDO	18	GPIO24
TCK	22	GPIO25
TDI	37	GPIO26
TMS	13	GPIO27
VTref	01	3.3V DC Power
GND	39	Ground

完成接线的实物图如图 2.6 所示。

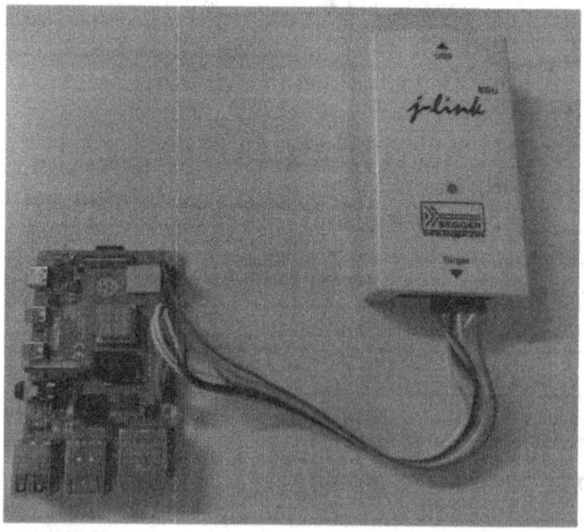

图 2.6　J-Link 仿真器连接树莓派 4B 的实物图

2. 软件配置

首先，在 Linux 主机（本书所使用的是 Ubuntu 20.04）中安装一些工具，执行如下命令：

```
    $ sudo apt-get install libncurses5-dev gcc-aarch64-linux-gnu build-essential git bison flex libssl-dev
```

其中，gcc-aarch64-linux-gnu 是交叉编译工具，用于交叉编译 ARMv8 64 位目标中的裸机程序。

然后，打开树莓派对 JTAG 接口的支持。使用读卡器在计算机上打开烧录过树莓派镜像的 microSD 卡，并修改其中的 config.txt 文件。修改后的 config.txt 文件如下。

```
[pi4]
kernel=loop.bin

[pi3]
kernel=loop.bin

[all]
arm_64bit=1
enable_uart=1
uart_2ndstage=1

enable_jtag_gpio=1
gpio=22-27=a4
init_uart_clock=48000000
init_uart_baud=115200
```

config.txt 文件说明如下。

- loop.bin：本节提供的一个测试可执行文件，后续会说明此类文件的生成方式，读者也可替换为自己编译的可执行文件。
- enable_uart = 1：使能串口的输出功能。
- uart_2ndstage = 1：打开固件调试日志。
- init_uart_clock=48000000：设置串口时钟。
- init_uart_baud=115200：设置串口的波特率。
- enable_jtag_gpio = 1：使能树莓派的 JTAG 接口。
- gpio=22-27=a4：表示树莓派的 GPIO22～GPIO27 使用可选功能配置 4。

完成上述操作后，将 microSD 卡插入树莓派中，接通电源后等待树莓派启动。

3. 安装 OpenOCD 软件

开源片上调试器（open on-chip debugger，OpenOCD）是一款常用的开源调试软件，提供了对嵌入式设备的调试、系统编程、边界扫描功能。此外，OpenOCD 还内置了 GDB server（GDB 调试远程服务器）模块，开发者可以通过 GDB 命令进行调试。在 Linux 开发主机中安装 OpenOCD 的具体方法如下。

① 下载 OpenOCD 软件安装包，命令如下。

```
$ git clone https://github.com/openocd-org/openocd
```

② 安装依赖包，命令如下。

```
$ sudo apt-get install make libtool pkg-config autoconf automake texinfo
```

③ 编译和安装 OpenOCD，依次执行以下命令。

```
$ cd openocd
$ ./bootstrap
$ ./configure
$ make
$ sudo make install
```

④ 安装完成后，可以执行以下命令验证 OpenOCD 是否安装成功，并查看安装的 OpenOCD 的版本。

```
$ openocd --version
```

程序运行结果如图 2.7 所示，可以看到安装的 OpenOCD 版本为“Open On-Chip Debugger 0.10.0”，表示 OpenOCD 已成功安装。

```
rlk@rlk:~$ openocd --version
Open On-Chip Debugger 0.10.0+dev-01266-gd8ac0086-dirty (2020-07-13-18:43)
Licensed under GNU GPL v2
For bug reports, read
        http://openocd.org/doc/doxygen/bugs.html
```

图 2.7　成功安装 OpenOCD

4. 连接 J-Link 仿真器和树莓派

① 为了使用 openocd 命令连接 J-Link 仿真器，需要指定 2 个配置文件。

jlink.cfg 配置文件通过 adapter 命令连接 J-Link 仿真器。jlink.cfg 配置文件内容如下。

```
# <jlink.cfg 配置文件>
# SEGGER J-Link
#
# http://www.segger.com/jlink.html
#

adapter driver jlink

# 在连接多台 J-Link 设备时可以通过序列号来区分不同的设备
#
# 例如,选择序列号为 123456789 的 J-Link 设备
```

```
#
# jlink 的序列号为 123456789
```

raspi4.cfg 配置文件为描述树莓派的配置文件，具体内容如下。

```
# <raspi4.cfg 配置文件>
set _CHIPNAME bcm2711
set _DAP_TAPID 0x4ba00477

adapter_khz 1000

transport select jtag
reset_config trst_and_srst

telnet_port 4444

# 创建 tap
jtag newtap auto0.tap -irlen 4 -expected-id $_DAP_TAPID

# 创建 dap
dap create auto0.dap -chain-position auto0.tap

set CTIBASE {0x80420000 0x80520000 0x80620000 0x80720000}
set DBGBASE {0x80410000 0x80510000 0x80610000 0x80710000}

set _cores 4

set _TARGETNAME $_CHIPNAME.a72
set _CTINAME $_CHIPNAME.cti
set _smp_command ""

for {set _core 0} {$_core < $_cores} { incr _core} {
    cti create $_CTINAME.$_core -dap auto0.dap -ap-num 0 -ctibase [lindex
$CTIBASE $_core]

    set _command "target create ${_TARGETNAME}.$_core aarch64 \
                -dap auto0.dap  -dbgbase [lindex $DBGBASE $_core] \
                -coreid $_core -cti $_CTINAME.$_core"
    if {$_core != 0} {
       set _smp_command "$_smp_command $_TARGETNAME.$_core"
    } else {
       set _smp_command "target smp $_TARGETNAME.$_core"
    }
```

```
    eval $_command
  }

  eval $_smp_command
  targets $_TARGETNAME.0
```

② 连接 J-Link 仿真器和树莓派：执行以下命令，通过“-f”指定配置文件。

```
$ sudo openocd -f jlink.cfg -f raspi4.cfg
```

如图 2.8 所示，OpenOCD 已经成功连接 J-Link 仿真器和树莓派，可以看到 J-Link 仿真器的版本为“V11”，树莓派 4B 的主芯片为 BCM2711。此外，OpenOCD 还开启了以下两个服务：Telnet 服务的端口号为 4444，GDB 服务的端口号为 3333。

```
rlk@rlk:Desktop$ sudo openocd -f jlink.cfg -f raspi4.cfg
[sudo] password for rlk:
Open On-Chip Debugger 0.10.0+dev-01266-gd8ac0086-dirty (2020-07-13-18:43)
Licensed under GNU GPL v2
For bug reports, read
        http://openocd.org/doc/doxygen/bugs.html
DEPRECATED! use 'adapter speed' not 'adapter_khz'
Info : Listening on port 6666 for tcl connections
Info : Listening on port 4444 for telnet connections
Info : J-Link V11 compiled Apr 27 2021 16:36:21
Info : Hardware version: 11.00
Info : VTarget = 3.322 V
Info : clock speed 1000 kHz
Info : JTAG tap: auto0.tap tap/device found: 0x4ba00477 (mfg: 0x23b (ARM Ltd.),
part: 0xba00, ver: 0x4)
Info : bcm2711.a72.0: hardware has 6 breakpoints, 4 watchpoints
Info : bcm2711.a72.1: hardware has 6 breakpoints, 4 watchpoints
Info : bcm2711.a72.2: hardware has 6 breakpoints, 4 watchpoints
Info : bcm2711.a72.3: hardware has 6 breakpoints, 4 watchpoints
Info : starting gdb server for bcm2711.a72.0 on 3333
Info : Listening on port 3333 for gdb connections
```

图 2.8　J-Link 仿真器连接树莓派

5. 登录 Telnet 服务

在 Linux 主机中新建一个终端，如图 2.9 所示，输入命令 telnet localhost 4444 即可登录 OpenOCD 的 Telnet 服务。

```
rlk@rlk:Desktop$ telnet localhost 4444
Trying 127.0.0.1...
Connected to localhost.
Escape character is '^]'.
Open On-Chip Debugger
> 
```

图 2.9　登录 OpenOCD 的 Telnet 服务

如图 2.10 所示，在 Telnet 服务端输入 halt 命令后，即可暂停树莓派的 CPU，等待调试请求。

使用 load_image 命令可以加载可执行程序。这里将编译后的可执行文件（.bin）加载到内存的 0x80000 地址处，这是因为链接脚本中将链接地址设定为 0x80000。

```
$ load_image (.bin 文件路径) 0x80000
```

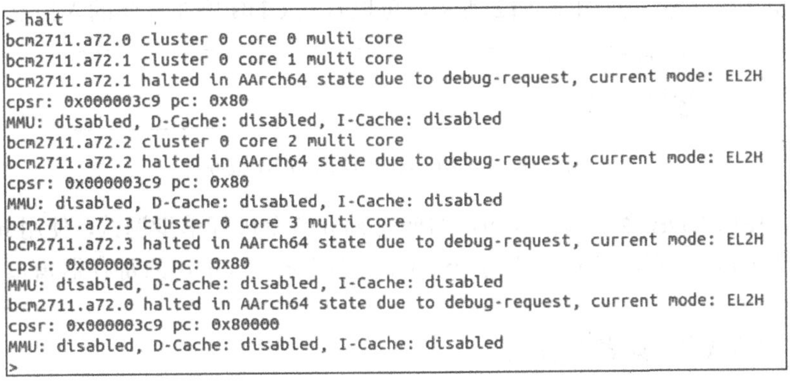

> halt
bcm2711.a72.0 cluster 0 core 0 multi core
bcm2711.a72.1 cluster 0 core 1 multi core
bcm2711.a72.1 halted in AArch64 state due to debug-request, current mode: EL2H
cpsr: 0x000003c9 pc: 0x80
MMU: disabled, D-Cache: disabled, I-Cache: disabled
bcm2711.a72.2 cluster 0 core 2 multi core
bcm2711.a72.2 halted in AArch64 state due to debug-request, current mode: EL2H
cpsr: 0x000003c9 pc: 0x80
MMU: disabled, D-Cache: disabled, I-Cache: disabled
bcm2711.a72.3 cluster 0 core 3 multi core
bcm2711.a72.3 halted in AArch64 state due to debug-request, current mode: EL2H
cpsr: 0x000003c9 pc: 0x80
MMU: disabled, D-Cache: disabled, I-Cache: disabled
bcm2711.a72.0 halted in AArch64 state due to debug-request, current mode: EL2H
cpsr: 0x000003c9 pc: 0x80000
MMU: disabled, D-Cache: disabled, I-Cache: disabled
>

图 2.10　halt 命令执行结果

输入 step 命令让树莓派的 CPU 停在链接地址（0x80000）处，等待用户输入命令。

```
$ step 0x80000
```

6. GDB 调试

首先，通过命令 aarch64-linux-gnu-gdb 启动 GDB，使用端口号 3333 链接 OpenOCD 的 GDB 服务。

```
$ aarch64-linux-gnu-gdb -tui (elf 文件路径)
```

启动后的 GDB 调试界面如图 2.11 所示。

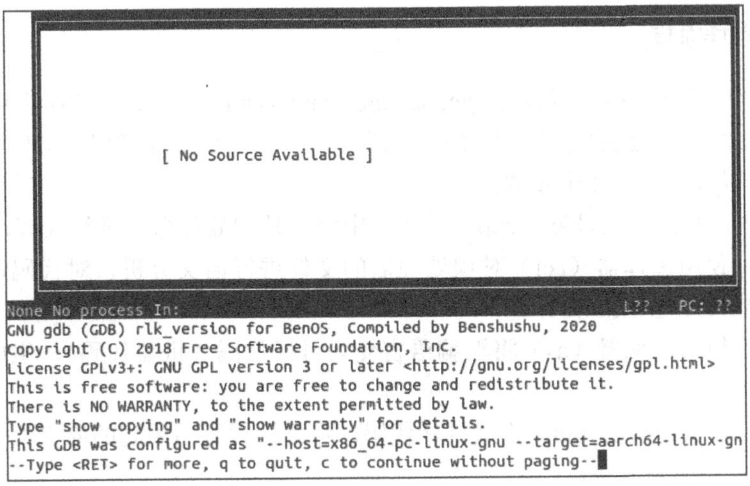

[No Source Available]
None No process In:
L?? PC: ??
GNU gdb (GDB) rlk_version for BenOS, Compiled by Benshushu, 2020
Copyright (C) 2018 Free Software Foundation, Inc.
License GPLv3+: GNU GPL version 3 or later <http://gnu.org/licenses/gpl.html>
This is free software: you are free to change and redistribute it.
There is NO WARRANTY, to the extent permitted by law.
Type "show copying" and "show warranty" for details.
This GDB was configured as "--host=x86_64-pc-linux-gnu --target=aarch64-linux-gn
--Type <RET> for more, q to quit, c to continue without paging--

图 2.11　GDB 调试界面

输入命令 c 继续执行，之后输入以下命令来链接 OpenOCD 的 GDB 服务。

```
(gdb) target remote localhost:3333
```

链接成功后，执行页面如图 2.12 所示，可以看到 GDB 停在程序的入口点（_start）。

```
(gdb) target remote localhost:3333
Remote debugging using localhost:3333
_start () at src/boot.S:8
(gdb) ▌
```

图 2.12 链接 OpenOCD 的 GDB 服务

接下来，使用 GDB 命令调试程序，如使用 step 命令进行单步调试，使用 info reg 命令查看树莓派上 CPU 寄存器的值，使用 layout reg 命令打开 GDB 的寄存器窗口查看寄存器的值。

GDB 常用调试命令如表 2.5 所示。

表 2.5 GDB 常用调试命令

调试命令（缩写）	作用
break（b）	在源代码指定的某一行设置断点
run（r）	执行被调试的程序，会自动在第一个断点处暂停执行
continue（c）	当程序在某一断点处停止后，用该指令可以继续执行，直至遇到断点或者程序结束
next（n）	令程序逐行执行代码
step（s）	如果有调用函数，进入调用的函数内部；否则，和 next（n）命令的功能一样
print（p）	打印指定变量的值
list（l）	显示源程序代码的内容，包括各行代码所在的行号
finish（fi）	结束当前正在执行的函数，并在跳出函数后暂停程序的执行
return	结束当前调用的函数并返回指定值，到上一层函数调用处停止程序执行
jump（j）	使程序从当前要执行的代码处，直接跳转到指定位置处继续执行后续的代码
quit（q）	终止调试

2.2.4 程序编译流程

C 语言和汇编语言都可以采用 gcc-aarch64-linux-gnu 进行交叉编译生成可执行程序（.bin），按照 2.2.3 节叙述的方法进行 J-Link 调试[6]。与 GCC 编译类似，在对 C 语言进行交叉编译时，可以分为以下 4 个步骤。

① 预处理：采用预处理器（cpp）对代码中的各种预处理命令进行处理，生成.i 文件。

② 编译：使用编译器（ccl）对预处理后的文件进行语义分析，对代码进行优化，之后转换成汇编语言，生成.s 文件。

③ 汇编：使用汇编器（as）将汇编语言变为目标代码（机器代码），生成可重定位目标文件（.o 文件）。

④ 链接：使用链接器（id）连接目标代码，将目标代码与用到的库文件一起生成可执行的二进制文件（.bin 文件）。

对于汇编语言，可以直接从步骤③开始执行，依次通过汇编、链接两个过程生成可执行程序。

gcc-aarch64-linux-gnu 的基本用法与 GCC 相似，具体命令形式如下。

```
aarch64-linux-gnu-gcc [options] [filenames]
```

其中，options 就是编译器所需要的参数，filenames 给出相关的文件名称。GCC 常用参数如表 2.6 所示。

表 2.6　GCC 常用参数

常用选项	功能
-c	编译并生成目标文件
-E	预处理后即停止，不进行编译
-S	编译后即停止，不进行汇编
-o	指定输出文件
-I	指定头文件目录
-L	指定链接时库文件目录
-l	指定程序要链接的库
-w	不生成任何警告信息

读者也可以使用 aarch64-linux-gnu-gcc 命令依次完成以上 4 个步骤，查看每一步生成的中间文件。本节引入在树莓派 4B 的串口端输出字符串的案例，其核心 kernel.c 文件的内容如下。

```
#include "pl_uart.h"
void kernel_main(void)
{
    uart_init();
    uart_send_string("Welcome Raspberry!\r\n");
    while (1) {
        uart_send(uart_recv());
    }
}
```

如图 2.13 所示，kernel.c 同级目录中还包含了其他的.c 文件和汇编文件，包括 pl_uart.c、boot.S、mm.S 等。

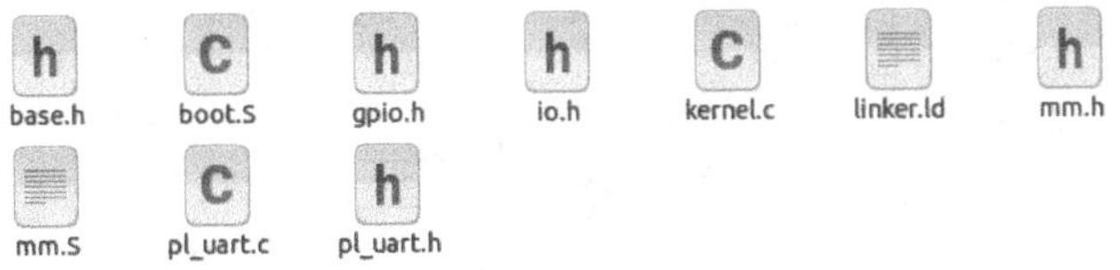

图 2.13　串口输出工程文件

使用 aarch64-linux-gnu-gcc 进行编译时，需要将各个文件都汇编生成.o 文件，使用链接脚本将所有.o 文件链接后生成可执行的二进制文件。依次执行以下命令。

```
<对.c 文件预处理>
$ aarch64-linux-gnu-gcc -E kernel.c -o kernel.i
$ aarch64-linux-gnu-gcc -E pl_uart.c -o pl_uart.i
<对.i 文件编译>
$ aarch64-linux-gnu-gcc -S kernel.i -o kernel.s
$ aarch64-linux-gnu-gcc -S pl_uart.i -o pl_uart.s
<对.s 文件汇编>
$ aarch64-linux-gnu-as kernel.s -o kernel_c.o
$ aarch64-linux-gnu-as pl_uart.s -o pl_uart_c.o
$ aarch64-linux-gnu-gcc -c boot.S -o boot_s.o
$ aarch64-linux-gnu-gcc -c mm.S -o mm_s.o
<链接>
$ aarch64-linux-gnu-ld -T linker.ld -o rasp.elf pl_uart_c.o kernel_c.o boot_s.o mm_s.o
<.elf 转.bin 文件>
$ aarch64-linux-gnu-objcopy rasp.elf -O binary rasp.bin
```

然后将生成的 rasp.bin 放入 microSD 卡中在树莓派上运行，即可在串口端输出对应的“Welcome Raspberry!”，如图 2.14 所示。

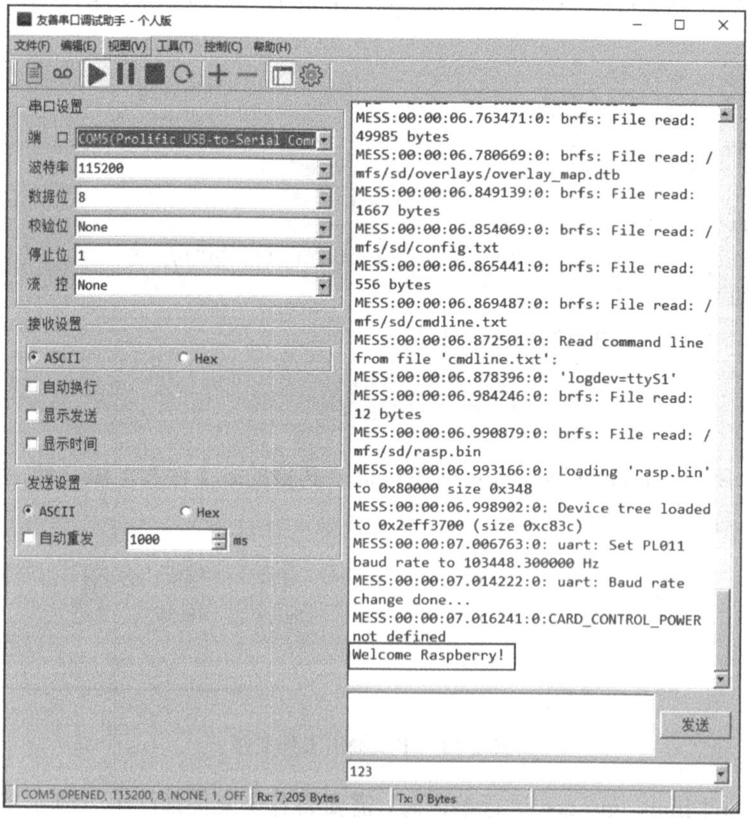

图 2.14 串口输出结果

上述前三个步骤，读者也可使用 aarch64-linux-gnu-gcc 的-c 命令直接生成对应的.o 文件。大型项目中源文件多，直接使用 aarch64-linux-gnu-gcc 命令逐个进行编译相对烦琐。可以使用 Make 文件简化编译流程，将整个工程的编译、链接规则写入 makefile 文件，编译时由工具读取相应规则确定编译次序。本书不对 Make 及其相关内容做详细介绍，感兴趣的读者可以自行查找相关资料[7]。

汇编阶段生成的可重定位目标文件（.o 文件），以及链接阶段生成的可执行二进制文件（.elf 文件），都是按照一定格式组成的二进制目标文件（可执行文件）。本书采用的是 ELF.文件格式（可执行与可链接格式），其结构组成如图 2.15 所示。

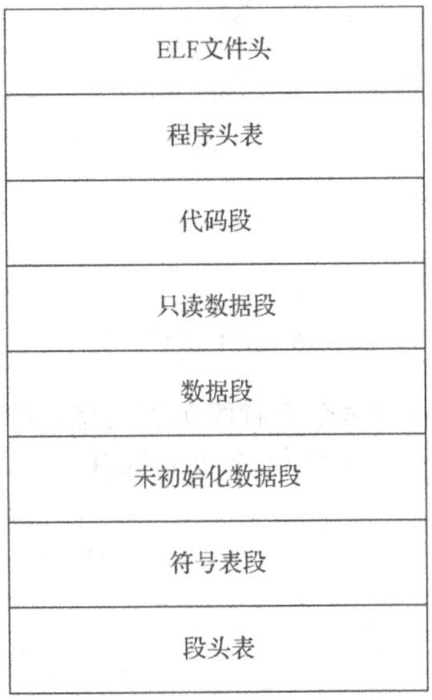

图 2.15　ELF 文件结构组成

各部分的含义如下。

- ELF 文件头：描述文件的基本属性，包括 ELF 文件版本、目标计算机型号、程序入口地址等信息。
- 程序头表：描述一个进程的内存映像。
- 代码段：存储程序代码编译后的机器指令。
- 只读数据段：存储只读数据。
- 数据段：存储初始化的全局变量和初始化的局部静态变量。
- 未初始化数据段：存储未初始化的全局变量和未初始化的局部静态变量。
- 符号表段：存储函数和全局变量的符号表信息。
- 段头表：描述 ELF 文件中所有段属性，包括段名字、长度、偏移量、读写权限等。

除此之外，ELF 文件中还可能包含一些其他字段，常见的有以下 3 种。

- 可重定位代码段：存储代码段的重定位信息。
- 可重定位数据段：存储数据段的重定位信息。
- 调试符号表段：存储调试过程中使用的符号表信息。

在 Linux 主机中，可以通过 readelf 命令查看 ELF 文件的具体信息；可以通过 readelf -h

[filename]查看 ELF 文件的文件头信息。如图 2.16 所示，查看 rasp.elf 文件的文件头，该文件类型为 ELF64 的可执行文件（executable file），在 AArch64 上执行，程序头（program headers）的大小为 56B，数量为 2；段头（section headers）的大小为 64B，数量为 14。

```
rlk@rlk:Rasp_1$ readelf -h rasp.elf
ELF Header:
  Magic:   7f 45 4c 46 02 01 01 00 00 00 00 00 00 00 00 00
  Class:                             ELF64
  Data:                              2's complement, little endian
  Version:                           1 (current)
  OS/ABI:                            UNIX - System V
  ABI Version:                       0
  Type:                              EXEC (Executable file)
  Machine:                           AArch64
  Version:                           0x1
  Entry point address:               0x80030
  Start of program headers:          64 (bytes into file)
  Start of section headers:          67928 (bytes into file)
  Flags:                             0x0
  Size of this header:               64 (bytes)
  Size of program headers:           56 (bytes)
  Number of program headers:         2
  Size of section headers:           64 (bytes)
  Number of section headers:         14
  Section header string table index: 13
```

图 2.16　ELF 文件头信息

可以通过 readelf -S [filename]命令查看段头表信息。如图 2.17 所示，查看 test 文件的段头表，从 0x10958 开始，包含了所有 14 个段的信息。

```
rlk@rlk:Rasp_1$ readelf -S rasp.elf
There are 14 section headers, starting at offset 0x10958:

Section Headers:
  [Nr] Name              Type             Address           Offset
       Size              EntSize          Flags  Link  Info  Align
  [ 0]                   NULL             0000000000000000  00000000
       0000000000000000  0000000000000000           0     0     0
  [ 1] .text.boot        PROGBITS         0000000000080000  00010000
       0000000000000030  0000000000000000  AX       0     0     4
  [ 2] .text             PROGBITS         0000000000080030  00010030
       0000000000000264  0000000000000000  AX       0     0     4
  [ 3] .rodata           PROGBITS         0000000000080298  00010298
       0000000000000015  0000000000000000   A       0     0     8
  [ 4] .eh_frame         PROGBITS         00000000000802b0  000102b0
       0000000000000098  0000000000000000   A       0     0     8
  [ 5] .comment          PROGBITS         0000000000000000  00010348
       0000000000000024  0000000000000001  MS       0     0     1
  [ 6] .debug_line       PROGBITS         0000000000000000  0001036c
       0000000000000084  0000000000000000           0     0     1
  [ 7] .debug_info       PROGBITS         0000000000000000  000103f0
       000000000000005c  0000000000000000           0     0     1
  [ 8] .debug_abbrev     PROGBITS         0000000000000000  0001044c
       0000000000000028  0000000000000000           0     0     1
  [ 9] .debug_aranges    PROGBITS         0000000000000000  00010480
       0000000000000060  0000000000000000           0     0     16
  [10] .debug_str        PROGBITS         0000000000000000  000104e0
       000000000000003a  0000000000000001  MS       0     0     1
  [11] .symtab           SYMTAB           0000000000000000  00010520
       0000000000000318  0000000000000018          12    24     8
  [12] .strtab           STRTAB           0000000000000000  00010838
       0000000000000097  0000000000000000           0     0     1
  [13] .shstrtab         STRTAB           0000000000000000  000108cf
       0000000000000087  0000000000000000           0     0     1
Key to Flags:
  W (write), A (alloc), X (execute), M (merge), S (strings), I (info),
  L (link order), O (extra OS processing required), G (group), T (TLS),
  C (compressed), x (unknown), o (OS specific), E (exclude),
  p (processor specific)
```

图 2.17　ELF 文件段头表信息

常用的 readelf 命令参数及其意义如表 2.7 所示。

表 2.7　常用的 readelf 命令参数及其意义

参数	意义
-a	显示全部信息
-h	显示文件头信息
-S	显示段头信息
-g	显示段组信息
-V	显示 readelf 版本信息

至此，C 语言或汇编语言程序在树莓派 4B 中的编译方法介绍完毕。

2.2.5　J-Link 调试案例介绍

为了进一步阐述使用 J-Link 进行调试的方法，本节在 2.2.4 节案例内容的基础上增加了相关内容[8]。

① 按照 2.2.3 节的方法连接树莓派与 J-Link 仿真器，使用 load_image 命令和 step 命令加载可执行程序 rasp.bin，执行结果如图 2.18 所示。

```
> load_image /home/rlk/Desktop/Raspberry/rasp.bin 0x80000
840 bytes written at address 0x00080000
downloaded 840 bytes in 0.018693s (43.883 KiB/s)
```

```
> step 0x80000
bcm2711.a72.0 halted in AArch64 state due to single-step, current mode: EL2H
cpsr: 0x000003c9 pc: 0x80004
MMU: disabled, D-Cache: disabled, I-Cache: disabled
```

图 2.18　加载可执行程序后的执行结果

② 使用 target remote localhost:3333 命令连接 OpenOCD 的 GDB 服务，GDB 调试界面如图 2.19 所示。连接成功后，可以看到 GDB 停留在程序的入口点（_start）处。

```
src/boot.S
 7              mrs     x0, mpidr_el1
>8              and     x0, x0,#0xFF              // 检查处理器核心ID
 9              cbz     x0, master                // 除了CPU0，其他CPU
 10             b       proc_hang
 11
 12     proc_hang:
 13             b       proc_hang
 14
 15     master:
 16             adr     x0, bss_begin
 17             adr     x1, bss_end
 18             sub     x1, x1, x0
 19             bl      memzero
remote Remote target In: _start                          L8    PC: 0x80004

For help, type "help".
Type "apropos word" to search for commands related to "word"...
Reading symbols from /home/rlk/Desktop/Raspberry/build/rasp.elf...done.
(gdb) targrt remote localhost:3333
Undefined command: "targrt".  Try "help".
(gdb) target remote localhost:3333
Remote debugging using localhost:3333
_start () at src/boot.S:8
(gdb) 
```

图 2.19　GDB 调试界面

③ 使用 GDB 命令对代码进行调试，如使用 break 18 命令在程序的第 18 行设置一个断点，使用 run 命令执行程序，并使用 layout reg 命令打开寄存器窗口查看各个寄存器的值。如图 2.20 所示，当程序执行至第 18 行中断时，寄存器窗口显示 X0 寄存器的值为 0x80348，X1 寄存器的值也为 0x80348。

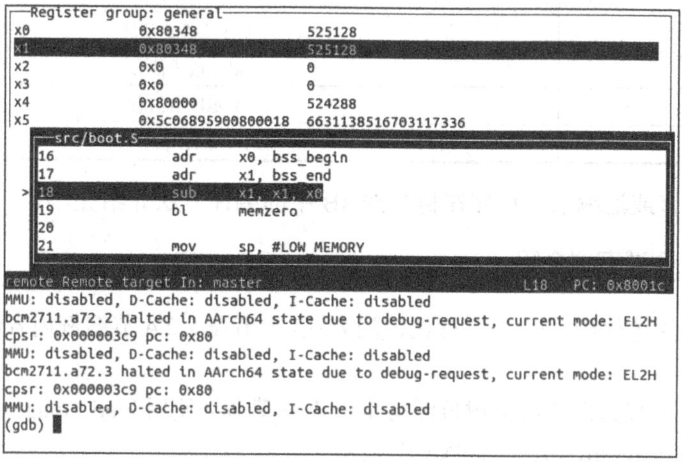

图 2.20　GDB 单步调试

④ 使用 GDB 的 continue 命令执行程序至结束，在串口会输出“Welcome Raspberry!”，如图 2.21 所示。

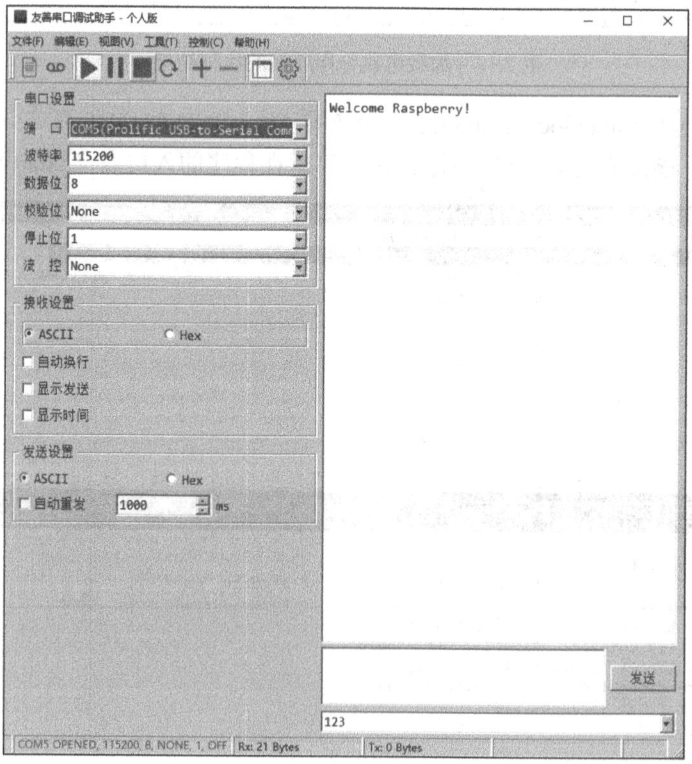

图 2.21　程序调试结果

2.2.6　程序运行

将调试完成的可执行文件放入树莓派中运行，具体过程如下。

① 通过读卡器将生成的可执行文件（.bin 文件）放入树莓派的 microSD 卡中。

② 修改 microSD 卡中的 Config 文件。例如，将 raspi.bin 文件放入 microSD 卡时，Config 文件修改如下。

```
[pi4]
kernel=rasp.bin

[pi3]
kernel=rasp.bin

[all]
arm_64bit=1
enable_uart=1
uart_2ndstage=1

enable_jtag_gpio=1
gpio=22-27=a4
init_uart_clock=48000000
init_uart_baud=115200
```

③ 将 microSD 卡插入树莓派，接通电源。通过串口调试助手可以看到树莓派的串口输出，如图 2.22 所示。

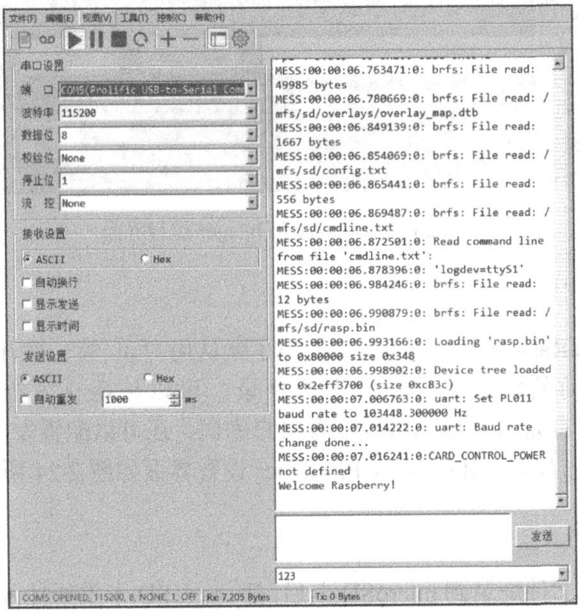

图 2.22　树莓派的串口输出

2.3 Python开发环境

2.3.1 安装Raspberry Pi OS

1. 安装Raspberry Pi Imager

配置Python开发环境首先要为树莓派安装操作系统[9]，官方支持的操作系统是Raspberry Pi OS，并提供Raspberry Pi Imager工具烧录操作系统镜像文件，可以在树莓派官方网站（https://www.raspberrypi.com）下载Raspberry Pi Imager工具的安装包。

2. 烧录树莓派系统

将microSD卡放入读卡器并连接到计算机，运行Raspberry Pi Imager，其运行界面如图2.23所示。读者可以直接在其运行界面选择操作系统进行下载，也可以自行在其官方网站下载Raspberry Pi OS的映像文件，然后本地选择文件进行烧录，如2022-04-04-RASPIOS-BULLSEYE-ARM64.IMG.XZ，依次选择要烧录的操作系统及microSD卡后即可进行烧录。

图2.23 Raspberry Pi Imager运行界面

3. 配置用户名和密码

2022年4月后的Raspberry Pi OS版本取消了默认用户pi，第一次开机时需要配置用户，因此无法再使用之前的默认账户密码进行登录。可以使用官方提供的镜像制作工具Raspberry Pi Imager，在烧录系统的时候配置账户密码，还可以配置安全外壳（secure shell，SSH）、Wi-Fi、键盘布局等。Raspberry Pi Imager设置界面如图2.24所示。

4. 使能串口输出

将操作系统映像文件烧录到microSD卡后，把microSD卡重新插入主机，需要修改boot分区的config.txt配置文件，在文件中增加下面两行程序以使能串口输出功能。

```
uart_2ndstage = 1
enable_uart = 1
```

图 2.24　Raspberry Pi Imager 设置界面

5. 启动树莓派

将 microSD 卡插入树莓派 4B 的 SD 卡槽中，使用 USB 电源给树莓派供电，启动树莓派，树莓派绿色指示灯闪烁，说明系统正常。

2.3.2　登录 Raspberry Pi OS

为树莓派配置独立屏幕的情况下，可以通过树莓派 micro HDMI 口连接显示器进行登录。在无屏幕的情况下，可使用计算机通过 SSH 或虚拟网络控制台（virtual network console，VNC）远程连接树莓派，远程连接需要获取树莓派的 IP 地址，本节使用 Windows 10 主机作为客户端远程访问树莓派。

1. 获取树莓派 IP 地址

1）命令窗口获取树莓派 IP 地址。树莓派开机后，可通过网线与计算机连接，按 Windows+R 组合键打开命令行窗口，如图 2.25 所示，输入命令即可返回树莓派 IP 地址。

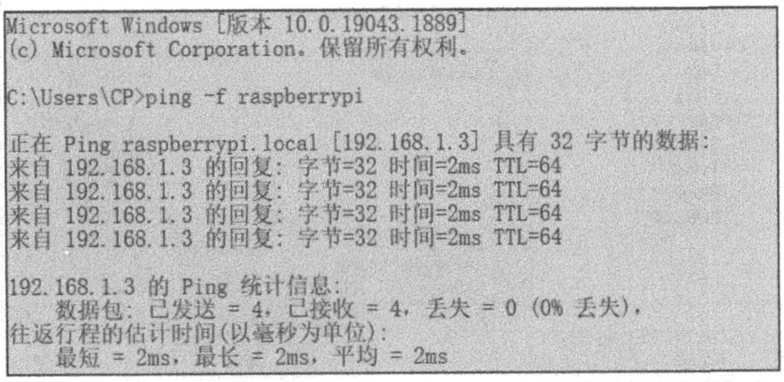

```
Microsoft Windows [版本 10.0.19043.1889]
(c) Microsoft Corporation。保留所有权利。

C:\Users\CP>ping -f raspberrypi

正在 Ping raspberrypi.local [192.168.1.3] 具有 32 字节的数据:
来自 192.168.1.3 的回复: 字节=32 时间=2ms TTL=64
来自 192.168.1.3 的回复: 字节=32 时间=2ms TTL=64
来自 192.168.1.3 的回复: 字节=32 时间=2ms TTL=64
来自 192.168.1.3 的回复: 字节=32 时间=2ms TTL=64

192.168.1.3 的 Ping 统计信息:
    数据包: 已发送 = 4，已接收 = 4，丢失 = 0 (0% 丢失)，
往返行程的估计时间(以毫秒为单位):
    最短 = 2ms，最长 = 2ms，平均 = 2ms
```

图 2.25　命令行获取树莓派 IP 地址

2）Advanced IP Scanner 扫描树莓派 IP 地址。Advanced IP Scanner 是一款快速网络 IP 扫描工具，可以在其官方网站下载安装。该软件工作界面如图 2.26 所示，扫描结果中 raspberrypi 对应的 IP 即树莓派的 IP 地址。

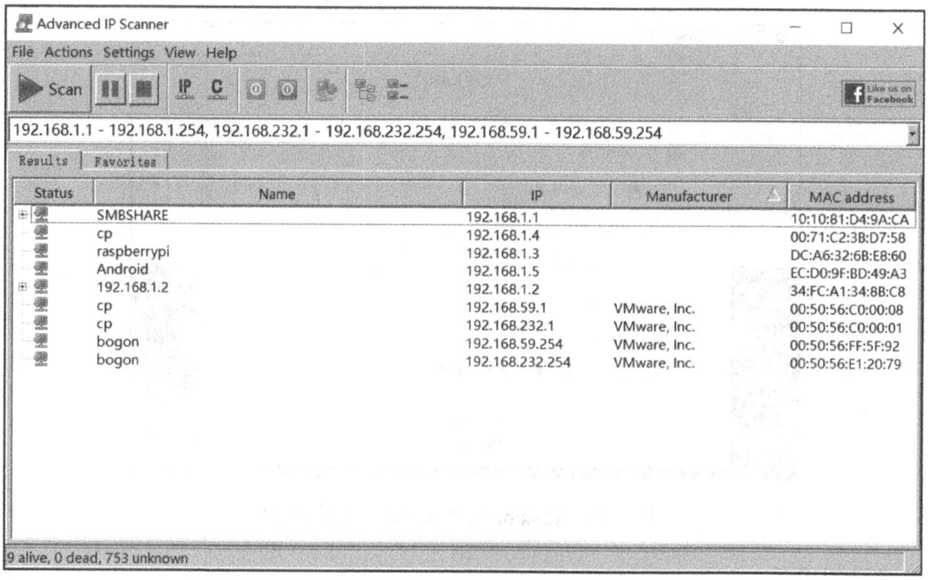

图 2.26　Advanced IP Scanner 工作界面

2. SSH 登录

若烧录系统时已开启树莓派 SSH，可以使用 PuTTY 工具登录树莓派，PuTTY 工作界面如图 2.27 所示。输入树莓派 IP 地址，端口默认为 22，选择 SSH 类型，单击 Open 按钮进入登录界面。

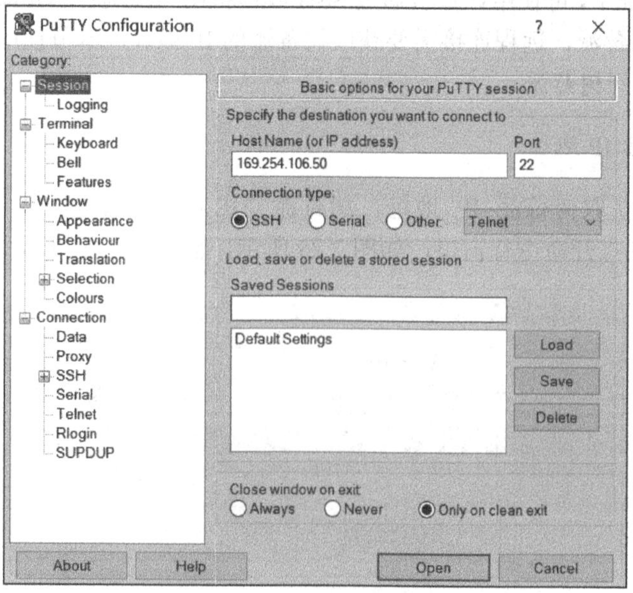

图 2.27　PuTTY 工作界面

输入烧录系统时设置的用户名和密码即可登录树莓派系统，成功连接到树莓派后的界面如图 2.28 所示。

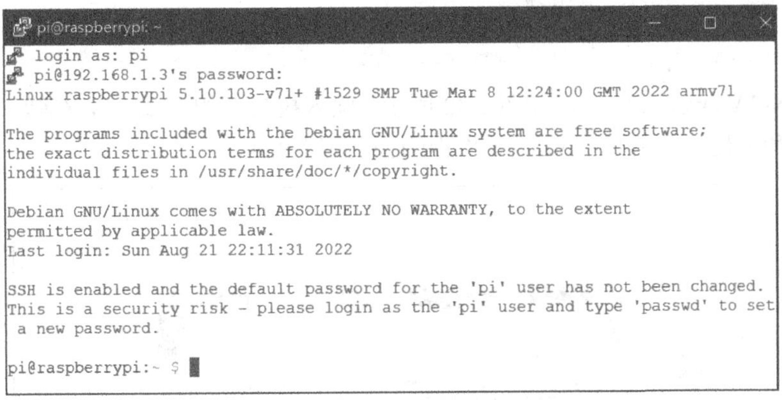

图 2.28　PuTTY 连接树莓派后的界面

3. VNC 登录

VNC Viewer 是一款用于远程访问树莓派桌面的图形化远程控制软件。用户可以在其官方网站下载该软件，然后使用 VNC 登录图形界面以便后续 Python 开发环境配置。在使用 VNC 前要在树莓派开启 VNC 服务，通过 SSH 方式登录树莓派，在命令行窗口中输入以下命令进入树莓派系统配置。

```
$ sudo raspi-config
```

raspi-config 是树莓派官方镜像自带的系统配置工具，其配置界面如图 2.29 所示。

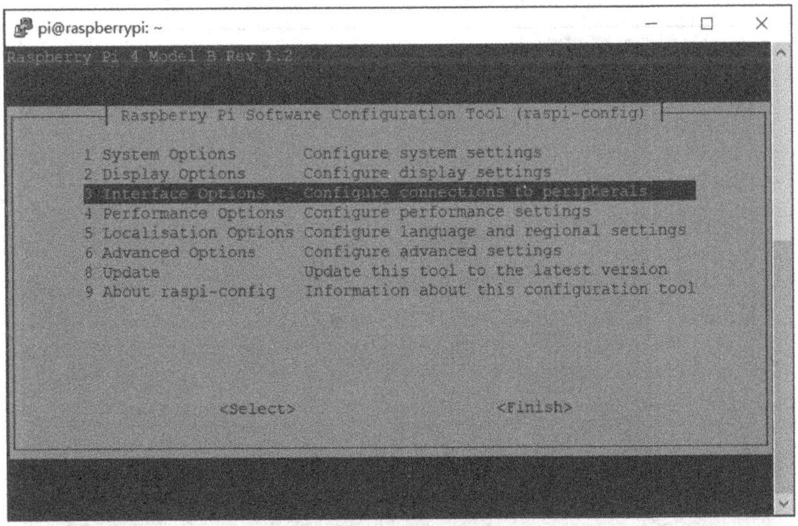

图 2.29　raspi-config 配置界面

选择进入 Interface Options 设置界面，并打开 VNC 服务，重启树莓派令设置生效。树莓派没有用于关闭或重新启动电路板的电源按钮，可以在树莓派终端输入以下命令安全关机或重启树莓派。

```
$ sudo shutdown -h now
$ sudo reboot
```

运行 VNC Viewer 后的界面如图 2.30 所示，输入树莓派的 IP 地址，在弹出的对话框中输入用户名和密码，然后单击 OK 按钮即可连接到树莓派。

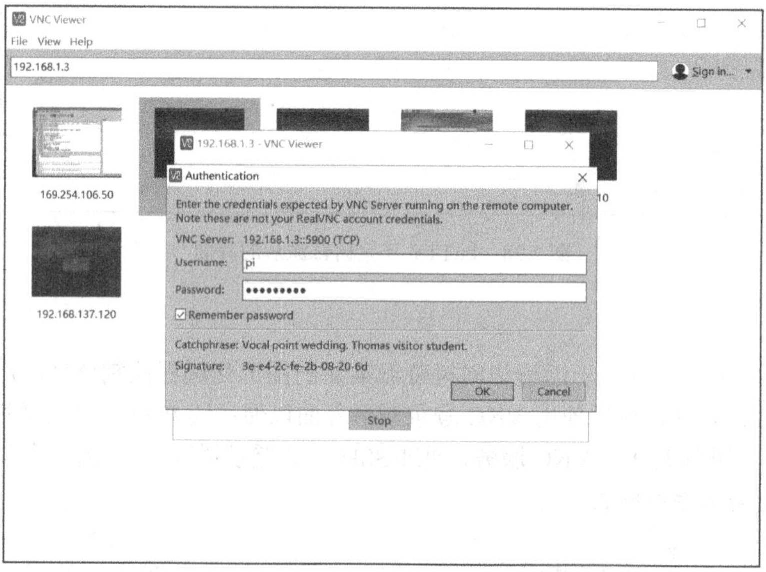

图 2.30　VNC 连接树莓派界面

VNC 连接树莓派成功后即可访问树莓派桌面，如图 2.31 所示。

图 2.31　树莓派桌面

2.3.3　树莓派 Python 环境搭建

1. 关于 Python

Python 是解释型语言，而非编译型语言。编译型语言（如 C 语言）在程序执行之前需要专门的编译过程，一次性把所有程序语句转换为二进制代码，运行时直接使用编译结果，脱离开发环境也可以运行，执行效率高，但跨平台性差。对于解释型语言，执行程序的过程中需要一边转换一边执行，用到哪些源代码就将哪些源代码转换成机器码。在运行解释型语言时，始终都需要源代码和解释器[10]。

可以通过以下三类工具来学习 Python 的大部分语法和概念。

- 交互式命令行。交互模式允许输入一条 Python 语句，然后立即检查错误并解释。
- 集成开发环境（integrated development environment，IDE）。集成开发环境包括解释器、库管理，以及一些常用的第三方库，可帮助用户提高 Python 开发效率。
- 文本编辑器。文本编辑器可以帮助创建 Python 脚本文件，是创建和修改文本文件的程序，侧重于文本编辑，不会解释输入到其中的 Python 程序，可以集成到 IDE 工具中。

2. Python 解释器

运行 Python 程序需要解释器的支持，只要在不同的平台都安装 Python 解释器和相应的 Python 库，代码就能正确执行。在主机端编写的 Python 程序，在树莓派上也可以运行，跨平台性相对友好。

树莓派官方系统自带 Python 运行环境，包括 Python 2 和 Python 3 版本解释器。如图 2.32 所示，打开树莓派终端窗口输入 python 命令即可进入交互式命令行。默认使用 Python 2，若要使用 Python 3，需要在终端输入 python3、pip3 等指令。

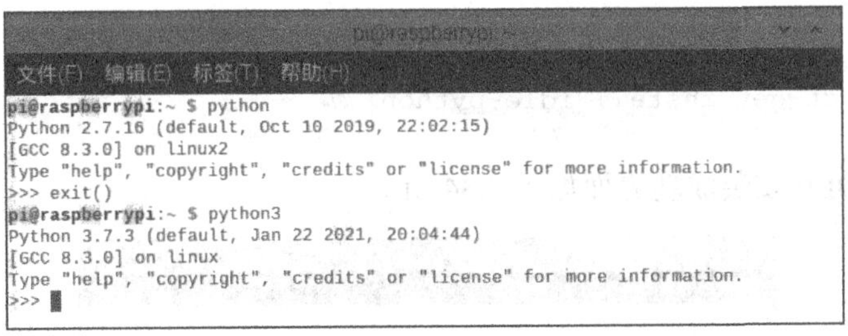

图 2.32　树莓派终端进入 Python 交互模式

3. Python IDE

Raspberry Pi OS 预装了一个适合初学者的 Python IDE——Thonny，在树莓派菜单中打开编程选项即可找到这个 IDE。如图 2.33 所示，打开后可以看到窗口主要分为两个区域，可以在上方的代码编辑区直接编写 Python 代码，然后运行，此时可以在下方的 Shell 窗口中看到运行结果，也可以在 Shell 窗口直接输入 Python 语句进行更直接的交互。

此处使用的是默认 Python 运行环境，也可以在工具设置中配置和选择需要的虚拟环境或解释器。需要注意的是，Thonny 仅支持 Python 3.5 及之后的版本。考虑到 Python 2 的下载和使用量依然很高，且很多树莓派编程入门相关教程提供的仍是 Python 2 版本的代码，因此后文还会介绍如何在树莓派安装 Python 2 版本的 IDLE。

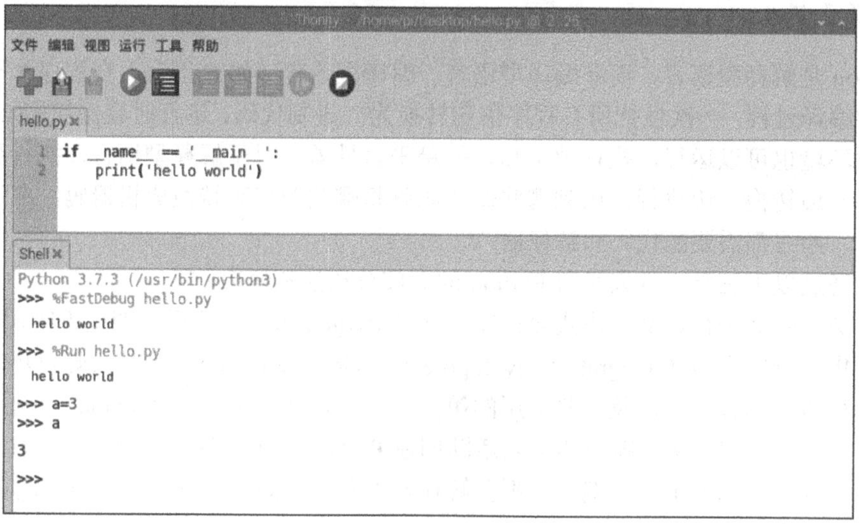

图 2.33　Thonny 运行界面

4. 安装 Python IDLE 环境

首先，在终端输入以下命令更新本地软件源。

```
$ sudo apt-get update
```

然后，安装 Python 2.7 版本的 IDLE。IDLE 是 Python 自带的编辑器，简单通用且支持不同设备，是一款很好的基础工具。如果系统没有包含 Python IDLE 环境，读者可以通过以下命令自行安装。

```
$ sudo apt-get install idle-python2.7
```

Python 2.7 IDLE 安装成功界面如图 2.34 所示。

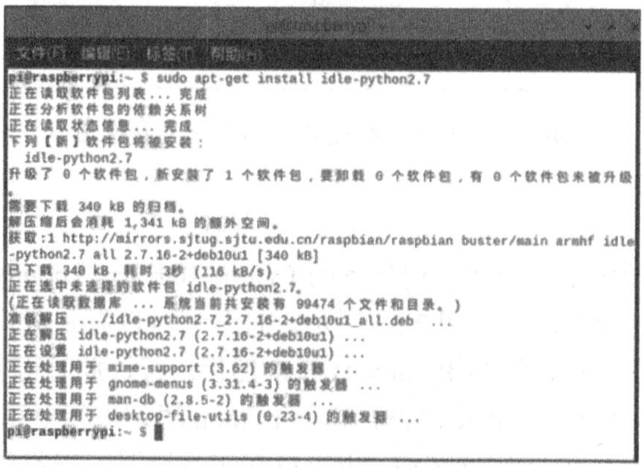

图 2.34　Python 2.7 IDLE 安装成功界面

5. 在菜单中显示 Python IDLE 环境并添加图标到桌面

若 IDLE 安装完成后菜单编程选项仍没有相应 IDLE 图标，可以通过以下步骤打开显示以便使用。

① 如图 2.35 所示，在树莓派菜单中选择首选项中的 Main Menu Editor 选项，选择“应用程序”下的“编程”选项，在中间窗格选择 IDLE（using Python-2.7）复选框，然后单击“确定”按钮，即可在“编程”选项下显示 Python IDLE。

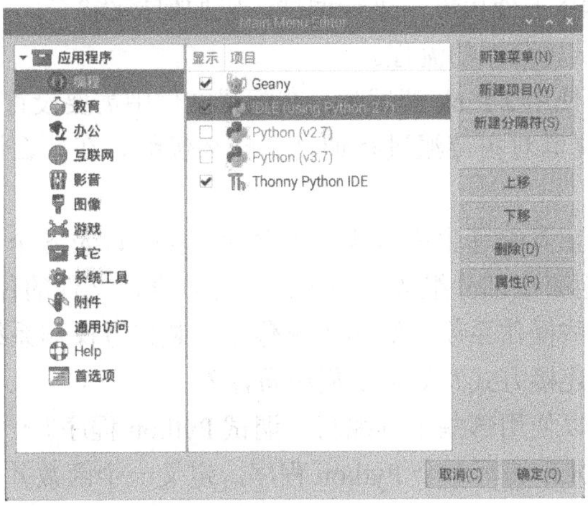

图 2.35　在“编程”选项下显示 Python IDLE

② 使用快捷菜单可以添加该图标到树莓派桌面，如图 2.36 所示。

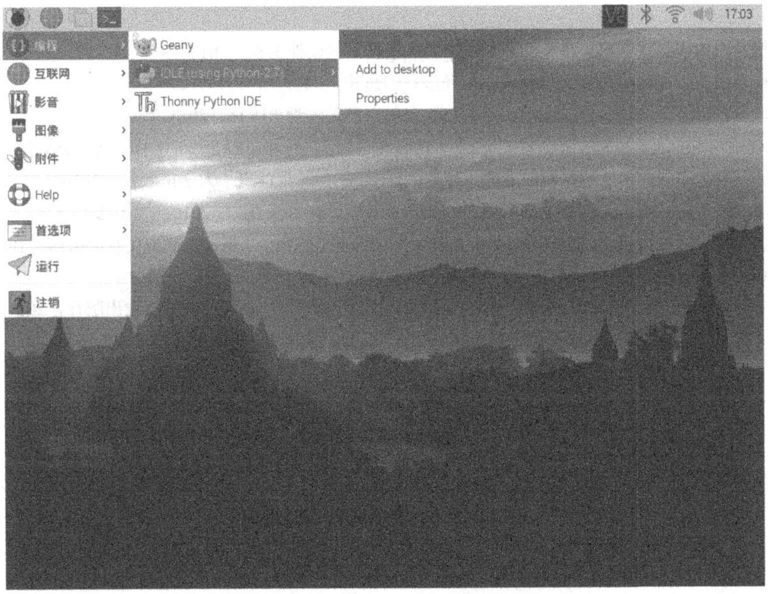

图 2.36　添加图标到树莓派桌面

将图标添加到桌面后，双击该图标即可进入 Python IDLE 界面。

习 题

1．相较于 BCM2837B，树莓派 4B 的 BCM2711 芯片有哪些提升？

2．BCM2711 支持哪几种地址模式？外设寄存器的地址空间范围是什么？

3．ARMv8 有几种调试方法，每种调试方法是如何实现的？

4．如何在树莓派 4B 上使用串口进行调试，应如何接线？

5．简述 J-Link 调试树莓派的流程。

6．在对树莓派 4B 使用 J-Link 调试时，在配置文件中需要设置哪些变量，如何设置？

7．使用 J-Link 仿真器对树莓派进行调试有什么优势？在什么情况下需要用到这种调试方法？

8．简述使用 GCC 工具编译生成可执行程序的步骤，以及各个步骤的作用。

9．ELF 文件主要由哪些部分组成？各个部分分别存储文件的什么信息？

10．树莓派支持哪些操作系统？简述为树莓派安装官方操作系统的基本流程。

11．树莓派有几种连接方式？如何访问树莓派？

12．在树莓派上可以使用哪些工具编写、调试 Python 程序？

13．使用 Python IDLE 编写一个 Python 程序，定义一个函数并调用，每次调用时随机输出一个 0～10 的数字。

参 考 文 献

[1] 李文胜．基于树莓派的嵌入式 Linux 开发教学探索[J]．电子技术与软件工程，2014（9）：219-220.
[2] 霍昕泽．基于树莓派的智能监控系统[J]．现代工业经济和信息化，2017，7（11）：2.
[3] 王江伟，刘青．玩转树莓派 Raspberry Pi[M]．北京：北京航空航天大学出版社，2013.
[4] ZHAO C W, JEGATHEESAN J, LOON S C. Exploring IoT application using Raspberry Pi[J]. IJCNA, 2015, 2(1): 27-34.
[5] 胡松涛．树莓派开发从零开始学：超好玩的智能小硬件制作书[M]．北京：清华大学出版社，2016.
[6] BALON B, SIMIC M. Using Raspberry Pi computers in education[C]//MIPRO. IEEE, 2019: 671-676.
[7] MAHMOOD S, PALANIAPPAN S, HASAN R, et al. Raspberry Pi and role of IoT in education[C]//ICBDSC. IEEE, 2019: 1-6.
[8] SEVERANCE C. Eben upton: Raspberry Pi[J]. Computer, 2013, 46(10): 14-16.
[9] BRADBURY A, EVERARD B．树莓派 Python 编程指南[M]．王文峰，译．北京：机械工业出版社，2015.
[10] SIMON MONK S. Raspberry Pi Python 编程入门[M]．姜斐祚，译．北京：科学出版社，2014.

第3章

ARMv8汇编概述

作为第一款支持 64 位的 ARM 处理器架构，ARMv8 继承和扩充了 ARMv7 及其之前版本处理器的指令集，包括基于 32 位 AArch32 架构的 A32 指令集和 T32 指令集，以及基于 64 位 AArch64 架构的 A64 指令集。ARMv8 引入了 AArch32 和 AArch64 两种执行状态。AArch32 执行状态使用 32 位寄存器和 32 位内存寻址，支持 A32 和 T32 指令集。AArch32 执行状态允许在 A32 和 T32 指令集之间进行运行时切换。AArch64 执行状态是一个类似 AArch32 执行状态的现代计算环境，使用 64 位寄存器和 64 位内存地址，还包括一个 AArch32 执行状态寄存器组。AArch64 执行状态支持 A64 指令集，此外也可使用固定长度的 32 位指令编码。与 A32 指令集相比，A64 指令集使用了不同的寄存器操作数和不同的汇编语言助记符。这意味着为 AArch64 执行状态编写的汇编语言源代码与 AArch32 执行状态不兼容，反之亦然[1]。

3.1 执行机制

3.1.1 指令集

指令集是处理器体系结构的重点之一，ARMv8 支持 A32、T32、A64 三种指令集[2]。

1. A32 指令集

A32 指令集包含用于按位逻辑运算、数据加载、存储的多功能指令。所有 A32 指令编码都是 32 位的，并且必须在字边界对齐。几乎所有 A32 指令都使用操作数（operand），操作数指定指令使用的特定寄存器、值或内存位置。大多数指令需要一个或多个源操作数和一个目标操作数，一些指令使用两个目标操作数。A32 指令编码格式如图 3.1 所示。

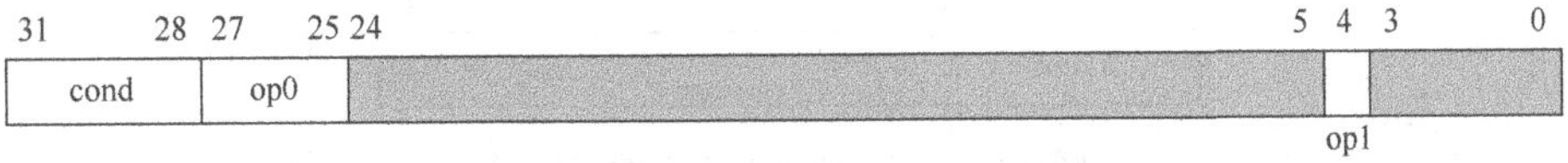

图 3.1 A32 指令编码格式

表 3.1 为 A32 指令集的主编码表。

表 3.1　A32 指令集的主编码表

cond	op0	op1	编码组
!= 1111	00x	—	数据处理和杂项指令
!= 1111	010	—	加载（存储）字，无符号字节（立即数）
!= 1111	011	0	加载（存储）字，无符号字节（寄存器）
!= 1111	011	1	多媒体指令
—	10x	—	分支、带链接分支和块数据传输指令
—	11x	—	系统寄存器访问，高级 SIMD，管理程序调用
1111	0xx	—	无条件指令

2. T32 指令集

T32 指令集，其在 ARMv8 之前的架构中被称为 Thumb 指令集。最初，ARM 指令集的长度固定为 32 位，为了改善用户代码的代码密度，Thumb 指令集被设计为 16 位指令集，开发者可以同时使用 ARM 指令集和 Thumb 指令集来降低代码大小。随着时间的推移和 Thumb-2 技术的引入，ARM 指令集的大部分功能被纳入了 Thumb 指令集，Thumb 指令集演化为 16 位和 32 位混合长度指令集，即 Thumb-2 指令集。

T32 指令编码格式如图 3.2 所示。

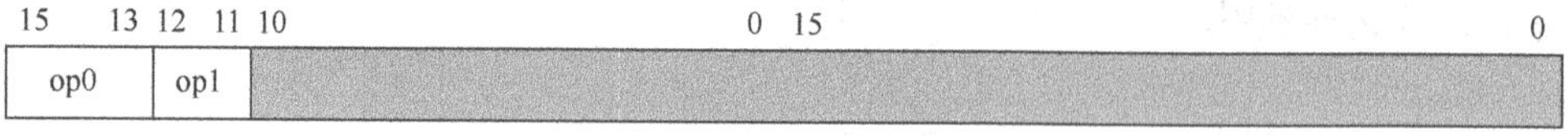

图 3.2　T32 指令编码格式

T32 指令流是半字对齐的半字序列。每个 T32 指令要么是该流中的 16 位半字指令，要么是该流中由连续两个半字组成的 32 位指令。

如果被解码的半字[15:11]位的值如下所示：

0b11101;

0b11110;

0b11111.

表示这是一条 32 位（即 T32）指令，该半字是 32 位指令的第一个半字；否则，该半字是一个 16 位指令。

16 位 Thumb 指令编码格式如图 3.3 所示。

图 3.3　16 位 Thumb 指令编码格式

表 3.2 为 16 位 Thumb 指令集的编码表。

表 3.2　16 位 Thumb 指令集的编码表

op0	解码组
00xxxx	移位（立即数）、加、减、转移、比较指令
010000	数据处理指令
010001	特殊数据指令，分支与交换指令
01001x	LDR 指令（寄存器加载指令）
0101xx	加载（存储）指令
011xxx	加载（存储）字（字节）指令
1000xx	加载（存储）半字指令
1001xx	相对于 SP 寄存器的加载（存储）指令
1010xx	相对于 PC/SP 寄存器的加法指令
1011xx	杂项指令
1100xx	多寄存器加载（存储）指令
1101xx	条件分支，管理程序调用指令

32 位 Thumb 指令编码格式如图 3.4 所示。

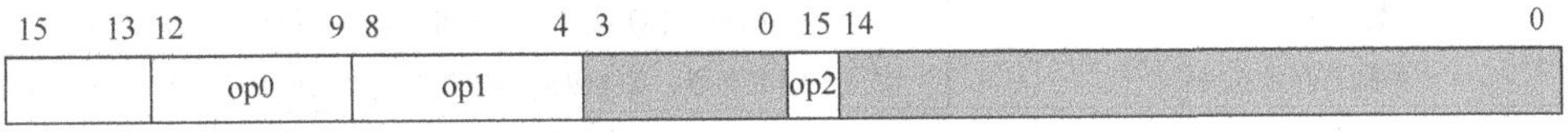

图 3.4　32 位 Thumb 指令编码格式

表 3.3 为 32 位 Thumb 指令的编码表。

表 3.3　32 位 Thumb 指令的编码表

op0	op1	op2	解码组
x11x	—	—	系统寄存器访问，高级 SIMD 和浮点指令
0100	xx0xx	—	多寄存器加载（存储）指令
0100	xx1xx	—	寄存器加载（存储）指令
0101	—	—	数据处理（寄存器移位）指令
10xx	—	1	分支和杂项控制指令
10x0	—	0	数据处理（立即数修改）指令
10x1	xxxx0	0	数据处理（二进制立即数）指令
10x1	xxxx1	0	未分配
1100	1xxx0	—	高级 SIMD 元素或结构化加载（存储）指令
1100	!= 1xxx0	—	单数据加载（存储）指令
1101	0xxxx	—	数据处理（寄存器）指令
1101	10xxx	—	乘法、乘积和绝对差指令
1101	11xxx	—	长乘与长除指令

3. A64 指令集

A64 指令集是 ARMv8 架构最大的改进，是早期 ARM 指令的有益补充和增强。A64 指令集和 A32 指令集不兼容，只能运行在 AArch64 执行状态下。A64 指令集的指令宽度是

32 位，而不是 64 位。在 A64 指令集中，大多数整数指令有两种形式，可以对 64 位通用寄存器组中的 32 位或 64 位值任意一种进行操作。

在查看指令使用的寄存器名时，如果寄存器名以 X 开头，则为 64 位值；如果寄存器名以 W 开头，则为 32 位值，如图 3.5 所示。

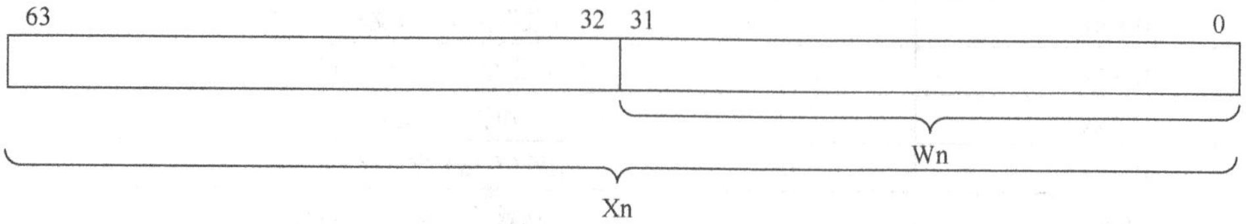

图 3.5 具有 W 和 X 访问的 64 位寄存器

表 3.4 列出了 A64 指令集的指令类型。

表 3.4 A64 指令集的指令类型

类型	说明
LOAD（加载）/STORE（存储）内存访问指令	加载/存储指令
数据处理指令	包括各种算术运算、逻辑运算、位操作、移位指令
系统寄存器指令	读写系统寄存器，如 MRS、MSR 指令可操作 PSTATE 的位段寄存器
比较与跳转指令	条件跳转、无条件跳转指令
异常产生指令	系统调用类指令

按照编码结构，A64 指令集可以分为以下功能组。

- 分支指令、异常生成指令和系统指令。
- 与通用寄存器相关联的数据处理指令。
- 加载（存储）通用寄存器、SIMD 和浮点寄存器及操作可伸缩矢量扩展（scalable vector extension，SVE）寄存器的相关指令。
- SIMD 和标量浮点数据处理指令（用于操作 SIMD 和浮点寄存器）。
- SVE 寄存器的 SVE 数据处理指令。

A64 指令编码格式如图 3.6 所示。

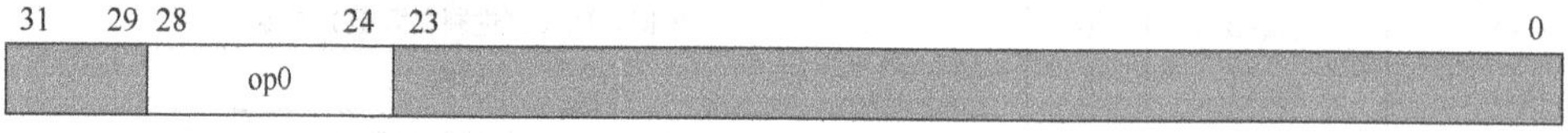

图 3.6 A64 指令编码格式

A64 指令集的指令宽度为 32 位，其中 op0 字段（[28:24]位）标识指令的编码组类别。op0 编码及其主编码表如表 3.5 所示。

表 3.5 A64 指令集 op0 编码及其主编码表

op0 编码	编码组
0000x	保留
00011	未分配

续表

op0 编码	编码组
0010x	可伸缩矢量扩展（SVE）指令
0011x	未分配
100xx	数据处理指令（对立即数）
101xx	分支处理、异常生成、系统指令
x1x0x	加载/存储指令
x101x	数据处理指令（对寄存器）
x111x	数据处理指令（标量浮点和高级 SIMD）

表 3.5 中，x 表示该位既可能是 0 也可能是 1。对于主编码表中不同编码组的指令，其他位的编码意义各不相同。下面以针对立即数的数据处理指令为例进行说明。

数据处理（立即数）指令的编码格式如图 3.7 所示。

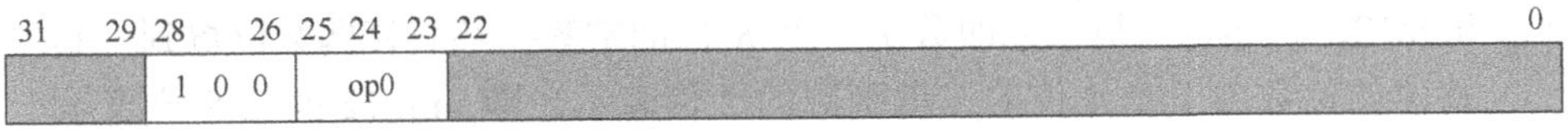

图 3.7　数据处理（立即数）指令的编码格式

与表 3.5 中对立即数的数据处理指令的编码组相对应，编码的[28:26]位为 100，而 op0 字段（即[25:23]）位，则标识了对立即数操作的不同种类，其编码表如表 3.6 所示。

表 3.6　数据处理（立即数）组编码表

op0	编码组
00x	寻址指令
010	加（减）运算指令
011	加（减）运算（带标记）指令
100	逻辑运算指令
101	宽立即数传送指令
110	位域操作指令
111	提取指令

根据表 3.6 中右侧列的不同指令类型，32 位指令编码中剩余各位所代表的意义有所不同。例如，对于针对立即数的数据处理指令中的加减运算指令，即[28:23]位的编码为 100010 的指令，其剩余位的编码格式如图 3.8 所示。

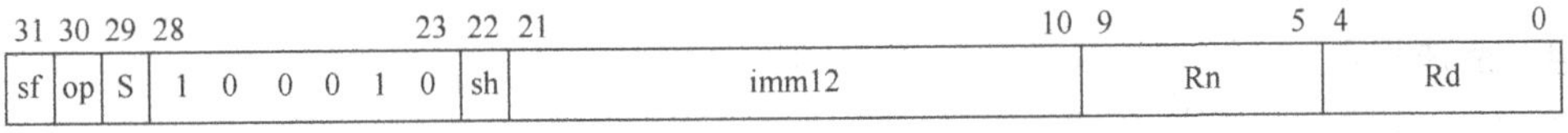

图 3.8　加减运算（立即数）指令编码格式

其中，sf、op、S 三位表示指令操作符编码，其含义如表 3.7 所示。

表 3.7 指令操作符编码含义

sf	op	S	指令（针对立即数）
0	0	0	ADD（32 位变体）
0	0	1	ADDS（32 位变体）
0	1	0	SUB（32 位变体）
0	1	1	SUBS（32 位变体）
1	0	0	ADD（64 位变体）
1	0	1	ADDS（64 位变体）
1	1	0	SUB（64 位变体）
1	1	1	SUBS（64 位变体）

其余各位的含义如下。

- sh：编码了对立即数的可选逻辑左移操作。sh 为 0 时，逻辑左移 0 位；sh 为 1 时，逻辑左移 12 位。
- imm12：立即数。每个立即数由一个 8 位的常数循环右移偶数位得到，其中循环移位的位数由一个 4 位的二进制数的 2 倍表示，即 imm12 的低 8 位表示一个常数，高 4 位的 2 倍表示常数循环右移的位数。
- Rn：源寄存器编码。
- Rd：目标寄存器编码。

至此，可以完全确定一条针对立即数的数据加减运算指令的所有位上的值。

A64 指令集使用 3 种基本类型的操作数：立即操作数、寄存器操作数和内存操作数。立即操作数是一个常数值，被编码为指令的一部分。寄存器操作数存储在通用寄存器或 SIMD 寄存器中。内存操作数存放在内存某些单元中，指令中会给出这些内存单元的物理地址。表 3.8 中给出了使用不同类型操作数的指令示例。

表 3.8 A64 指令集的 3 种操作数

类型	指令示例	说明

立即操作数	MOV W0, 33
	ADD X0, X1, 5
	ADD X0, X0, 3
		W0 = 33
		X0 = X1 + 5
		X0 = X0 + 3

寄存器操作数	LSL W1, W2, 4
	MOV X0, X1
	ADD X1, X0, X2
		W1 = W2 << 4
		X0 = X1
		X1 = X0 + X2

内存操作数	LDR X0, [SP] STR X0, [X1]	X0 = *SP *X1 = X0

4. 条件指令

大多数 A32 和 T32 指令可以有条件地执行，即根据应用程序状态寄存器（APSR）中的条件标志位决定是否执行该指令。每个 A32 条件指令都包含一个 4 位的条件码字段，即 cond 字段，位于编码的[31:28]位。条件码共有 15 种，取值 0b0000~0b1110，用户可以在指令助记符的扩展域加上条件码助记符，使指令在特定条件下执行。表 3.9 列出了所有可用的条件码。

表3.9　条件码

条件码	助记符扩展	含义（整数）	含义（浮点数）	APSR条件标志位
0000	EQ	相等	相等	Z=1
0001	NE	不相等	不相等或无序	Z=0
0010	CS	进位置位	大于等于或无序	C=1
0011	CC	进位清除	小于	C=0
0100	MI	负数	小于	N=1
0101	PL	非负数	大于等于或无序	N=0
0110	VS	溢出置位	无序	V=1
0111	VC	溢出清除	有序	V=0
1000	HI	无符号数大于	大于或无序	C=1且Z=0
1001	LS	无符号数小于等于	小于等于	C=0或Z=1
1010	GE	带符号数大于等于	大于等于	N=V
1011	LT	带符号数小于	小于或无序	N!=V
1100	GT	带符号数大于	大于	Z=0且N=V
1101	LE	带符号数小于等于	小于等于或无序	Z=1或N！=V
1110	AL	总是执行（无条件）	总是执行（无条件）	任意

注：无序意味着至少有一个NaN操作数，无法比较大小。

特别地，条件码域取值0b1111时，表示一些只能无条件执行的A32指令。

在T32指令中，条件通常编码在IT（If-Then）指令中。IT指令用于给后续指令指定执行条件，最多由4条后续条件指令句组成，称为IT块。

IT指令语法格式如下。

```
IT{x{y{z}}} {cond}
```

其中，各参数说明如下。

- x：IT块中第二条指令的执行条件。
- y：IT块中第三条指令的执行条件。
- z：IT块中第四条指令的执行条件。
- cond：IT块中第一条指令的执行条件。

其中，x，y，z可取值T（then）或E（else），T表示该指令执行条件与cond条件一致，E表示该指令执行条件与cond条件相反。cond字段适用的条件范围和编码与A32相同，如表3.9所示。

与A32和T32不同，A64指令集不支持对每条指令都有执行条件。A64指令集只允许有条件地执行程序流控制分支指令，包括条件分支指令、带进位加减运算指令、条件选择指令、条件比较指令等。A64的条件标志、条件编码与A32相同，如表3.9所示。

3.1.2　寻址模式

A64指令集支持用于数据加载和存储操作的几种不同的寻址模式：偏移模式、索引模式和PC相对模式。

偏移模式又分为基址寄存器寻址和基址寄存器加偏移寻址。在基址寄存器寻址中，值使用单个寄存器从一个内存地址加载或存储到一个内存地址。基址寄存器加偏移寻址使用具有正或负立即偏移值的基址寄存器。

索引模式又分为预索引寻址和后索引寻址。预索引寻址类似基址+偏移寻址，只不过基址会用计算出来的内存地址进行更新，这有助于对数组和其他数据结构进行自动索引。后索引寻址使用一个基址寄存器作为目标内存地址。在内存访问之后，使用偏移值更新基本寄存器的内容。后索引寻址也用于支持数组操作的自动索引。

PC 相对模式以当前程序计数器（PC）的内容为基址，加上指令给出的 1 字节补码数（偏移量）形成寻址地址，隐式引用了程序计数器（PC）的值。表 3.10 展示了 A64 指令集的寻址模式。

表 3.10 A64 指令集的寻址模式

类型	立即数偏移	寄存器偏移	扩展寄存器偏移
基址寄存器（无偏移）寻址	{base{, #0}}		
基址寄存器+偏移寻址	{base{, #imm}}	{base, Xm{, LSL ##imm}}	[base, Wm, (S|U)XTW{#imm}]
预索引寻址	{base, #imm}!		
后索引寻址	[base, #imm]	{base},Xm	
PC 相对模式	label		

A32 指令集的大多数内存寻址模式与 A64 指令集相同，不同之处在于在 A64 指令集中使用的基址寄存器始终是 64 位 X 寄存器，这是因为 AArch64 使用 64 位内存寻址，而 AArch32 使用 32 位内存寻址。

3.2 Load/Store 指令

3.2.1 指令形式

与所有以前的 ARM 处理器一样，ARMv8 体系结构是一种加载-存储体系结构[3]。这意味着没有数据处理指令可以直接对内存中的数据进行操作，数据必须先加载到寄存器才能处理，然后存储到内存中。程序必须指定地址、要传输的数据大小，以及源寄存器或目标寄存器。此外，还有一些其他加载和存储指令，它们提供了进一步的选项，如非临时加载（存储）、加载（存储）独占和获取（释放）。

加载指令的一般形式如下。

```
LDR Rt, <addr>
```

对于整数寄存器的加载，可以选择要加载的空间大小。例如，要加载小于指定寄存器存储空间的小数据，可以将以下后缀之一尾接到 LDR 指令。

- LDRB（8 位，零扩展）。
- LDRSB（8 位，有符号扩展）。
- LDRH（16 位，零扩展）。

- LDRSH（16 位，有符号扩展）。
- LDRSW（32 位，有符号扩展）。

其中，LDRB 和 LDRSB 指令的执行示例及效果如图 3.9 所示。

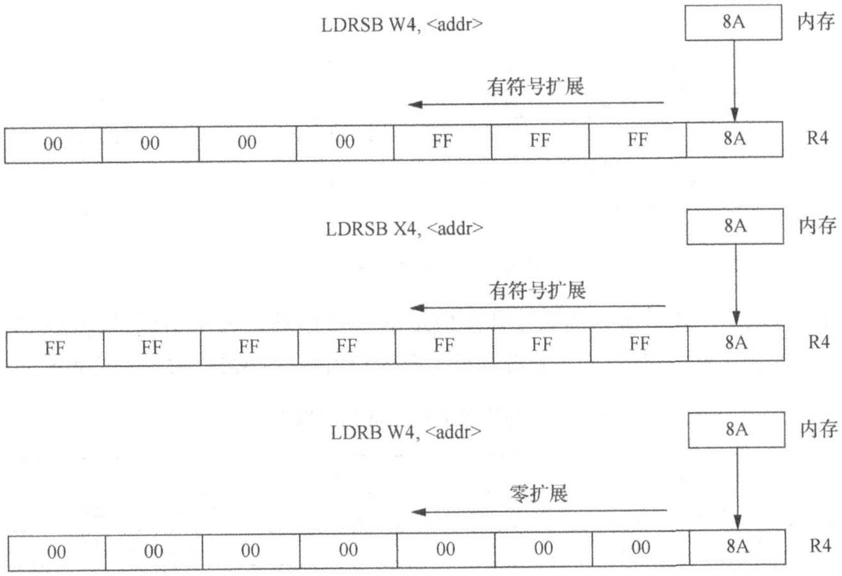

图 3.9　扩展加载指令示例及效果

类似地，存储指令的一般形式如下。

```
STR Rn, <addr>
```

3.2.2 寻址模式

A64 的寻址模式与 A32 和 T32 的寻址模式类似，但也有一些额外的限制，以及一些新功能。例如，在 A64 中，基址寄存器必须始终是 X 寄存器，然而有指令支持零扩展或符号扩展，因此 32 位偏移量可以作为 W 寄存器提供。A64 指令包含三大寻址模式：偏移模式、索引模式和 PC 相对模式[4]。

（1）偏移模式

偏移模式向 64 位基址寄存器添加立即值或可选修改的寄存器值以生成地址。偏移寻址最简单的形式是偏移量为 0，只有单个寄存器，即基本寄存器寻址，如图 3.10 所示。

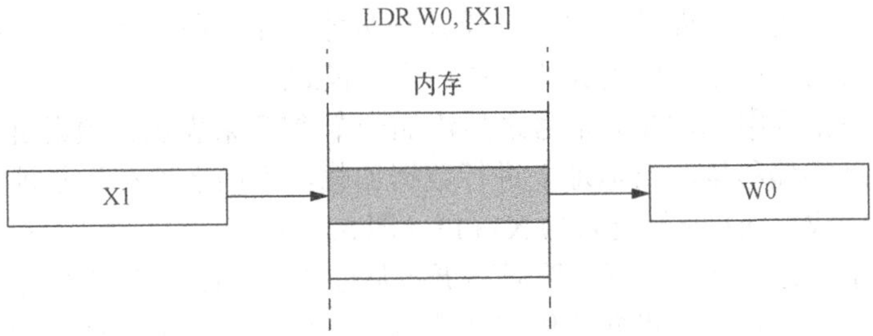

图 3.10　基本寄存器寻址

基本寄存器是一个 X 寄存器，包含被访问数据的完整或绝对虚拟地址。当偏移量不为 0 时，此偏移量与基址相加以发生地址偏移，如图 3.11 所示。

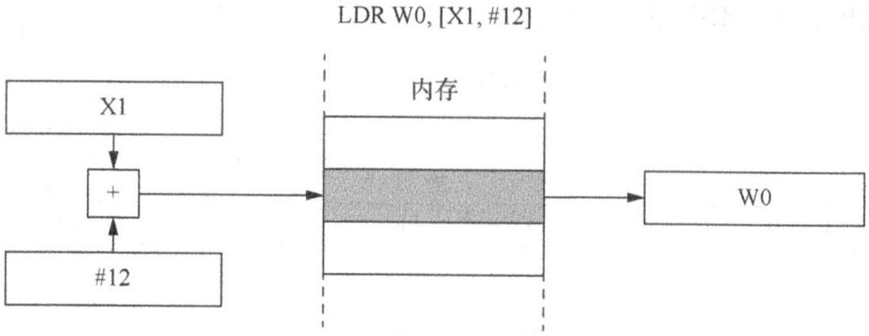

图 3.11　寄存器偏移寻址

图 3.11 中，X1 包含基址，而#12 是该地址的字节偏移，表示访问地址 X1+12。偏移量可以是一个立即数，也可以是另一个寄存器。表 3.11 汇总了偏移寻址模式常见的指令形式。

表 3.11　偏移寻址模式常见的指令形式

指令示例	描述
LDR X0, [X1]	从 X1 中的地址加载
LDR X0, [X1, #8]	从 X1+8 地址加载
LDR X0, [X1, X2]	从 X1+X2 地址加载
LDR X0, [X1, X2, LSL, #3]	从 X1+(X2<<3)地址加载
LDR X0, [X1, W2, SXTW]	从 X1+零扩展（W2）地址加载
LDR X0, [X1, W2, SXTW, #3]	从 X1+（零扩展（W2）<<3）地址加载

通常，在指定移位或扩展选项时，移位量可以是默认值 0，也可以是 $\log_2 k$，k 为移位的字节数，支持常见的数组索引操作。下面给出一个寄存器偏移寻址的 C 程序例子。

```
void example_dup(int32_t a[], int32_t length){
    int32_t first = a[0];                //LDR W3, [X0]
    for(int32_t i=1;i<length;i++){
    a[i] = first;                        //STR W3, [X0, W2, SXTW, #2]
    }
}
```

（2）索引模式

索引模式与偏移模式类似，也支持基址寄存器的更新，其指令与 A32 和 T32 的相同。通常，索引模式只能提供立即数偏移。该模式有两种变体：在访问内存之前应用偏移量的预索引模式和在访问内存之后应用偏移量的后索引模式。

预索引模式在指令中通过在方括号之后添加一个“!”来表示。预索引寻址与偏移寻址类似，也是从基址加偏移量的新地址上进行数据加载，不同之处在于基址会根据指令发生更新，指令执行完成后 X1 的值更新为 X1+12（图 3.12）。

后索引模式下数据从基址加载，然后再更新基址（图 3.13）。后索引寻址对于弹出堆栈很有用，该指令从堆栈指针所指向的位置加载值，然后将堆栈指针移动到堆栈中的下一个完整位置。

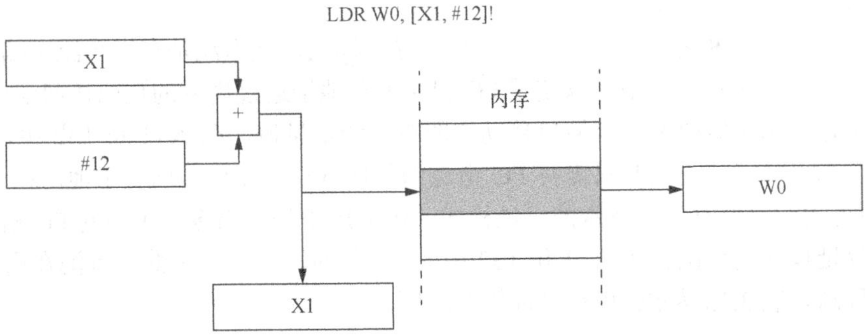

图 3.12 预索引模式寻址

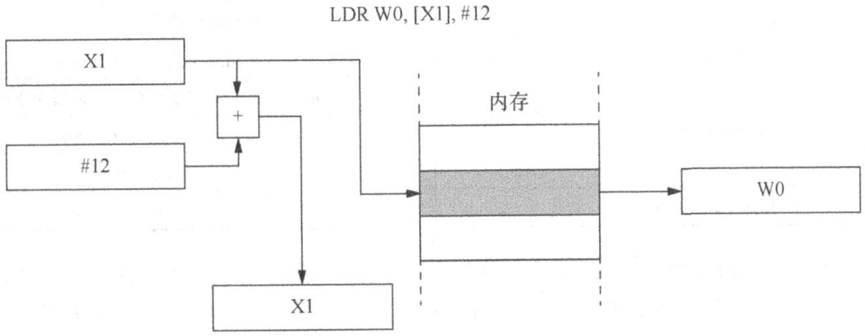

图 3.13 后索引模式寻址

表 3.12 列出了常用索引模式下的寻址指令示例。

表 3.12 常用索引模式下的寻址指令示例

指令示例	说明
LDR X0, [X1, #8]!	预索引，先更新 X1 的值为 X1+8，再从新的地址 X1 加载数据到 X0
LDR X0, [X1], #8	后索引，先从地址 X1 加载数据到 X0，接着更新 X1 的值为 X1+8
STP X0, X1, [SP, #-16]!	X0 和 X1 入栈
LDP X0, X1, [SP], #16	X0 和 X1 出栈

其中，部分指令能清晰地映射到一些常见的 C 操作，如下面的 C 代码所示，注释部分说明了其对应的索引寻址指令。

```
void example_strcpy(char * dst, const char * src)
{
    char c;
    do {
        c = *(src++);           // LDRB W2, [X1], #1
        *(dst++) = c;           // STRB W2, [X0], #1
    } while (c != '\0');
}
```

（3）PC 相对模式

A64 添加了另一种专门用于访问文本池的寻址模式。文本池是在指令流中编码的数据块。文本池不会被执行，但是可以使用 PC 相对内存地址通过周围的代码访问池中数据。

文本池通常用于编码不适合简单移动立即指令的常量值。在 A32 和 T32 中，PC 可以像通用寄存器一样读取，因此只需将 PC 指定为基址寄存器便可访问文本池。在 A64 中，PC 通常不可访问，但有一种特殊的寻址模式（仅适用于加载指令）可访问 PC 相对地址。这种专用寻址模式的范围也比 A32 和 T32 中的 PC 相对大得多，因此文本池在内存中的位置可以更稀疏。表 3.13 为 PC 相对寻址指令示例。

表 3.13　PC 相对寻址指令示例

指令示例	说明
LDR W0, <label>	从<label>加载 4B 至 W0
LDR X0, <label>	从<label>加载 8B 至 X0
LDRSW X0, <label>	从<label>加载 4B 并有符号扩展至 X0
LDR S0, <label>	从<label>加载 4B 至 S0
LDR D0, <label>	从<label>加载 8B 至 D0
LDR Q0, <label>	从<label>加载 16B 至 Q0

本节介绍了 Load/Store 指令的三大寻址模式：偏移模式、索引模式和 PC 相对模式，这三种模式根据是否有偏移，以及更新基址寄存器的时机又可细分为 5 种类型。表 3.14 汇总了这五种寻址类型的特点。

表 3.14　Load/Store 指令的寻址类型汇总

类型	立即数偏移	寄存器偏移	扩展寄存器偏移
基于寄存器寻址	[base{, #0}]	n/a	n/a
寄存器偏移寻址	[base{, #imm}]	[base, Xm{, LSL #imm}]	[base, Wm, (S|U)XTW {#imm}]
预索引寻址	[base, #imm]!	n/a	n/a
后索引寻址	[base], #imm	n/a	n/a
PC 相对寻址	label	n/a	n/a

3.2.3　双寄存器加载和存储

A64 中有双寄存器加载（load pair，LDP）和双寄存器存储（store pair，STP）指令。LDP 和 STP 指令只能使用一个基寄存器和一个缩放的 7 位有符号的立即数，可以选择使用相加前或相加后的值。与 A32 中的 LDRD 和 STRD 指令不同的是，任意两个整数寄存器都可以从相邻的内存位置读取或写入数据，且 LDP 和 STP 可以进行非对齐访问。表 3.15 为双寄存器加载（存储）指令示例及其描述。

表 3.15　双寄存器加载（存储）指令示例及其描述

双寄存器加载（存储）指令示例	描述
LDP W3, W7, [X0]	将地址 X0 的字加载到 W3，将地址 X0 + 4 的字加载到 W7，如图 3.14 所示

续表

双寄存器加载（存储）指令示例	描述
LDP X8, X2, [X0, #0X10]!	将地址 X0 + 0X10 的双字加载到 X8，将地址 X0 + 0X10 + 8 的双字加载到 X2，并将 0X10 添加到 X0，如图 3.15 所示
LDPSW X3, X4, [X0]	将地址 X0 的字加载到 X3 中，将地址 X0 + 4 的字加载到 X4 中，将二者有符号扩展到双字大小
LDP D8, D2, [X11], #0X10	将地址 X11 的双字加载到 D8，地址 X11 + 8 的双字加载到 D2，并将 0x10 添加到 X11
STP X9, X8, [X4]	将 X9 中的双字存储在地址 X4，将 X8 中的双字存储在地址 X4 + 8

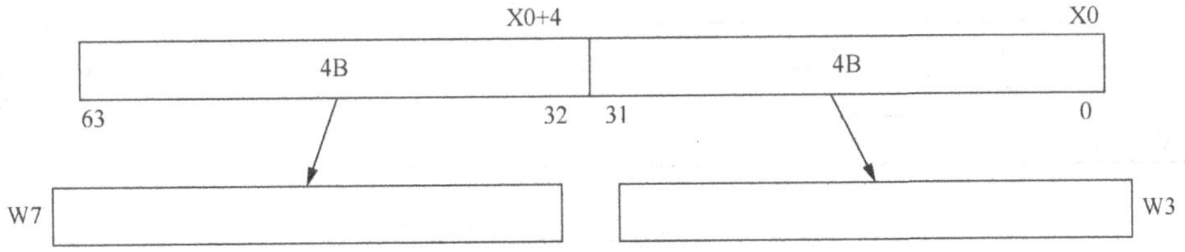

图 3.14 LDP W3, W7, [X0]

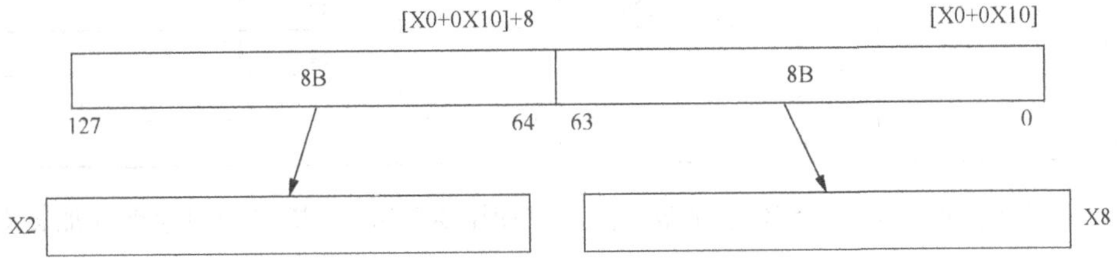

图 3.15 LDP X8, X2, [X0, #0X10]!

3.2.4 使用浮点寄存器加载（存储）

Load 和 Store 指令也可以访问浮点寄存器。例如：

从[X0]加载 64 位数据到 D1。

```
LDR D1, [X0]
```

从 Q0 存储 18 位数据到[X0+X1]。

```
STR Q0, [X0, X1]
```

从 X5 加载一对 128 位的数据，然后将 X5 加 256。

```
LDP Q1, Q3, [X5], #256
```

使用浮点寄存器加载和存储有如下一些限制。

① 数据的空间大小仅由正在加载或存储的寄存器决定，该寄存器可以是 B、H、S、D、或 Q 寄存器中的任何一个。当正在加载或存储的寄存器为 B 寄存器时，则说明要加载或存

储的数据占 1B；当正在加载或存储的寄存器为 H 寄存器时，则说明要加载或存储的数据占 2B，以此类推，如表 3.16 和表 3.17 所示。

表 3.16　Load 指令可访问的寄存器

Load 指令	Xt	Wt	Qt	Dt	St	Ht	Bt
LDR	64	32	128	64	32	16	9
LDP	128	64	256	128	64	—	—
LDRB	—	8	—	—	—	—	—
LDRH	—	16	—	—	—	—	—
LDRSB	8	8	—	—	—	—	—
LDRSH	16	16	—	—	—	—	—
LDRSW	32	—	—	—	—	—	—
LDPSW	—	—	—	—	—	—	—

表 3.17　Store 指令可访问的寄存器

Store 指令	Xt	Wt	Qt	Dt	St	Ht	Bt
STR	64	32	126	64	32	16	8
STP	128	64	256	128	64	—	—
STRB	—	8	—	—	—	—	—
STRH	—	16	—	—	—	—	—

② 地址仍然必须是一个 X 寄存器。例如，使用 X0 和 X1 指向的内存地址加载双字数据到 D0 寄存器。

```
LDR D0, [X0, X1]
```

3.3　数据处理指令

数据处理指令是处理器的基本算术和逻辑运算指令，对通用寄存器或寄存器和立即数中的值进行运算。乘法和除法指令可视为这些指令的特殊情况[5]。

数据处理指令主要使用一个目标寄存器和两个操作数，其一般格式可以认为是指令后跟操作数，如下所示。

```
Instruction Rd, Rn, Operand2
```

第二个操作数可以是寄存器、修改后的寄存器或立即数。使用 R 表示它可以是 X 或 W 寄存器。数据处理操作主要包括算术和逻辑运算、转移和移位操作、有符号扩展和无符号扩展、位和位域操作等。表 3.18 展示了常见的数据处理指令助记符。

表 3.18　常见的数据处理指令助记符

类型	指令助记符
传送	MOV, MVN
移位	LSL, LSR, ROR, ASR
算术运算	ADD, SUB, ADC, SBC, NEG
逻辑运算	AND, BIC, ORR, EOR
位域操作	BFI, U/SBFX
扩展	U/SXTB, U/SXTH, U/SXTW

有些指令还有一个 S 后缀，表示指令设置了 PSTATE 中的标志位。表 3.18 中还包括 ADDS、SUBS、ADCS、SBCS、ANDS 和 BICS 等。

A64 指令集不是每条指令都支持条件执行。处理器状态 PSTATE 寄存器描述了 4 个状态标志：负（N）、零（Z）、进位（C）和溢出（V）。表 3.19 显示了用于标志设置操作的这些位的值。

表 3.19　标志位说明

标志位	名称	说明
N	负数标志位	结果为负数时置位
Z	零标志位	结果为 0 时置位
C	进位标志位	发生进位或借位时置位
V	溢出标志位	发生溢出时置位

常见条件码参见表 3.9。

3.3.1　数据传送与移位指令

1. 数据传送指令

数据传送指令的作用是将一个数据从一个位置复制到另一个位置，包括 MOV 指令和 MVN 指令。

（1）MOV 指令

MOV 指令用于寄存器之间和立即数到寄存器的数据传送。

立即数到寄存器的传送指令格式如下。

```
MOV <Xd>, #<imm>
```

表示将立即数传送至寄存器 Xd。

寄存器之间的数据传送指令格式如下。

```
MOV <Xd>, <Xm>
```

表示将源寄存器中的值复制到目标寄存器。

MOV 指令的使用示例如下。

```
MOV R1, R0              //将寄存器 R0 的值传送到寄存器 R1
MOV PC, R14             //将寄存器 R14 的值传送到 PC 中，常用于子程序返回
MOV R1, R0, LSL#3       //将寄存器 R0 的值左移 3 位后传送到 R1（即乘 8）
MOVS PC, R14            //将寄存器 R14 的值传送到 PC 中，返回到调用代码并恢复标志位
```

（2）MVN 指令

MVN 指令用于实现数据取反后传送，可用于立即数取反传送到寄存器和寄存器间的取反传送。MVN 指令的格式与用法和 MOV 指令相同，唯一区别在于 MVN 指令先对立即数或源寄存器中的值按位取反，再传送至目标寄存器。

2. 移位指令

为移位指定的寄存器可以是 32 位或 64 位。要移位的数量可以指定为立即数，即寄存器大小减 1，或者通过一个寄存器，该寄存器的值仅取自底部的 5 位（32 位模式）或 6 位（64 位模式）。表 3.20 为移位指令的说明。

表 3.20　移位指令的说明

指令	说明
LSL	逻辑左移
LSR	逻辑右移
ASR	算术右移
ROR	循环右移

- 逻辑左移（LSL）：执行 2 的幂的乘法运算。
- 逻辑右移（LSR）：执行 2 的幂的除法运算。
- 算术右移（ASR）：执行 2 的幂的除法运算，保留符号位。
- 循环右移（ROR）：执行循环向右移位，最低有效位移至最高有效位。

移位指令执行过程如图 3.16 所示。

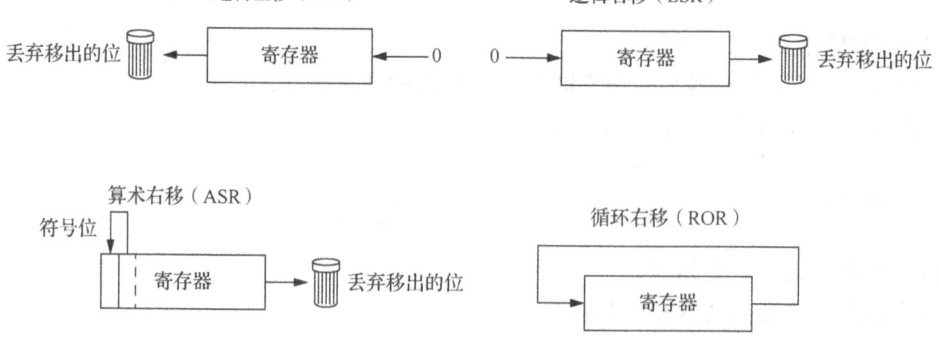

图 3.16　移位指令执行过程

3.3.2　算术与逻辑运算指令

算术指令是指计算机执行基本数值计算的指令，ARMv8 中的算术运算指令如表 3.21 所示。

表 3.21　ARMv8 中的算术运算指令

指令助记符	说明
ADD	加法运算
ADDS	加法运算，并设置标志位（N、Z、C、V）
ADC	带进位的加法运算
SUB	减法运算
SUBS	减法运算，并设置标志位（N、Z、C、V）
SBC	带借位的减法运算

逻辑运算指令执行二进制数据的按位运算，从而实现逻辑运算操作。ARMv8 中主要的逻辑运算指令如表 3.22 所示。

表 3.22　ARMv8 中主要的逻辑运算指令

指令助记符	说明
AND	按位与
ANDS	按位与，并设置标志位（N、Z、C、V）
EOR	按位异或
ORR	按位或
BIC	位清除
CLZ	前导零计数

1. ADD 指令

ADD 指令根据其第二操作数构成方式的不同，可以分为立即数加法、带扩展的寄存器加法和带移位的寄存器加法。

（1）立即数加法

针对立即数加法的 ADD 指令可实现将一个寄存器值和一个可选移位的立即数相加，并将结果写入目标寄存器，其编码格式如图 3.17 所示。

31	30	29	28　　　　23	22	21　　　　10	9　　5	4　　0
sf	0	0	1 0 0 0 1 0	sh	imm12	Rn	Rd
	op	S					

图 3.17　立即数加法的 ADD 指令编码格式

立即数加法的 ADD 指令格式如下。

```
ADD <Xd|SP>, <Xn|SP>, #<imm>{, <shift>}
```

其中，各参数说明如下。

- <Xd|SP>：通用目的寄存器或堆栈指针寄存器，编码在 Rd 字段中。
- <Xn|SP>：通用源寄存器或堆栈指针寄存器，编码在 Rn 字段中。
- <imm>：无符号立即数，取值 0～4095，编码在 imm12 字段中。
- <shift>：可选的用于立即数的左移操作，默认为 LSL#0，编码在 sh 字段中。

```
    sh=0:LSL#0;
    sh=1:LSL#12;
```

下面是立即数加法 ADD 指令使用示例。

```
    ADD X5, X6, #10          // 将寄存器 X6 的值和立即数 10 相加后存储到寄存器 X5 中
    ADD X5, X6, #10, LSL #12 /*将立即数 10 逻辑左移 12 位，然后与寄存器 X6 的值相加，
结果存储到 X5 寄存器中*/
```

（2）带扩展的寄存器加法

带扩展的寄存器加法指令将一个寄存器的值与一个无符号扩展或有符号扩展的寄存器值相加，后跟一个可选的左移量，并将结果写入目标寄存器。从 Rm 扩展得到的值的大小可以是字节、半字、字和双字，其编码格式如图 3.18 所示。

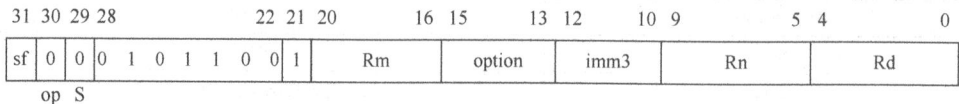

31	30	29	28						22	21	20–16	15–13	12–10	9–5	4–0
sf	0	0	0	1	0	1	1	0	0	1	Rm	option	imm3	Rn	Rd
	op	S													

图 3.18　带扩展的寄存器加法 ADD 指令编码格式

带扩展的寄存器加法 ADD 指令格式如下。

```
    ADD <Xd|SP>, <Xn|SP>, <R><m>{, <extend> {#<amount>}}
```

其中，各参数说明如下。

- <Xd|SP>：通用目的寄存器或堆栈指针寄存器，编码在 Rd 字段中。
- <Xn|SP>：第一个通用源寄存器或堆栈指针寄存器。
- <R>：一个宽度说明符，编码在 option 字段中，当该字段编码为 x11 时，即后两位均为 1，表示使用 64 位通用 X 寄存器，否则表示 32 位通用 W 寄存器。
- <m>：第二个通用源寄存器的标号，取值 0～30。
- <extend>：表示应用于第二个源操作数的扩展方式，编码在 option 字段中。option 字段编码及其含义如表 3.23 所示。
- <amount>：扩展后的左移量，取值 0～4，默认为 0，编码在 imm3 字段中。

表 3.23　option 字段编码及其含义

option 字段编码	<extend>*含义
000	UXTB
001	UXTH
010	LSL|UXTW
011	UXTX
100	SXTB
101	SXTH
110	SXTW
111	SXTX

* 不同扩展方式的含义见 3.3.3 节。

下面是带扩展的寄存器加法 ADD 指令使用示例。

```
    ADD X5, X6, X7          //将 X6 与 X7 的值相加,结果写入 X5 寄存器中
    ADD X5, X6, X7, UXTB /*对 X7 寄存器值的低 8 位进行无符号扩展,然后与 X6 寄存器的值相加,结果写入 X5 寄存器中*/
```

（3）带移位的寄存器加法

带移位的寄存器加法指令将一个寄存器值和一个可选移位的寄存器值相加，结果写入目标寄存器，其编码格式如图 3.19 所示。

31	30	29	28 24	23 22	21	20 16	15 10	9 5	4 0
sf	0	0	0 1 0 1 1	shift	0	Rm	imm6	Rn	Rd
	op	S							

图 3.19　带移位的寄存器加法 ADD 指令编码格式

带移位的寄存器加法 ADD 指令格式如下。

```
    ADD <Xd>, <Xn>, <Xm>{, <shift> #<amount>}
```

其中，各参数说明如下。

- <Xd>：通用目的寄存器，编码在 Rd 字段中。
- <Xn>：第一个通用源寄存器，编码在 Rn 字段中。
- <Xm>：第二个通用源寄存器，编码在 Rm 字段中。
- <shift>：应用于第二个源操作数的可选移位类型，默认为 LSL，编码在 shift 字段中。shift 字段编码如表 3.24 所示。
- <amount>：移位量。取值 0～63，默认为 0，编码在 imm6 字段中。

表 3.24　shift 字段编码 1

shift 字段编码	<shift>含义
00	LSL
01	LSR
10	ASR
11	保留

下面是一个带移位的寄存器加法 ADD 指令使用示例。

```
    ADD X5, X6, X7, LSL #3 /*将 X7 寄存器的值左移 3 位,然后与 X6 寄存器的值相加,结果写入 X5 寄存器*/
```

2. ADDS 指令

ADDS 指令的用法与 ADD 指令基本相同，唯一差别在于 ADDS 指令会根据计算结果设置 PSTATE 中的 N、Z、C、V 标志位。

3. ADC 指令

ADC 指令为带进位的加法运算指令，该指令会根据计算结果设置 PSTATE 中的 C 标志位。ADC 指令编码格式如图 3.20 所示。

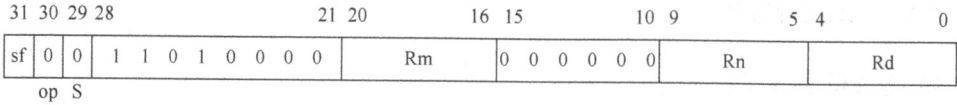

31	30	29	28　　　　　　　21	20　　　16	15　　　　10	9　　　5	4　　　0
sf	0	0	1 1 0 1 0 0 0 0	Rm	0 0 0 0 0 0	Rn	Rd
	op	S					

图 3.20　ADC 指令编码格式

ADC 指令格式如下。

```
ADC <Xd>, <Xn>, <Xm>
```

其中，各参数说明如下。

- <Xd>：通用目的寄存器，编码在 Rd 字段中。
- <Xn>：第一个通用源寄存器，编码在 Rn 字段中。
- <Xm>：第二个通用源寄存器，编码在 Rm 字段中。

下面是一个 ADC 指令使用示例。

```
ADC X5, X6, X7  //将 X6 与 X7 的值相加,若发生进位,则设置 PSTATE 中的 C 标志位为 1
```

4. SUB 指令

根据第二个操作数的不同，SUB 指令也有立即数减法、带扩展的寄存器减法和带移位的寄存器减法三种编码格式。

（1）立即数减法

立即数减法指令从一个寄存器中减去一个可选移位的立即数，并将结果写入目的寄存器。其编码格式如图 3.21 所示。

31	30	29	28　　　　23	22	21　　　　　　10	9　　　5	4　　　0
sf	1	0	1 0 0 0 1 0	sh	imm12	Rn	Rd
	op	S					

图 3.21　立即数减法 SUB 指令编码格式

立即数减法 SUB 指令格式如下。

```
SUB <Xd|SP>, <Xn|SP>, #<imm>{, <shift>}
```

其中，各参数说明如下。

- <Xd|SP>：通用目的寄存器或堆栈指针寄存器，编码在 Rd 字段中。
- <Xn|SP>：通用源寄存器或堆栈指针寄存器，编码在 Rn 字段中。
- <imm>：无符号立即数，取值 0～4095，编码在 imm12 字段中。
- <shift>：应用于立即数的可选左移，编码在 sh 字段中，默认为 LSL#0。

```
        sh=0:LSL#0;
        sh=1:LSL#12;
```

下面是立即数减法 SUB 指令使用示例。

```
    SUB X5, X6, #3               // X6 寄存器值减去 3,结果写入 X5 寄存器中
    SUB X5, X6, #3 LSL #12    /*立即数 3 先左移 12 位,再用 X6 寄存器值减去立即数,结果
写入 X5 寄存器中*/
```

（2）带扩展的寄存器减法

带扩展的寄存器减法指令从寄存器值中减去有符号或无符号扩展寄存器值，后跟可选的左移量，并将结果写入目的寄存器。从<Rm>寄存器扩展的参数可以是字节、半字、字或双字。其编码格式如图 3.22 所示。

31	30	29	28–22	21	20–16	15–13	12–10	9–5	4–0
sf	1	0	0 1 0 1 1 0 0	1	Rm	option	imm3	Rn	Rd
	op	S							

图 3.22　带扩展的寄存器减法 SUB 指令编码格式

带扩展的寄存器减法 SUB 指令格式如下。

```
    SUB <Xd|SP>, <Xn|SP>, <R><m>{, <extend> {#<amount>}}
```

其中，各参数说明如下。

- <Xd|SP>：通用目的寄存器或堆栈指针寄存器，编码在 Rd 字段中。
- <Xn|SP>：通用源寄存器或堆栈指针寄存器，编码在 Rn 字段中。
- <R>：宽度说明符，编码在 option 字段中。当该字段编码为 x11 时，即后两位均为 1 时，表示使用 64 位通用 X 寄存器，否则表示使用 32 位通用 W 寄存器。
- <m>：第二个通用源寄存器的标号，取值 0～30。
- <extend>：表示应用于第二个源操作数的扩展方式，编码在 option 字段中。Option 字段编码及其含义参见表 3.23。
- <amount>：扩展后的左移量，取值 0～4，默认为 0，编码在 imm3 字段中。

下面是带扩展的寄存器减法 SUB 指令使用示例。

```
    SUB X5, X6, X7          //用 X6 寄存器值减去 X7 寄存器值,结果写入 X5 寄存器中
    SUB X5, X6, X7, UXTH /*对 X7 寄存器值的低 16 位进行无符号扩展,然后用 X6 寄存器的
值减去 X7 寄存器值,结果写入 X5 寄存器中*/
```

（3）带移位的寄存器减法

带移位的寄存器减法从一个寄存器值减去一个可选移位的寄存器值，并将结果写入目的寄存器，其编码格式如图 3.23 所示。

31	30	29	28 24	23 22	21	20 16	15 10	9 5	4 0
sf	1	0	0 1 0 1 1	shift	0	Rm	imm6	Rn	Rd
	op	S							

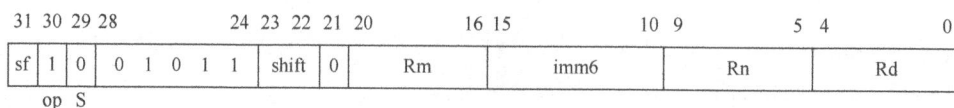

图 3.23 带移位的寄存器减法 SUB 指令编码格式

带移位的寄存器减法 SUB 指令格式如下。

```
SUB <Xd>, <Xn>, <Xm>{, <shift> #<amount>}
```

其中，各参数说明如下。

- <Xd>：通用目的寄存器，编码在 Rd 字段中。
- <Xn>：第一个通用源寄存器，编码在 Rn 字段中。
- <Xm>：第二个通用源寄存器，编码在 Rm 字段中。
- <shift>：应用于第二个源操作数的可选移位类型，默认为 LSL，编码在 shift 字段中。shift 字段编码参见表 3.24。
- <amount>：移位量。取值 0～63，默认为 0，编码在 imm6 字段中。

下面是带移位的寄存器减法 SUB 指令使用示例。

```
SUB X5, X6, X7, LSL #3 /*将 X7 寄存器的值左移 3 位,然后用 X6 寄存器的值减去 X7 寄存器值,结果写入 X5 寄存器中*/
```

5. SUBS 指令

SUBS 指令的用法与 SUB 指令基本相同，唯一差别在于 SUBS 指令会根据计算结果设置 PSTATE 中的 N、Z、C、V 标志位。

6. SBC 指令

SBC 指令为带借位的减法运算指令，该指令会根据计算结果设置 PSTATE 中的 C 标志位，其编码格式如图 3.24 所示。

31	30	29	28 21	20 16	15 10	9 5	4 0
sf	1	0	1 1 0 1 0 0 0 0	Rm	0 0 0 0 0 0	Rn	Rd
	op	S					

图 3.24 SBC 指令编码格式

SBC 指令格式如下。

```
SBC <Xd>, <Xn>, <Xm>
```

其中，各参数说明如下。

- <Xd>：通用目的寄存器，编码在 Rd 字段中。
- <Xn>：第一个通用源寄存器，编码在 Rn 字段中。

- <Xm>：第二个通用源寄存器，编码在 Rm 字段中。

下面是 SBC 指令使用示例。

```
SBC X5, X6, X7  //用 X6 的值减去 X7 的值,若发生借位,则设置 PSTATE 中的 C 标志位为 1
```

7. AND 指令

AND 指令用于在两个操作数之间进行逻辑与运算，并把结果放置到目的寄存器中。操作数 1 应是一个寄存器，操作数 2 可以是一个寄存器、被移位的寄存器或一个立即数。

（1）带立即数的 AND 指令

带立即数的 AND 指令对一个寄存器值和一个立即数执行按位与运算，并将结果写入目的寄存器中，其编码格式如图 3.25 所示。

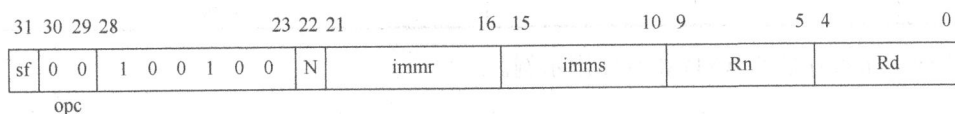

31	30 29	28 … 23	22	21 … 16	15 … 10	9 … 5	4 … 0
sf	0 0	1 0 0 1 0 0	N	immr	imms	Rn	Rd
	opc						

图 3.25 带立即数的 AND 指令编码格式

带立即数的 AND 指令格式如下。

```
AND <Xd|SP>, <Xn>, #<imm>
```

其中，各参数说明如下。

- <Xd|SP>：通用目的寄存器或堆栈指针寄存器，编码在 Rd 字段中。
- <Xn>：通用源寄存器，编码在 Rn 字段中。
- <imm>：位掩码立即数，编码为 N:imms:immr。

该指令常用于屏蔽操作数 1 的某些位。例如：

```
AND  X0, X0, #3          //3(0011) 该指令用于保持 X0 的 0、1 位,其余位清零
```

（2）带寄存器的 AND 指令

带寄存器的 AND 指令对一个寄存器值和一个可选移位的寄存器值执行按位与运算，并将结果写入目的寄存器，其编码格式如图 3.26 所示。

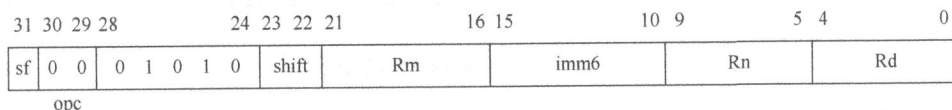

31	30 29	28 … 24	23 22	21 … 16	15 … 10	9 … 5	4 … 0
sf	0 0	0 1 0 1 0	shift	Rm	imm6	Rn	Rd
	opc						

图 3.26 带寄存器的 AND 指令编码格式

带寄存器的 AND 指令格式如下。

```
AND <Xd>, <Xn>, <Xm>{, <shift> #<amount>}
```

其中，各参数说明如下。

- <Xd>：通用目的寄存器，编码在 Rd 字段中。
- <Xn>：第一个通用源寄存器，编码在 Rn 字段中。
- <Xm>：第二个通用源寄存器，编码在 Rm 字段中。
- <shift>：应用于第二个源寄存器的可选移位，默认为 LSL，编码在 shift 字段中。shift 字段编码如表 3.25 所示。
- <amount>：移位量，取值 0～63，默认为 0，编码在 imm6 字段中。

表 3.25 shift 字段编码 2

shift 字段编码	<shift>含义
00	LSL
01	LSR
10	ASR
11	ROR

下面是带寄存器的 AND 指令使用示例。

```
    AND X5, X6, X7, LSL #3 /*将 X7 寄存器值左移 3 位,然后与 X6 寄存器值按位与,结果写
入 X5 寄存器中*/
```

8. ANDS 指令

ANDS 指令的用法与 SUB 指令基本相同，唯一差别在于 ANDS 指令会根据计算结果设置 PSTATE 中的 N、Z、C、V 标志位。

9. EOR 指令

EOR 指令用于在两个操作数之间进行逻辑异或运算，并把结果放置到目的寄存器中。操作数 1 应是一个寄存器，操作数 2 可以是一个寄存器、被移位的寄存器或一个立即数。

（1）带立即数的 EOR 指令

带立即数的 EOR 指令对寄存器值和立即数值进行按位异或运算，并把结果写入目的寄存器中，其编码格式如图 3.27 所示。

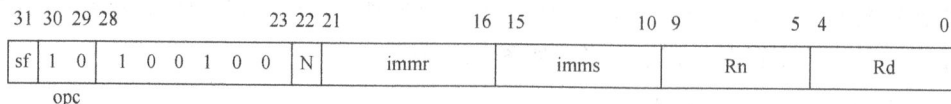

31	30 29	28 … 23	22	21 … 16	15 … 10	9 … 5	4 … 0
sf	1 0	1 0 0 1 0 0	N	immr	imms	Rn	Rd
	opc						

图 3.27 带立即数的 EOR 指令编码格式

带立即数的 EOR 指令格式如下。

```
    EOR <Xd|SP>, <Xn>, #<imm>
```

其中，各参数说明如下。

- <Xd|SP>：通用目的寄存器或堆栈指针寄存器，编码在 Rd 字段中。
- <Xn>：通用源寄存器，编码在 Rn 字段中。

- <imm>：位掩码立即数，编码为 N:imms:immr。

下面是带立即数的 EOR 指令使用示例。

```
EOR X5, X6, #3  /*该指令翻转了 X6 寄存器值的第 0 位和第 1 位,即 0 变成 1,1 变成 0,结果写入 X5 寄存器中*/
```

（2）带寄存器的 EOR 指令

带寄存器的 EOR 指令对一个寄存器值和一个可选移位的寄存器值进行按位异或运算，结果写入目的寄存器，其编码格式如图 3.28 所示。

31	30 29	28　　24	23 22	21	16 15	10 9	5 4	0
sf	0 0	0 1 0 1 0	shift	0	Rm	imm6	Rn	Rd
	opc			N				

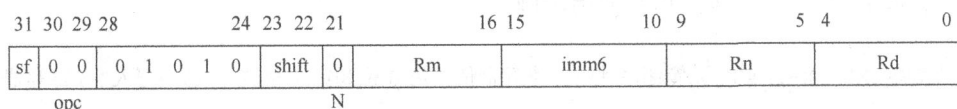

图 3.28　带寄存器的 EOR 指令编码格式

带寄存器的 EOR 指令格式如下。

```
EOR <Xd>, <Xn>, <Xm>{, <shift> #<amount>}
```

其中，各参数说明如下。

- <Xd>：通用目的寄存器，编码在 Rd 字段中。
- <Xn>：第一个通用源寄存器，编码在 Rn 字段中。
- <Xm>：第二个通用源寄存器，编码在 Rm 字段中。
- <shift>：应用于第二个源寄存器的可选移位，默认为 LSL，编码在 shift 字段中。shift 字段编码参见表 3.25。
- <amount>：移位量，取值 0～63，默认为 0，编码在 imm6 字段中。

下面是带寄存器的 EOR 指令使用示例。

```
EOR X6, X6, X6                //该指令实现了将 X6 寄存器值清零
```

10. ORR 指令

ORR 指令用于在两个操作数之间进行逻辑或运算，并把结果存入目的寄存器中。操作数 1 应是一个寄存器，操作数 2 可以是一个寄存器、被移位的寄存器或一个立即数。

（1）带立即数的 ORR 指令

带立即数的 ORR 指令对寄存器值和立即数值进行按位或运算，并把结果写入目的寄存器，其编码格式如图 3.29 所示。

31	30 29	28　　23	22	21　　16	15　　10	9　　5	4　　0
sf	0 1	1 0 0 1 0 0	N	immr	imms	Rn	Rd
	opc						

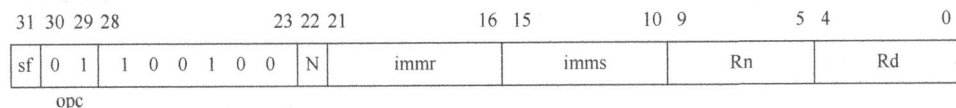

图 3.29　带立即数的 ORR 指令编码格式

带立即数的 ORR 指令格式如下。

```
ORR <Xd|SP>, <Xn>, #<imm>
```

其中，各参数说明如下。

- <Xd|SP>：通用目的寄存器或堆栈指针寄存器，编码在 Rd 字段中。
- <Xn>：通用源寄存器，编码在 Rn 字段中。
- <imm>：位掩码立即数，编码为 N:imms:immr。

下面是带立即数的 ORR 指令使用示例。

```
ORR X5, X6, #3  //该指令将 X6 寄存器值的第 0 位和第 1 位置 1，结果写入 X5 寄存器中
```

（2）带寄存器的 ORR 指令

带寄存器的 ORR 指令对一个寄存器值和一个可选移位的寄存器值进行按位或运算，结果写入目的寄存器，其编码格式如图 3.30 所示。

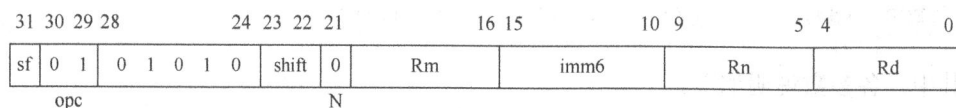

31	30 29	28 24	23 22	21	16	15 10	9 5	4 0
sf	0 1	0 1 0 1 0	shift	0	Rm	imm6	Rn	Rd
	opc			N				

图 3.30　带寄存器的 ORR 指令编码格式

带寄存器的 ORR 指令格式如下。

```
ORR <Xd>, <Xn>, <Xm>{, <shift> #<amount>}
```

其中，各参数说明如下。

- <Xd>：通用目的寄存器，编码在 Rd 字段中。
- <Xn>：第一个通用源寄存器，编码在 Rn 字段中。
- <Xm>：第二个通用源寄存器，编码在 Rm 字段中。
- <shift>：应用于第二个源寄存器的可选移位，默认为 LSL，编码在 shift 字段中。shift 字段编码参见表 3.25。
- <amount>：移位量，取值 0～63，默认为 0，编码在 imm6 字段中。

下面是带寄存器的 ORR 指令使用示例。

```
MOV X7, #15
ORR X5, X6, X7 //该指令实现将 X6 寄存器值的低 4 位置 1，结果写入 X5 寄存器中
```

11. BIC 指令

BIC 指令，即位清除指令，用于执行寄存器值和可选移位寄存器值反码的按位与运算，并将结果写入目的寄存器。BIC 指令编码格式如图 3.31 所示。

31	30 29	28–24	23 22	21	20–16	15–10	9–5	4–0
sf	0 0	0 1 0 1 0	shift	1	Rm	imm6	Rn	Rd
	opc			N				

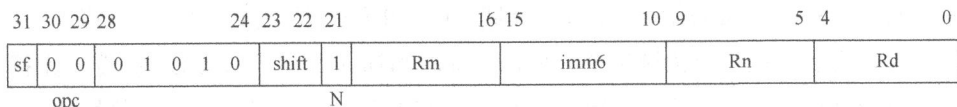

图 3.31 BIC 指令编码格式

BIC 指令格式如下。

```
BIC <Xd>, <Xn>, <Xm>{, <shift> #<amount>}
```

其中，各参数说明如下。

- <Xd>：通用目的寄存器，编码在 Rd 字段中。
- <Xn>：第一个通用源寄存器，编码在 Rn 字段中。
- <Xm>：第二个通用源寄存器，编码在 Rm 字段中。
- <shift>：应用于第二个源寄存器的可选移位，默认为 LSL，编码在 shift 字段中。shift 字段编码参见表 3.25。
- <amount>：移位量，取值 0～63，默认为 0，编码在 imm6 字段中。

下面是 BIC 指令使用示例。

```
MOV X7, #15
BIC X5, X6, X7 //将 X6 寄存器的低 4 位清零,并将结果写入 X5 寄存器中
```

12. CLZ 指令

CLZ 指令，即前导零计数指令，用于计数源寄存器值中二进制值为 1 的最高位前面有几个为 0 的位。CLZ 指令编码格式如图 3.32 所示。

31	30	29	28–21	20–16	15–11	10	9–5	4–0
sf	1	0	1 1 0 1 0 1 1 0	0 0 0 0 0	0 0 0 1 0	0	Rn	Rd
						op		

图 3.32 CLZ 指令编码格式

CLZ 指令格式如下。

```
CLZ <Xd>, <Xn>
```

其中，各参数说明如下。

- <Xd>：通用目的寄存器，编码在 Rd 字段中。
- <Xn>：通用源寄存器，编码在 Rn 字段中。

3.3.3 位域操作与扩展指令

1. 位域操作指令

位域操作指令与 ARMv7 中的指令类似，可以实现对数据中特定的二进制位段进行操

作，主要包括位域插入（BFI）指令、无符号位域提取（UBFX）指令和有符号位域提取（SBFX）指令。此外，还有一些其他位域指令，如位域提取和插入低位（BFXIL）指令、无符号位域零插入（UBFIZ）指令和有符号位域零插入（SBFIZ）指令等。本节主要介绍位域插入（BFI）指令和无符号位域提取（UBFX）指令和有符号位域提取（SBFX）指令。

（1）位域插入（BFI）指令

BFI 指令格式如下。

```
BFI <Xd>, <Xn>, #<lsb>, #<width>
```

BFI 指令用于从源寄存器的最低有效位复制一个指定宽度<width>的位域到目的寄存器的指定位置<lsb>，保持其他位不变。

（2）位域提取指令

① 无符号位域提取（UBFX）指令。

UBFX 指令格式如下。

```
UBFX <Xd>, <Xn>, #<lsb>, #<width>
```

无符号位域提取指令将源寄存器中从<lsb>位置开始的<width>位的位域复制到目的寄存器的最低有效位，并将位域以上的目的位设置为零。

② 有符号位域提取（SBFX）指令。

SBFX 指令格式如下。

```
SBFX <Xd>, <Xn>, #<lsb>, #<width>
```

有符号位域提取指令将源寄存器中从<lsb>位置开始的<width>位的位域复制到目的寄存器的最低有效位，并将位域上方的目的位设置为位域最高有效位的副本。

图 3.33 为位域插入和位域提取指令使用示例。

如图 3.33 所示，第一条指令中，BFI 指令从源寄存器 W0 中获取一个 6 位字段，并将其插入目的寄存器 W0 的第 9 位处。

第二条指令中，UBFX 从源寄存器 W0 的第 18 位处提取一个 7 位字段，并放入目的寄存器 W1 中。

第三条指令中，BFC 意为位域清除指令，从零寄存器（WZR）中提取一个 4 位字段，插入目的寄存器 W0 的第 3 位处，即实现将目的寄存器第 3 位处的 4 位字段置零。

除以上位域操作指令外，还有一些继承自 ARMv7 的其他位操作指令，如下所示。

- CLZ：计数寄存器中前导零位。
- RBIT：反转所有位。

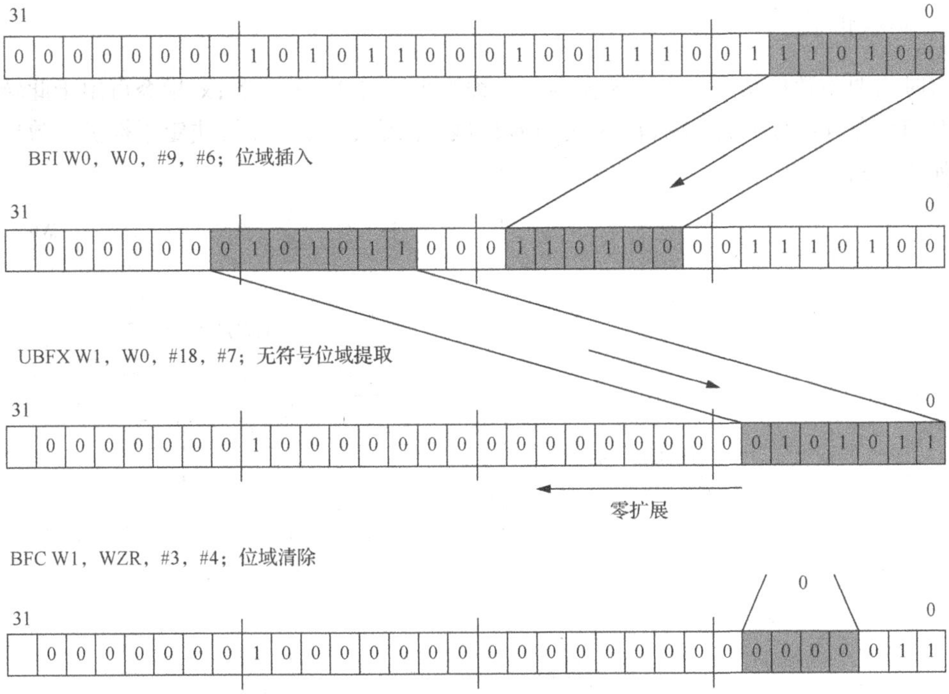

图 3.33　位域插入和位域提取指令使用示例

- REV：反转寄存器的字节顺序。
- REV16：反转寄存器的半字顺序（图 3.34）。
- REV32：反转寄存器的字顺序（图 3.35）。

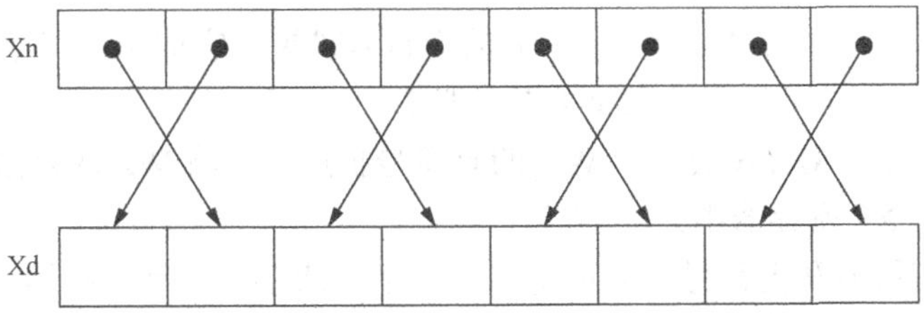

图 3.34　REV16 指令

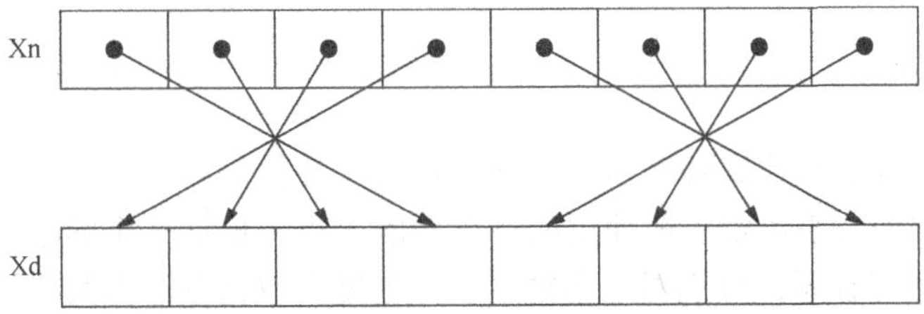

图 3.35　REV32 指令

这些操作可以在字（32 位）或双字（64 位）大小的寄存器上执行，REV32 除外，REV32 仅适用于 64 位寄存器。

2. 扩展指令

有时需要将数据从一种大小转换为另一种大小。SXTx 和 UXTx 指令可用于此转换，其中 SXTx 为有符号扩展，UXTx 为无符号扩展。在这个转换中，x 决定了被扩展数据的大小，如图 3.36 所示。

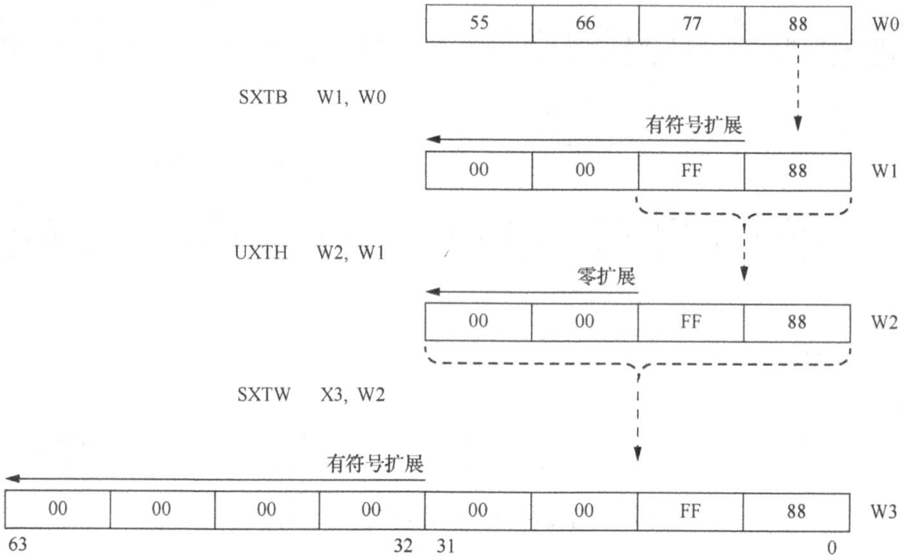

图 3.36 扩展指令执行示例

在第一条指令 SXTB 中，B 表示字节。它取 W0 寄存器的最低字节，并将其有符号扩展为 32 位，结果放入 W1 寄存器中。

在第二条指令中，UXTH 是半字（H）的无符号扩展，它取 W1 寄存器的低 16 位，并将其无符号扩展为 32 位，结果放入 W2 寄存器中。

在第三条指令中，SXTW 是字（W）的有符号扩展，它将 W2 寄存器有符号扩展为 64 位，并将结果放在 X3 寄存器中。

这些指令的有符号和无符号变体都将字节、半字或字扩展到寄存器大小。源操作数总是一个 W 寄存器。目标操作数为 X 寄存器或 W 寄存器，但 SXTW 的目标操作数必须为 X 寄存器。

3.3.4 浮点指令

浮点操作遵循与整数数据处理指令相同的格式，并使用浮点寄存器。与整数数据处理指令一样，操作数的大小决定了所使用的寄存器的大小。根据大小的不同，浮点寄存器可以分为 H、S 和 D 寄存器，分别对应半精度、单精度和双精度浮点数。浮点指令的助记符总是以 F 开头。

下面指令以半精度进行除法运算 H0=H1/H2。

```
FDIV H0, H1, H2
```

下面指令以单精度执行加法运算 S0=S1+S2。

```
FADD S0, S1, S2
```

下面指令以双精度执行减法运算 D0=D1−D2。

```
FSUB D0, D1, D2
```

在实际应用中，通用寄存器和浮点寄存器可以同时使用。这意味着浮点参数在浮点 H、S 或 D 寄存器中传递，其他参数在整数 X 或 W 寄存器中传递。

表 3.26 列出了主要的浮点数据操作指令。

表 3.26　浮点数据操作指令

浮点数据操作指令	说明
FABS Sd, Sn	计算绝对值
FNEG Sd, Sn	取负操作
FSQRT Sd, Sn	计算平方根
FADD Sd, Sn, Sm	相加
FSUB Sd, Sn, Sm	相减
FDIV Sd, Sn, Sm	相除
FMUL Sd, Sn, Sm	相乘
FNMUL Sd, Sn, Sm	相乘并取负
FMADD Sd, Sn, Sm, Sa	先相乘再相加
FMSUB Sd, Sn, Sm, Sa	先相乘再相减
FNMADD Sd, Sn, Sm, Sa	相乘、取负再相加
FNMSUB Sd, Sn, Sm, Sa	相乘、取负再相减
FPINTy Sd, Sn	四舍五入到浮点格式的整数（其中 y 是四舍五入模式选项之一）
FCMP Sn, Sm	执行浮点比较
FCCMP Sn, Sm, #uimm4, cond	执行浮点条件比较
FCSEL Sd, Sn, Sm, cond	浮点条件选择 if(cond) Sd=Sn else Sd=Sm
FCVTSty Rn, Sm	将浮点值转换为整数值（ty 指定舍入类型）
SCVTF Sm, Ro	将整数值转换为浮点值

3.4　比较和跳转指令

3.4.1　比较指令

比较指令有 CMP 和 CMN 两种[6]。

1. CMP 指令

CMP 指令的作用是比较两个数的大小。根据第二操作数的不同，CMP 指令有如下三种编码格式。

- 使用立即数的 CMP 指令。
- 使用移位寄存器的 CMP 指令。
- 使用扩展寄存器的 CMP 指令。

（1）带立即数的 CMP 指令

带立即数的 CMP 指令从寄存器值减去一个可选移位的立即数值，根据结果更新条件标志，并丢弃结果。

带立即数的 CMP 指令编码格式如图 3.37 所示。

31	30	29	28 ~ 23	22	21 ~ 10	9 ~ 5	4 ~ 0
sf	1	1	1 0 0 0 1 0	sh	imm12	Rn	1 1 1 1 1
	op	S					Rd

图 3.37　带立即数的 CMP 指令编码格式

带立即数的 CMP 指令格式如下。

```
CMP <Xn|SP>, #<imm>{, <shift>}
```

其中，各参数说明如下。

- <Xn|SP>：通用源寄存器或堆栈指针寄存器，编码在 Rn 字段中。
- <imm>：一个无符号立即数，取值 0～4095，编码在 imm12 字段中。
- <shift>：可选的用于立即数的左移，默认为 LSL #0 并编码为" sh "。

```
sh=0:LSL#0;
sh=1:LSL#12;
```

下面是带立即数的 CMP 指令使用示例。

```
CMP X1, #8        //用 X1 的值减去 8,并根据结果更新条件标志位
```

（2）带移位寄存器的 CMP 指令

带移位寄存器的 CMP 指令从一个寄存器值减去一个可选移位的寄存器值，根据结果更新条件标志，并丢弃结果。

带移位寄存器的 CMP 指令编码格式如图 3.38 所示。

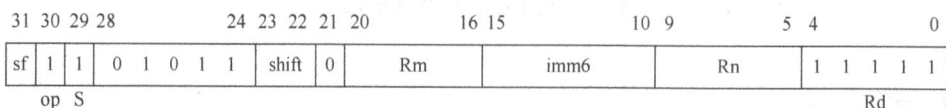

31	30	29	28 ~ 24	23 ~ 22	21	20 ~ 16	15 ~ 10	9 ~ 5	4 ~ 0
sf	1	1	0 1 0 1 1	shift	0	Rm	imm6	Rn	1 1 1 1 1
	op	S							Rd

图 3.38　带移位寄存器的 CMP 指令编码格式

带移位寄存器的 CMP 指令格式如下。

```
CMP <Xn>, <Xm>{, <shift> #<amount>}
```

其中，各参数说明如下。

- <Xn>：第一个通用源寄存器，编码在 Rn 字段中。
- <Xm>：第二个通用源寄存器，编码在 Rm 字段中。
- <shift>：应用于第二个源操作数的可选移位类型，默认为 LSL，编码在 shift 字段中。shift 字段编码参见表 3.24。
- <amount>：移位量，取值 0～63，默认为 0，编码在 imm6 字段中。

下面是带移位寄存器的 CMP 指令使用示例。

```
CMP X1, X2 //用 X1 的值减去 X2 的值,并根据结果更新条件标志
```

（3）带扩展寄存器的 CMP 指令

带扩展寄存器的 CMP 指令从寄存器值中减去一个有符号或零扩展寄存器值，后跟一个可选的左移量。寄存器扩展的参数可以是字节、半字、字或双字。它根据结果更新条件标志，并丢弃结果。

带扩展寄存器的 CMP 指令编码格式如图 3.39 所示。

31	30	29	28　24	23　22	21	20　16	15　13	12　10	9　5	4　0
sf	1	1	0 1 0 1 1	0 0	1	Rm	option	imm3	Rn	1 1 1 1 1
	op	S								Rd

图 3.39　带扩展寄存器的 CMP 指令编码格式

带扩展寄存器的 CMP 指令格式如下。

```
CMP <Xn|SP>, <R><m>{, <extend> {#<amount>}}
```

其中，各参数说明如下。

- <Xd|SP>：通用目的寄存器或堆栈指针寄存器，编码在 Rd 字段中。
- <Xn|SP>：第一个通用源寄存器或堆栈指针寄存器。
- <R>：一个宽度说明符，编码在 option 字段中，当该字段编码为 x11，即后两位均为 1 时，表示使用 64 位通用 X 寄存器，否则表示使用 32 位通用 W 寄存器。
- <m>：第二个通用源寄存器的标号，取值 0～30。
- <extend>：表示应用于第二个源操作数的扩展方式，编码在 option 字段中。option 字段编码及其含义参见表 3.23。
- <amount>：扩展后的左移量，取值 0～4，默认为 0，编码在 imm3 字段。

下面是带扩展寄存器的 CMP 指令使用示例如下。

```
    CMP X1, X2, UXTB  /*对 X2 值的低 8 位进行无符号扩展,然后计算 X1-X2 的值,并根据结
果更新条件标志位*/
```

2. CMN 指令

CMN 指令是 CMP 指令的变种，用于比较一个数和另一个数的相反数的大小。CMN 与 CMP 指令的不同之处如下所示。

（1）编码格式

图 3.40 展示了 CMN 指令的编码格式。对比图 3.39 可以发现，CMP 指令与 CMN 指令编码格式的不同在于 CMP 指令的 op 字段为 1，而 CMN 指令的 op 字段为 0。

31	30	29	28	23 22	21	20 16	15 13	12 10	9 5	4 0
sf	0	1	0 1 0 1 1	0 0	1	Rm	option	imm3	Rn	1 1 1 1 1
	op	S								Rd

图 3.40　CMN 指令编码格式

（2）计算过程

CMP 指令根据第一个操作数值减去第二个操作数值的结果来更新条件标志位，而 CMN 指令根据第一个操作数值加上第二个操作数值的结果来更新条件标志位。

除此之外，CMN 和 CMP 指令用法均相同。

3.4.2　条件选择指令

条件选择指令主要分为 CSEL 和 CSET 两种。

（1）CSEL 指令

如果条件<cond>为真，条件选择将第一个源寄存器的值写入目的寄存器；如果条件<cond>为假，则将第二个源寄存器的值写入目的寄存器。

CSEL 指令编码格式如图 3.41 所示。

31	30	29	28 21	20 16	15	11	10	9 5	4 0
sf	0	0	1 1 0 1 0 1 0 0	Rm	cond	0	0	Rn	Rd
	op						o2		

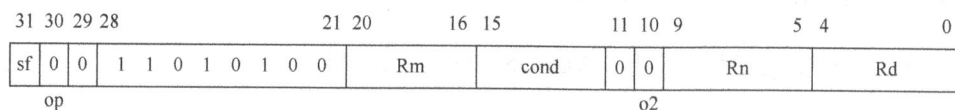

图 3.41　CSEL 指令编码格式

CSEL 指令格式如下。

```
CSEL <Xd>, <Xn>, <Xm>, <cond>
```

其中，各参数说明如下。

- <Xd>：通用目的寄存器，编码在 Rd 字段中。
- <Xn>：第一个通用源寄存器，编码在 Rn 字段中。
- <Xm>：第二个通用源寄存器，编码在 Rm 字段中。
- <cond>：标准条件之一，以标准方式编码在 cond 字段中。

下面是 CSEL 指令使用示例。

```
CSEL X1, X1, X2, EQ  // 如果 Z=1,X1 维持原始值,否则将 X2 值赋给 X1
```

（2）CSET 指令

对于 CSET 指令，如果条件为真，则设置目的寄存器为 1，否则设置为 0。

CSET 指令编码格式如图 3.42 所示。

31	30	29	28 ~ 21	20 ~ 16	15 ~ 12	11	10	9 ~ 5	4 ~ 0
sf	0	0	1 1 0 1 0 1 0 0	1 1 1 1 1	!=111x	0	1	1 1 1 1 1	Rd
	op	op		Rm	cond		o2	Rn	

图 3.42　CSET 指令编码格式

CSET 指令格式如下。

```
CSET <Xd>, <cond>
```

其中，各参数说明如下。

- <Xd>：通用目的寄存器，编码在 Rd 字段中。
- <cond>：标准条件之一，以标准方式编码在 cond 字段中。

下面是 CSET 指令使用示例。

```
CSET X1, EQ  // 如果 Z=1,X1 设为 1,否则设为 0
```

3.4.3　跳转与返回指令

1. 跳转指令

跳转指令又可分为以下几种。

（1）B 指令

B 指令可以在当前 PC 的±128MB 偏移范围内跳转到 label 处。

B 指令编码格式如图 3.43 所示。

31	30 ~ 26	25 ~ 0
0	0 0 1 0 1	imm26
op		

图 3.43　B 指令编码格式

B 指令格式如下。

```
B <label>
```

<label>为要跳转到的程序标签，与当前指令地址的偏移量须在±128MB 范围内。

（2）B.cond 指令

B.cond 指令是条件跳转指令，可以在当前 PC 的±1MB 偏移范围内跳转到 label 处。

B.cond 指令编码格式如图 3.44 所示。

31 ~ 25	24	23 ~ 5	4	3 ~ 0
0 1 0 1 0 1 0	0	imm19	0	cond

图 3.44　B.cond 指令编码格式

B.cond 指令格式如下。

```
B.<cond> <label>
```

其中，各参数说明如下。

- <cond>：标准条件之一，以标准方式编码在 cond 字段中。
- <label>：要跳转到的程序标签，与当前指令地址的偏移量须在±1MB 范围内。

（3）BL 指令

BL 指令是带返回地址的跳转指令，与 B 指令类似，不同之处在于 BL 指令会将 X30 寄存器的值设为 PC+4。

BL 指令编码格式如图 3.45 所示。

31	30　　　26	25　　　　0
1	0 0 1 0 1	imm26
op		

图 3.45　BL 指令编码格式

BL 指令格式如下。

```
BL <label>
```

<label>为要跳转到的程序标签，与当前指令地址的偏移量须在±128MB 范围内。

（4）BR 指令

使用 BR 指令将跳转到寄存器指定的地址。

BR 指令编码格式如图 3.46 所示。

31　　　25	24	23	22　21	20　　16	15	11	10	9　　5	4　　　0
1 1 0 1 0 1 1	0	0	0 0	1 1 1 1 1	0 0 0 0	0	0	Rn	0 0 0 0 0
	Z		op			A	M		Rm

图 3.46　BR 指令编码格式

BR 指令格式如下。

```
BR <Xn>
```

<Xn>表示保存要跳转到的程序地址，编码在 Rn 字段。

（5）BLR 指令

使用 BLR 指令将跳转到寄存器指定的地址，并保存返回地址，即将 PC+4 写入 X30 寄存器。

BLR 指令编码格式如图 3.47 所示。

31　　　25	24	23	22　21	20　　16	15	11	10	9　　5	4　　　0
1 1 0 1 0 1 1	0	0	0 1	1 1 1 1 1	0 0 0 0	0	0	Rn	0 0 0 0 0
	Z		op			A	M		Rm

图 3.47　BLR 指令编码格式

BLR 指令格式如下。

```
BLR <Xn>
```

<Xn>表示保存要跳转到的程序地址，编码在 Rn 字段。

2. 返回指令

返回指令有以下两种。

(1) RET 指令

使用 RET 指令将从子程序分支无条件返回到寄存器中的一个地址。

RET 指令编码格式如图 3.48 所示。

31～25	24	23	22～21	20～16	15～12	11	10	9～5	4～0
1 1 0 1 0 1 1	0	0	1 0	1 1 1 1 1	0 0 0 0	0	0	Rn	0 0 0 0 0
	Z		op			A	M		Rm

图 3.48 RET 指令编码格式

RET 指令格式如下。

```
RET {<Xn>}
```

<Xn>表示保存要返回的目标地址，编码在 Rn 字段中，如果没有，则默认返回到 X30 寄存器中保存的地址。

(2) ERET 指令

ERET 指令用于从当前的异常模式返回，通常可以实现模式切换，如从 EL1 切换到 EL0。它会从 SPSR 恢复 PSTATE，从 ELR 中获取跳转地址，并返回到该地址。

ERET 指令编码格式如图 3.49 所示。

31～25	24	23～21	20～16	15～12	11	10	9～5	4～0
1 1 0 1 0 1 1	0	1 0 0	1 1 1 1 1	0 0 0 0	0	0	1 1 1 1 1	0 0 0 0 0
					A	M	Rn	op4

图 3.49 ERET 指令编码格式

ERET 指令格式如下。

```
ERET
```

3.5 SIMD 和 NEON 技术

1. SIMD 技术

SIMD，即单指令流多数据流，是一种计算机技术，用于使用单个指令处理多个数据值。

操作数的数据被打包到特殊的宽寄存器中。因此，一条指令可以完成许多条单独指令的工作。这种类型的并行处理指令通常被称为 SIMD 指令[7]。

许多软件程序都是在大型数据集上运行的，数据项的大小可以小于 32 位，例如，在视频、图形和图像处理中常见的 8 位像素数据，在音频编解码器中常见的 16 位样本。在这种情况下，要执行的操作很简单，重复多次，对控制代码的要求很少。在 32/64 位内核（比如 Cortex-A 系列处理器）上，一次执行大量 8 位或 16 位的单个操作相对来说效率较低，SIMD 技术可以为这种类型的数据处理提供相当大的性能改进[8]。例如，在 32 位寄存器中执行 4 组 8 位数据的相加运算，通常需要使用 4 组 32 位寄存器分别存储，并执行 4 次相加指令，而使用 SIMD 技术可以将 4 个 8 位数据以向量的形式存储在 1 个 32 位寄存器中，这样只需要 1 组寄存器，执行一次相加指令，如图 3.50 所示。

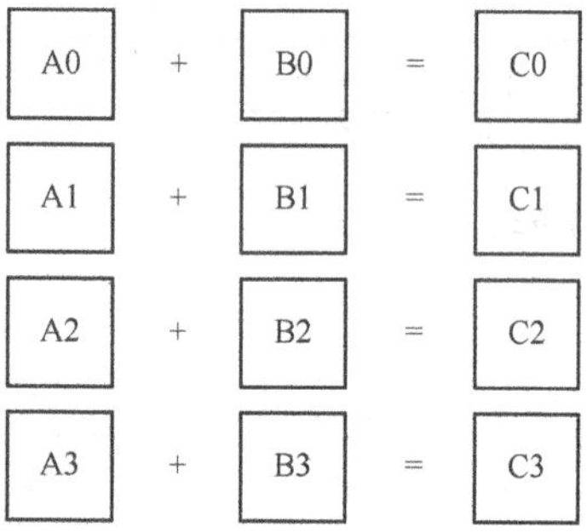

（a）通用指令实现加法运算

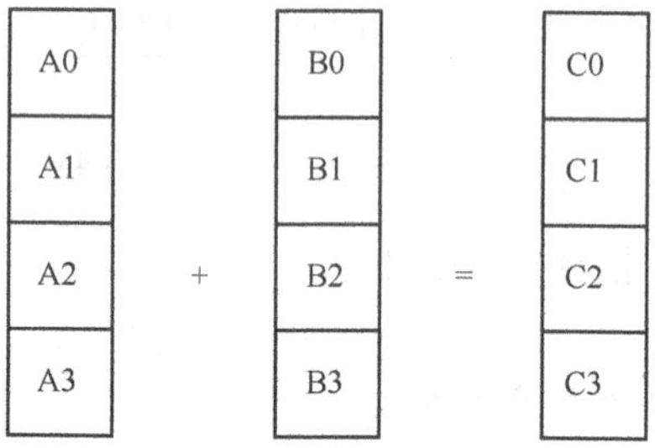

（b）SIMD技术实现加法运算

图 3.50　通用指令与 SIMD 技术实现加法运算对比

ARM 最早支持 SIMD 指令集是在 ARMv6 中[9]。这一代 SIMD 指令集依赖向量寄存器，复用了 ARM 本身的通用寄存器。支持 8/16 位整数，可以实现 4 个 8 位整数或者两个 16 位整数的并行计算。在 ARMv7-A 架构中，ARM 进一步发展自身的 SIMD 指令集，并命名为 NEON。这一代的指令集，有 32 个 64 位的 NEON 向量寄存器，同时也支持单精度浮点运算。在 ARMv8-A 架构中，NEON 指令集进一步得到发展，32 个向量寄存器的长度都增加到 128 位。NEON 指令集支持 8/16/32/64 位整数，同时支持单精度和双精度浮点运算。

在 ARMv8-A 中，ARM Advanced SIMD 架构、其相关实现和支持软件通常被称为 NEON 技术。AArch32 和 AArch64 都有 NEON 指令集（相当于 ARMv7 的 NEON 指令）。这两种方法都可以用于显著加快大数据集上的重复操作。

AArch64 的 NEON 架构使用 32 个 128 位寄存器，是 ARMv7 的两倍。这些寄存器与浮点指令使用的寄存器相同，命名为 V0～V31。所有编译后的代码和子例程都符合 EABI，它指定哪些寄存器可以被损坏，哪些寄存器必须保留在特定的子例程中。编译器可以在代码的任何位置随意使用任何 NEON 或 VFP 寄存器来存储浮点值或 NEON 数据。

2. ARMv8 NEON 架构

NEON 寄存器的内容是相同数据类型元素的向量。向量被划分为通道，每个通道包含一个被称为元素的数据值。NEON 向量中的通道数取决于向量的大小和向量中的数据元素。

通常，每个 NEON 指令会导致 n 个操作并行发生，其中 n 是输入向量被分割的通道数。从一条通道到另一条通道不能有携带或溢出。向量中元素的排序是从最低有效位开始的。这意味着元素 0 使用寄存器的最低有效位。

NEON 指令可作用于以下类型的元素。

- 32 位单精度浮点和 64 位双精度浮点。
- 8 位、16 位、32 位或 64 位无符号和有符号整数。
- 8 位和 16 位多项式。多项式类型用于代码，如错误纠正，使用 2 的幂有限域或{0,1}上的简单多项式。普通的 ARM 整数代码通常使用一个查找表来进行有限字段的运算。AArch64 NEON 提供了使用大型查找表的指令。

NEON 单元可以将寄存器看作 32 个 128 位四字寄存器，命名为 V0～V31，每个寄存器如图 3.51 所示。

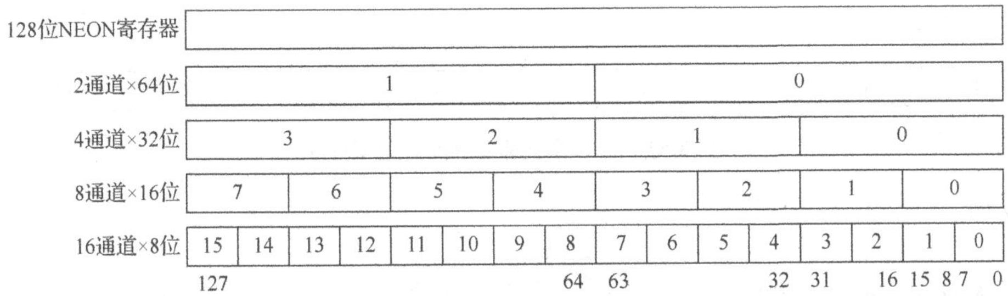

图 3.51　V 寄存器的划分

32 个 64 位的 D 寄存器（双字寄存器），命名为 D0～D31，每个寄存器如图 3.52 所示。

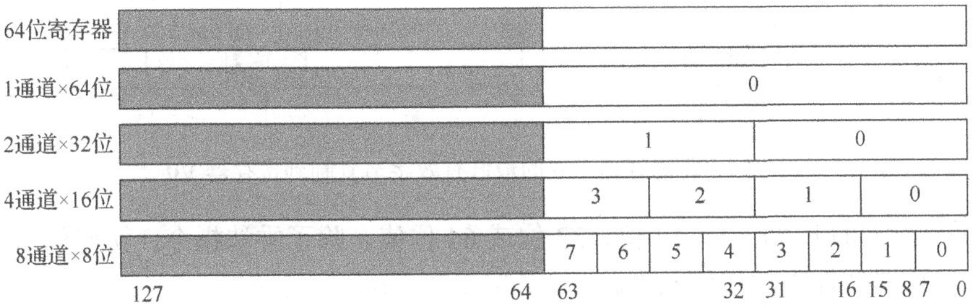

图 3.52　D 寄存器的划分

所有这些寄存器可以在任何时候访问，软件不需要显式地在它们之间切换，因为使用的指令决定了适当的视图。

3. 标量数据和 NEON

标量数据指的是单个值，而不是包含多个值的向量。有些 NEON 指令使用标量操作数。寄存器内的标量可以通过指向向量的索引访问。

访问向量中单个元素的一般数组形式如下。

```
<Instruction> Vd.Ts[index1], Vn.Ts[index2]
```

其中，各参数说明如下。

- Vd：目的寄存器。
- Vn：第一个源寄存器。
- Ts：元素大小的说明符。
- index：元素的索引。

例如：

```
INS V0.S[1], V1.S[0]
```

如图 3.53 所示，该指令表示将一个元素插入到一个向量中。

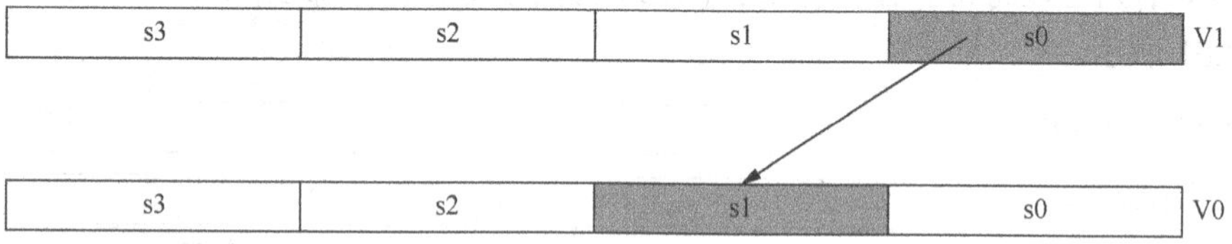

图 3.53　将一个元素插入到一个向量中

又如：

```
MOV V0.B[3], W0
```

如图 3.54 所示，该指令表示将寄存器 W0 的最低有效字节复制到寄存器 V0 的第 4 字节。

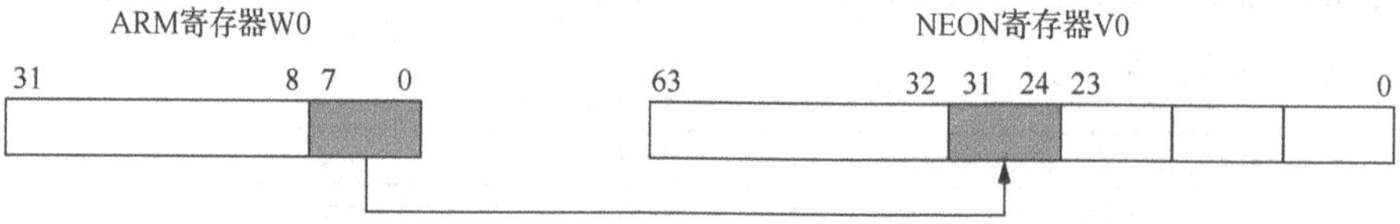

图 3.54　将寄存器 W0 的最低有效字节复制到寄存器 V0

NEON 标量可以是 8 位、16 位、32 位或 64 位值。除了乘法指令，访问标量的指令还可以访问寄存器文件中的任何元素。

乘法指令只允许 16 位或 32 位标量，并且只能访问寄存器文件中的前 128 个标量。

- 16 位标量被限制在 Vn.H[x]寄存器内，$0 \leqslant n \leqslant 15$。
- 32 位标量被限制在 Vn.S[x]寄存器内，$0 \leqslant n \leqslant 31$。

4. AArch64 NEON 指令集

NEON 技术的一个关键优势是指令构成了普通 ARM 或 Thumb 代码的一部分，这使得编程比使用外部硬件加速器更简单。NEON 指令可用于读写外部存储器，在 NEON 寄存器和其他 ARM 寄存器之间移动数据，以及执行 SIMD 操作。

NEON 指令集处理的数据类型为向量，对应于图 3.51 与图 3.52 的寄存器视图。NEON 指令集支持的向量数据类型如表 3.27 所示。

表 3.27 NEON 指令集支持的向量数据类型

64 位寄存器	128 位寄存器
int 8×8_t	int 8×16_t
int 16×4_t	int 16×8_t
int 32×2_t	int 32×4_t
int 64×1_t	int 64×2_t
uint 8×8_t	uint 8×16_t
uint 16×4_t	uint 16×8_t
uint 32×2_t	uint 32×4_t
uint 64×1_t	uint 64×2_t
float 16×4_t	float 16×8_t
float 32×2_t	float 32×4_t
poly 8×16_t	poly 8×32_t
poly 16×4_t	poly 16×8_t

NEON 指令集具体支持的功能如下所示。

- 加法运算。
- 成对加法，将相邻的向量元素相加。
- 具有加倍和饱和选项的乘法运算。
- 乘法和累加运算。
- 乘法和减法运算。
- 左移、右移和插入运算。
- 一般逻辑运算。
- 选取最小值或最大值操作。
- 计数前导零、有符号位和设置位操作。

NEON 指令集不支持以下功能。

- 除法操作。
- 平方根操作。

在 ARMv7 中，所有的 NEON 指令助记符都以字母 V 开头；而在 ARMv8 AArch64 中，所有指令助记符的 V 前缀被移除，并且修改了因为删除 V 前缀而与部分 ARM 核心指令集冲突的助记符名称。这意味着对于执行相同操作的相同名称的指令，可以是 ARM 核心指令，可以是 NEON 指令，也可以是浮点指令，这取决于操作数的名称。

例如：

```
ADD W0, W1, W2
```

和

```
ADD X0, X1, X2
```

是 A64 基本指令；而

```
ADD D0, D1, D2
```

是一条标量浮点指令；

```
ADD V0.4H, V1.4H, V2.4H
```

是一条 NEON 向量指令。

可以为指令助记符添加 S、U、F、P 前缀来分别表示有符号、无符号、浮点和多项式等操作的数据类型。例如：

```
FADD D0, D1, D2
```

表示对浮点数的加法运算。

向量的通道数和元素大小由寄存器限定符描述。例如，对于一条 NEON 向量加法指令。

```
ADD Vd.T, Vn.T, Vm.T
```

其中，Vd、Vn、Vm 分别为目的寄存器和源寄存器的名称，T 为要使用的寄存器细分。对于这个例子，T 是 8 B、16 B、4 H、8 H、2 S、4 S、1D、2D 之一，取决于使用的是 64 位、32 位、16 位还是 8 位数据，以及是 64 位还是 128 位寄存器。

此外，根据 NEON 指令的输入输出向量类型，NEON 指令又可以分为正常指令、长指令、宽指令、窄指令和饱和指令。长、宽、窄变体通过后缀来表示。

（1）正常指令

正常指令可以对任何向量类型进行操作，并且运算结果与操作数的向量类型和大小相同。

（2）长指令

长指令对双字向量操作数进行操作，并产生四字向量结果，结果元素的宽度是操作数的两倍。长指令通过在指令后面加 L 来指定。例如：

```
SADDL V0.4S, V1.4H, V2.4H
```

图 3.55 显示了 NEON 长指令计算过程。

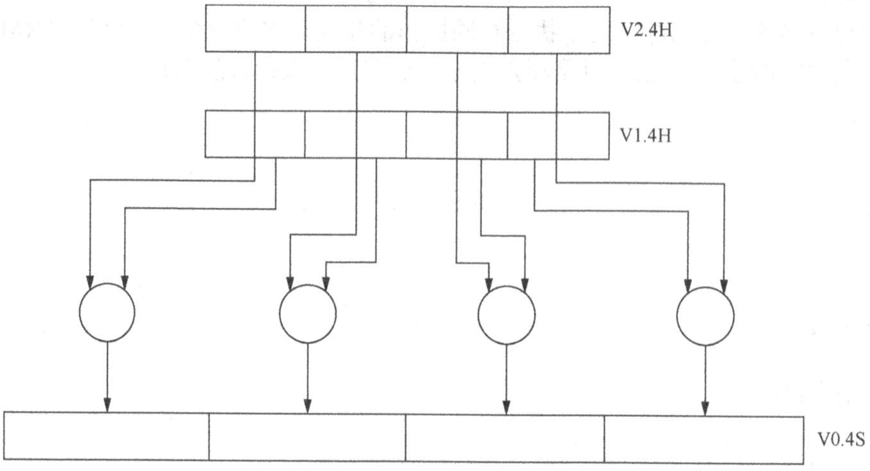

图 3.55　NEON 长指令计算过程

（3）宽指令

宽指令对双字向量操作数和四字向量操作数进行操作，产生四字向量结果。结果元素和第一个操作数的宽度是第二个操作数元素宽度的两倍。宽指令通过在指令后面加 W 来指定。例如：

```
SADDW V0.4S, V1.4H, V2.4S
```

图 3.56 显示了 NEON 宽指令计算过程。

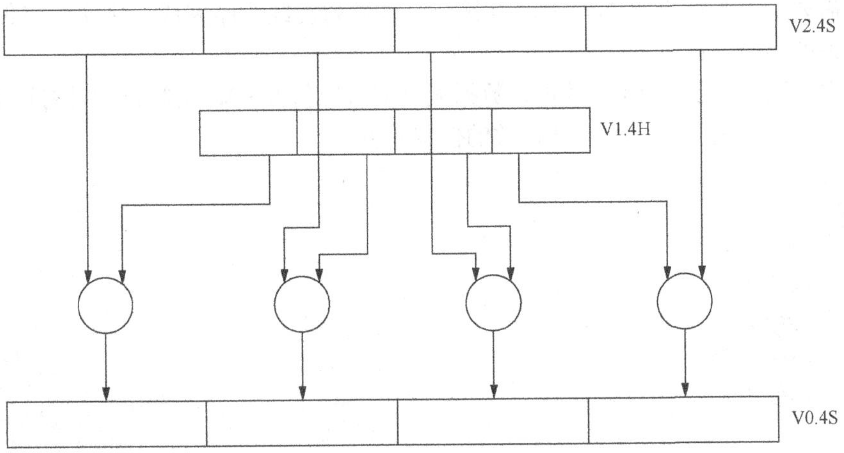

图 3.56　NEON 宽指令计算过程

（4）窄指令

窄指令对四字向量操作数进行操作，并产生双字向量结果。结果元素通常是操作数元素宽度的一半。窄指令通过在指令后加 N 来指定。例如：

```
SUBHN V0.4H, V1.4S, V2.4S
```

图 3.57 显示了 NEON 窄指令计算过程。

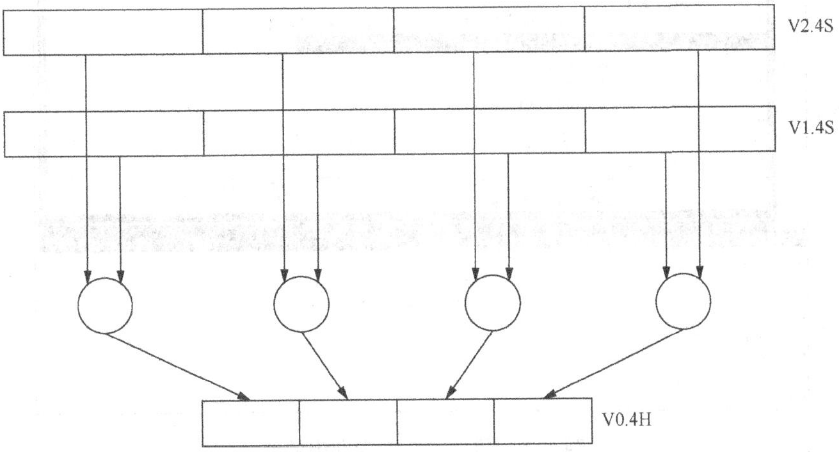

图 3.57　NEON 窄指令计算过程

3.6 实　　验

3.6.1 排序实验

冒泡排序是一种简单直观的排序算法。该算法从首个数据开始，重复访问要排序的数列，一次比较两个相邻元素，如果它们的顺序错误就交换彼此的位置，如此重复直到数列中没有再需要交换的两个相邻元素，也就是说该数列已经排序完成。本实验将使用 ARM 汇编语言来编写冒泡排序算法。

假设内存连续存放着 10 个数据，数据无重复且取值 0～9，实验目的是将这 10 个数据进行冒泡排序，数据在内存中连续存放的位置不变。

```
DATA:
    .word 1
    .word 9
    .word 3
    .word 5
    .word 4
    .word 6
    .word 7
    .word 8
    .word 0
    .word 2
```

启动 gdb 调试本实验代码，在排序程序运行前使用 x/10dw DATA 指令查看内存中的值，如图 3.58 所示。

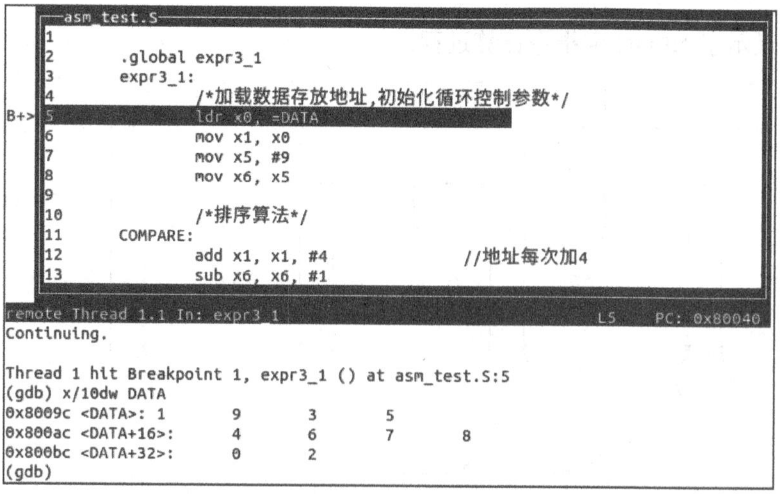

图 3.58　排序前查看内存中的值

如图 3.58 所示，当前内存中的数据为乱序状态。运行排序程序，结束后再次查看内存中的值，如图 3.59 所示，可以看到，数据已经由小到大排列完成。

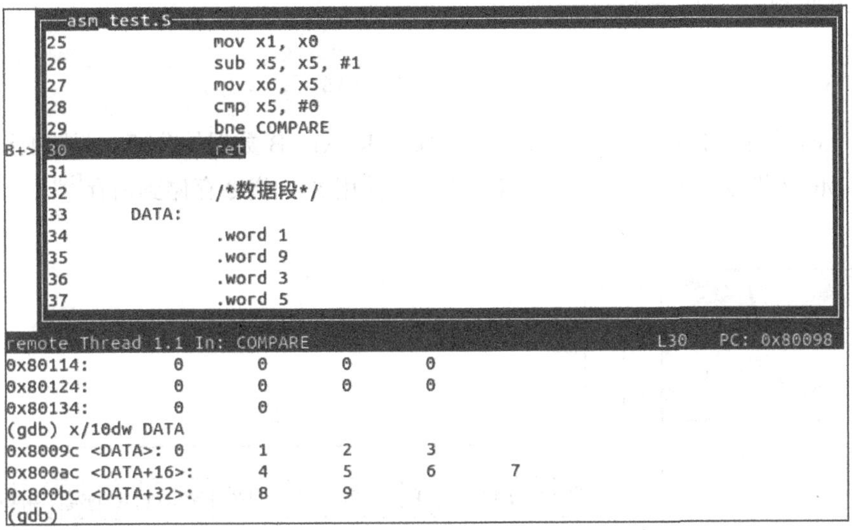
asm_test.S
25 mov x1, x0
26 sub x5, x5, #1
27 mov x6, x5
28 cmp x5, #0
29 bne COMPARE
B+> 30 ret
31
32 /*数据段*/
33 DATA:
34 .word 1
35 .word 9
36 .word 3
37 .word 5
remote Thread 1.1 In: COMPARE L30 PC: 0x80098
0x80114: 0 0 0 0
0x80124: 0 0 0 0
0x80134: 0 0
(gdb) x/10dw DATA
0x8009c <DATA>: 0 1 2 3
0x800ac <DATA+16>: 4 5 6 7
0x800bc <DATA+32>: 8 9
(gdb)

图 3.59　排序后查看内存中的值

3.6.2 RGB 数值转换实验

24 位 RGB 图像像素在内存中的存放顺序为 R、G、B、R、G、B……，而 BGR 图像像素在内存中的排列顺序为 B、G、R、B、G、R……（图 3.60）。如果使用 ARM 普通指令来进行 RGB 图像到 BGR 图像的转换，需要一一对换 R 值和 B 值，十分麻烦，本实验考虑利用 NEON 技术来实现 RGB 数据到 BGR 数据的转换[10]。

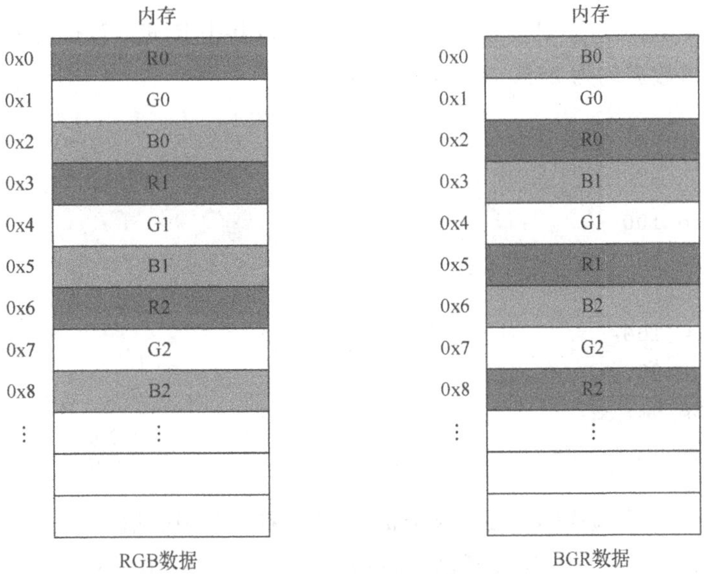
内存
0x0 R0
0x1 G0
0x2 B0
0x3 R1
0x4 G1
0x5 B1
0x6 R2
0x7 G2
0x8 B2
RGB数据
内存
0x0 B0
0x1 G0
0x2 R0
0x3 B1
0x4 G1
0x5 R1
0x6 B2
0x7 G2
0x8 R2
BGR数据

图 3.60　像素数据在内存中的排列

NEON 提供的结构加载和存储指令可以很方便地实现从内存中加载多元数据结构，并分别存储到多个寄存器中。对于此实验，可以使用 LD3XXX 加载指令将红色、绿色和蓝色的数据值分隔到不同的 NEON 寄存器中。

```
LD3 {V0.16B, V1.16B, V2.16B}, [X0], #48
```

如图 3.61 所示，LD3 指令可以很方便地实现 R、G、B 数据的分离，要转换至 BGR 只需要使用 MOV 指令交换三个 V 寄存器的值，再使用 ST3 指令存储到内存[10]。

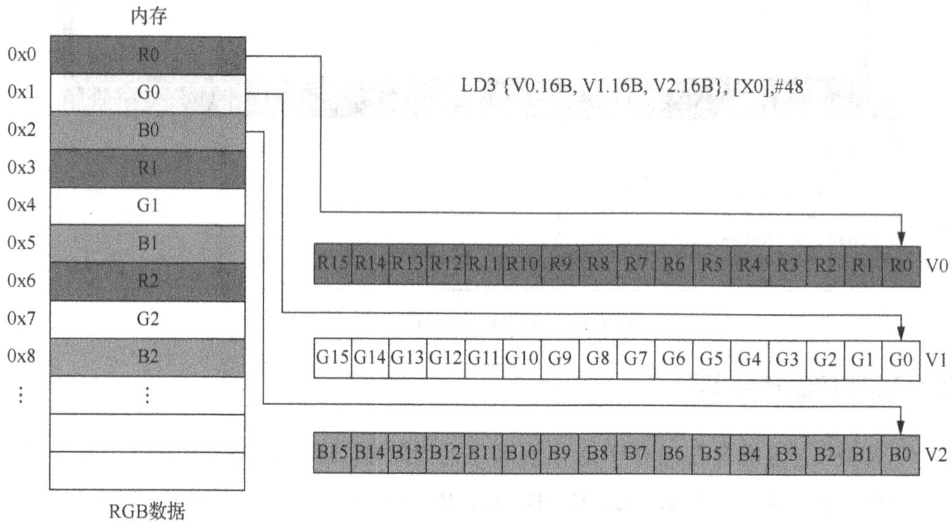

图 3.61　使用 LD3 指令结构化加载 RGB 数据

在本实验中，假设内存中有 16 组 RGB 数据，设其中 R 通道数据均为 0，G 通道数据均为 100，B 通道数据均为 255，共 48 个数据。

```
DATA:
    .byte 0
    .byte 100
    .byte 255
    .byte 0
    .byte 100
    .byte 255
    .byte 0
    ...
```

启动 gdb 调试本实验代码，使用 x/48ub 指令查看内存中的值。

如图 3.62 所示，内存中当前的数据顺序为 0、100、255、0……

```
asm_test.S
     1
     2        .global expr3_2
     3        expr3_2:
     4                /*加载存放RGB数据的内存地址*/
B+>  5                ldr x0, =DATA
     6                mov x1, x0
     7
     8                /*从内存中加载数据至v0、v1和v2寄存器*/
     9                ld3 {v0.16B, v1.16B, v2.16B}, [x0], #48
     10
     11               /*交换寄存器数据*/
     12               mov v3.16B, v0.16B
     13               mov v0.16B, v2.16B
remote Thread 1.1 In: expr3_2                                L5    PC: 0x80040
0x80060 <DATA>: 0       100     255     0       100     255     0       100
0x80068 <DATA+8>:       255     0       100     255     0       100     255
0
0x80070 <DATA+16>:      100     255     0       100     255     0       100
255
0x80078 <DATA+24>:      0       100     255     0       100     255     0
100
--Type <RET> for more, q to quit, c to continue without paging--
```

图 3.62　查看内存中的值

单步调试至 LD3 指令加载数据完成后，使用 p $v0 指令查看 v0 寄存器的值。

如图 3.63 所示，可以看到 v0 寄存器中 16 个字节数据均为 0，即 R 通道数据已经被分离并加载到 v0 寄存器中，相应地，G 通道和 B 通道也均被分离加载到 v1 和 v2 寄存器中。

```
(gdb) p $v0
$1 = {d = {f = {0, 0}, u = {0, 0}, s = {0, 0}}, s = {f = {0, 0, 0, 0}, u = {0,
      0, 0, 0}, s = {0, 0, 0, 0}}, h = {u = {0, 0, 0, 0, 0, 0, 0, 0}, s = {0,
      0, 0, 0, 0, 0, 0, 0}}, b = {u = {0 <repeats 16 times>}, s = {
      0 <repeats 16 times>}}, q = {u = {0}, s = {0}}}
(gdb)
```

图 3.63　查看 v0 寄存器的值

使用 MOV 指令交换 v0、v1、v2 三个寄存器的值后，再次查看 v0 寄存器的值。

如图 3.64 所示，可以看到，v0 寄存器的 16B 数据已经变为 255，证明三个寄存器的值已经交换完成。

```
      -nan(0x7fffff), -nan(0x7fffff), -nan(0x7fffff), -nan(0x7fffff)}, u = {
      4294967295, 4294967295, 4294967295, 4294967295}, s = {-1, -1, -1, -1}},
  h = {u = {65535, 65535, 65535, 65535, 65535, 65535, 65535, 65535}, s = {-1,
      -1, -1, -1, -1, -1, -1, -1}}, b = {u = {255 <repeats 16 times>}, s = {
      -1 <repeats 16 times>}}, q = {u = {
--Type <RET> for more, q to quit, c to continue without paging--c
      340282366920938463463374607431768211455}, s = {-1}}}
(gdb)
```

图 3.64　再次查看 v0 寄存器的值

最后，使用 ST3 指令将三个寄存器的值存储至原来的内存地址。如图 3.65 所示，DATA 处的数据顺序已经变为 255、100、0、255……，即 RGB 数据已经转换为 BGR 格式。

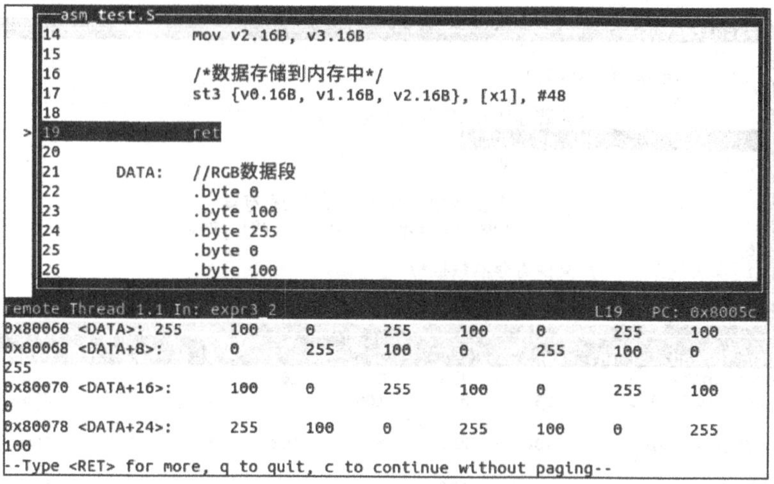

图 3.65　再次查看内存中的值

习　题

1. A64 指令集包含哪些指令类型？
2. 与 ARM 指令集相比，Thumb 指令集具有哪些优势？
3. 在指令编码中条件码占几位？最多有多少种条件？
4. 哪些指令的执行结果会引起 PSTATE 寄存器 N、Z、C、V 标志位的变化？
5. 简述 NEON 指令和 ARM 核心指令的区别。
6. 简述 SIMD 技术的思想。
7. 请使用至少两种方法实现将数据 0xFFFFFFFFFFFFFFFF 送入寄存器 X0。
8. 分析下列语句实现的功能。

```
CMP    X0, #0
MOVEQ X1, #0
MOVGT X1, #1
```

9. A64 指令集支持哪几种寻址方式？分别写出下列指令的寻址方式，以及实现的操作。

```
LDR X2, [X3, #-4]!
LDR X0, [X0], X2
LDR X1, [X3, X2, LSL#2]!
LDRSB X0, [X2, #-2]!
STRB X1, [X2, #0xA0]
```

10. 已知 32 位变量 X、Y 分别存放在存储器的地址 0x90010、0x90014 中，编写汇编代码实现 Z=X+Y，其中 Z 的值存放在地址 0x90018 中。

11. 编写汇编代码实现两个 128 位数据的加法运算，两个数的高 64 位和低 64 位分别存放在寄存器 X1、X0 和 X3、X2 中，计算结果存放在寄存器 X1、X0 中。

12．已知寄存器 W0 的值为 1111001100111100B，请使用位域操作指令将其值变为 0000001111001100B。

13．编写汇编代码，求 1～100 的整数之和。

14．编写程序查找从地址 X0 开始的 100 个 64 位数据中为 0 的数目，并将结果存放在 X1 地址中。

15．编写汇编代码，实现将一个存放在寄存器 X1:X0 中的 128 位数据的高位和低位对称交换，如第 0 位和第 127 位交换，第 1 位和第 126 位交换……以此类推，结果存放在寄存器 X3:X2 中。

参 考 文 献

[1] YIU J. ARMv8-M architecture technical overview[R]. ARM white paper, 2015.

[2] WAFAA A. Introducing the 64-bit ARMv8 Architecture[C]. Open source ARM Ltd. EuroBSDCon conference, Malta. 2013: 68.

[3] ZHANG C. Mars: A 64-core ARMv8 processor[C]. 2015 HCS. IEEE, 2015: 1-23.

[4] FLUR S, GRAY K E, PULTE C, et al. Modelling the ARMv8 Architecture, Operationally: Concurrency and ISA[J]. ACM sigplan notices, 2016: 608-621.

[5] 赵利军，王震宇，王奕森，等．基于 ARMv8 架构 gadget 自动搜索框架[J]．计算机应用与软件，2016，33（5）：6.

[6] 邱铁．ARM 嵌入式系统结构与编程[M]．北京：清华大学出版社，2009.

[7] WILLIAMS M. ARMv8 debug and trace architectures[C]. S4D, 2012. IEEE, 2012.

[8] 杜春雷．ARM 体系结构与编程[M]．北京：清华大学出版社，2003.

[9] 唐振明．ARM 体系结构与编程[M]．北京：电子工业出版社，2012.

[10] 谢亚明．ARM 体系结构虚拟化技术的研究与实现[D]．沈阳：东北大学，2008.

第4章

ARM异常与中断机制

4.1 ARM异常系统概述

内核稳定性问题是复杂多样的，最常见的莫过于 kernel panic，意为“内核错误”。这种情况下，系统无法正常运行，只能自我结束生命，留下死亡信息。例如：“Unable to handle kernel XXX at virtual address XXX（无法处理虚拟地址 XXX 处的内核 XXX）”“undefined instruction XXX（未定义的指令 XXX）”“Bad mode in Error handler detected on CPUX, code 0xbe000011 – Serror（在 CPUX 上检测到错误处理程序中的错误模式，代码 0xbe000011–系统错误）”。

或者当处理器正在执行任务，此时收到一个指令，处理器必须暂停当前的任务，转而去处理收到的指令。当指令处理完毕后，再返回被打断的程序继续执行。

图 4.1 显示了应用程序运行过程中发生某一个异常的处理流程。当触发异常时，处理器跳转到一个向量表，该向量表包含一个分发代码，其通常识别异常源，并选择和调用相应的异常处理函数。该代码完成执行后返回到高层级的处理程序，该处理程序随后执行 ERET 指令返回到应用程序[1]。

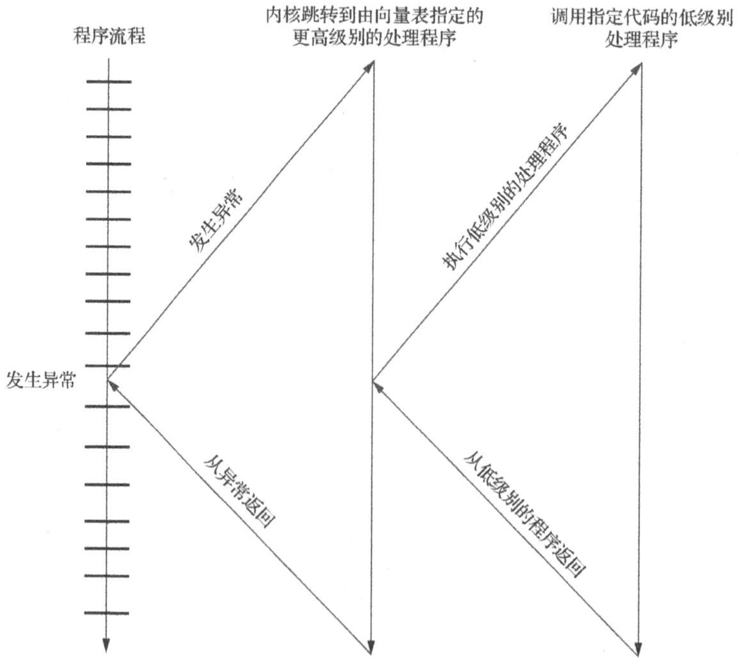

图 4.1　异常的处理流程

上述情况下的死亡信息及指令都称为异常，但是这些死亡信息或者指令是在什么状态下产生的呢？又是如何处理的呢？

4.1.1 ARM 处理的 7 种工作模式

ARM 处理器存在 7 种工作模式：用户（USR）模式、快速中断（FIQ）模式、外部中断（IRQ）模式、管理（SVC）模式、数据访问中止（ABT）模式、系统（SYS）模式、未定义指令中止（UND）模式，如表 4.1 所示。ARM 处理器的工作模式可以通过控制进行切换，也可以通过外部中断或异常处理过程进行切换。大多数用户程序运行在用户模式下，这时应用程序不能访问某些受操作系统保护的系统，也不能直接进行处理器模式切换。当需要进行处理器模式切换时，应用程序可以产生异常处理，在异常处理中进行处理器模式的切换。

表 4.1 ARM 处理器的 7 种工作模式

工作模式	描述
用户模式	属于正常的用户模式，ARM 处理器正常的程序执行状态
快速中断模式	用于处理快速中断，对高速数据传输或通道进行处理
外部中断模式	对一般情况下的中断进行处理
管理模式	提供操作系统的一种保护模式，处理软件中断（software interruption，SWI）复位
数据访问中止模式	当数据或指令预取终止时进入该模式，可用于处理存储器故障、实现虚拟存储器和存储器保护
系统模式	执行具有特权的操作系统任务
未定义指令中止模式	处理未定义的指令陷阱，当未定义的指令执行时进入该模式，可用于支持硬件协处理器的软件仿真

由于在 ARM 的中断和异常中，经常会遇到工作模式的切换，而中断和异常也是 ARM 中很重要的一点，因此在这里记录了工作模式的一些概念和细节。其中，用户模式为非特权模式，其他 6 种模式是特权模式。特权模式之间可以通过软件操作切换，也可以切换到用户模式，但是用户模式不能通过软件操作切换到其他模式。

4.1.2 异常类型

如果实现了虚拟化扩展和安全扩展，则可以将 HYP 模式和 Monitor 模式添加到 ARM 处理器的工作模式列表中。当前模式可以在特权软件控制下更改，也可以在发生异常时自动更改。

用户模式不能直接影响内核的异常行为，但可以生成 SVC 异常以请求特权服务。这就是用户应用程序请求操作系统代表它们完成工作的方式。

当发生异常时，内核保存当前状态和返回地址，进入特定模式，并可能禁用硬件中断。给定异常的执行处理从该异常的异常向量的固定内存地址开始。特权软件可以将一组异常向量的位置编程到系统寄存器中，当出现相应的异常时，它们会自动执行[2]。

此时存在以下异常类型。

（1）复位（reset）异常

所有内核都有一个复位输入，并将在重置之后立即发生复位异常。它是优先级最高的异常，无法屏蔽。此异常用于通电之后在内核上执行代码以对其进行初始化，该异常在管理模式下处理。

（2）数据访问中止（data abort）异常

若处理器数据访问指令的地址不存在，或该地址不允许当前指令访问，则产生数据终止异常。该异常在数据访问中止（ABT）模式下处理。

（3）快速中断（FIQ）异常

快速中断具有最高中断优先级和最小的中断延迟，通常用于处理高速数据传输及通道中的数据恢复处理，如 DMA 等。当处理器的快速中断请求引脚有效，且 CPSR 中的 F 位为 0 时，产生 FIQ 异常。该异常在快速中断模式下处理。

（4）外部中断（IRQ）异常

当处理器的外部中断请求引脚有效，且 CPSR 中的 I 位为 0 时，产生 IRQ 异常。系统的外设可通过该异常请求中断服务。该异常在外部中断模式下处理。

（5）指令预取中止（pre-fetch abort）异常

在指令预取时，如果目标地址是非法的，该指令被标记成有问题的指令，这时流水线上该指令之前的指令继续执行，当执行到该指令时，处理器产生指令预取中止异常中断。发生指令预取异常中断时，程序要返回该问题指令处，重新读取并执行该指令，因此指令预取中止异常中断应该返回到产生该指令预取中止异常中断的指令处，而不是当前指令的下一条指令。该异常在数据访问中止模式下处理。

（6）软件中断（SWI）异常

该异常是应用程序自己调用时产生的，常用于用户程序申请访问硬件资源。例如，printf()函数若要将用户数据打印到显示器上，用户程序必须申请使用显示器，而用户程序又没有外设的使用权，只能通过软件中断指令切换到内核态，通过操作系统内核代码来访问外设，由于内核态工作在特权模式下，因此操作系统在特权模式下实现将用户数据打印到显示器上。这样做的目的无非是保护操作系统的安全和硬件资源的合理使用，该异常在管理模式下处理，也可用于用户模式下的程序调用特权操作指令，使用该异常机制实现系统功能调用。

（7）未定义指令（undefined instruction）异常

当 ARM 处理器遇到一条自己和系统内任何协处理器都无法执行的指令时，就会发生未定义指令异常，从而进入中断处理程序；同时，软件也可使用这一机制通过仿真未定义的协处理器指令来扩展 ARM 指令集。该异常在未定义指令中止模式下处理。

操作系统内核运行在特权模式下，访问系统的所有资源；而应用程序运行在非特权模式下，不能访问系统的某些资源，因为权限不够。除此之外，ARM64 处理器还支持虚拟化扩展，以及安全模式的扩展。ARM64 通过实现不同级别的特权来实现对这种模式的分离，这些特权级别在 ARMv8 体系结构手册中称为异常等级。

- EL0 为非特权模式，用于运行应用程序。
- EL1 为特权模式，用于运行操作系统内核。
- EL2 用于运行虚拟化管理程序。
- EL3 用于运行安全状态的管理程序。

同时在 ARMv8 体系结构中，异常又分为同步异常和异步异常。同步异常是指处理器执行某条指令而直接导致的异常，往往需要在异常处理函数中处理该异常之后，处理器才能继续执行。例如，当数据中止时，知道发生数据异常的地址，并且在异常处理函数中修改这个地址。

常见的同步异常如下。

- 尝试访问一个异常等级不恰当的寄存器。例如，TTBR0_EL1 是保存 EL0 和 EL1 使用的转换表的基址的寄存器。这个寄存器不能从 EL0 访问，如果强行访问将导致一个异常。
- 尝试执行关闭或者未定义（undefined）的指令。
- 使用没有对齐的 SP。
- 尝试执行与 PC 指针未对齐的指令。
- 软件产生的异常，如执行 SVC、HVC 或 SMC 指令。
- 地址翻译或者权限等导致的数据异常。
- 地址翻译或者权限等导致的指令异常。
- 调试导致的异常，如断点异常、观察点异常、软件单步异常。

异步异常是指异常触发的原因与处理器当前正在执行的指令无关的异常，中断属于异步异常的一种。因此，指令异常和数据异常称为同步异常，而中断称为异步异常。

常见的异步异常包括物理中断和虚拟中断两种。

- 物理中断分为 3 种，分别是 SError、IRQ、FIQ。
- 虚拟中断分为 3 种，分别是 vSError、vIRQ、vFIQ。

4.1.3 异常向量表

（1）ARMv8 异常向量表

当异常发生时，处理器必须跳转和执行与异常相关的处理指令。异常相关的处理指令通常存储在内存中，这个内存中存储的相关处理指令称为异常向量。在 ARM 体系结构中，异常向量存储在一张表中，称为异常向量表。在 ARMv8 体系结构中，每个异常等级都有自己的向量表，即 EL1、EL2、EL3 各有一个异常向量表。

ARMv7 体系结构的异常向量表比较简单，每个表项是 4B，每个表项中存放一条跳转指令。但是 ARMv8 的异常向量表发生了变化，每一个表项是 128B，这样可以存放 32 条指令。注意，ARMv8 指令集支持 64 位指令集，但是每一条指令的位宽是 32 位，而不是 64 位。ARMv8 异常向量表如表 4.2 所示。

表 4.2 ARMv8 异常向量表

地址	异常类型	描述
VBAR_ELn + 0x000	同步	使用 SP-EL0 执行状态的当前异常等级
+0x080	IRQ/vIRQ	
+0x100	FIQ/vFIQ	
+0x180	SError/vSError	
+0x200	同步	使用 SP-ELx 执行状态的当前异常等级
+0x280	IRQ/vIRQ	
+0x300	FIQ/vFIQ	

续表

地址	异常类型	描述
+0x380	SError/vSError	使用 SP-ELx 执行状态的当前异常等级
+0x400	同步	在 AArch64 执行状态下的低异常等级
+0x480	IRQ/vIRQ	
+0x500	FIQ/vFIQ	
+0x580	SError/vSError	
+0x600	同步	在 AArch32 执行状态下的低异常等级
+0x680	IRQ/vIRQ	
+0x700	FIQ/vFIQ	
+0x780	SError/vSError	

在表 4.2 中，异常向量表存放的基地址可以通过向量基址寄存器（vector base address register，VBAR）来设置。

处理器在内核态（EL1 异常等级）中触发了 IRQ，并且系统通过配置 APSEL 寄存器来使用 SP_ELx 寄存器作为栈指针，处理器会跳转到“VBAR_EL1+0x280”地址处的异常向量中。如果系统通过配置 SPSEL 寄存器来使用 SP_EL0 寄存器作为栈指针，那么处理器会跳转到“VBAR_EL1+0x80”地址处的异常向量中。

处理器在用户态（EL0）执行时触发了 IRQ，假设用户态的执行状态为 AArch64 并且该异常会陷入 EL1 中，那么处理器会跳转到“VBAR_EL1+0x480”地址处的异常向量中。假设用户态的执行状态为 AArch32 并且该异常会陷入 EL1 中，那么处理器会跳转到“VBAR_EL1+0x680”地址处的异常向量中。

（2）Linux ARMv8 异常向量表

在 Linux 中，ARMv8 的异常向量结构又是怎么样的呢？在 ARMv8 中，每个异常的向量地址大小不再是 4 字节，而是 0x80 字节，可以在向量表中存储更多的代码。

```
ENTRY(vectors)
    kernel_ventry 1, sync_invalid     // EL1t 模式下的同步异常
    kernel_ventry 1, irq_invalid      // EL1t 模式下的 IRQ
    kernel_ventry 1, fiq_invalid      // EL1t 模式下的 FIQ
    kernel_ventry 1, error_invalid    // EL1t 模式下的 SError

    kernel_ventry 1, sync             // EL1h 模式下的同步异常
    kernel_ventry 1, irq              // EL1h 模式下的 IRQ
    kernel_ventry 1, fiq_invalid      // EL1h 模式下的 FIQ
    kernel_ventry 1, error            // EL1h 模式下的 SError

    kernel_ventry 0, sync             // 处于 64 位的 EL0 下的同步异常
    kernel_ventry 0, irq              // 处于 64 位的 EL0 下的 IRQ
    kernel_ventry 0, fiq_invalid      // 处于 64 位的 El0 下的 FIQ
    kernel_ventry 0, error            // 处于 64 位的 EL0 下的 SError
```

```
#ifdef CONFIG_COMPAT
    kernel_ventry 0, sync_compat, 32          // 处于 32 位的 EL0 下的同步异常
    kernel_ventry 0, irq_compat, 32           // 处于 32 位的 EL0 下的 IRQ
    kernel_ventry 0, fiq_invalid_compat, 32   // 处于 32 位的 EL0 下的 FIQ
    kernel_ventry 0, error_compat, 32         // 处于 32 位的 EL0 下的 SError
#else
    kernel_ventry 0, sync_invalid, 32         // 处于 32 位的 EL0 下的同步异常
    kernel_ventry 0, irq_invalid, 32          // 处于 32 位的 E10 下的 IRQ
    kernel_ventry 0, fiq_invalid, 32          // 处于 32 位的 EL0 下的 FIQ
    kernel_ventry 0, error_invalid, 32        // 处于 32 位的 EL0 下的 SError
#endif
END(vectors)
```

从上述代码可知一条 kernel_ventry 为一个异常，但是 kernel_ventry 的展开需要对齐到 0x80 字节，不够的部分用 nop 填充。通过上述代码，可知 ARMv8 有 4 张向量表，每张向量表有 4 种异常：同步异常、IRQ 异常、FIQ 异常和系统错误异常。4 张表分别对应如下。

- 发生中断时，异常等级不发生变化，并且不管什么异常模式，sp 只使用 SP_EL0。
- 发生中断时，异常等级不发生变化，并且 sp 使用对应异常私有的 SP_ELx。
- 发生中断时，异常等级发生变化，这种情况一般是用户态向内核态发生迁移，当前表示 64 位用户态向 64 位内核态发生迁移。
- 发生中断时，异常等级发生变化，这种情况一般是用户态向内核态发生迁移，当前表示 32 位用户态向 64 位/32 位内核态发生迁移。

下面我们来看看 kernel_ventry 的实现，简化后的代码片段如下。

```
.macro kernel_ventry, el, label, regsize = 64
    .align 7
    sub sp, sp, #S_FRAME_SIZE
#ifdef CONFIG_VMAP_STACK
    ……//这里省略检查栈溢出的代码
#endif
    b el\()\el\()_\label
.endm
```

align 7 表示按照 2^7B（即 128B）来对齐。

sub 指令用于让 sp 减去一个 S_FRAME_SIZE，其中 S_FRAME_SIZE 称为寄存器框架大小，也就是 pt_regs 数据结构的大小。

```
DEFINE (S_FRAME_SIZE, sizeof (struct pt_regs));
```

b 指令的语句比较有意思，这里出现了两个“el”和 3 个“\”。其中，第一个“el”表示 el 字符，第一个“\()”在汇编宏实现中可用来表示宏参数的结束字符，第二个“\el”表

示宏参数 el，第二个“\()”也用来表示结束字符，最后的“\label”表示宏参数 label。以发生在 EL1 的 IRQ 为例，这条语句变成了“b ell_irq”，代表跳转到 EL1 级别的异常处理函数 IRQ。

（3）VBAR_ELx

ARMv8 体系结构提供了一个 VBAR_ELx 寄存器来设置异常向量表的地址。在早期的 ARM 中异常向量表固定存储在 0x0 地址处，后来新增了这个功能，软件可以随意设置异常向量表的基地址，只要这个异常向量表存放在内存中即可。VBAR_ELx 如图 4.2 所示，其中[63:11]位存放异常向量表，而[10:0]位是保留的，异常向量表的基地址需要与 2KB 地址对齐。在编码时，如果异常向量表的基地址没有和 2KB 对齐，那就会出问题。

图 4.2 VBAR_ELx

综上所述，ARMv8 体系结构的异常向量表有如下特点。

- 除 EL0 之外，每个 EL 都有自己的异常向量表。
- 异常向量表的基地址需要设置到 VBAR_ELx 中。
- 异常向量表的基地址必须与 2KB 对齐。
- 每个表项可以存放 32 条指令，一共 128B。

4.1.4 异常优先级

由于异常可以同时发生，可能会同时引发多个异常，因此处理器必须对每个异常设置优先级，以便可以决定当前引发的异常中哪个更重要。表 4.3 显示了 ARM 上发生的各种异常及其优先级。

表 4.3 ARM 异常及其优先级

优先级	异常	I 位	F 位
1	复位异常	1	1
2	数据访问中止异常	1	—
3	快速中断异常	1	1
4	外部中断异常	1	—
5	指令预取中止异常	1	—
6	软件中断异常	1	—
	未定义指令异常	1	—

读者应该注意异常优先级（当多个异常同时有效时）与实际异常处理程序代码之间的差异。异常处理程序本身很容易被异常中断，因此有两个位称为 F 位和 I 位。当 F 位为 1 时，F 位确定是否可以对异常进行排名，以便不会引发其他异常。I 位与之相同，但 IRQ 例外。未定义的指令和 SWI 不能同时发生，因为它们都是由进入 ARM 指令管道执行阶段的指令引起的，所以是互斥的，它们具有相同的优先级。

4.1.5 异常使用的寄存器

（1）通用寄存器 R0～R30

在基本指令集处理指令时，将使用通用寄存器组。它包括 31 个通用寄存器 R0～R30。这些寄存器可以作为 31 个 64 位寄存器 X0～X30 或 31 个 32 位寄存器 W0～W30 进行访问。其中 R0～R15 可以分成三类，第一类是未分组寄存器 R0～R7，第二类为 R8～R14，第三类为 PC（R15）。其中，有三个寄存器有着特殊功能和作用，介绍如下。

1）R13：堆栈指针（SP）寄存器，用来保存程序执行时的栈指针位置。

2）R14：返回链接寄存器（LR），用来保存程序执行 BL 指令或模式切换时，返回原程序继续执行的地址。

3）R15：程序计数器（PC），用来保存程序执行的当前地址。

（2）堆栈指针（SP）寄存器

在 AArch64 状态下，除了通用寄存器外，还为每个异常等级实现了专用的堆栈指针寄存器。

1）在异常等级为 EL0 时，堆栈指针寄存器为 SP_EL0。

2）在异常等级为 EL1 时，堆栈指针寄存器为 SP_EL1。

3）在异常等级为 EL2 时，堆栈指针寄存器为 SP_EL2。

4）在异常等级为 EL3 时，堆栈指针寄存器为 SP_EL3。

在 EL0 上执行时，处理器使用 EL0 堆栈指针 SP_EL0。在其他任何异常等级执行时，可以将处理器配置为使用 SP_EL0 或对应该异常等级的堆栈指针 SP_ELx。默认情况下，采用对应目标异常等级的堆栈指针 SP_ELx。例如，EL1 的异常选择 SP_EL1，软件可以在目标异常等级执行的时候通过更新处理器状态 PATATE.SP 来指向 SP_EL0 的堆栈指针。

可以通过异常等级的堆栈指针后缀表明所选的堆栈指针，如表 4.4 所示。

- t 表明使用 SP_EL0 堆栈指针。
- h 表明使用 SP_ELx 堆栈指针。
- t 和 h 后缀基于线程（thread）和处理程序（handler）的首字母。

表 4.4 异常等级

异常等级（EL）	堆栈指针（SP）的可选项
EL0	SP_EL0t
EL1	SP_EL1t，SP_EL1h
EL2	SP_EL2t，SP_EL2h
EL3	SP_EL3t，SP_EL3h

（3）程序状态保存寄存器

程序状态保存寄存器（SPSR）用于在发生异常时保存处理器状态。在 AArch64 状态下，每个异常等级都有一个 SPSR。

1）如果异常等级为 EL1，则备份程序状态寄存器为 SPSR_EL1。

2）如果异常等级为 EL2，则备份程序状态寄存器为 SPSR_EL2。

3）如果异常等级为 EL3，则备份程序状态寄存器为 SPSR_EL3。

注意：EL0 不能处理异常。

当处理器发生异常时，会将处理器状态 PSTATE 保存到对应异常等级的 SPSR。例如，如果异常发生在 EL1，则将处理器状态保存在 SPSR_EL1 中。保存处理器状态意味着异常处理程序可以做以下操作。

1）从异常返回时，将处理器状态恢复到 SPSR 中存储的异常等级的状态。例如，异常处理程序从 EL1 返回时，处理器状态恢复到存储在 SPSR_EL1 中的状态。

2）检查发生异常时 PSTATE 的值，确定引起异常指令的当前执行状态和异常等级，如当前执行状态是 AArch64 还是 AArch32 等。

（4）异常链接寄存器

异常链接寄存器（ELR）包含异常返回地址。当处理器发生异常时，返回地址将保存在异常等级对应的 ELR 中。例如，当处理器将异常处理交给 EL1 处理时，会将异常返回地址保存在 ELR_EL1 中。在异常返回时，PC 恢复到存储在 ELR 中的地址。例如，从 EL1 返回时，PC 将恢复到 ELR_EL1 中存储的地址。

AArch64 状态为每个异常等级都提供了 ELR，如下所示。

1）如果异常等级为 EL1，则异常链接寄存器为 ELR_EL1。

2）如果异常等级为 EL2，则异常链接寄存器为 ELR_EL2。

3）如果异常等级为 EL3，则异常链接寄存器为 ELR_EL3。

（5）异常综合表征寄存器

异常综合表征寄存器（exception syndrome register，ESR）ESR_ELn 包含的异常信息用以异常处理程序确定异常原因。仅针对同步异常和 SError 进行更新，因为 IRQ 或 FIQ 中断处理程序通过通用中断控制器（GIC）寄存器的信息获取状态。

1）ESR_ELn 的[31:26]位指明异常类型，有助于异常处理程序确定异常原因（如未定义的指令异常、数据访问中止异常）。例如，EC==0b100010，是 PC 定位故障异常；EC==0b100101，是在未更改异常等级的情况下执行数据中止；EC==0b101111，是 SError 中断。

2）[25]位表示引发异常的指令的长度（0 为 16 位指令，1 为 32 位指令）。

3）[24:0]位构成异常指令综合（instruction specific syndrome，ISS）域，根据 EC 域指定的不同异常类型，ISS 有不同的解释。例如，指令中止异常的 ISS 编码，数据中止异常的 ISS 编码，SError 中断的 ISS 编码，WFI 或 WFE 指令异常的 ISS 编码等。

4.2 进入和退出异常处理程序

如果正常的用户程序被暂时中止，处理器就进入异常模式，如响应一个来自外设的中断，或者当前程序非法访问内存地址都会进入相应的异常模式。退出异常指当异常处理结束之后，执行 ERET 指令从异常中返回，如执行完一个外设的中断处理程序，程序从异常返回后，根据寄存器所恢复的状态继续执行接下来的程序。

4.2.1 异常入口与异常返回

1. 异常入口

当一个异常发生时，CPU内核能感知异常发生，而且会生成一个目标异常等级。CPU会自动完成如下工作。

1）把PSTATE寄存器的值保存到对应目标异常等级的SPSR_ELx中。

2）把返回地址保存在对应目标异常等级的ELR_ELx中。

3）把PSTATE寄存器里的D、A、I、F标志位都设置为1，相当于把调试异常、SError、IRQ及FIQ都关闭。

4）对于同步异常，要分析异常的原因，并把具体原因写入ESR_ELx。

5）切换SP寄存器为目标异常等级的SP_ELx或者SP_EL0寄存器。

6）从异常发生现场的异常等级切换到对应目标异常等级，然后跳转到异常向量表。

上述是ARMv8处理器检测到异常发生后自动完成的工作。操作系统需要完成的工作是从中断向量表开始，根据异常发生的类型跳转到合适的异常向量表。异常向量表的每个项都会保存一条跳转指令，然后跳转到恰当的异常处理函数并处理异常。

2. 异常返回

当操作系统的异常处理完成后，执行一条ERET指令即可从异常返回。这条指令会自动完成如下工作。

1）从ELR_ELx中恢复PC指针。

2）从SPSR_ELx中恢复PSTATE寄存器的状态。

异常触发与返回的流程如图4.3所示。

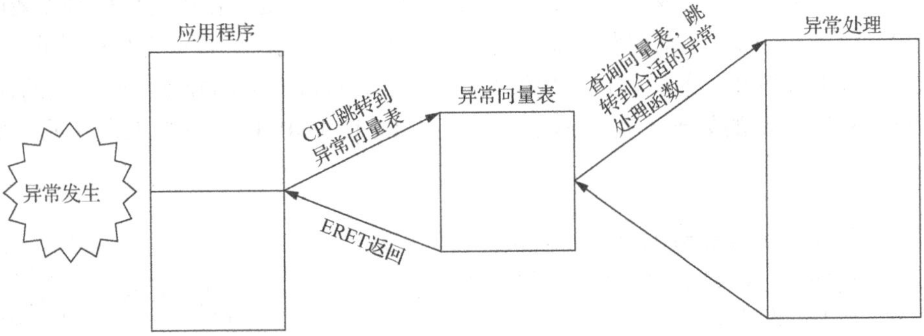

图4.3 异常触发与返回的流程

4.2.2 对异常中断的响应过程

异常需要特权软件采取某些操作，以确保系统的平稳运行。中断有时会作为异常的同义词。但是对ARM来说，中断是异步异常，只是异常的一种；异常是一个事件（而不是分支或跳转指令）导致指令的正常顺序执行被改变。中断不是由程序执行直接引起的。通常情况下，中断指硬件外部到处理器核心的信号中断，如一个按钮被按下，需要去完成某些任务。对于不同的异常中断处理程序，返回的地址及使用的指令是不同的。接下来介绍处理器对各个异常中断的响应过程，以及从异常中断处理程序中返回的方法[3]。

ARM 处理器对异常中断的响应过程如下。

1）保存处理器当前状态、中断屏蔽位，以及各条件标志位。这是通过将当前 CPSR 的内容保存到将要执行的异常中断对应的 SPSR 中实现的。各异常中断有自己的物理 SPSR。

2）设置当前 CPSR 中相应的位。包括设置 CPSR 中的位，使处理器进入相应的执行模式：设置 CPSR 中的位，禁止 IRQ 中断，当进入 FIQ 模式时，禁止 FIQ 中断。

3）将寄存器 lr_mode 设置成返回地址。

4）将程序计数器（PC）的值设置成该异常中断的中断向量地址，从而跳转到相应的异常中的单处理程序处执行。

上述处理器对异常中断的响应过程可以用如下伪代码描述。

```
R14_<exception_mode> = return link
SPSR_<exception_mode> = CPSR
CPSR[4:0] = exception mode number
/*当运行于 ARM 状态时*/
CPSR[5] = 0
/*当相应 FIQ 异常中断时,禁止新的 FIQ 中断*/
if <exception_mode> == Reset or FIQ then
CPSR[6] = 1
/*禁止 IRQ 异常中断*/
CPSR[7] = 1
pc = exception vector address
```

（1）响应复位异常中断

当处理器的复位引脚有效时，处理器终止当前指令。当处理器的复位引脚无效时，处理器开始执行下面的操作，此时程序状态寄存器 CPSR[4:0]的执行模式为特权模式，需要给程序状态寄存器设置相应的位，最后根据判断将 PC 设置成对应的异常中断向量的地址。

注意：复位异常的处理不需要返回，所以其 R14 和 SPSR 的值是未定义的，伪代码如下。

```
R14_SVC = UNPREDICTABLE value
SPSR_svc = UNPREDICTABLE value
/*进入特权模式*/
CPSR[4:0] = 0b10011
/*切换到 ARM 状态*/
CPSR[5] = 0
/*禁止 IRQ 异常中断*/
CPSR[7] = 1
if high vectors configured then
PC = 0xFFFF0000
else
PC = 0x00000000
```

(2) 响应未定义指令异常中断

未定义指令异常中断是由当前执行的指令自身产生的，当未定义指令异常中断产生时，PC 的值还未更新，它指向当前指令后面第 2 条指令（对于 ARM 指令来说，它指向当前指令地址+8B 的位置；对于 Thumb 指令来说，它指向当前指令地址+4B 的位置）。处理器响应未定义指令异常中断时，给 R14 赋值为未定义指令的下一条指令的地址，并且将 CPSR[4:0] 设置为未定义指令中止模式，因为并没有相应的 FIQ 中断或者复位，所以此时并不需要禁止新的 FIQ 中断，CPSR[6]不发生变化，最后根据判断将 PC 设置成对应的异常中断向量的地址。处理过程伪代码如下。

```
R14_und = address of next instruction after the undefined instruction
SPSR_und = CPSR
/*进入未定义指令异常中断*/
CPSP[4:0] = 0b11011
/*切换到 ARM 状态*/
CPSR[5] = 0
/*CPSR[6]不变*/
/*禁止 IRQ 异常中断*/
CPSR[7] = 1
if high vectors configured then
  PC = 0xFFFF0004
else
  PC = 0x00000004
```

(3) 响应 SWI 异常中断

SWI 与未定义指令异常中断类似，都是由当前执行的指令自身产生的，处理器响应 SWI 异常中断时，将 R14 赋值为 SWI 指令后的下一指令地址，此时程序状态寄存器 CPSR[4:0] 的执行模式为特权模式，同时它也并不需要禁止新的 FIQ 中断，所以 CPSR[6]不发生变化，最后根据判断将 PC 设置成对应的异常中断向量的地址。处理过程伪代码如下。

```
R14_svc = address of next instruction after the SWI instruction
SPSR_svc = CPSR
/*进入特权模式*/
CPSR[4:0] = 0b10011
/*切换到 ARM 状态*/
CPSR[5] = 0
/*CPSR[6]不变*/
/*禁止 IRQ 异常中断*/
CPSR[7] = 1
if high vectors configured then
  PC = 0xFFFF0008
else
  PC = 0x00000008
```

（4）响应指令预取中止异常中断

在指令预取时，如果目标地址是非法的，则该指令将被标记成有问题的指令。这时，流水线上该指令之前的指令继续执行，当执行到该指令时，处理器产生指令预取中止异常中断。

指令预取中止异常中断是由当前执行的指令自身产生的，当指令预取中止异常中断产生时，PC 的值还未更新，它指向当前指令后面的第二条指令（对于 ARM 指令来说，它指向当前指令地址+8B 的位置；对于 Thumb 指令来说，它指向当前指令地址+4B 的位置）。处理器响应指令预取中止异常中断时，此时给 R14 的赋值和其他不同，此时需要赋值的是中止指令的地址+4B 的地址，程序状态寄存器 CPSR[4:0]的执行模式为指令预取中止模式，同时它也并不需要禁止新的 FIQ 中断，所以 CPSR[6]不发生变化，最后根据判断将 PC 设置成对应的异常中断向量的地址。处理过程伪代码如下。

```
R14_abt = address of the aborted instruction + 4
SPSR_abt = CPSR
/*进入指令预取中止模式*/
CPSR[4:0] = 0b10111
/*切换到 ARM 状态*/
CPSR(5) = 0
/*CPSR[6]不变*/
/*禁止 IRQ 异常中断*/
CPSR[7] = 1
if high vectors configured then
  PC = 0xFFFF000C
else
  PC = 0x0000000C
```

（5）响应数据访问中止异常中断

当发生数据访问中止异常中断时，程序要返回到有问题的数据访问处，重新访问该数据。因此数据访问中止异常中断程序应该返回到产生该数据访问中止异常中断的指令处，而不是像前面两种情况下，返回到当前指令的下一条指令。

数据访问中止异常中断是由数据访问指令产生的。当数据访问中止异常中断产生时，PC 的值已经更新，它指向当前指令后面的第二条指令（对于 ARM 指令来说，它指向当前指令地址+8B 的位置；对于 Thumb 指令来说，它指向当前指令地址+4B 的位置）。处理器响应数据访问中止异常中断时，此时将 R14 赋值为中止指令的地址+8B，程序状态寄存器 CPSR[4:0]的执行模式为数据访问中止模式，同时它也并不需要禁止新的 FIQ 中断，所以 CPSR[6]不发生变化，最后根据判断将 PC 设置成对应的异常中断向量的地址。处理过程伪代码如下。

```
R14_abt = address of the aborted instruction + 8
SPSR_abt = CPSR
/*进入数据访问中止*/
```

```
CPSR[4:0] = 0b10111
/*切换到 ARM 状态*/
CPSR(5) = 0
/*CPSR[6]不变*/
/*禁止 IRQ 异常中断*/
CPSR[7] = 1
if high vectors configured then
  PC = 0xFFFF0010
else
  PC = 0x00000010
```

（6）响应 IRQ 异常中断

通常，处理器执行完当前指令后，查询 IRQ 中断引脚及 FIQ 中断引脚，并且查看系统是否允许 IRQ 中断及 FIQ 中断。如果有中断引脚有效，并且系统允许该中断产生，处理器将产生 IRQ 异常中断或 FIQ 异常中断。当 IRQ 和 FIQ 异常中断产生时，PC 的值已经更新，它指向当前指令后面第 3 条指令（对于 ARM 指令来说，它指向当前指令地址+12B 的位置；对于 Thumb 指令来说，它指向当前指令地址+6B 的位置）。处理器响应 IRQ 异常中断时，给 R14 的赋值为要执行的下一条指令的地址+4B，程序状态寄存器 CPSR[4:0]的执行模式为外部中断模式，同时它并不需要禁止新的 FIQ 中断，所以 CPSR[6]不发生变化，最后根据判断将 PC 设置成对应的异常中断向量的地址。处理过程伪代码如下。

```
R14_irq = address of next instruction to be executed + 4
SPSR_irq = CPSR
/*进入 IRQ 异常中断模式*/
CPSR[4:0] = 0b10010
/*切换到 ARM 状态*/
CPSR[5] = 0
/*CPSR[6]不变*/
/*禁止 IRQ 异常中断*/
CPSR[7] = 1
if high vectors configured then
  PC = 0xFFFF0018
else
  PC = 0x00000018
```

（7）响应 FIQ 异常中断

处理器响应 FIQ 异常中断时，给 R14 的赋值为要执行的下一条指令的地址+4B，程序状态寄存器 CPSR[4:0]的执行模式为快速中断模式，此时需要禁止新的 FIQ 中断，所以 CPSR[6]需要赋值为 1，最后根据判断将 PC 设置成对应的异常中断向量的地址。处理过程伪代码如下。

```
R14_fiq = address of next instruction to be executed + 4
```

```
SPSR_fiq = CPSR
/*进入 FIQ 异常中断模式*/
CPSR[4:0] = 0b10001
/*切换到 ARM 状态*/
CPSR[5] = 0
/*禁止 FIQ 异常中断 */
CPSR[6] = 1
/*禁止 IRQ 异常中断*/
CPSR[7] = 1
if high vectors configured then
  PC = 0xFFFF001C
else
  PC = 0x0000001C
```

4.2.3 从异常中断处理程序中返回

从异常中断处理过程中返回，包括下面两个基本操作。

- 在异常中断处理程序响应时，将程序状态寄存器的值赋给了 SPSR_model，此时会恢复被中断的程序的处理器状态，即把 SPSR_model 寄存器内容复制到当前程序状态寄存器（CPSR）中，相当于恢复中断前的现场。
- 返回到发生异常中断的指令的下一条指令处执行，即把 lr_model 寄存器的内容复制到 PC 中。

实际上，当异常中断发生时，PC 所指的位置对于各种不同的异常中断也是不同的。同样，返回地址对于各种不同的异常中断也是不同的。下面详细介绍各种异常中断处理程序的返回方法[4]。

（1）复位异常中断处理程序的返回

整个应用系统是从复位异常中断处理程序开始执行的，因此复位异常中断处理程序不需要返回。

（2）SWI 和未定义指令异常中断处理程序的返回

当 SWI 和未定义指令异常中断发生时，处理器将值（PC-4）保存到异常模式下的寄存器 lr_mode 中。这时，值（PC-4）即指向当前指令的下一条指令。因此返回操作可以通过下面的指令来实现。

```
MOV PC, LR
```

该指令将寄存器 LR 中的值复制到 PC 中，实现了程序返回，同时将 SPSR_mode 寄存器的内容复制到当前程序状态寄存器（CPSR）中。

当异常中断处理程序中使用数据栈时，可以通过下面的指令在进入异常中断处理程序时保存被中断程序的执行现场，在退出异常中断处理程序时恢复被中断程序的执行现场。异常中断处理程序中使用的数据栈由用户提供。

```
STMFD sp!, {reglist, lr}
……
LDMFD sp!, {reglist, pc}^
```

在上述指令中，reglist 是异常中断处理程序中使用的寄存器列表。标识符^指示将 SPSR_mode 寄存器的内容复制到当前程序状态寄存器（CPSR）中。该指令只能在特权模式下使用。

（3）IRQ 和 FIQ 异常中断处理程序的返回

当 IRQ 和 FIQ 异常中断发生时，处理器将值(PC-4)保存到异常模式下的寄存器 Ir_mode 中。这时，值（PC-4）即指向当前指令后的第二条指令。因此，返回操作可以通过下面的指令来实现。

```
SUBS PC, LR, #4
```

该指令将寄存器 LR 中的值减 4 后，复制到 PC 中，实现程序返回，同时将 SPSR_mode 寄存器的内容复制到当前程序状态寄存器（CPSR）中。

当异常中断处理程序中使用数据栈时，可以通过下面的指令在进入异常中断处理程序时保存被中断程序的执行现场，在退出异常中断处理程序时恢复被中断程序的执行现场。异常中断处理程序中使用的数据栈由用户提供。

```
SUBS LR,LR, #4
STMFD sp!, (reglist, lr)
……
LDMFD sp!, {reglist, pc}^
```

在上述指令中，reglist 是异常中断处理程序中使用的寄存器列表。标识符^指示将 SPSR_mode 寄存器的内容复制到当前程序状态寄存器（CPSR）中。该指令只能在特权模式下使用。

（4）指令预取中止异常中断处理程序的返回

当发生指令预取中止异常中断时，程序要返回到有问题的指令处，重新读取并执行该指令。因此指令预取中止异常中断程序应该返回到产生该预取的指令处，而不是像前面两种情况下返回到发生中断的指令的下一条指令。

当指令预取中止异常中断发生时，处理器将值（PC-4）保存到异常模式下的寄存器 Ir_mode 中。这时，值（PC-4）即指向当前指令的下一条指令。指令预取中止异常中断是由当前执行的指令自身产生的，当指令预取中止异常中断产生时，程序计数器（PC）的值还未更新，它指向当前指令后的第二条指令（对于 ARM 指令来说，它指向当前指令地址+8B 的位置；对于 Thumb 指令来说，它指向当前指令+4B 的位置）。因此，返回操作可以通过下面的指令来实现。

```
SUBS PC, LR, #4
```

该指令将寄存器 LR 中的值减 4 后，复制到 PC 中，实现程序返回，同时将 SPSR_mode 寄存器的内容复制到当前程序状态寄存器（CPSR）中。

当异常中断处理程序中使用数据栈时，可以通过下面的指令在进入异常中断处理程序时保存被中断程序的执行现场，在退出异常中断处理程序时恢复被中断程序的执行现场。异常中断处理程序中使用的数据栈由用户提供。

```
SUBS LR,LR, #4
STMFD sp!, (reglist, lr)
......
LDMFD sp!, {reglist, pc}^
```

在上述指令中，reglist 是异常中断处理程序中使用的寄存器列表。标识符^指示将 SPSR_mode 寄存器的内容复制到当前程序状态寄存器（CPSR）中。该指令只能在特权模式下使用。

（5）数据访问中止异常中断处理程序的返回

当数据访问中止异常中断发生时，处理器将值（PC-4）保存到异常模式下的寄存器 lr_mode 中。这时 PC（PC-4）即指向当前指令后的第二条指令。因此，返回操作可以通过下面的指令来实现。

```
SUBS PC, LR,#8
```

该指令将寄存器 LR 中的值减 8 后，复制到 PC 中，实现程序返回，同时将 SPSR_mode 寄存器的内容复制到当前程序状态寄存器（CPSR）中。

当异常中断处理程序中使用数据栈时，可以通过下面的指令在进入异常中断处理程序时保存被中断程序的执行现场，在退出异常中断处理程序时恢复被中断程序的执行现场。异常中断处理程序中使用的数据栈由用户提供。

```
SUBS LR,LR, #8
STMFD sp!, (reglist, lr)
......
LDMFD sp!, {reglist, pc}^
```

在上述指令中，reglist 是异常中断处理程序中使用的寄存器列表。标识符^指示将 SPSR_mode 寄存器的内容复制到当前程序状态寄存器（CPSR）中。该指令只能在特权模式下使用。

4.2.4 保护现场与恢复现场

1. 保护现场

在中断发生时需要保存发生中断前的现场，以免在中断处理过程中被破坏了。以 ARM64 处理器为例，需要在栈空间里保存如下内容。

- PSTATE 寄存器的值。

- PC 值。
- SP 值。
- X0～X30 寄存器的值。

为了方便后面的编程实例，可以使用一个栈框数据结构（结构体 pt_regs，如图 4.4 所示）来描述需要保存的中断现场。

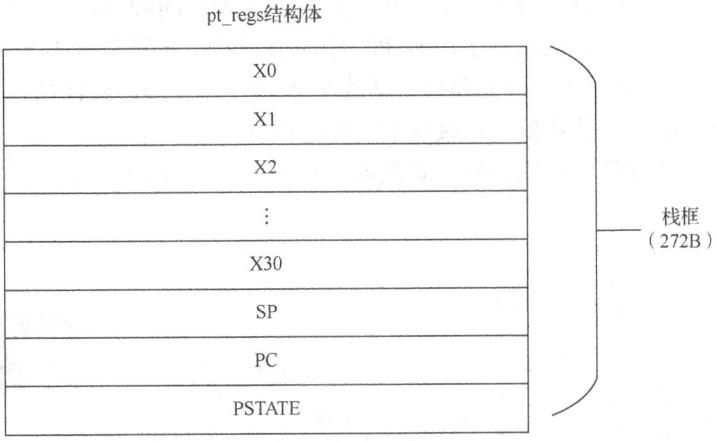

图 4.4 栈框数据结构

中断发生时，需要把中断现场保存到当前进程的内核栈中，如图 4.5 所示。

- 栈框中的 PSTATE 保存发生中断时 SPSR_EL1 的内容。
- 栈框中的 PC 保存 ELR_EL1 的内容。
- 栈框中的 SP 保存栈顶的位置。
- 栈框中的 regs[30]保存 LR 的值。
- 栈框中的 regs[0]～regs[29]分别保存 X0～X29 寄存器的值。

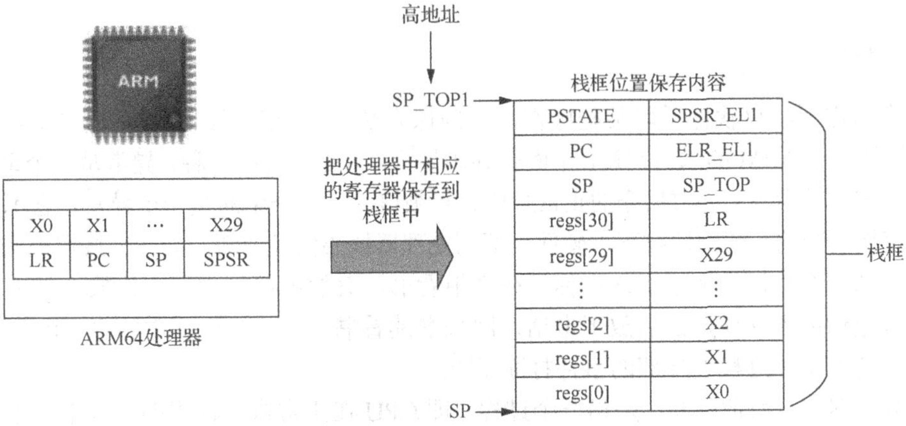

图 4.5 保存中断现场

2. 恢复现场

异常发生后，进入异常处理程序时，将用户程序寄存器 R0～R12 中的数据保存在异常模式下的栈中，异常处理完返回时，要将栈中保存的数据再恢复到原先寄存器 R0～R12 中，毫无疑问在异常处理过程中必须要保证异常处理入口和出口堆栈指针一样，否则恢复到 R0～R12 中的数据不正确，返回被打断程序时执行现场不一致，从而出现问题，虽然将执行现场恢复了，但是此时仍在异常模式下，CPSR 中的状态是异常模式下的状态，因此要恢复 SPSR 中的保存状态到 CPSR 中，SPSR 是被打断程序执行时的状态，在恢复 SPSR 到 CPSR 的同时，CPU 的模式和状态从异常模式切换回了被打断程序执行时的模式和状态。此刻程序现场恢复了，状态也恢复了，但 PC 中的值仍然指向异常模式下的地址空间，要让 CPU 继续执行被打断程序，因此要再手动改变 PC 的值为进入异常时的返回地址，该地址在异常处理入口时已经计算好，直接从 LR 恢复 PC 即可。

中断返回时，从进程内核栈恢复中断现场到 CPU，如图 4.6 所示。

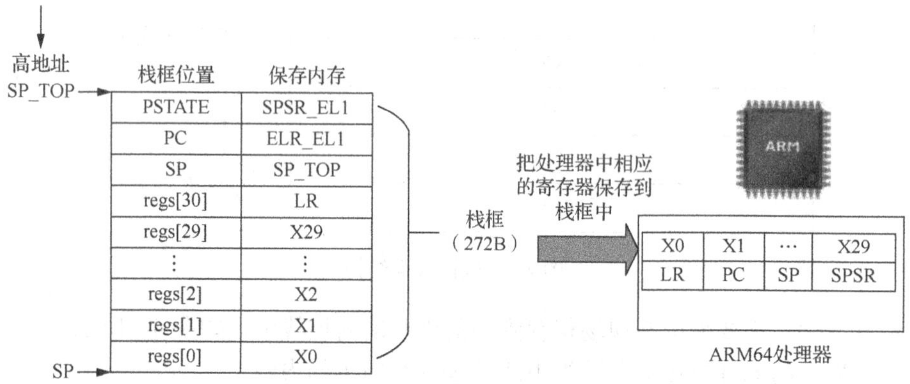

图 4.6 恢复中断现场

4.3 中断——异常的一种

4.3.1 中断概述

异常指需要特权软件采取某些操作，以确保系统的平稳运行。中断有时用作异常的同义词，但是对于 ARM 的术语来说，中断是异步异常，只是异常的一种。异常是一个事件（而不是分支或跳转指令）导致指令的正常顺序执行被修改。一个中断是一个异常，它不是由程序执行直接引起的。通常情况下，硬件外部到处理器核心信号中断，如一个按钮被按下。

下面从一个生活的例子引入：你正在家中看书，突然电话铃响了，你放下书本去接电话，和来电话的人交谈，然后放下电话，回来继续看书。这就是生活中的“中断”现象，也就是正常的工作过程被外部的事件打断了[5]。

在处理器中，所谓中断，是指一个过程，即 CPU 在正常执行程序的过程中，遇到外部（内部）的紧急事件需要处理，暂时中断当前程序的执行，而转去为紧急事件服务，待服务完毕，再返回到暂停处继续执行原来的程序的过程。为事件服务的程序称为中断服务程序或中断处理程序。严格地说，上面的描述是针对硬件事件引起的中断而言的。用软件方法也可以引起中断，即事先在程序中安排特殊的指令，CPU 执行到该类指令时，转而去执行相应的一段预先安排好的程序，然后再返回来执行原来的程序，这称为软中断。此时则可给中断下一个定义：中断是一个过程，是 CPU 在执行当前程序的过程中因硬件或软件的原因插入了另一段程序运行的过程。因硬件原因引起的中断过程是不可预测的，即是随机的，而软中断是事先安排好的。

ARM 处理器上有两种类型的中断。第一类是由硬件外设的外部事件引起的中断，第二类是 SWI 指令引起的中断。ARM 内核只有一个 FIQ 引脚，这就是为什么总是使用外部中断控制器，以便系统可以有多个中断源，这些中断源优先于该中断控制器，然后产生 FIQ 中断，处理程序识别哪个外部中断产生并处理它。

4.3.2 中断引脚

ARM64 处理器有两个与中断相关的引脚——nIRQ 和 nFIQ，如表 4.5 所示。这两个引脚直接连接到 ARM64 处理器内核上。ARM 处理器把中断请求分成普通 IRQ 和 FIQ 两种。

表 4.5 中断信号线

信号	类型	说明
nIRQ	输入	IRQ 信号，每个 CPU 内核都有一根 nIRQ 信号线。它是一个低电平有效的信号线。低电平表示激活这个 IRQ；高电平表示不激活这个 IRQ。nIRQ 一直保持高电平直到触发 IRQ
nFIQ	输入	FIQ 信号，每个 CPU 内核都有一根 nFIQ 信号线。它是一个低电平有效的信号线。低电平表示激活这个 FIQ；高电平表示不激活这个 FIQ。nFIQ 一直保持高电平直到触发 FIQ

PSTATE 寄存器中有两位与中断相关，它们相当于 CPU 内核的中断总开关。

- I：用来屏蔽和打开 IRQ。
- F：用来屏蔽和打开 FIQ。

4.3.3 中断控制器

GIC 体系结构定义了一个通用中断控制器（generic interrupt controller，GIC），该控制器包含一组硬件资源，用于管理单核或多核系统中的中断。GIC 提供内存映射寄存器，可用于管理中断源和行为，以及（在多核系统中）将中断路由到各个内核。它使软件能够屏蔽、启用和禁用来自各个源的中断，对（在硬件中）各个源进行优先级排序，并生成软件中断。GIC 接受在系统级断言的中断，并可以向其连接的每个核心发送信号，这可能导致 IRQ 或 FIQ 异常[6]。

从软件角度看，GIC 有以下两个主要功能模块。

- 分发器（distributor）：系统中的所有中断源都与之连接。分发器由寄存器来控制各个中断的属性，如优先级、状态、安全性、路由信息和启用状态。分发器通过连接的 CPU 接口确定将哪个中断转发到内核。
- CPU 接口：内核通过它来接收中断。CPU 接口托管寄存器，以屏蔽、识别和控制转发到该内核的中断状态。系统中的每个核心都有一个单独的 CPU 接口。

1. 中断类型

对于 GIC 来说，为每一个硬件中断源分配的中断号就是硬件中断号。GIC 会为支持的中断类型分配中断号范围。软件中的中断是由一个被称为中断 ID 的数字来识别的。每一个中断 ID 都是唯一的，并且对应于相应的中断源。软件可以使用中断 ID 来识别中断源，并调用相应的处理程序来服务中断。系统设计来决定在软件中使用的确切的中断 ID，与 GIC 给每一个硬件中断源分配的中断号一致，中断又有以下几种不同的类型。

- 软件生成中断（SGI）：这是由软件通过写入专用的分发寄存器，即软件生成的中断寄存器（GICD_SGIR）。它常用于内核间通信。SGI 可以针对所有或系统中选定的一组内核。硬件中断号取值 0～15。SGI 通常在 Linux 内核中被用作处理器之间的中断，并会送达系统指定的 CPU 上。
- 私有外设中断（PPI）：这是每个处理器内核私有的中断。硬件中断号取值 16～31。PPI 通常会送达指定的 CPU 上，应用场景有 CPU 本地定时器等。
- 共享外设中断（SPI）：这是共用的外设中断。硬件中断号取值 32～1020。SPI 是整个系统中可访问的各种外设发出的中断信号。

2. 中断状态及中断触发方式

（1）中断状态

每一个中断支持的状态有以下 4 种。

1）不活跃（inactive）状态：中断处于无效状态。

2）等待（pending）状态：中断处于有效状态，但正在等待内核处理。挂起的中断可能会被转发到 CPU 接口，然后再转发到内核。

3）活跃（active）状态：CPU 已经响应中断。

4）活跃并等待（active and pending）状态：CPU 正在响应中断，但是该中断源又发送中断过来。

（2）中断触发方式

外设中断支持以下两种中断触发方式。

1）边沿触发（edge-triggered）：当中断源产生一个上升沿或者下降沿时，触发一个中断。

2）电平触发（level-triggered）：当中断信号线产生一个高电平或者低电平时，触发一个中断。

中断状态的改变。

- 由不活跃状态变为等待状态：此中断由外设触发。
- 由等待状态变为活跃状态：此中断已经由 CPU 处理。
- 由活跃状态变为不活跃状态：此中断已经处理完毕。

3. 中断处理流程

GIC 检测中断的流程如下。

1）当 GIC 检测到一个中断发生时，将该中断状态设置为等待状态。

2）对处于等待状态的中断，分发器会确定目标 CPU，将中断请求发送到这个 CPU。

3）对每个 CPU，分发器会从众多处于等待状态的中断中选择一个优先级最高的中断，发送到目标 CPU 的 CPU 接口。

4）CPU 接口会决定这个中断是否可以发送到 CPU。如果该中断的优先级满足要求，GIC 会发送一个中断请求信号给该 CPU。

5）CPU 进入中断异常，读取 GICC_IAR 来响应该中断。寄存器会返回硬件中断号，对于 SGI 来说，返回源 CPU 的 ID，当 GIC 感知到软件读取了该寄存器后，根据具体情况进行处理，如果该中断处于等待状态，那么该状态将变为活跃状态。如果该中断又重新产生，那么等待状态将变成活跃并等待状态。如果该中断处于活跃状态，将变成活跃并等待状态。

6）处理器完成中断服务，发送一个完成信号结束中断给 GIC。

4.3.4 中断处理过程

如图 4.7 所示，假设有一个正在运行的程序，这个程序可能运行在内核态，也可能运行在用户态，此时一个外设中断发生了[7]。

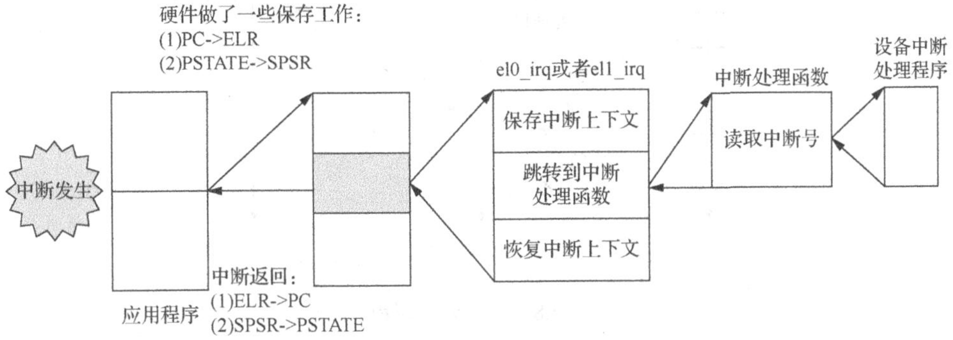

图 4.7　中断处理过程

中断处理过程如下。

1）CPU 面对中断会自动完成一些任务，例如，把当前的 PC 值保存到 ELR 中，把 PSTATE 寄存器的值保存到 SPSR 中，然后跳转到异常向量表。

2）在异常向量表中，CPU 会跳转到对应的汇编处理函数。对于 IRQ，若中断发生在内核态，则跳转到 el1_irq 汇编函数；若中断发生在用户态，则跳转到 el0_irq 汇编函数。

3）在上述汇编函数中保存中断现场。

4）跳转到中断处理函数，例如，在 GLC 驱动中读取中断号，根据中断号跳转到设备中断处理程序。

5）在设备中断处理程序中处理这个中断。

6）返回 el1_irq 或者 el0_irq 汇编函数，恢复中断上下文。

7）调用 ERET 指令来完成中断返回。CPU 会把 ELR 的值恢复到 PC 寄存器，把 SPSR 的值恢复到 PSTATE 寄存器。

8）CPU 继续执行中断现场的下一条指令。

下面以一个例子来说明中断处理的一般流程。

在正常情况下，当一个中断进来之后，处理器会跳转到中断向量表，在中断向量表中会再次调用函数，完成中断处理。中断处理流程如图 4.8 所示。

ARM 内核支持中断抢占，当一个中断正常处理的时候，可能又触发了一个高优先级的中断，嵌套处理程序需要一些额外的代码。它必须在堆栈上保留 SPSR_EL1 和 ELR_EL1

的内容。还必须在确定（并清除）中断源后重新启用 IRQ。然而（与 ARMv7-A 不同），由于子程序调用的链接寄存器与异常的链接寄存器不同，因此避免了对 LR 或模式做任何特殊的操作[8]。触发更高优先级的中断处理流程如图 4.9 所示。

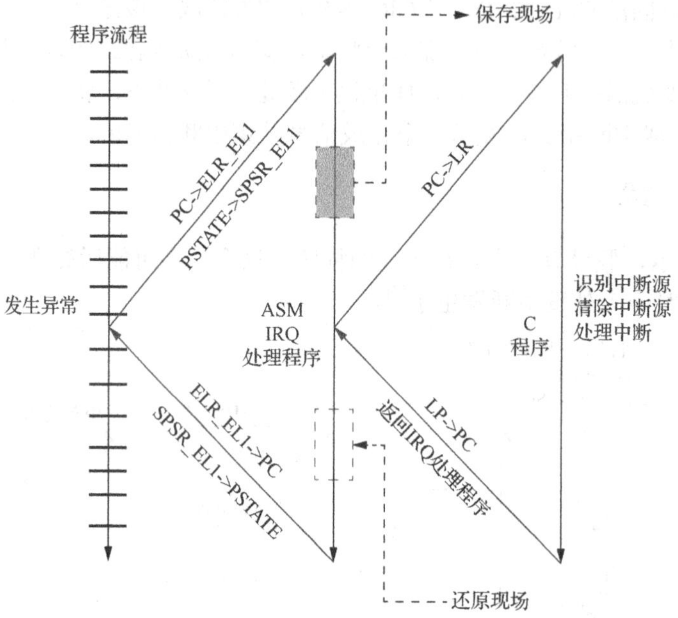

图 4.8　中断处理流程

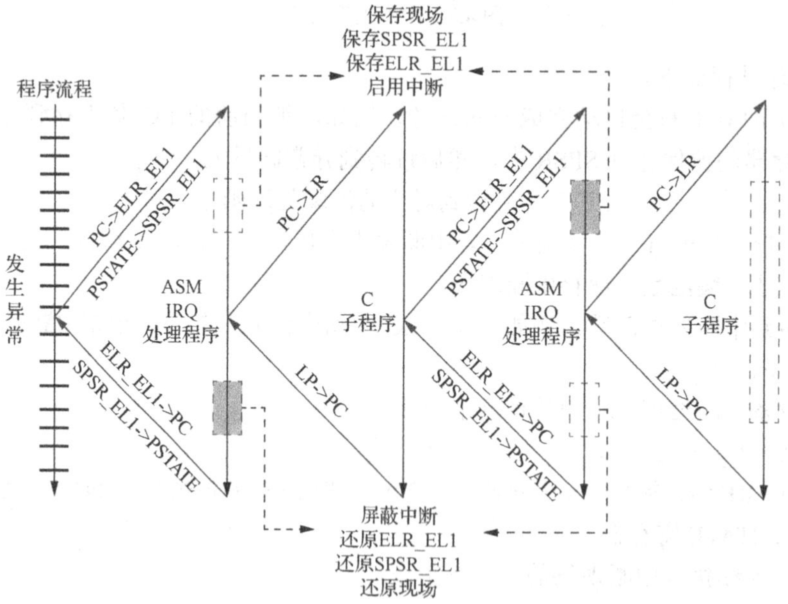

图 4.9　触发更高优先级的中断处理流程

4.3.5　树莓派 4B 上的传统中断控制器

树莓派 4B 支持两种中断控制器：一种是传统中断控制器，基于寄存器来管理中断；

另一种是 GIC-400。这两种中断控制器不能同时使用。树莓派 4B 默认使用 GIC-400。在使用树莓派 4B 调试中断时一定要注意中断处理程序是不是基于 GIC-400 的。如果不是，那么有可能永远等不到中断信号。

树莓派 4B 主要支持以下 5 种中断组。

- ARM 核心中断组。
- ARM_LOCAL 中断组。树莓派 4B 内置了 CPU 和 GPU。这里的中断源指的是只有 CPU 才能访问的中断。
- ARMC 中断组，指的是 CPU 和 GPU 都能访问的中断源。
- VideoCore 中断组，指的是 GPU 触发的中断。
- PCI-e 中断组。

传统中断控制器通常通过寄存器路由和管理中断源。为了管理数量众多的中断源，通常通过串联的方式管理中断状态寄存器。如图 4.10 所示，树莓派 4B 把 ARM_LOCAL 中断组的中断状态寄存器与 ARMC 中断组的状态寄存器串联起来。

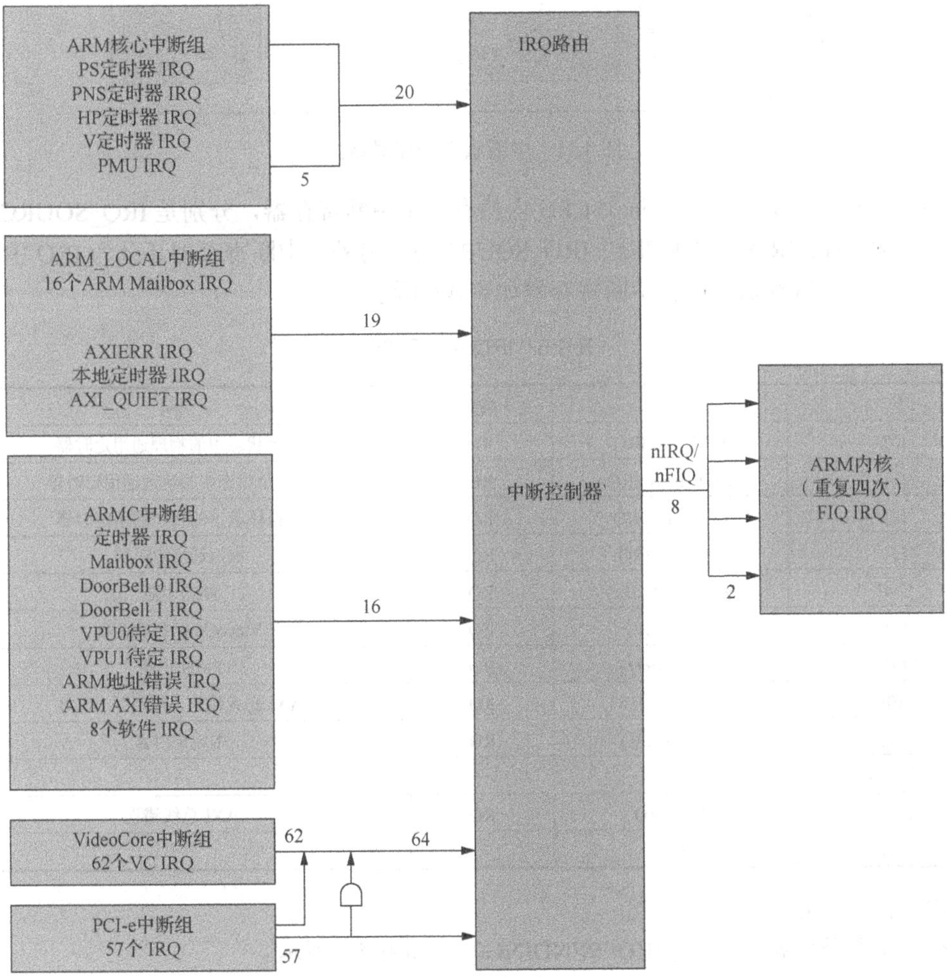

图 4.10　树莓派 4B 上的传统中断控制器

如图 4.11 所示，树莓派 4B 上一共有 3 个中断待定（pending）状态寄存器和一个中断源寄存器。如果中断源寄存器 FIQ/IRQ_SOURCEn 的[8]位被置位了，那么需要继续读 PENGDING0 寄存器。如果 PENDING2 寄存器的[24]位也被置位了，那么需要读 PENDING1 寄存器。

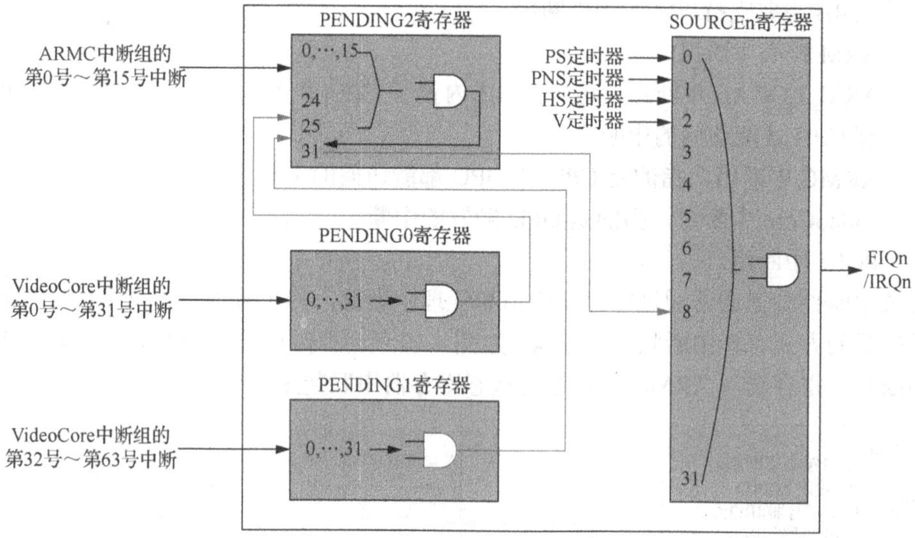

图 4.11　中断状态寄存器路由

中断寄存器一共有 4 个，每个 CPU 内核有一个中断寄存器，分别是 IRQ_SOURCE0、IRQ_SOURCE1、IRQ_SOURCE2、IRQ_SOURCE3。另外，中断寄存器还分为 IRQ 中断寄存器、FIQ 中断寄存器。IRQ 中断寄存器如表 4.6 所示。

表 4.6　IRQ 中断寄存器

位	名称	类型	说明
[0]	CNT_PS_IRQ	RO	安全状态中的物理通用定时器
[1]	CNT_PNS_IRQ	RO	非安全状态中的物理通用定时器
[2]	CNT_HP_IRQ	RO	虚拟环境下的物理通用定时器
[3]	CNT_V_IRQ	RO	虚拟通用定时器
[7:4]	MAILBOX_IRQ	RO	邮箱中断
[8]	CORE_IRQ	RO	VideoCore 中断请求
[9]	PMU_IRQ	RO	PMU 中断
[10]	AXI_QUIET	RO	AXI 完成请求，仅限于 CPU0
[11]	TIMER_IRQ	RO	本地定时器
[29:12]	保留	—	—
[30]	AXI_IRQ	RO	AXI 总线错误
[31]	保留	—	—

中断待定寄存器一共有 3 类。

- 中断待定寄存器 0（IRQ_PENDING0），如表 4.7 所示。
- 中断待定寄存器 1（IRQ_PENDING1），如表 4.8 所示。
- 中断待定寄存器 2（IRQ_PENDING2），如表 4.9 所示。

表 4.7 中断待定寄存器 0

位	名称	类型	说明
[31:00]	VC_IRQ_31_0	RO	分别对应 VideoCore 中断组中的第 0 号～第 31 号中断

表 4.8 中断待定寄存器 1

位	名称	类型	说明
[31:00]	VC_IRQ_63_32	RO	分别对应 VideoCore 中断组中的第 32 号～第 63 号中断

表 4.9 中断待定寄存器 2

位	名称	类型	说明
[0]	TIMER_IRQ	RO	定时器中断
[1]	MAILBOX_IRQ0	RO	0 号邮箱中断
[2]	BELL_IRQ0	RO	0 号 DoorBell 中断
[3]	BELL_IRQ1	RO	1 号 DoorBell 中断
[4]	VPU_C0_C1_HALT	RO	GPU 内核 0 进入调试模式而暂停
[5]	VPU_C1_HALT	RO	GPU 内核 1 进入调试模式而暂停
[6]	ARM_ADDR_ERROR	RO	ARM 侧的地址发生错误
[7]	ARM_AXI_ERROR	RO	ARM 侧的 AXI 总线发生错误
[15:8]	SW_TRIG_INT	RO	触发软中断
[23:16]	保留	—	—
[24]	INT31_0	RO	说明中断待定寄存器 0 中有中断源触发了中断
[25]	INT63_32	RO	说明中断待定寄存器 1 中有中断源触发了中断
[30:26]	保留	—	—
[31]	IRQ	RO	ARM 侧触发了中断

每个 CPU 内核分别有一组中断待定寄存器。以 CPU0 为例，中断待定寄存器分别是 IRQ0_PENDING0、IRQ0_PENDING1 和 IRQ0_PENDING2。

4.4 异常中断处理程序

4.4.1 程序中常用的 C 语言关键词

ARM 编译器支持对 ANSI C 进行扩展的关键词。这些关键词用于声明变量、声明函数或对特定的数据类型进行限制。

下面这些关键词可告诉编译器对被声明的函数给予特别的处理。这是 ARM 特定的一些功能，是对 ANSI C 的扩展[9]。

1. __asm

关键词__asm 用于告诉编译器下面的代码是用汇编语言写的。这样就可以在 C 语言程序中直接使用汇编语言语句了。这时，参数传递要满足相应的 ARM-Thumb 过程调用标准（ARM-Thumb procedure call standard，ATPCS）标准。

2. __inline

编译器在合适的场合下将使用关键词声明的函数在其被调用的位置展开。所谓在合适的场合下，指编译器认为这种处理是合适的。例如，如果函数展开后很大，可能影响代码的紧凑性和性能，这时编译器可能会将该函数作为一般函数处理。

3. __irq

使用关键词__irq 声明一个函数，使该函数可以被用作 irq 或者.fiq 异常中断的中断处理程序。这时，该函数不仅保存默认的 ATPCS 标准要求的寄存器，而且保存除浮点寄存器外的被该函数破坏的寄存器。该函数通过将 lr-4 的值赋予 PC 寄存器，并将 SPSR 的值赋予 CPSR 实现函数返回。使用关键词__irq 声明的函数不能返回参数或者数值。

4. __pure

一个函数，如果其结果仅仅依赖其输入参数，而且它没有负效应，也就是不修改该函数之外的数据，这时可以用关键词__pure 声明该函数，编译器将假设该函数除了数据栈之外不访问任何其他的存储单元。使用相同的参数调用这样的函数，总会得到相同的结果。

5. __softfp

使用关键词__softfp 声明函数，使函数使用软件的浮点连接件（software floating-point linkage）。这时，传递给函数的浮点参数是通过整数寄存器传递的。如果返回结果是浮点数，也是通过整数寄存器传递的。

使用关键词__softfp 声明函数后，该函数无论使用硬件的浮点部件，还是使用软件的浮点连接件，都可以使用相同的 C 语言库。

6. __swi

使用关键词__swi 声明的函数，最多可以接收 4 个整型类的参数，最多可以利用 value_in_regs 返回 4 个结果。

当函数不返回参数时，可以使用下面的格式。

```
void __swi(swi_num) swi_name(int arg1, …, int argn);
```

下面是函数不返回结果值的示例。

```
void __swi(42) terminate_proc(int procnum);
```

当函数返回一个结果值时，可以使用下面的格式。

```
int __swi (swi_num) swi_name(int arg1, …, int argn);
```

当函数返回多于一个的结果值时，可以使用下面的格式。

```
typedef struct res_type { int res1, …, resn; }res_type;
res_type __value_in_regs __swi(swi_num) swi_name(int arg1, …, int argn);
```

7. __swi_indirect

关键词__swi_indirect 的使用格式如下所示。

```
int __swi_indirect(swi_num)
swi_name (int real_num, int arg1, …, argn);
```

其中：

- swi_num 为 SWI 指令中使用的 SWI 号。
- real_num 将通过寄存器 R12 传递给 SWI 处理程序，这样就可以利用该参数存放将要进行的操作的编码了。

下面举例说明关键词__swi_indirect 的作用。首先声明函数：

```
int __swi_indirect(0) ioctl(int swino, int fn, void *argp);
```

使用下面的语句调用该函数：

```
ioctl(IOCTL+4, RESET, NULL);
```

编译后得到指令 SWI 0，并且参数 IOCTL+4 存放在寄存器 R12 中。

8. __value_in_regs

使用关键词__value_in_regs 声明一个函数，告诉编译器将通过整型寄存器返回多达 4 个整数结果，或者通过浮点寄存器返回多达 4 个浮点数/双精度结果。

下面是使用关键词__value_in_regs 的示例。

```
typedef struct int64_struct {
    unsigned int lo;
    unsigned int hi;
} int64_struct;
__value_in_regs extern
int64_struct mul64(unsigned a, unsigned b);
```

9. __weak

关键词__weak 用于声明一个外部函数或者外部对象。这时，如果连接器没有找到该外部函数或者外部对象，连接器将不会报告错误信息。如果连接器不能解析该外部函数或外部对象，它将把该外部函数或者外部对象当作 NULL 处理。

如果对该外部函数或者外部对象的引用被编译成一条跳转指令（如 B 或者 BL 指令），

该跳转指令简单地跳转到下一条指令，实际上相当于一个 NOP 操作。

一个函数不能在同一次编译时既作为 weakly，又作为 non_weakly。例如，在下面的代码中，函数 f()将作为 weakly 使用。

```
void f(void);
void g() {f();}
__weak void f(void);
void h() {f() ;}
```

4.4.2 C 语言实现异常中断处理

在程序运行过程中，可以在 C 程序中安排异常中断处理程序。这时需要把相应的跳转指令或者数据读取指令编码到中断向量表的相应位置。下面分别讨论这两种情况下安排异常中断处理程序的方法[10]。

1. 中断向量表中使用跳转指令的情况

当中断向量表中使用跳转指令时，在 C 程序中安排异常中断处理程序的操作如下。

- 读取中断处理程序的地址。
- 从上一步得到的地址中减去该异常中断对应的中断向量的地址。
- 从上一步得到的地址中减去 8B，以允许指令预取。
- 将上一步得到的地址右移 2 位，得到以字（32 位）为单位的偏移量。
- 确保上一步得到的地址值高 8 位为 0，因为跳转指令只允许 24 位的偏移量。
- 将上一步得到的地址与数据 0xea000000 做逻辑或，从而得到将要写到中断向量表中的跳转指令的编码。

程序 4.1 中的 C 程序实现了上面的操作序列。其中，参数 routine 是中断处理程序的地址，vector 为中断向量的地址。

程序 4.1 使用跳转指令的中断向量表。

```
unsigned Install_Handler(unsigned routine, unsigned *vector)
/*在中断向量表的 vector 处,添加合适的跳转指令*/
/*该跳转指令跳转到中断处理程序 routine 处*/
/*程序返回原来的中断向量*/
{   unsigned vec, oldvec;
    vec = ((routine - (unsigned)vector - 0x8)>>2);
    if(vec & 0xff000000)
    {
        printf ("Installation of Handler failed");
        exit (1);
    }
    vec = 0xea000000 | vec;
    oldvec = *vector;
```

```
        *vector = vec;
        return (oldvec);
    }
```

下面的语句调用程序 4.1 中的代码，在 C 程序中安排中断处理程序。

```
unsigned *irqvec = (unsigned*)0x18;
Install_Handler((unsigned)IRQHandler, irqvec);
```

2. 中断向量表中使用数据读取指令的情况

当中断向量表中使用数据读取指令时，在 C 程序中安排异常中断处理程序的操作序列如下所示。

① 读取中断处理程序的地址。

② 从上一步得到的地址中减去该异常中断对应的中断向量的地址。

③ 从上一步得到的地址中减去 8B，以允许指令预取。

④ 将上一步得到的地址与数据 0xe59ff000 做逻辑或，从而得到将要写到中断向量表中的数据读取指令的编码。

⑤ 将中断处理程序的地址放到相应的存储单元中。

程序 4.2 中的 C 程序实现了上面的操作序列。其中，参数 location 是一个存储单元，保存了中断处理程序的地址；vector 为中断向量的地址。

程序 4.2 使用数据读取指令的中断向量表。

```
unsigned Install_Handler(unsigned location, unsigned *vector)
/*在中断向量表的 vector 处,添加合适的指令 LDR pc,[pc, #offset]*/
/*该指令跳转的目标地址存放在存储单元 location 中*/
/*函数返回原来的中断向量*/
{   unsigned vec, oldvec;
    vec = ((unsigned)location - (unsigned)vector - 0x8) | 0xe59ff000
    oldvec = *vector;
    *vector = vec;
    return (oldvec);
}
```

下面的语句调用了上面的代码，在 C 程序中安排中断处理程序。

```
unsigned *irqvec = (unsigned*)0x18;
Install_Handler((unsigned)IRQHandler, irqvec);
```

4.4.3 异常等级切换

树莓派 4B 上电复位时，运行在最高异常等级——EL3，经过固件的初始化，从 GPU 固件（start4.elf）跳转到 RaspOS 入口地址 0x80000 时，异常等级已经从 EL3 切换到 EL2。因此在 RaspOS 的启动汇编中，需要从 EL2 切换到 EL1。

在从 EL2 切换到 EL1 的过程中，需要了解几个相关的寄存器。

1. HCR_EL2

HCR_EL2 是虚拟化管理软件配置寄存器，用于配置 EL2。HCR_EL2 中的 RW 字段（[31]位）用来控制低异常等级的执行状态。

RW 字段的含义如下。

- 0：表示 EL0 和 EL1 的执行状态均为 AArch32。
- 1：表示 EL1 的执行状态为 AArch64，而 EL0 的执行状态由 PSTATE.nRW 字段确定。

2. SCTLR_EL1

SCTLR_EL1 是系统控制器寄存器。其中，以下字段与本次异常等级切换相关。

- EE 字段（[25]位）：用来设置 EL1 下数据访问的大小端，也包括 MMU 中遍历页表的访问（阶段 1）。
- 0：小端。
- 1：大端。
- EOE 字段（[24]位）：用来设置 EL0 下数据访问的大小端。
- 0：小端。
- 1：大端。
- M 字段（[0]位）：用来使能 MMU，主要是阶段 1 的 MMU 映射。

3. SPSR_EL2

SPSR_EL2 主要用于保存发生异常时的 PSTATE 寄存器。其中，SPSR.M[3:0]字段记录了返回哪个异常等级。

4. ELR_EL2

ELR_EL2 主要用于保存异常返回的地址。

下面是从 EL2 切换到 EL1 的汇编代码。

```
#define HCR_RW          (1 << 31)

#define SCTLR_EE_LITTLE_ENDIAN          (0 << 25)
#define SCTLR_EOE_LITTLE_ENDIAN         (0 << 24)
#define SCTLR_MMU_DISABLED    (0 << 0)
#define SCTLR_VALUE_MMU_DISABLED (SCTLR_MMU_DISABLED | SCTLR_EE_LITTLE_ENDIAN | SCTLR_EOE_LITTLE_ENDIAN )

#define SPSR_MASK_ALL (7 << 6)
```

```
9  #define SPSR_EL1h (5 << 0)
10 #define SPSR_EL2h (9 << 0)
11
12 #define SPSR_EL1 (SPSR_MASK_ALL | SPSR_EL1h)
13 #define SPSR_EL2 (SPSR_MASK_ALL | SPSR_EL2h)
14
15 el2_entry:
16 bl print_el
17
18  /*EL1 的执行状态设置为 AArch64 */
19  ldr x0, =HCR_HOST_NVHE_FLAGS
20  msr hcr_el2, x0
21
22  ldr x0, =SCTLR_VALUE_MMU_DISABLED
23  msr sctlr_el1, x0
24
25  ldr x0, =SPSR_EL1
26  msr spsr_el2, x0
27
28  adr x0, el1_entry
29  msr elr_el2, x0
30
31  eret
```

在第 1～13 行中，定义相关寄存器，如 HCR_EL2、SCTLR_EL1 等。

在第 15～31 行中，从 EL2 切换到 EL1。

在第 16 行中，print_el 用来输出当前异常等级，这里仅仅用于调试。

在第 19～20 行中，设置 HCR_EL2 的 RW 字段为 1，表明 EL1 执行状态为 AArch64。如果不设置这个 RW 字段，程序有可能在运行时出错。

在第 22～23 行中，设置系统的大小端，关闭 MMU。

在第 25～26 行中，设置 SPSR_EL2。其中，SPSR_EL1 宏包括两部分：SPSR_MASK_ALL 表示会关闭系统 DAIF（关闭调试、系统错误、IRQ 和 FIQ），SPSR_EL1h 表示异常返回时的执行等级为 EL1h。

在第 28～29 行中，设置 EL1 的入口地址（el1_entry 函数）到 ELR_EL2 中。当从 EL2 切换到 EL1 时，CPU 会根据 ELR_EL2 记录的地址进行跳转。

在第 31 行中，ERET 指令实现异常返回。

从 EL2 切换到 EL1 其实也实现了一次异常返回。从 EL2 切换到 EL1 的过程总结如下。

① 设置 HCR_EL2，重要的是设置 RW 字段，表示 EL1 要在哪个执行状态下。

② 设置 SCTLR_EL1，需要设置大小端并关闭 MMU。

③ 设置 SPSR_EL2，设置 M 字段为 EL1h，需要关闭 PSTATE 寄存器中的 D、A、I、F。

④ 设置异常返回 ELR_EL2，让其返回 el1_entry 汇编函数。

⑤ 执行 ERET 指令来实现异常返回。

5. 指令不对齐的同步异常处理

在本程序中，在 RaspOS 中制造一个指令不对齐访问的同步异常，然后在异常处理中输出异常的类型、出错的地址及 ESR 的值。

首先需要在汇编代码中创建异常向量表，异常向量表项只有 128B，需要让它按 128B 对齐。每个表项只包含一条跳转指令，以及跳转目的地。el1_sync_invalid 函数的定义如下。

```
el1_sync_invalid:
    inv_entry 1, BAD_SYNC
el1_irq_invalid:
    inv_entry 1, BAD_IRQ
el1_fiq_invalid:
    inv_entry 1, BAD_FIQ
el1_error_invalid:
    inv_entry 1, BAD_ERROR
el0_sync_invalid:
    inv_entry 0, BAD_SYNC
el0_irq_invalid:
    inv_entry 0, BAD_IRQ
el0_fiq_invalid:
    inv_entry 0, BAD_FIQ
el0_error_invalid:
    inv_entry 0, BAD_ERROR
```

上述代码使用 inv_entry 宏来表示。

```
#define BAD_SYNC        0
#define BAD_IRQ         1
#define BAD_FIQ         2
#define BAD_ERROR       3

/*处理无效的异常向量*/
    .macro inv_entry el, reason
    //kernel_entry el
    mov x0, sp
    mov x1, #\reason
    mrs x2, esr_el1
    b bad_mode
    .endm
```

inv_entry 宏读取当前 SP 的值，读取 ESR_EL1 的值，然后跳转到 bad_mode()函数。bad_mode()函数是 C 语言函数，用于输出当前异常发生的信息，如异常类型（EC）、FAR_EL1 及 ESR_EL1 的值。

```
static const char * const bad_mode_handler[] = {
    "Sync Abort",
    "IRQ",
    "FIQ",
    "SError"
};

void bad_mode(struct pt_regs *regs, int reason, unsigned int esr)
{
    printk("Bad mode for %s handler detected, far:0x%x esr:0x%x\n",
            bad_mode_handler[reason], read_sysreg(far_el1),
            esr);
}
```

要触发一个同步异常，最简单的方法是制造一次对齐访问异常。

```
string_test:
    .string "t"

.global trigger_alignment
trigger_alignment:
    ldr x0, =0x80002
    ldr x1, [x0]
    ret
```

符号 string_test 用来定义一个字符串，这个字符串只有一个“t”字符。紧接着是 trigger_alignment() 函数，这样可以制造出指令不对齐的访问。此外，也可以查看 exception_change.map 文件。

该案例的运行结果如图 4.12 所示。

```
qemu-system-aarch64 -machine raspi4 -nographic -kernel exception_change.bin
Booting at EL2
Booting at EL1
Welcome raspOS!
printk init done
<0x800880> func_c
raspOS image layout:
  .text.boot: 0x00080000 - 0x000800c0 (    192 B)
       .text: 0x000800c0 - 0x000820d8 (   8216 B)
     .rodata: 0x000820d8 - 0x00082316 (    574 B)
       .data: 0x00082316 - 0x00082650 (    826 B)
        .bss: 0x000826e0 - 0x000a2af0 (132112 B)
test and: p=0x2
test or: p=0x3
test andnot: p=0x1
el = 1
read vbar: 0x10000
test_asm_goto: a = 1
```

图 4.12　指令不对齐访问的同步异常运行结果

4.4.4 树莓派 4B 中定时器的实现

1. ARM 内核上的通用定时器

Cortex-A72 内核内置了 4 个通用定时器。

- PS 定时器：EL1 中的物理通用定时器（安全模式），其中断源为 CNT_PS_IRQ。
- PNS 定时器：EL1 中的物理通用定时器（非安全模式），其中断源为 CNT_PNS_IRQ。
- HP 定时器：EL2 虚拟环境下的物理通用定时器，对应中断源为 CNT_HP_IRQ。
- V 定时器：EL1 中的虚拟定时器，对应中断源为 CNT_V_IRQ。

这 4 个通用定时器的中断设置在 ARM_LOCAL 中断组的以下寄存器中完成。

- IRQ_SOURCEn：IRQ 的源状态寄存器，n 可以取 0～3 的整数，每个 CPU 内核有一个。
- FIQ_SOURCEn：FIQ 的源状态寄存器，n 可以取 0～3 的整数，每个 CPU 内核有一个。
- TIMER_CNTRLn：定时器中断控制器寄存器，n 可以取 0～3 的整数，每个 CPU 内核有一个。

接下来，以 PNS 定时器（CNT_PNS_IRQ）中断源为例来说明中断处理过程，与之相关的寄存器有 3 个。

（1）CNTP_CTL_EL0 寄存器

CNTP_CTL_EL0 寄存器的描述如图 4.13 所示。

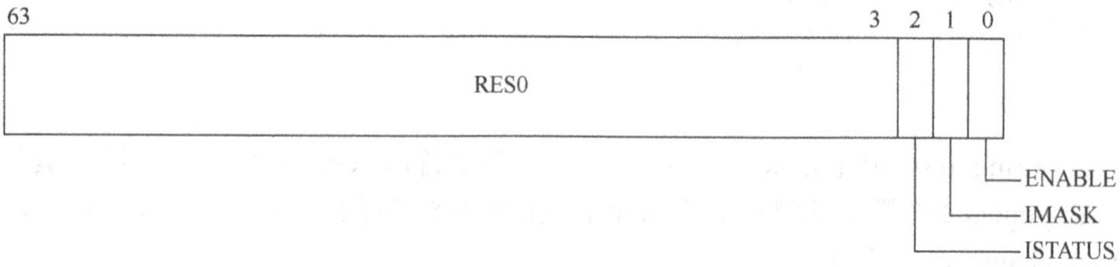

图 4.13　CNTP_CTL_EL0 寄存器的描述

其中，部分字段的含义如下。

- ENABLE 字段：打开和关闭定时器。
- IMASK 字段：中断掩码。
- ISTATUS：中断状态位。

（2）CNTP_TVAL_EL0 寄存器

CNTP_TVAL_EL0 寄存器的描述如图 4.14 所示。

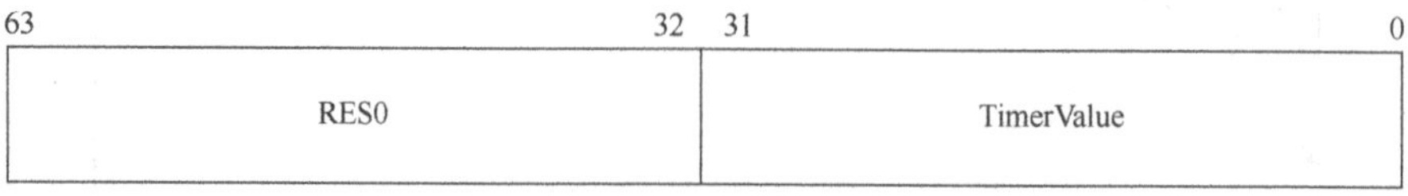

图 4.14　CNTP_TVAL_EL0 寄存器的描述

TimerValue 表示定时器的初始值。定时器最简单的使用方式就是使用 TimerValue 给定时器赋一个初始值，让它递减。当递减到 0 时触发中断，在中断处理程序中重新给定时器赋值。

（3）TIMER_CNTRLn 寄存器（n=0，1，2，3）

TIMER_CNTRLn 寄存器是树莓派 4B 上关于 Coretx-A72 内核的通用定时器的控制寄存器，如表 4.10 所示。每个 CPU 内核有一个 TIMER_CNTRLn 寄存器。

表 4.10 TIMER_CNTRLn 寄存器

位	名称	类型	说明
[0]	CNT_PS_IRQ	RW	如果设置为 1，那么 Cortex-A72 处理器内核的 PS 定时器的中断将会路由到树莓派 4B 的 IRQ
[1]	CNT_PNS_IRQ	RW	如果设置为 1，那么 Cortex-A72 处理器内核的 PNS 定时器的中断将会路由到树莓派 4B 的 IRQ
[2]	CNT_HP_IRQ	RW	如果设置为 1，那么 Cortex-A72 处理器内核的 HP 定时器的中断将会路由到树莓派 4B 的 IRQ
[3]	CNT_V_IRQ	RW	如果设置为 1，那么 Cortex-A72 处理器内核的虚拟定时器的中断将会路由到树莓派 4B 的 IRQ

使用定时器的流程如下。

首先，初始化定时器。

① 设置 CNTP_CTL_EL0 寄存器的 ENABLE 字段为 1。

② 给定时器赋一个初始值，设置 CNTP_TVAL_EL0 寄存器的 TimerValue 字段。

③ 使能中断。设置树莓派 4B 上 TIMER_CNTRL0 中的 CNT_PNS_IRQ 字段为 1。

④ 打开 PSTATE 寄存器中的 IRQ 总开关。

其次，处理定时器中断。

① 触发定时器中断。

② 跳转到 el1_irq 汇编函数。

③ 保存中断上下文（使用 kernel_entry 宏）。

④ 跳转到中断处理函数。

⑤ 读取 ARM_LOCAL 中断状态寄存器中 IRQ_SOURCE0 的值。

⑥ 判断是否为 CNT_PNS_IRQ 中断源触发的中断。

⑦ 如果是，重新设置 TimerValue。

⑧ 返回 el1_irq 汇编函数。

⑨ 恢复中断上下文。

⑩ 返回中断现场。

2. 中断现场的保存

在 RaspOS 中实现一个通用定时器，首先需要完善中断现场的保存和恢复功能。使用 pt_regs 数据结构来构建一个内核栈框，用以保存中断现场。

```
/*pt_regs 栈框,用来保存中断现场或者异常现场
*pt_regs 栈框通常位于进程的内核栈的顶部
*而 sp 的栈顶通常紧挨着 pt_regs 栈框,在 pt_regs 栈框下方
*/
```

```
struct pt_regs{
  unsigned long regs[31];
  unsigned long sp;
  unsigned long pc;
  unsigned long pstate;
};
```

pt_regs 栈框位于进程内核栈的顶部，用来保存如下内容。

- X0～X30 寄存器的值。
- SP 寄存器的值。
- PC 寄存器的值。
- PSTATE 寄存器的值。

pt_regs 栈框的大小为 272B。我们在保存中断上下文时，按照从栈顶到栈底的方向依次保存数据。为了方便编程，使用 S_X0 表示栈框的 regs[0]在栈顶的偏移量，如图 4.15 所示。

```
    #define S_FRAME_SIZE 272 //结构体 pt_regs 的字节数,即 sizeof(struct pt_regs)
    #define S_X0 0 //pt_regs 结构中的 regs[0]偏移量,即 offsetof(struct pt_regs,
regs[0])
    #define S_X1 8 //pt_regs 结构中的 regs[1]偏移量,即 offsetof(struct pt_regs,
regs[1])
    #define S_X2 16 //pt_regs 结构中的 regs[2]偏移量,即 offsetof(struct pt_regs,
regs[2])
    #define S_X3 24 //pt_regs 结构中的 regs[3]偏移量,即 offsetof(struct pt_regs,
regs[3])
    #define S_X4 32 //pt_regs 结构中的 regs[4]偏移量,即 offsetof(struct pt_regs,
regs[4])
    #define S_X5 40 //pt_regs 结构中的 regs[5]偏移量,即 offsetof(struct pt_regs,
regs[5])
    #define S_X6 48 //pt_regs 结构中的 regs[6]偏移量,即 offsetof(struct pt_regs,
regs[6])
    #define S_X7 56 //pt_regs 结构中的 regs[7]偏移量,即 offsetof(struct pt_regs,
regs[7])
    #define S_X8 64 //pt_regs 结构中的 regs[8]偏移量,即 offsetof(struct pt_regs,
regs[8])
    #define S_X10 80 //pt_regs 结构中的 regs[10]偏移量,即 offsetof(struct
pt_regs, regs[10])
    #define S_X12 96 //pt_regs 结构中的 regs[12]偏移量,即 offsetof(struct
pt_regs, regs[12])
    #define S_X14 112 //pt_regs 结构中的 regs[14]偏移量,即 offsetof(struct
pt_regs, regs[14])
```

```
    #define S_X16 128 //pt_regs 结构中的 regs[16]偏移量，即 offsetof(struct
pt_regs, regs[16])
    #define S_X18 144 //pt_regs 结构中的 regs[18]偏移量，即 offsetof(struct
pt_regs, regs[18])
    #define S_X20 160 //pt_regs 结构中的 regs[20]偏移量，即 offsetof(struct
pt_regs, regs[20])
    #define S_X22 176 //pt_regs 结构中的 regs[22]偏移量，即 offsetof(struct
pt_regs, regs[22])
    #define S_X24 192 //pt_regs 结构中的 regs[24]偏移量，即 offsetof(struct
pt_regs, regs[24])
    #define S_X26 208 //pt_regs 结构中的 regs[26]偏移量，即 offsetof(struct
pt_regs, regs[26])
    #define S_X28 224 //pt_regs 结构中的 regs[28]偏移量，即 offsetof(struct
pt_regs, regs[28])
    #define S_FP 232 //pt_regs 结构中的 regs[29]偏移量，即 offsetof(struct
pt_regs, regs[29])
    #define S_LR 240 //pt_regs 结构中的 regs[30]偏移量，即 offsetof(struct
pt_regs, regs[30])
    #define S_SP 248 //pt_regs 结构中的 sp 偏移量，即 offsetof(struct pt_regs, sp)
    #define S_PC 256 //pt_regs 结构中的 pc 偏移量，即 offsetof(struct pt_regs, pc)
    #define S_PSTATE 264 //pt_regs 结构中的 pstate 偏移量，即 offsetof(struct
pt_regs, pstate)
```

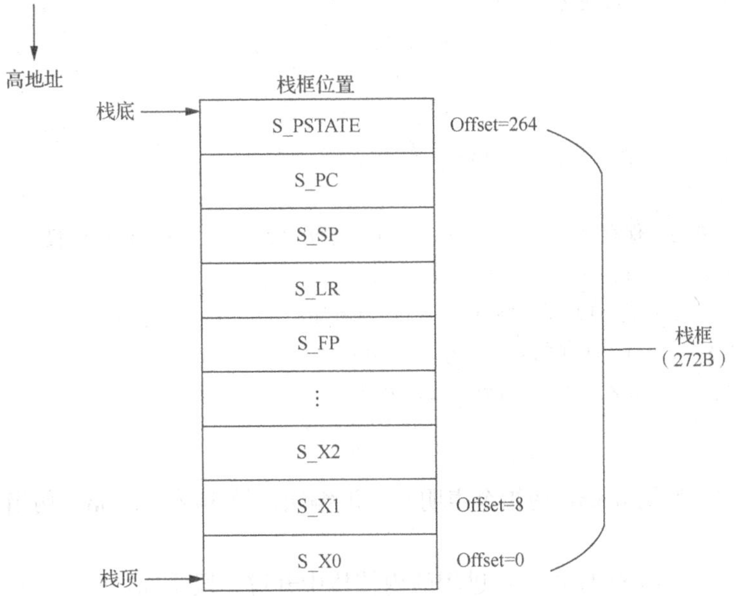

图 4.15　栈框位置

下面使用 kernel_entry 宏来保存中断现场。

```
1    .macro kernel_entry
2    sub sp, sp, #S_FRAME_SIZE
3
4    /*保存通用寄存器 x0～x29 到栈框的 pt_regs->x0～x29 位置*/
5
6
7    stp x0, x1, [sp, #16 *0]
8    stp x2, x3, [sp, #16 *1]
9    stp x4, x5, [sp, #16 *2]
10   stp x6, x7, [sp, #16 *3]
11   stp x8, x9, [sp, #16 *4]
12   stp x10, x11, [sp, #16 *5]
13   stp x12, x13, [sp, #16 *6]
14   stp x14, x15, [sp, #16 *7]
15   stp x16, x17, [sp, #16 *8]
16   stp x18, x19, [sp, #16 *9]
17   stp x20, x21, [sp, #16 *10]
18   stp x22, x23, [sp, #16 *11]
19   stp x24, x25, [sp, #16 *12]
20   stp x26, x27, [sp, #16 *13]
21   stp x28, x29, [sp, #16 *14]
22
23   /* x21: 栈顶的位置*/
24   add     x21, sp, #S_FRAME_SIZE
25
26   mrs     x22, elr_el1
27   mrs     x23, spsr_el1
28
29   /* 把 lr 保存到 pt_regs->lr, 把 sp 保存到 pt_regs->sp 位置*/
30   stp     lr, x21, [sp, #S_LR]
31   /*  把 elr_el1 保存到 pt_regs->pc 中
32   把 spsr_elr 保存到 pt_regs->pstate 中*/
33   stp     x22, x23, [sp, #S_PC]
34   .endm
```

在第 1 行中，使用.macro 伪指令声明一个汇编宏。第 34 行的.endm 伪指令表示汇编宏的结束。

在第 2 行中，使用 SUB 指令在进程的内核栈中开辟一段空间，用于保存 pt_regs 栈框，此时 SP 寄存器指向栈框的底部，即栈的顶部。

在第 7～21 行中，保存 X0～X29 寄存器的值到栈框中。其中，X0 寄存器中的值保存在栈框的底部，以此类推，如图 4.16 所示。

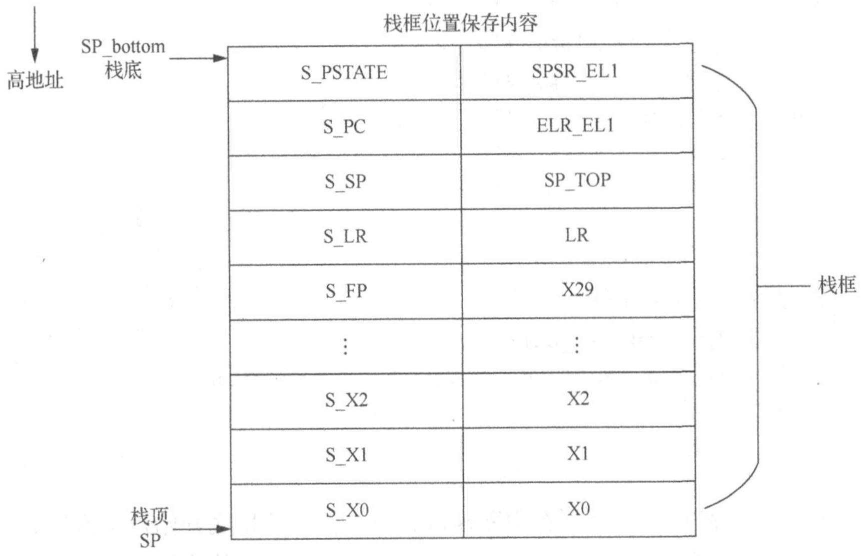

图 4.16　栈框

在第 24 行中，X21 寄存器中的值表示栈底的位置。

在第 26～27 行中，读取 ELR_EL1 的值到 X22 寄存器中，读取 SPSR_EL1 的值到 X23 寄存器中。

在第 30 行中，把 LR 的值保存到栈框的 S_LR 中，把栈底保存到栈框的 S_SP 中。

在第 33 行中，把 ELR_EL1 保存到栈框的 S_PC 中，把 SPSR_EL1 保存到栈框的 S_PSTATE 中。

下面使用 kernel_exit 宏来恢复中断现场。

```
.macro kernel_exit
/* 从pt_regs->pc中恢复elr_el1,
   从pt_regs->pstate中恢复spsr_el1
*/
ldp     x21, x22, [sp, #S_PC]          //加载ELR, SPSR

msr     elr_el1, x21                   //设置返回值
msr     spsr_el1, x22
ldp     x0, x1, [sp, #16 * 0]
ldp     x2, x3, [sp, #16 * 1]
ldp     x4, x5, [sp, #16 * 2]
ldp     x6, x7, [sp, #16 * 3]
ldp     x8, x9, [sp, #16 * 4]
ldp     x10, x11, [sp, #16 * 5]
ldp     x12, x13, [sp, #16 * 6]
ldp     x14, x15, [sp, #16 * 7]
ldp     x16, x17, [sp, #16 * 8]
```

```
18 ldp    x18, x19, [sp, #16 * 9]
19 ldp    x20, x21, [sp, #16 * 10]
20 ldp    x22, x23, [sp, #16 * 11]
21 ldp    x24, x25, [sp, #16 * 12]
22 ldp    x26, x27, [sp, #16 * 13]
23 ldp    x28, x29, [sp, #16 * 14]
24
25
26 /* 从pt_regs->lr中恢复lr*/
27 ldr    lr, [sp, #S_LR]
28 add    sp, sp, #S_FRAME_SIZE          //恢复sp
29 eret
30 .endm
```

恢复中断现场的顺序正好和保存中断现场相反，前者从栈底开始依次恢复数据。

在第 5～8 行中，依次从栈框的 S_PC 中恢复 ELR_EL1，从栈框的 S_PSTATE 中恢复 SPSR_EL1 的内容。

在第 9～23 行中，依次从栈框的 S_X0 到 S_FP 中恢复 X0～X29 寄存器的值。

在第 27 行中，从栈框的 S_LR 中恢复 LR 的内容。

在第 28 行中，把 SP 设置到栈框的栈底，这样这个栈就回收了。

在第 29 行中，调用 ERET 从异常中恢复异常现场。

3. 修改异常向量表

为了让 RaspOS 能响应 IRQ，需要修改异常向量表，当发生在 EL1 的中断触发时，使 RaspOS 跳转到正确的异常向量表项中。修改异常向量表的代码如下。

```
/*
 * Vector Table
 *
 * ARM64 的异常向量表一共占用 2048B
 * 分成 4 组，每组 4 个表项,每个表项占 128B
 * align 11 表示 2048B 对齐
 */
.align 11
.global vectors
vectors:
 /* Current EL with SP0
    当前系统运行在 EL1 时使用 EL0 的栈指针 SP
    这是一种异常错误的类型
  */
 vtentry el1_sync_invalid
 vtentry el1_irq_invalid
```

```
17  vtentry el1_fiq_invalid
18  vtentry el1_error_invalid
19
20  /* Current EL with SPx
21      当前系统运行在 EL1 时使用 EL1 的栈指针 SP
22      这说明系统在内核态发生了异常
23
24      NOTE：我们暂时只实现 IRQ 中断
25   */
26  vtentry el1_sync_invalid
27  vtentry el1_irq
28  vtentry el1_fiq_invalid
29  vtentry el1_error_invalid
30
31  /* Lower EL using AArch64
32      在 AArch64 执行状态下的程序发生了异常
33   */
34  vtentry el0_sync_invalid
35  vtentry el0_irq_invalid
36  vtentry el0_fiq_invalid
37  vtentry el0_error_invalid
38
39  /* Lower EL using AArch32
40      在 AArch32 执行状态下的程序发生了异常
41   */
42  vtentry el0_sync_invalid
43  vtentry el0_irq_invalid
44  vtentry el0_fiq_invalid
45  vtentry el0_error_invalid
```

在第 27 行中，在 EL1h 模式下的异常向量表项中，把 el1_irq_invalid 函数修改成 el1_irq 函数。el1_irq 函数的实现如下。

```
el1_irq:
    kernel_entry
    bl irq_handle
    kernel_exit
```

el1_irq 函数的实现很简单，首先调用 kernel_entry 宏来保存中断现场，然后跳转到中断处理函数 irq_handle()中。中断处理完成之后，调用 kernel_exit 宏返回中断现场。

4. 通用定时器初始化

采用 Cortex-A72 处理器内部的 PNS 通用定时器和 TimerValue 初始化定时器。

```
void timer_init(void)
{
    generic_timer_init();
    generic_timer_reset(val);
    enable_timer_interrupt();
}
```

其中，generic_timer_init()函数用来初始化定时器，代码如下。

```
static int generic_timer_init(void)
{
    asm volatile(
        "mov x0, #1\n"
        "msr cntp_ctl_el0, x0"
        :
        :
        : "memory");
    return 0;
}
```

这里设置 CNTP_CTL_EL0 寄存器的 ENABLE 字段为 1，以使能这个定时器。

generic_timer_reset()函数用于给定时器设置一个初始值，即初始化 CNTP_TVAL_EL0 寄存器的 TimerValue，代码如下。

```
static int generic_timer_reset(unsigned int val)
{
    asm volatile(
        "msr cntp_tval_el0, %x[timer_val]"
        :
        : [timer_val] "r" (val)
        : "memory");
    return 0;
}
```

这里把定时器的初始值设置到 CNTP_TVAL_EL0 寄存器中。

enable_timer_interrupt()函数用来使能 CNT_PNS_IRQ 中断源，其中 TIMER_CNTRL0 是树莓派 4B 上用来控制 Cortex-A72 内核上通用定时器的寄存器。

```
static void enable_timer_interrupt(void)
{
    writel(CNT_PNS_IRQ, TIMER_CNTRL0);
}
```

5. IRQ 处理

当中断触发后，CPU 自动跳转到相应的异常向量表项中。在 el1_irq 汇编函数中，首先需要保存中断现场，然后跳转到中断处理函数 irq_handle()。在本程序中，irq_handle()只需要处理 PNS 中断，代码如下。

```
void irq_handle(void)
{
    unsigned int irq = readl(ARM_LOCAL_IRQ_SOURCE0);

    switch (irq) {
    case (CNT_PNS_IRQ):
        handle_timer_irq();
        break;
    default:
        printk("Unknown pending irq: %x\r\n", irq);
    }
}
```

首先读取 IRQ_SOURCE0 寄存器，然后判断中断是否是 PNS 定时器中断源触发的。如果是，跳转到 handle_timer_irq()函数继续处理；否则，输出“Unknown pending irq（未知的待处理中断）”。

```
void handle_timer_irq(void)
{
    generic_timer_reset(val);
    printk("Core0 Timer interrupt received\r\n");
}
```

handle_timer_irq()函数只调用 generic_timer_reset()函数来重新给定时器设置初始值，然后输出 Core0 Timer interrupt received（接收到内核 0 的定时器中断）。

中断处理完成之后，返回 el1_irq 汇编函数，调用 kernel_exit 宏来恢复中断现场，最后调用 ERET 指令返回中断现场。

6. 打开本地中断

除打开 PNS 定时器的中断源，还需要打开处理器的本地中断，也就是打开 PSTATE 的 I 字段，I 字段是本地处理器中 IRQ 的总开关。具体代码如下。

```
static inline void arch_local_irq_enable(void)
{
    asm volatile(
        "msr  daifclr, #2"
        :
        :
```

```
            : "memory");
    }
    static inline void arch_local_irq_disable(void)
    {
        asm volatile(
            "msr  daifset, #2"
            :
            :
            : "memory");
    }
```

上面两个函数使用 MSR 指令，以及 DAIF 寄存器来控制本地处理器中 IRQ 的总开关。然后，在 kernel_main()函数中调用 timer_init()和 raw_local_irq_enable()函数。

```
    void kernel_main(void)
    {
        unsigned long val = 0;

        uart_init();
        init_printk_done();
        uart_send_string("Welcome RaspOS!\r\n");
        printk("printk init done\n");

        /* my test*/
        my_ldr_str_test();
        my_data_process_inst();

        /*汇编器 lab1:查表*/
        print_func_name(0x800880);
        val = macro_test_1(5, 5);
        val = macro_test_2(5, 5);

        print_mem();

        my_memcpy_asm_test(0x80000, 0x100000, 32);

        /*内嵌汇编 lab4:使用内嵌汇编与宏的结合*/
        my_ops_test();

        /*内嵌汇编 lab5:实现读和写系统寄存器的宏*/
        test_sysregs();

        test_asm_goto(1);

        //trigger_alignment();
```

```
        printk("done\n");

        timer_init();
        raw_local_irq_enable();

        while (1) {
            uart_send(uart_recv());
        }
    }
```

该案例运行结果如图 4.17 所示。

```
qemu-system-aarch64 -machine raspi4 -nographic -kernel timer.bin
Booting at EL2
Booting at EL1
Welcome raspOS!
printk init done
<0x800880> func_c
raspOS image layout:
  .text.boot: 0x00080000 - 0x000800d8 (   216 B)
       .text: 0x000800d8 - 0x00083c30 ( 15192 B)
     .rodata: 0x00083c30 - 0x000844a6 (  2166 B)
       .data: 0x000844a6 - 0x00084918 (  1138 B)
        .bss: 0x00084d78 - 0x000a5188 (132112 B)
test and: p=0x2
test or: p=0x3
test andnot: p=0x1
el = 1
test_asm_goto: a = 1
done
Core0 Timer interrupt received
Core0 Timer interrupt received
Core0 Timer interrupt received
Core0 Timer interrupt received
Core0 Timer interrupt received
```

图 4.17　案例运行结果

习　　题

1. ARM 处理器的工作模式有哪些？每种工作模式的含义是什么？哪些工作模式是特权模式？

2. 简述 ARM 体系结构支持的异常类型，并说明各个异常发生时 ARM 处理器所处的模式。

3. 简述同步异常和异步异常的区别。

4. 通用寄存器包括 R0～R15，它可以具体分为哪三类？其中有 3 个寄存器有特殊功能和作用，请写出它们的名称和作用。

5. 什么是 ARM 体系结构中的异常向量表？它在应用中有何作用？异常向量表中存放的是什么内容？

6. ARM 发生异常时，ARM 核心会自动完成哪些任务？从异常返回时，要做哪些任务？

7. 简述中断的处理过程。

8. 外设中断支持哪几种触发方式？

9. 如何打开或者关闭 IRQ 和 FIQ 的中断？FIQ 的什么特点使它处理的速度比 IRQ 快？

10. 参考 CPSR 中各标志位的含义，使处理器处于系统模式。

11. 使用 SWI 指令，编写一个函数 led_on(int led_num)实现点亮第 led_num 个 LED 灯。

参 考 文 献

[1] 石晶，王宜怀，苏勇，等．基于 ARM Cortex-M4 的 MQX 中断机制分析与中断程序框架设计[J]．计算机科学，2013（6）：41-44，79.

[2] 李韶光，张志辉，闫继送．一种异步通知机制的 GPIO 中断方法[J]．单片机与嵌入式系统应用，2020，20（5）：26-28.

[3] 陈云南．一种基于 ARM 芯片的实时操作系统中断机制[D]．武汉：华中科技大学，2011.

[4] 蔡伯峰，蒋建武，王宜怀．ARM Cortex-M0+机器码文件分析方法[J]．现代电子技术，2017（14）：44-48，51.

[5] 蒋建武，王宜怀．基于 ARM Cortex-M4 的 MQX 中断机制深度剖析[J]．电子技术与软件工程，2014（22）：214-217，233.

[6] 尹旭峰，苑士华，胡纪滨．ARM 微处理器中断响应时间的实验研究[J]．计算机工程，2011（4）：252-254.

[7] 韩啸．ARM Cortex-M0 KL25 中断机制研究[J]．电脑知识与技术，2014（21）：5134-5135.

[8] 丁雷，陶俊才．ARM S3C2410X 系统中断编程机制的研究与应用[J]．微计算机信息杂志，2006（32）：154-155.

[9] 牛长锋，张凯．基于 ARM 的嵌入式 Linux 系统异常和中断的实现及优化[J]．计算机应用，2003（202）：246-247.

[10] 曹竟宇．ARM 自举程序的中断管理机制[J]．信息技术，2010（12）：89-91.

第 5 章

ARM 存储系统

本章将讨论 ARMv8 架构中的存储系统。前面章节中已经介绍了如何使用内存来存储寄存器指令或者数据，下面将详细介绍如何在内存中存放数据，如何寻找内存中的数据并将其加载到 CPU 中进行处理。

5.1 内存管理概述

内存管理（memory management）指操作系统对内存的划分和动态分配，这是操作系统中最为重要和最为复杂的内容之一。虽然计算机硬件的性能一直在快速发展，内存容量也在不断增长，但是仍然不可能将所有进程的全部数据都存放在内存中，操作系统必须将内存空间进行合理地划分并有效地动态分配。有效的内存管理在多道程序设计中非常重要，可以便于用户使用存储器、提高内存利用率。

以下是内存管理的主要功能。

- 内存空间的分配与回收：由存储系统完成内存空间的分配和管理，帮助程序员摆脱了烦琐的内存分配，提高了编程效率。
- 地址变换：在多道程序环境下，程序中的逻辑地址与内存中的物理地址不一致，内存管理必须提供地址变换功能，把逻辑地址转换为对应的物理地址。
- 存储保护：运行中的各个进程都应受到保护，避免被其他进程有意或无意地干扰。内存管理需要保证多个进程在各自的内存空间内独自运行，互不干扰。
- 内存空间扩充：利用虚拟存储技术或自动覆盖技术，实现内存空间的逻辑扩充。

5.1.1 内存管理的发展

在早期计算机中，运行一个程序时，会将程序全都装入内存，程序直接在内存上运行。也就是说，程序访问的内存地址都是实际的物理内存地址。随着操作系统的发展，计算机同时运行多个程序时，必须保证这些程序用到的内存总量小于计算机实际物理内存的大小。当同时运行多个程序时，操作系统采用的内存管理技术分为固定分区和动态分区两种策略。

1. 固定分区

固定分区是将内存划分为多个静态分区，其大小固定不变，各个进程可以放入大于或等于自身所占内存大小的分区内。这种技术不需要操作系统过多管理，但同时也存在许多缺点。

- 内存使用效率低。程序占用的内存太大而不能放入一个分区内，导致内存的利用率低。
- 内存使用不充分。程序占用的内存太小时，在分区内部存在浪费内存空间的现象，导致出现大量的“内存碎片”。
- 活动进程的数量是固定的。内存分区的数量是固定的，所允许的进程数量也是固定的。

基于以上原因，目前已经很少使用固定分区策略了。

2. 动态分区

动态分区的思想是提供一整块内存供进程使用，为各个进程分配所需的内存空间。如图5.1所示，假设当前内存大小是64MB，现在同时运行两个进程A和B，进程A需占用20MB内存，进程B需占用32MB内存。计算机在给进程分配内存时会先将内存中的前20MB分配给进程A，接着再从内存中剩余的44MB中划分32MB分配给进程B。这种分配方法可以保证进程A和进程B都能运行。但是这种简单的内存分配策略问题很多。

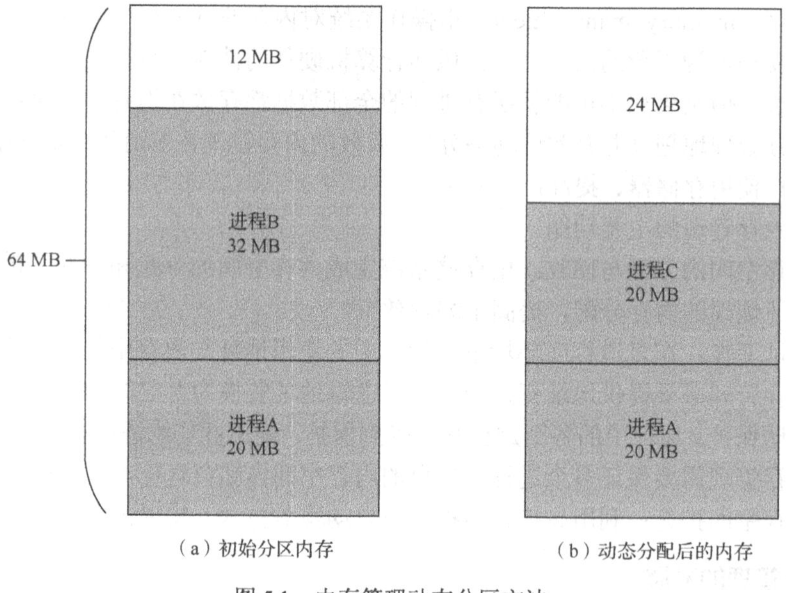

图5.1　内存管理动态分区方法

- 进程地址空间不隔离。由于进程都是直接访问物理内存，因此一个进程可以修改其他进程的内存数据，对其他进程造成破坏，导致其他进程的运行出现异常。在实际中，要求如果一个任务失败了，至少不能影响其他任务。
- 内存使用效率低。在进程A和B都运行的情况下，如果用户又运行了进程C，若进程C需要20MB内存才能运行，而系统只剩12MB空间可用，系统必须在已运行的进程中选择一个将该进程的数据暂时复制到硬盘上，释放部分内存空间来供进程C使用。假设将进程B移出，进程C装入进程B的地址空间内，此时会在进程 B 所占地址空间形成 12MB 的内存空洞，同时在这个过程中，有大量的数据在装入装出，也会导致内存效率下降。

- 程序运行的地址不确定。当内存中的剩余空间可以满足进程 C 的要求后，操作系统会在剩余空间中分配一段连续的 20MB 大小的空间给进程 C 使用，但每次装入装出时地址并不是固定的，所以程序运行的地址也是不确定的，会给程序的编写带来一系列问题[1]。

5.1.2　虚拟内存

为了解决内存地址不固定的问题，增加中间层是一种变通的方法，利用一种间接的地址访问方法访问物理内存。程序中访问的内存地址不再是实际的物理内存地址，而是一个虚拟地址，然后由处理器将这个虚拟地址映射到适当的物理内存地址上[2]。这样运行中的进程就可以不考虑实际分配的物理内存地址，而独享全部的内存空间。处理器负责处理虚拟地址到物理内存之间的地址转换，保证不同的进程最终访问的内存地址彼此间不存在重叠。每个进程都拥有独立内存空间，达到了内存地址空间隔离的效果，这样做的好处有以下几点。

- 提高内存读写安全性。由于系统和处理器的限制，一个进程无法操作其他进程的数据。
- 提高内存空间利用率。不连续的物理空间碎片可以映射成连续的虚拟地址空间。
- 减少内存空间浪费。进程分配的内存空间只有在实际使用时，才会触发缺页异常来分配实际物理空间，可以最大程度减少内存空间的浪费。

5.1.3　虚拟内存系统架构

虚拟内存系统架构（virtual memory system architecture，VMSA）的基本思想是程序、数据和堆栈的总内存大小可以超过物理存储器的容量，OS 把当前使用的部分送入内存中，而把其他未被使用的部分保存在磁盘上。例如，有一个 16MB 的程序和一台内存只有 4MB 的计算机，系统可以通过调度，决定各个时刻将哪 4MB 的内容送入内存，并在需要时在内存和磁盘间交换程序片段，从而将 16MB 的程序运行在一台只有 4MB 内存的计算机上。

ARMv8 架构主要包含两种 VMSA，在 AArch64 执行状态下采用 VMSAv8-64 虚拟内存系统架构，由运行 AArch64 的异常等级来管理；在 AArch32 执行状态下采用 VMSAv8-32 虚拟内存系统架构，由运行 AArch32 的异常等级来管理[3]。下面重点介绍 VMSAv8-64。

VMSA 提供了一个内存管理单元（memory management unit，MMU），它用于对访问的内存进行控制，如地址转换、访问权限控制，以及决定并检查与访存地址相关的内存属性等。地址转换是指将虚拟地址（virtual address，VA）映射到物理内存系统的物理地址（physical address，PA）的过程。

VMSAv8-64 地址转换系统中共有三种地址类型，分别是虚拟地址、中间地址和物理地址。

1. 虚拟地址

虚拟地址：在指令中使用的地址，包括数据地址或指令地址，PC、LR、ELR 和 SP

等寄存器中的地址都是虚拟地址。在 AArch64 执行状态下，虚拟地址为 48 位，地址范围从 0x0000_0000_0000_0000 到 0x0000_FFFF_FFFF_FFFF，可以访问 256TB 大小的虚拟地址空间。

如图 5.2 所示，对于 EL1 和 EL0 中的转换过程，虚拟地址范围可以被分为两个部分：0x0000_0000_0000_0000到0x0000_FFFF_FFFF_FFFF和0xFFFF_0000_0000_0000到0xFFFF_FFFF_FFFF_FFFF，两部分大小都为 256TB。这两部分中，一部分使用 TTBR0_EL1 寄存器所指向的转换表进行地址转换，用于管理用户空间；另一部分使用 TTBR1_EL1 寄存器所指向的转换表进行地址转换，用于管理内核空间。

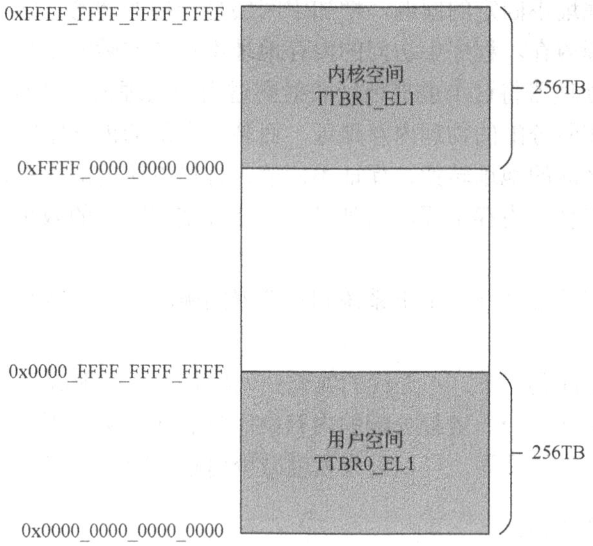

图 5.2　虚拟内存

2. 中间地址

中间地址（intermediate physical address，IPA）：在两阶段地址转换中是第一阶段的输出地址和第二阶段的输入地址；在一阶段的地址转换中 IPA 与 PA 相同，可以假定 IPA 不存在。

3. 物理地址

物理地址：物理内存单元映射中的地址，可以看作 PE 到内存系统的输出地址。

ARMv8 中对物理地址空间定义了两种安全状态，即安全状态和非安全状态。如图 5.3 所示，安全状态和非安全状态的物理地址空间是相互独立的，并且是并行存在的。一个系统可以设计为有两个完全独立的内存系统，然而大多数操作系统将安全和非安全视为访问控制的属性。安全状态下的虚拟地址可以被映射为非安全状态或安全状态下可以访问的物理地址；非安全状态下的虚拟地址只可以被映射为非安全状态下可以访问的物理地址。这是通过页表控制的，在非安全状态下，将忽略页表中的 NS 位和 NSTable 位[4]，只能访问非安全内存。在安全状态下，NS 位和 NSTable 位控制虚拟地址转换为安全物理地址还是非安全物理地址[5]。

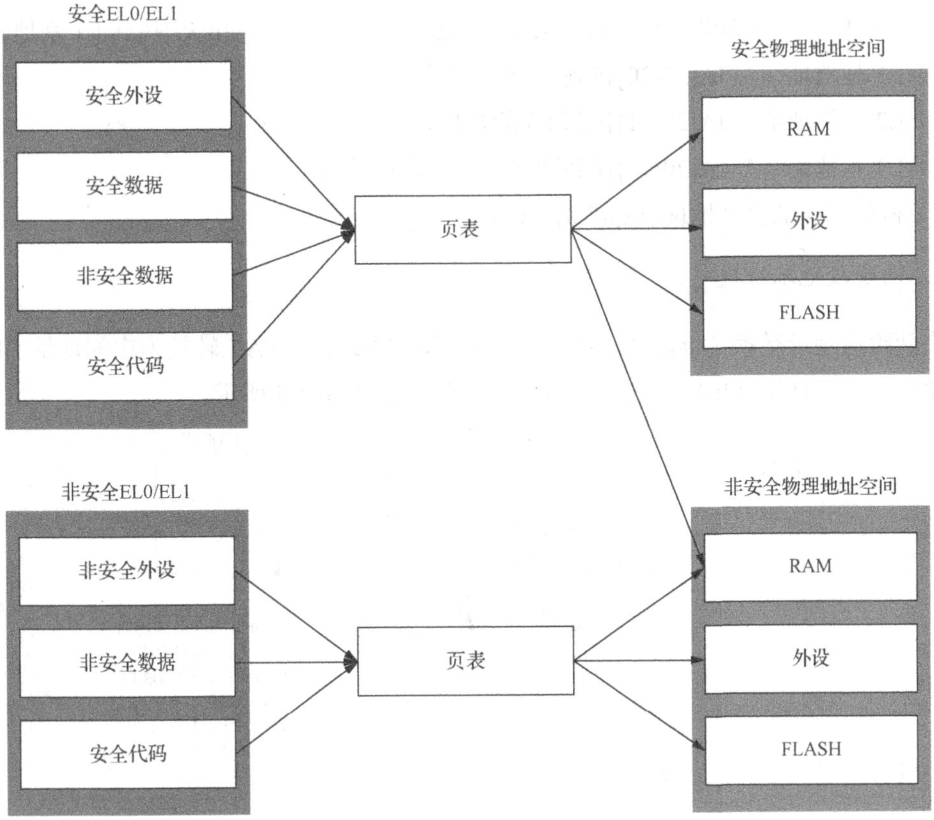

图 5.3　安全和非安全物理空间映射

5.1.4　地址转换

在 VMSAv8-64 地址转换系统中，地址转换方式有两种：一阶段地址转换和两阶段地址转换。

1. 一阶段地址转换

一阶段地址转换（stage 1），是将虚拟地址（VA）直接转换为物理地址（PA）。

如图 5.4 所示，一阶段地址转换主要分为 5 个步骤。

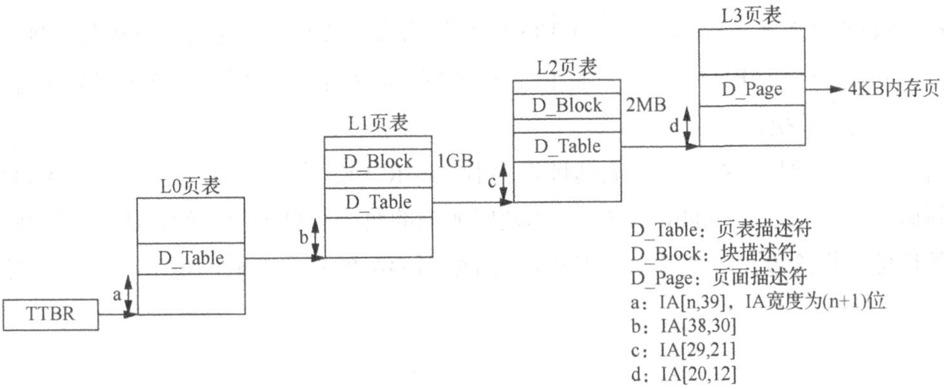

图 5.4　一阶段地址转换

1）TTBR 寄存器提供 L0 查找的基地址，通过此基地址和 IA[n:39]找到 L1 基地址。

2）L1 基地址结合 IA[38:30]找到 L2 的基地址。

3）L2 基地址结合 IA[29:21]找到 L3 的基地址。

4）L3 基地址结合 IA[20:12]找到物理页面所在地址 OA。

5）得到需要的物理地址 PA[47:0] = OA[47:12] + IA[11:0]

2. 两阶段地址转换

在两阶段地址转换（stage 2）中，第一阶段将虚拟地址（VA）转换为中间地址（IPA），第二阶段将中间地址（IPA）转换为物理地址（PA），如图 5.5 所示。

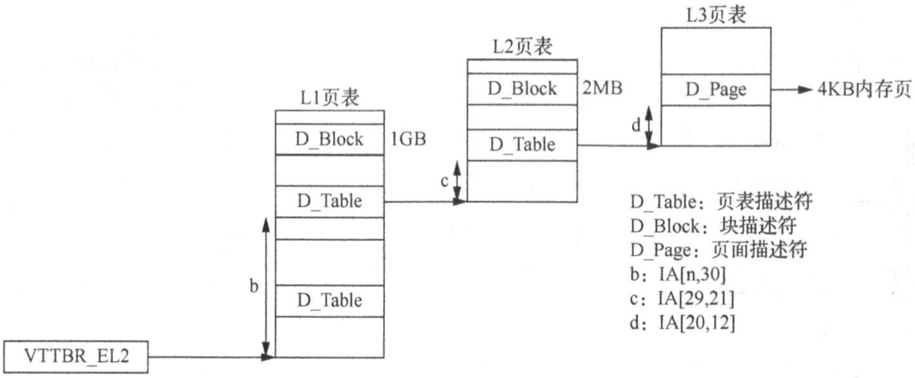

图 5.5　两阶段地址转换

两阶段地址转换有级联的概念，可以减少页表的级数。所谓级联，就是假设有 IA[40:0]，而 L1 解析地址段为 IA[38:30]，超过了 2 位，而 $2^{40}=2^2\times2^{38}$，相当于需要 2^2 个这样的页表来实现级联解析。ARMv8 规定，Stage 2 最多支持 4 位级联，也就是最大级联 $2^4 = 16$ 个页表级联解析。

对于不同的异常等级和安全状态，地址转换需要遵循以下规则。

- 安全状态下只支持一阶段地址转换。
- 非安全状态 EL1/EL0 既支持 Stage 1 也支持 Stage 2 地址转换。
- 只有 EL2 才支持 Stage 2，VTTBR_EL2 寄存器提供初始 Level 查找基地址，所以 Stage 2 只为 EL2 服务。只有 EL2 使能时，非安全状态 EL1/EL0 才可以进行 Stage 2 地址转换。

对于一阶段地址转换，转换表基址寄存器 TTBR_ELx 指示从输入地址（input address，IA）到输出地址（output address，OA）的映射所需的第一个页表的开始，对于支持两个 VA 范围的地址转换阶段，每个 VA 范围都是从 IA 到 OA 的独立映射。每个映射最多支持 48 位的 IA 和 OA。

5.2 ARM64 内存管理

5.2.1 内存管理体系结构

在 ARM 中，主要由内存管理单元（MMU）对虚拟内存进行管理。图 5.6 所示为 ARM 处理器的内存管理体系结构。MMU 位于处理器内核和连接高速缓存及物理存储器的总线之间，一般封装于 CPU 芯片内部，是一个与软件密切相关的硬件部件，主要功能是控制处理器的地址转换、访存，决定并检查与访存地址相关的内存属性（memory attribute）。

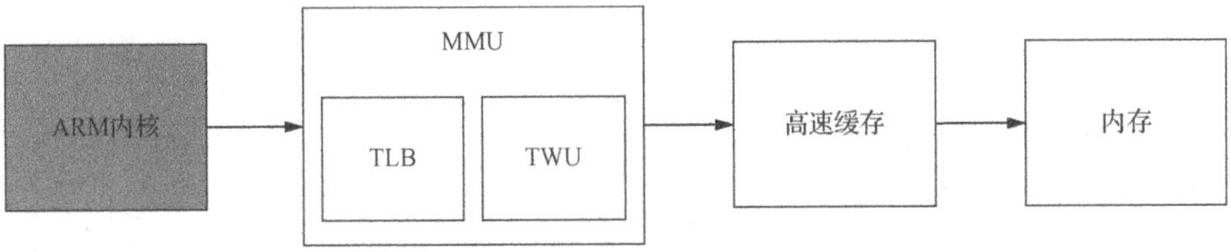

图 5.6　ARM 处理器的内存管理体系结构

在 ARM 中，使用页表（page table）来存储虚拟地址（VA）和物理地址（PA）之间的映射关系，在后续章节会具体介绍页表的相关内容。页表的查询和翻译的过程统称为页表查询，这部分工作由 MMU 自动完成，不需要用户关心，但是对于页表的维护需要用户通过软件进行操作。

MMU 中主要包含快表（TLB）和页表遍历单元（table walk unit，TWU）两个部件。TLB 是一种高速缓存，内存管理硬件使用它来缓存部分页表转换的结果，使用 TLB 内核可以快速找到虚拟地址指向的物理地址，而不需要查询页表获取虚拟地址到物理地址的映射关系，以提升虚拟地址到物理地址的转换速度。

在页表查询过程中，首先在 TLB 中查询页表的相关信息，如果 TLB 命中，可以直接使用该信息进行页表翻译得到翻译后的物理地址；如果 TLB 未命中，MMU 会调用页表遍历单元查询页表，找到后翻译得到物理地址。确定内存的物理地址后，首先需要查询该物理地址所对应的内容是否在高速缓存中存在最新的副本，若不存在，说明高速缓存未命中，需要访问内存获取存储内容，对于高速缓存的详细内容后续章节会做详细介绍。如果地址访问失败，会触发一个与 MMU 相关的缺页异常。

MMU 除了负责从 CPU 内核发出的虚拟地址与物理地址之间的转换外，还提供硬件机制的内存访问权限检查。MMU 使得每个用户进程拥有自己的地址空间，并通过内存访问权限检查保护各个进程所用的内存不被其他进程破坏。

各进程的虚拟地址相互隔离，在物理地址空间可以指向同一位置。即使物理内存是碎片化的，也允许使用连续的虚拟内存映射。图 5.7 所示为虚拟地址空间与物理地址空间的映射关系。MMU 极大地提高了内存管理效率[6]。

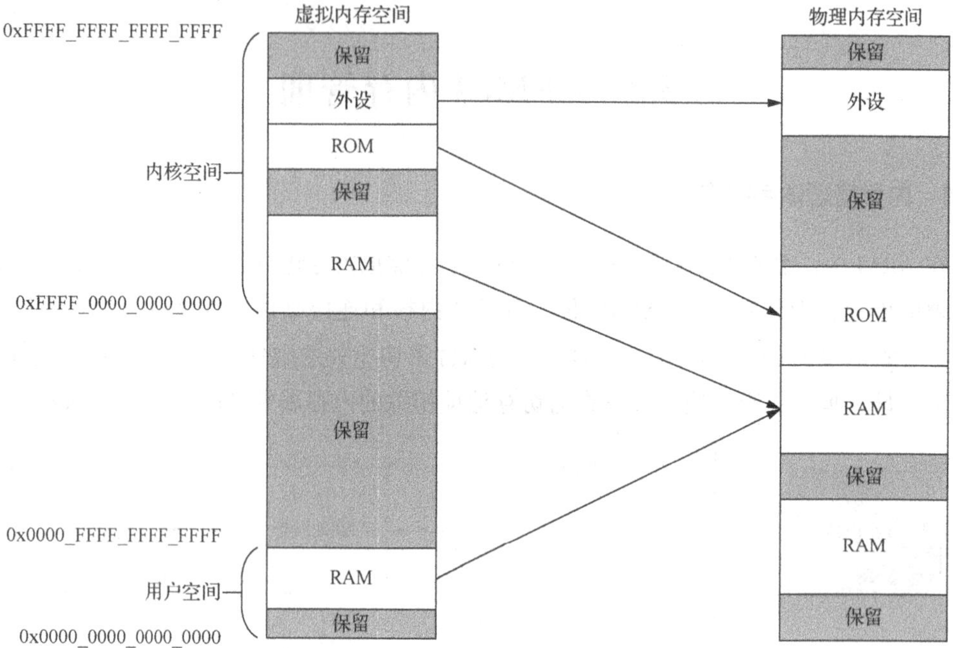

图 5.7　虚拟地址空间与物理地址空间的映射关系

5.2.2　TLB

如前所述，MMU 主要使用页表进行地址转换，而页表存储在内存中，所以每次读取指令或数据都需要至少访问两次内存，第一次查询页表得到物理地址，第二次访问内存中的物理地址读取数据或指令，当使用多级页表时，访问内存的次数会更多。为了减少因为 MMU 导致的处理器性能下降，人们引入了快表（TLB）。

TLB 可以看作针对页表的高速缓存，TLB 中存储的是最有可能被访问的页表项的副本，当处理器完整访问页表后会把这次虚拟地址到物理地址翻译的结果存储到 TLB 表项中。在页表查询过程中，首先要在 TLB 中查询，只有当 TLB 未命中、无法完成地址翻译任务时，才会到内存中查询页表，这样就减少了页表查询过程中对内存的访问次数，避免了处理器性能的下降。

每一个 TLB 表项不仅存放了虚拟地址到物理地址转换的结果，还包含了一些属性，如内存类型、高速缓存策略、访问权限、进程地址空间 ID（address space ID，ASID），以及虚拟机器 ID（virtual machine ID，VMID）等。虚拟地址与 TLB 中表项的映射方式主要有以下 3 种。

- 全关联方式：指一个 TLB 表项可以和任意虚拟地址的页表项关联。这种关联方式使得 TLB 表项空间的利用率最大，但是延迟也相应增大，因为每次 CPU 请求，TLB 硬件都把虚拟地址和 TLB 的表项逐一比较，直到 TLB 命中或者所有 TLB 表项比较完成，所以这种组织方式只适合小容量 TLB。
- 直接映射方式：指每一个虚拟地址只能映射到 TLB 中唯一的一个表项，这样只需进行一次比较，降低了 TLB 内比较的时间延迟。但是这种方式未命中的概率较高。
- 分组关联方式：解决了全关联方式内部比较效率低和直接映射方式命中率低的问题。这种方式把所有的 TLB 表项分成多个组，每个虚拟地址对应的不再是一个 TLB 表项，而是一个 TLB 表项组。CPU 进行地址转换时，首先计算虚拟地址对应哪个 TLB 表项组，然后在对应的 TLB 表项组中依次查找。

TLB 表项的更新可以由硬件自动完成，也可以由软件完成。当 TLB 未命中时，CPU 从内存中获取页表项，硬件会自动更新 TLB 表项；当 TLB 中的表项在某些情况下无效时，如进程切换、操作系统更改内核页表等，硬件不知道哪些 TLB 表项是无效的，只能由软件来更新 TLB，ARMv8 架构为此提供了以下 TLBI 指令。

```
TLBI <operation> {, <Xt>}
```

TLBI 指令各参数说明如下。

operation：表示 TLBI 指令的操作符。

- ALLEn：使 ELn 中所有的 TLB 无效。
- ALLEnIS：使 ELn 中所有内部共享的 TLB 无效。
- ASIDE1：使 EL1 中 ASID 包含的 TLB 无效。
- ASIDE1IS：使 EL1 中 ASID 包含的内部共享的 TLB 无效。
- VAAE1：使 EL1 中虚拟地址指定的所有 TLB（包含所有 ASID）无效。
- VAAE1IS：使 EL1 中虚拟地址指定的所有 TLB（包含所有 ASID）无效，这里仅指内部共享的 TLB。
- VAEn：使 ELn 中所有由虚拟地址指定的 TLB 无效。
- VAEnIS：使 ELn 中所有由虚拟地址指定的 TLB 无效，这里仅指内部共享的 TLB。
- VALEn：使 ELn 中所有由虚拟地址指定的 TLB 无效，但只使最后一级的 TLB 无效。
- VMALLE1：在当前 VMID 中，使 EL1 中指定的 TLB 无效，这里仅仅包括虚拟化场景下阶段 1 的页表项。
- VMALLS12E1：在当前 VMID 中，使 EL1 中指定的 TLB 无效，这里包括虚拟化场景下阶段 1 和阶段 2 的页表项。

Xt：表示由虚拟地址和 ASID 组成的参数。

- 位[63:48]：ASID。
- 位[47:44]：TTL，用于指明使哪一级页表保存的地址无效。若为 0，表示需要使所有级别的页表无效。在 Linux 内核实现中，该域设置为 0。
- 位[43:0]：虚拟地址的位[55:12]。

5.2.3 页表

前面提到，MMU 主要通过页表进行虚拟地址到物理地址之间的转换，如图 5.8 所示。页表其实就是一张映射表，可以将其看作一种数据结构，主要记录了虚拟地址和物理地址之间的映射关系。当程序访问一个虚拟地址时，其对应的物理地址就是通过查找页表来找到的。

页表中主要保存如下信息。

- 虚拟地址和物理地址之间的映射关系，输入地址对应输出地址。
- 对于安全状态发起的地址转换，输出地址属于安全状态下可访问的内存区域还是非安全状态下可访问的区域。

- 存储访问控制信息：决定处理器在当前状态下是否能访问表项中的输出地址，如果没有相关的访问权限，那么访存行为就不会发生，并且会产生 MMU 错误。
- 内存域属性。

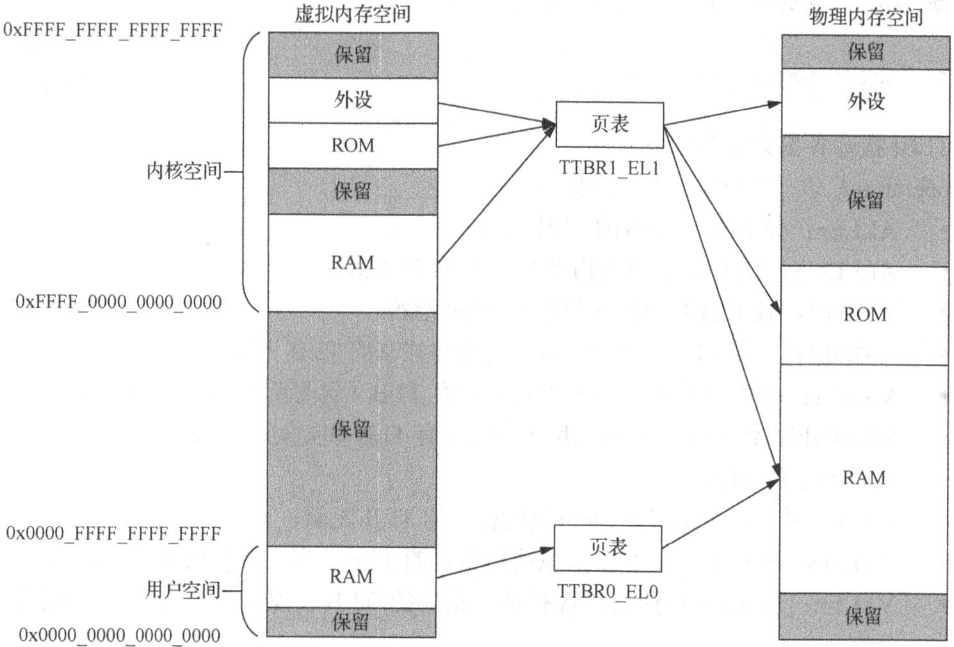

图 5.8　使用页表进行地址转换

页表基地址在寄存器（TTBR0_ EL1）和（TTBR1_ EL1）中指定。当 VA 的高位均为 0 时，选择 TTBR0 指向的转换表。当 VA 的高位均为 1 时，选择 TTBR1 指向的转换表。EL2 和 EL3 有一个 TTBR0，但没有 TTBR1。这也意味着如果 EL2/EL3 使用 AArch64，其只能使用 0x0000_0000_0000_0000～0x0000_FFFF_FFFF_FFFF 的虚拟地址。

需要特别注意的是，页表并不是 MMU 建立的，而是由操作系统建立的，MMU 的作用只是维护页表，同时提供页表的操作接口，将输入的虚拟地址访问转换为物理地址访问，物理内存和虚拟内存空间仍由操作系统来管理。

（1）多级页表

对于支持多进程的操作系统来说，进程之间地址隔离的特性让每个进程都拥有独立的地址空间。对于每个进程而言，虚拟地址对于物理地址的映射都是独立的，从而每个进程都需要一个独立的页表。由于使用一级页表每个虚拟地址到物理页面的映射占用 4B，则一个完整的页表需要占用 4MB。由于每个进程是独立的，因此系统中每存在一个进程，就需要额外为其申请 4MB 的内存空间，一个系统中可能存在大量的进程，仅仅是为每个进程分配页表，就要占用很大一部分内存空间。同时，刚开始运行时申请 4MB 内存可能比较容易，但一旦内存中碎片多了，申请连续的 4MB 空间就变得非常困难。硬件的特点决定了 MMU 不能采用非连续地址。由于一级页表会浪费大量的内存空间，因此人们设计了多级页表来减少页表占用的内存空间。

图 5.9 所示为一个二级页表的结构。在该二级页表结构中，MMU 并不要求一级页表和二级页表存储在连续的地址上，两者可以分开存储，但一级页表和二级页表本身需要连续。页表基地址寄存器指向一级页表的基地址，在一级页表的页表项内存放有指针指向二级页表的基地址，二级页表的内容指向具体的物理页面，以此索引到具体的物理地址。

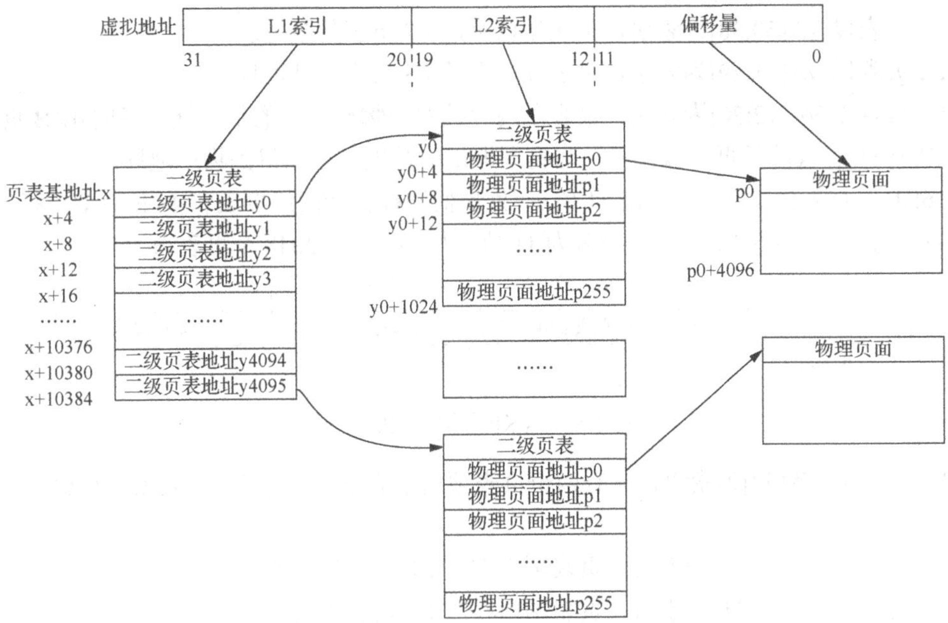

图 5.9　二级页表的结构

当 MMU 进行页表查询时，只需要将一级页表加载到内存中，并不需要将二级页表加载到内存中，而是在后续过程中根据物理内存的分配和映射情况逐步创建和分配二级页表。相比于一级页表，多级页表具有更好的扩展性，并且占用的内存空间也更少。

在 VMSAv8-64 中，最多支持四级页表查询。

（2）页面粒度

在 VMSAv8-64 中，支持 4KB、16KB、64KB 页面粒度。不同页面粒度的配置参数如表 5.1 所示。

表 5.1　不同页面粒度的配置参数

页面粒度/KB	4	16	64
最大页表项数目/个	512	2048	8192
每级查找最大可解析地址位/位	9	11	13
页面偏移量	VA[11,0]=PA[11,0]	VA[13,0]=PA[13,0]	VA[15,0]=PA[15,0]
寄存器 TCR_ELx.TG0 配置(x=0,1,2,3)	'00'	'10'	'01'

4KB 页面粒度的索引如图 5.10 所示，处理器支持四级页表和 48 位有效虚拟地址。可以看出每一级页表的索引长度为 9 位，因此每一级页表共有 $2^9=512$ 个页表项。

图 5.10　4KB 页面粒度的索引

L0 页表以 VA[39:47]为索引，页表项内存放 L1 页表的基地址。

L1 页表以 VA[30:38]为索引，页表项内存放 L2 页表的基地址。

L2 页表以 VA[21:29]为索引，页表项内存放 L3 页表的基地址。

L3 页表以 VA[12:20]为索引，页表项内存放对应物理地址的基地址，指向 4KB 页面。

VA[0:11]存放的是页面偏移量，与物理地址的基地址相加得到物理地址。

16KB 页面粒度的索引如图 5.11 所示，处理器同样支持四级页表和 48 位有效虚拟地址。可以看出每一级页表的索引长度最多为 11 位，最多有 2^{11}=2048 个页表项。

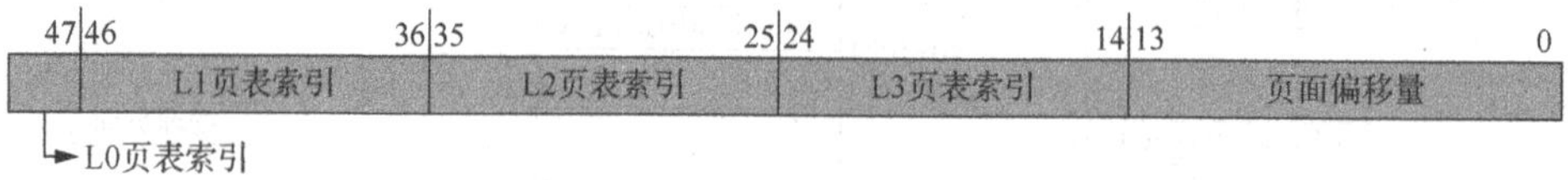

图 5.11　16KB 页面粒度的索引

L0 页表以 VA[47]为索引，只有两个页表项用于索引 L1 页表，页表项内存放 L1 页表的基地址。

L1 页表以 VA[36:46]为索引，页表项内存放 L2 页表的基地址。

L2 页表以 VA[25:35]为索引，页表项内存放 L3 页表的基地址。

L3 页表以 VA[14:24]为索引，页表项内存放对应物理地址的基地址，指向 16KB 页面。

VA[0:13]存放的是页面偏移量，与物理地址的基地址相加得到物理地址。

64KB 页面粒度的索引如图 5.12 所示，处理器支持三级页表和 48 位有效虚拟地址。

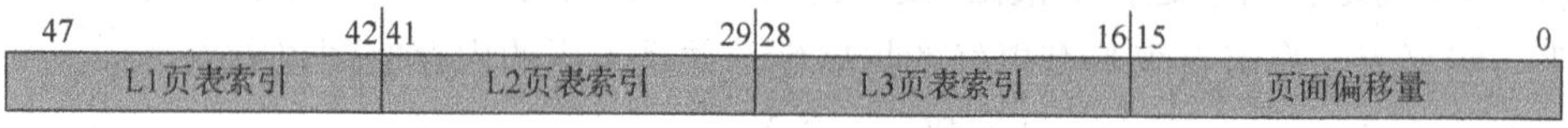

图 5.12　64KB 页面粒度的索引

L1 页表以 VA[42:47]为索引，只有 64 个页表项用于索引 L2 页表，页表项内存放 L2 页表的基地址。

L2 页表以 VA[29:41]为索引，页表项内存放 L3 页表的基地址。

L3 页表以 VA[16:28]为索引，页表项内存放对应物理地址的基地址，指向 64KB 页面。

VA[0:15]存放的是页面偏移量，与物理地址的基地址相加得到物理地址。

需要说明的是，页面粒度越大则页表能包含的条目越多，从而一次查询能解析输入地址的更多位。另一方面粒度越大则页表越大，从而用于表示页偏移的位也越多。以上两个因素决定了粒度越大，转换表的层数越少。

（3）页表项描述符

在 VMSAv8-64 中最多可支持四级页表，其中每一级页表都有页表项，它们被称为页表项描述符，每个页表项描述符占 8B，不同级页表的页表项描述符的格式和内容也不同。

L0～L2 的页表项描述符类似，根据内容可分为无效类型页表项、块（block）类型页表项和页表类型页表项，如图 5.13 所示。

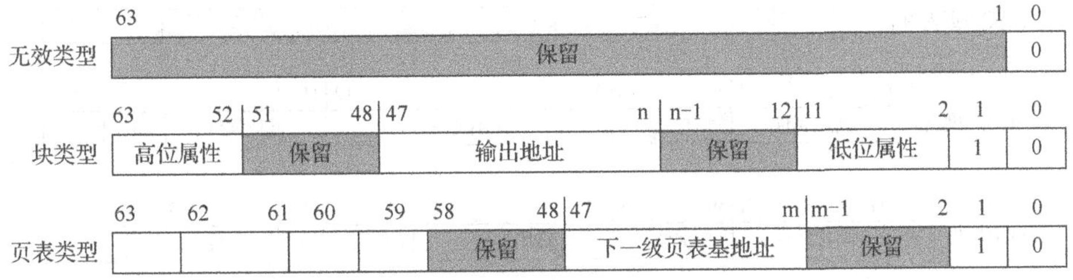

图 5.13 L0～L2 页表项描述符

L0～L2 页表项描述符遵循以下规则。

- 当页表项描述符 Bit[0]为 1 时，表示有效页表项；当 Bit[0]为 0 时，表示无效页表项。
- 页表项描述符 Bit[1]用来表示类型。
  - 页表类型：当 Bit[1]为 1 时，表示该描述符包含了指向下一级页表的基地址，是一个页表类型的页表项。
  - 块类型：当 Bit[1]为 0 时，表示一个大内存块（memory block）的页表项，其中包含了最终的物理地址。大内存块通常用来描述大的连续的物理内存。
- 在页表类型的页表项描述符中，Bit[47:m]用来指向下一级页表的基地址。
  - 在 4KB 页面粒度下，m=12；
  - 在 16KB 页面粒度下，m=14；
  - 在 64KB 页面粒度下，m=16。
- 在块类型的页表项中，Bit[47:n]表示输出的物理地址。
  - 在 4KB 页面粒度下，在 L1 页表项描述符中 n 为 30，表示 1GB 大小的连续物理内存；在 L2 页表项描述符中 n 为 21，表示 2MB 大小的连续物理内存。
  - 在 16KB 页面粒度下，在 L2 页表项描述符中 n 为 25，表示 32MB 大小的连续物理内存。

L3 页表项描述符不能指向其他表，仅能输出最终内存的物理地址，因而不同于 L0～L2 的页表项描述符，根据内容主要可分为 5 种类别，即无效的页表项、保留的页表项、4KB 粒度的页表项、16KB 粒度的页表项、64KB 粒度的页表项，如图 5.14 所示。

L3 页表项描述符遵循以下规则。

- 当页表项描述符 Bit[0]为 0 时，表示无效页表项；当 Bit[0]为 1 时，表示有效页表项。
- 当页表项描述符 Bit[1]为 0 时，表示保留页表项；当 Bit[1]为 1 时，表示页表类型的页表项。
- 页表描述符中间的区域 Bit[47:m]表示最终的输出地址。
  - 在 4KB 页面粒度下，m=12；
  - 在 16KB 页面粒度下，m=14；
  - 在 64KB 页面粒度下，m=16。

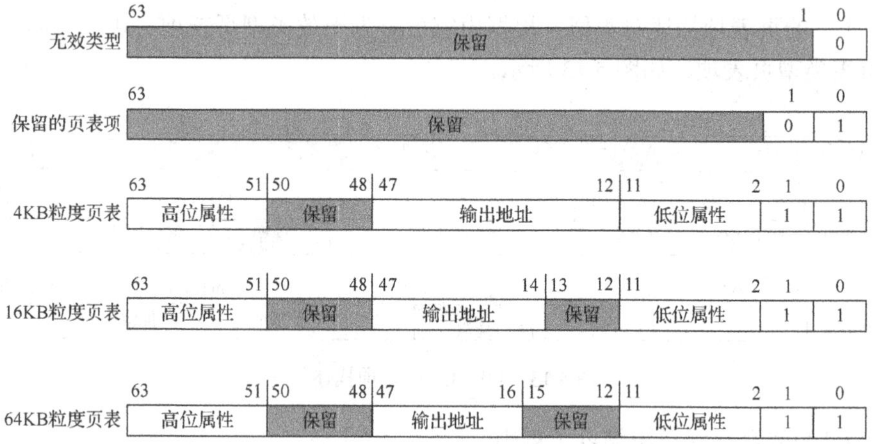

图 5.14　L3 页表项描述符

- 页表描述符 Bit[11:2]表示页表的低位属性，Bit[63:51]表示页表的高位属性，如图 5.15 所示。

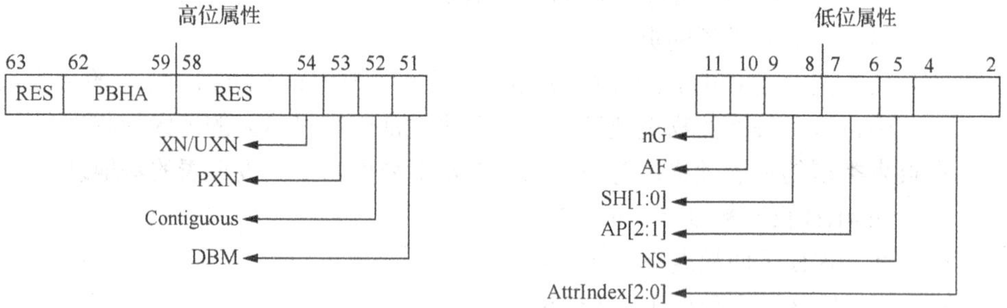

图 5.15　L3 页表描述符的高低位属性

L3 页表属性对应位和描述如表 5.2 所示。

表 5.2　L3 页表属性对应位和描述

属性	意义
AttrIndex	索引由 MAIR_ELn 寄存器设置的不同内存属性
NS	非安全位，在安全模式下指定访问的内存地址是安全映射或非安全映射
AP[2:1]	数据访问权限位： AP[1]用于控制不同异常等级下 CPU 的访问权限 1：表示可以通过 EL0 及更高权限异常等级访问 0：表示不能通过 EL0 访问，可以通过 EL1 访问 AP[2]用于读写权限的设定 1：表示内存只读 0：表示内存可读、可写
SH[1:0]	内存共享属性： 00：无共享 01：保留 10：外部共享 11：内部共享
AF	访问位，第一次访问页面时硬件自动设置该访问位

续表

属性	意义
nG	非全局位，用于 TLB 管理
DBM	脏位，表示页面被修改过
Contiguous	连续页面，表示页表项是否为连续页表项中的一项，连续页表项可以使用单个 TLB 页表项进行优化
PXN	表示页面在特权模式下不可执行
XN/UXN	UXN 表示该页面在用户模式下不能执行 XN 表示该页面在任何模式下都不能执行
PBHA	表示与页面相关的硬件属性

5.2.4 地址转换过程

本节以 4KB 页表的四级转换为例，展示虚拟地址向物理地址的转换过程。其中 4KB 页表的大小是这样计算的：4KB=1024×8×4bit=512×64bit。因此 4KB 页表共有 512 个页表项，每个页表项的大小为 64bit。

如图 5.16 所示，转换过程分为 6 个步骤。

1）查看 VA 的高 16 位 VA[63:48]是否为全 0。如果全 0，使用 TTBR0_EL1 寄存器内存放的 L0 页表的基地址；否则，使用 TTBR1_EL1 寄存器内存放的 L0 页表的基地址。

2）在 L0 页表内，每个页表项内存放的数据，是下一级页表的基地址，共 512 个页表项。本例中使用 VA[47:39]确定 L1 页表的基地址。

3）在 L1 页表内，同样具有 512 个页表项，使用 VA[38:30]确定 L2 页表的基地址。

4）类似地，在 L2 页表内，具有 512 个页表项，使用 VA[29:21]确定 L3 页表的基地址。

5）在 L3 页表内，存放的是物理地址页表项，也是 512 个页表项，使用 VA[20:12]作为索引值，可以确定物理地址的 PA[47:12]。

6）生成地址转换结果，得到最终的物理地址。虚拟地址 VA[11:0]也就是物理地址 PA[11:0]，结合 L3 页表内的 PA[47:12]，完成 VA[47:0]到 PA[47:0]的转换。

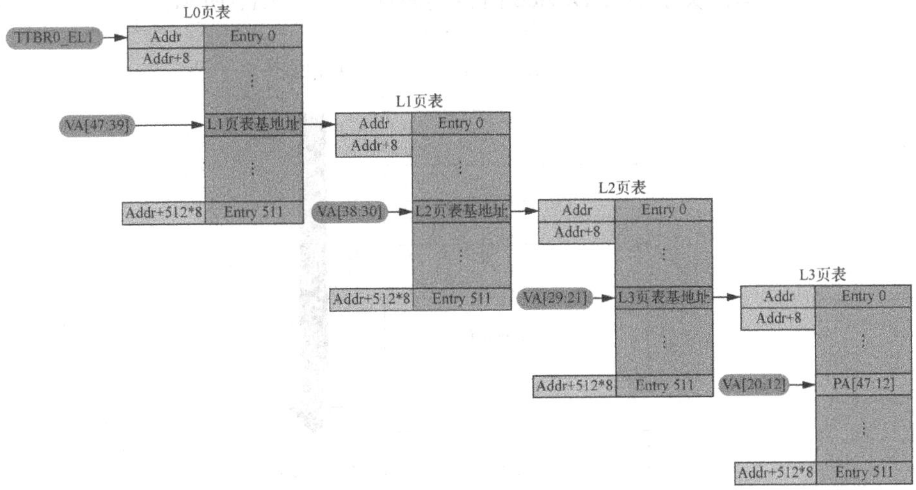

图 5.16　基于 4KB 页表的四级地址转换过程

除此之外，常用的地址转换还有 16KB 页表的四级转换、64KB 页表的三级转换等。其转换过程与 4KB 页表的四级转换类似，在此不再赘述。

5.2.5 内存类型及属性

1. 内存类型

ARMv8 体系结构的处理器实现了弱一致性内存模型，在某些情况下，处理器在执行指令时不一定完全按照程序员编写的指令顺序来执行。处理器为了提高指令执行效率会乱序执行指令和预测指令。

在单核处理器系统中，指令乱序和并发执行对程序员是透明的，因为处理器会处理这些数据依赖关系。但在多核处理器系统中，多个处理器内核同时访问共享数据或内存时，与处理器相关的乱序和预测执行等优化手段可能会对程序产生无法预测的影响。因此了解内存属性和内存屏障就变得非常重要。

ARMv8 体系结构定义了两种互斥的内存类型：Normal 类型和 Device 类型，内存的所有区域都配置为这两种类型中的一种。第三种内存类型强排序是 ARMv7 体系结构的一部分，这种类型和 Device 类型内存之间的差异很小，因此在 ARMv8 中忽略了它[7]。

（1）Normal 类型

Normal 类型的内存可以进行读写操作或只读操作，系统中大部分内存都是 Normal 类型。可以对内存中的所有代码和大多数数据区域使用 Normal 内存，例如，物理内存中的 RAM、FLASH 或 ROM 区域。这种内存是弱一致性的，并且对处理器的限制较少，没有额外的约束，可以提供最高的内存访问性能。处理器可以重新排序、重复和合并对正常内存的访问。

（2）Device 类型

对 Device 类型的内存进行读写可能具有连带效应（side-effect），或者从该类型内存中的一个位置装载的值可能随着装载的次数而变化。设备内存类型对内核施加了更多限制，例如，对先进先出（first in first out，FIFO）位置或定时器的读取是不可重复的，因为它为每次读取返回不同的值，对控制寄存器的写入可能会触发中断。它通常仅用于系统中的外设。ARMv8 体系结构定义了多种 Device 内存的属性，如图 5.17 所示。

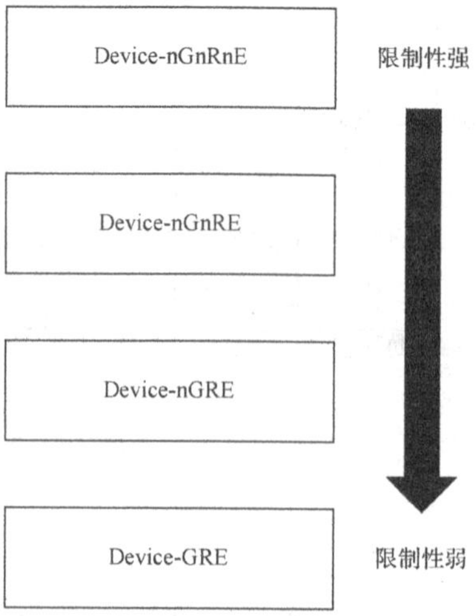

图 5.17　Device 内存属性

Device 后的字母是有特殊含义的，分别说明如下。

- G 和 nG：分别表示聚合（gathering）与不聚合（non gathering）。聚合表示在同一个内存属性的区域中允许把多次访问内存的操作合并成一次总线传输。
- R 和 nR：分别表示指令重排（re-ordering）与不重排（non re-ordering）。
- E 和 nE：分别表示提前写应答（early write acknowledgement）与不提前写应答（non early write acknowledgement）。往外设写数据时，处理器先把数据写入写缓存区（write buffer）中，若使能了提前写应答，则数据到达写缓冲区时会发送写应答。

上述提到的两种内存分别具有不同的共享性及高速缓存性。

① 共享性（shareability）：与一致性有关的内存属性，用来指示一个内存位置对于一些处理器是否为可共享的；共享意味着需要硬件保证一个内存位置中的内容对一定范围内可访问该位置的多个处理器是一致的。该属性有 Non-shareable、Inner Shareable 和 Outer Shareable 三个选项。

- Non-shareable：该内存位置一般只能被唯一处理器访问，如果还有其他处理器能访问该位置，可能需要软件用缓存一致性指令来保证缓存一致性。
- Inner Shareable：该内存位置可以被内部共享域（inner shareability domain）中的所有处理器访问，并且硬件保证该位置在这些处理器间的数据一致性，内部共享域中的处理器一般被同一个虚拟机监视器或操作系统控制。
- Outer Shareable: 该内存位置可以被外部共享域（outer shareability domain）中的所有处理器访问，并且硬件保证该位置在这些处理器间的数据一致性，内部共享域是外部共享域的一个子集，但不要求是真子集。

② 高速缓存性（cacheability）：表示一个内存位置是否可以被分配到缓存中，这个内存属性有 Non-cacheable、Write-Through Cacheable 和 Write-Back Cacheable 三个选项。

- Non-cacheable：不使用缓存，直接更新内存。
- Write-Through Cacheable：同时更新缓存和内存。
- Write-Back Cacheable：先更新缓存，替换时将修改过的块写回内存。

2. 内存属性

不同内存类型的属性如表 5.3 所示。

Device 内存总是被认为是不可缓存和外部共享的。

Normal 内存可以设置高速缓存为可缓存或不可缓存。进一步可设置高速缓存为内部共享或外部共享的高速缓存。

如果一个内存区域被标记为“不可共享的（non-shareable）”，表示它只能被一个处理器访问，其他处理器不能访问。

如果一个内存区域被标记为“内部共享的（inner shareable）”，表示它可以被多个处理器访问和共享，但是系统中其他的访问内存的硬件单元就不能访问了，如 DMA 设备、GPU 等。

如果一个内存区域被标记为“外部共享的（outer shareable）”，表示系统中很多访问内存的单元，如 DMA 设备、GPU 等，都可以和处理器一样访问这个内存区域。

表 5.3　内存分类及其属性

内存类型	共享属性	缓存属性
Device	Outer Shareable	Non-cacheable
Normal	Non-shareable	Non-cacheable
	Inner Shareable	Write-Through Cacheable
	Outer Shareable	Write-Back Cacheable

5.2.6　内存控制寄存器

1. 系统控制寄存器

系统控制寄存器（SCTLR）用于控制标准内存和系统设备，并为在硬件内核中实现的功能提供状态信息。SCTLR 中的配置信息如图 5.18 所示，在不同的 EL 等级下对应不同的 SCTLR，ELn 对应的系统控制寄存器名称为 SCTLR_ELn。

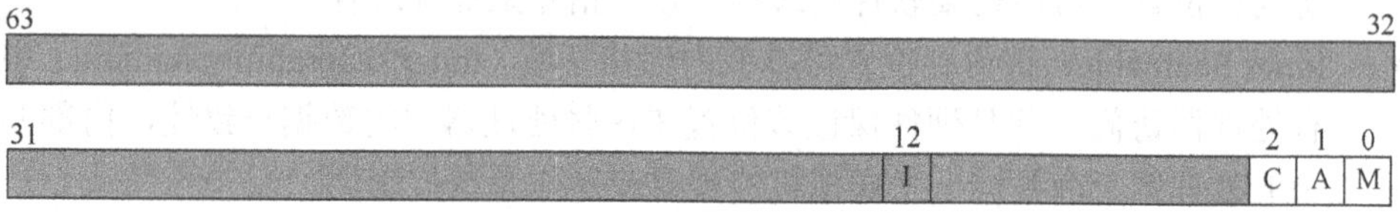

图 5.18　SCTLR 中的配置信息

其中与内存相关的字段如下。

- M 字段：当 M 字段为 1 时，表示启用 MMU 地址转换；当 M 字段为 0 时，表示禁用 MMU 地址转换。
- C 字段：数据缓存启用位，当 C 字段为 1 时，表示打开数据高速缓存；当 C 字段为 0 时，表示关闭数据高速缓存。
- I 字段：指令缓存启用位，当 I 字段为 1 时，表示打开指令高速缓存；当 I 字段为 0 时，表示关闭指令高速缓存。

2. 页表基地址寄存器

页表基地址寄存器（page table base register，TTBR）用于存放一级页表的基地址。ARMv8-A 架构中有两个 TTBR 用来存放一级页表的基地址，分别命名为 TTBR0 和 TTBR1。其中，TTBR0 用于存放用户空间的一级页表（L0）基址，TTBR1 用于存放内核空间的一级页表（L0）基址。在不同的 EL 等级下对应不同的 TTBR0/TTBR1 寄存器，ELn 对应的页表基地址寄存器名称分别为 TTBR0_ELn 和 TTBR1_ELn。TTBR 中的配置信息如图 5.19 所示。

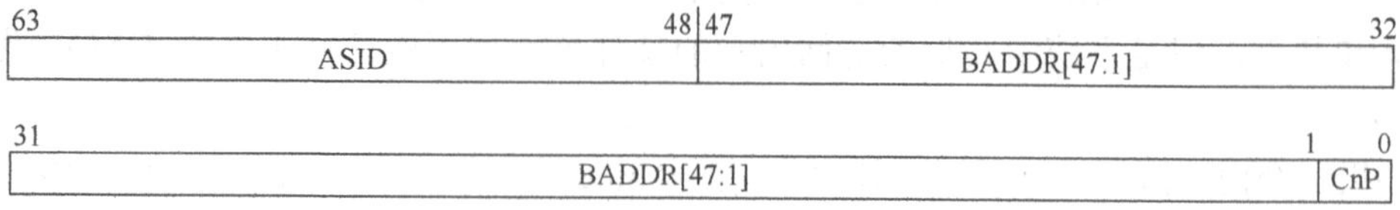

图 5.19　TTBR 中的配置信息

配置信息说明如下。

- ASID：位[63:48]，存储页表基地址的 ASID，由 TCR_EL1 的 A1 字段来选择 TTBR0_EL1.ASID 或 TTBR1_EL1.ASID。
- BADDR：位[47:1]，存储页表基地址。

3. 转换控制寄存器

转换控制寄存器（translation control register，TCR）中主要包含了与地址转换和高速缓存相关的配置信息。在不同的 EL 等级下对应不同的 TCR 寄存器，ELn 对应的转换控制寄存器名称为 TCR_ELn。TCR 中的配置信息如图 5.20 所示。

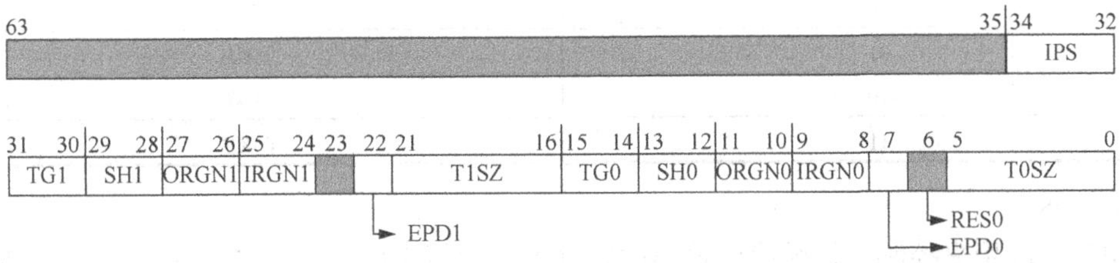

图 5.20　TCR 中的配置信息

1）T0SZ、T1SZ。

TnSZ 字段用来控制输入地址的最大值。计算输入地址最大值的公式为

$$\text{Max\_input\_address} = 2^{64-\text{TnSZ}}$$

T0SZ：位[5:0]，通过 TTBR0 寻址内存区域的大小，也就是 TTBR0 基地址下对应的低端虚拟内存区域的大小。

T1SZ：位[21:16]，通过 TTBR1 寻址内存区域的大小，也就是 TTBR1 基地址下对应的高端虚拟内存区域的大小。

2）ORGN0、IRGN0、ORGN1、IRGN1。

IRGNn 字段用来配置具有内部共享属性的内存，ORGNn 用来配置具有外部共享属性的内存。它们可以全局控制高速缓存的回写策略及读写分配策略，如表 5.4 所示。

表 5.4　IRGNn/ORGNn 字段

IRGN/ORGN 字段编码	内存属性
00	普通内存、内部/外部共享、关闭高速缓存
01	普通内存、内部/外部共享、高速缓存策略为回写及写分配/读（写）分配
10	普通内存、内部/外部共享、高速缓存策略为写直通及读分配/关闭写分配
11	普通内存、内部/外部共享、高速缓存策略为回写及读分配/关闭写分配

3）SH0、SH1。

SHn 字段用来控制使用 TTBRn 页表相关内存的高速缓存共享属性，如表 5.5 所示。

表 5.5　SHn 字段

SHn 字段编码	共享属性
00	不共享
01	无效

续表

SHn 字段编码	共享属性
10	外部共享
11	内部共享

4）TG0、TG1。

TGn 字段用来控制 TTBRn 页表的页面粒度的大小，如表 5.6 所示。

表 5.6　TGn 字段

TGn 字段编码	TTBRn 页面粒度
00	4KB
01	16KB
10	无效
11	64KB

5）IPS。

IPS 字段用来控制地址转换中输出的物理地址的最大值，如表 5.7 所示。地址转换后 MMU 输出的物理地址的大小不能超过实际的物理内存大小，否则 MMU 会触发地址大小缺页异常或页表转换缺页异常。

表 5.7　IPS 字段

IPS 字段编码	输出地址位宽	输出地址最大值
000	32 位	4GB
001	36 位	64GB
010	40 位	1TB
011	42 位	4TB
100	44 位	16TB
101	48 位	256TB
110	52 位	4PB

6）EPD0、EPD1。

EPDn 字段用来控制是否在 TLB 未命中时执行页表转换遍历，否使能 TTBRn_EL1。

EPD0：bits[7]，该字段为 0 时，使用 TTBR0_EL1 进行页表转换遍历；该字段为 1 时，不执行页表转换遍历，当 TLB 未命中时会发生转换错误。

EPD1：bits[22]，该字段为 0 时，使用 TTBR1_EL1 进行页表转换遍历；该字段为 1 时，不执行页表转换遍历，当 TLB 未命中时会发生转换错误。

4. 内存属性寄存器

内存属性寄存器（memory attribute indirection register，MAIR）用于存放内存属性，在页表项中使用一个 3 位的索引 AttrIndx 来查找对应的内存属性。在不同的 EL 等级下对应不同的 SCTLR，ELn 对应的系统控制寄存器名称为 SCTLR_ELn。

如图 5.21 所示，MAIR 分为 8 段，支持定义 8 种预设的内存属性，可以分为 Memory 类型和 Device 类型。

63　　　　56	55　　　　48	47　　　　40	39　　　　32
Attr7	Attr6	Attr5	Attr4

31　　　　24	23　　　　16	15　　　　8	7　　　　0
Attr3	Attr2	Attr1	Attr0

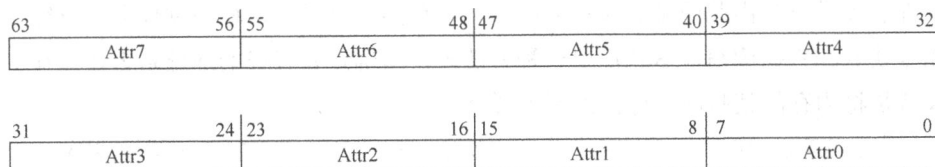

图 5.21　MAIR 中的配置信息

MAIR 使用 8 位表示一种内存属性，如表 5.8 所示。

表 5.8　MAIR 内存属性编码

位[7:0]	内存属性
0b0000_0000	Device-nGnRnE 内存
0b0000_0100	Device-nGnRE 内存
0b0000_1000	Device-nGRE 内存
0b0000_1100	Device-GRE 内存
0b0011_0011	Normal 内存，写直通策略（短暂性）
0b1011_1011	Normal 内存，写直通策略
0b0111_0111	Normal 内存，回写策略（短暂性）
0b1111_1111	Normal 内存，回写策略
0b0100_0100	Normal 内存，关闭高速缓存

5.3　高速缓存

为了保证计算机的整体性能，内存和 CPU 之间需要很高的传输速率，然而受限于内存容量和昂贵的硬件实现，传输速率和内存容量之间遵循“越小越快”原则，使用更大容量的内存势必会增加传输延迟、降低性能。为优化计算机整体性能，ARMv8 存储系统中提供了多级高速缓存用于实现内存容量大小和传输延迟之间的平衡。

缓存是位于处理器核心和主内存之间的一个小而快的内存块，其中存放着内存数据的副本，处理器对高速缓存的访问速度明显快于对主存的访问速度。每当处理器核心在内存中读取或写入数据时，首先会在缓存中查找，如果在缓存中找到匹配的地址，则将使用缓存中的数据，而非执行对主存的访问。因此降低了 ARM 访问外存的次数，从而有效提升整个 ARM 的性能。此外，减少主存访问减少了一部分指令执行，间接地降低了 ARM 的功耗水平。高速缓存结构方案如图 5.22 所示。

ARMv8-A 体系结构的处理器通常使用两级或两级以上的缓存，每个核心都有较小的 L1 指令和数据缓存。Cortex-A53 和 Cortex-A57 处理器通常采用两个或两个以上级别的缓存，即小型的 L1 指令及数据缓存和大型 L2 缓存，L2 缓存在多核之间共享。此外，可以有一个外部 L3 缓存作为外部硬件块，在多个 CPU 核心之间共享。

向缓存内写入数据的初始速度并不比正常速度快，但是对缓存值的任何后续访问都会更快，性能提升正是由此而来。缓存只能保存主存的一个子集，核心硬件会检查缓存中所有的指令获取和数据读写，这就需要一种方法来快速确定要查找的地址是否在缓存中，解决方案就是将内存的某些部分标记为不可缓存。

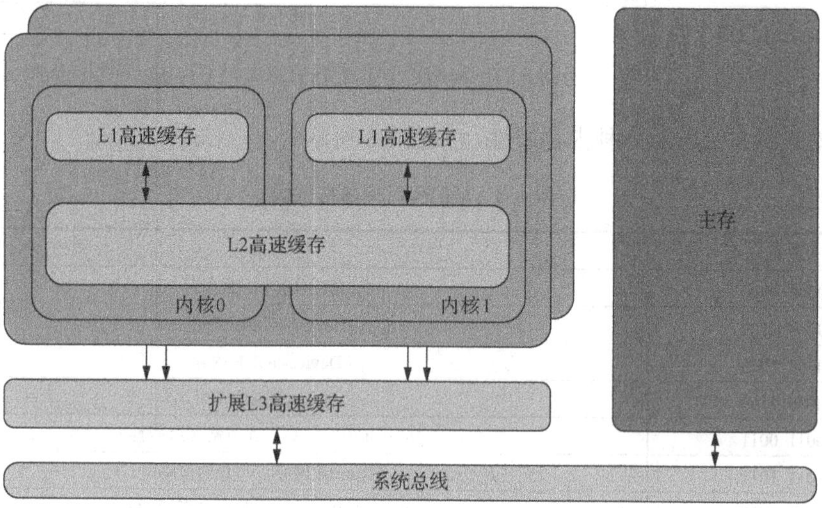

图 5.22　高速缓存结构方案

在冯·诺依曼架构中，指令和数据使用统一的缓存。修改后的哈佛架构有独立的指令和数据总线，因此有两个高速缓存——指令高速缓存（I-Cache）和数据高速缓存（D-Cache）。

5.3.1　高速缓存基本结构

高速缓存的基本结构如图 5.23 所示。

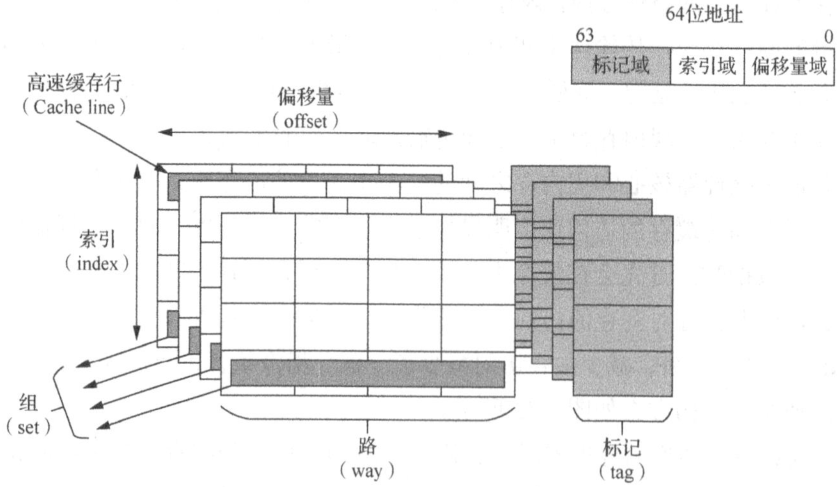

图 5.23　高速缓存的基本结构

高速缓存基本结构说明如下。

- Cache line：高速缓存行，缓存中的最小访问单元，高速缓存行的大小可分为32B和64B。缓存行用于存放主存中的一段数据，当缓存行包含一段数据或指令时，该缓存行有效，如果不包含则该缓存行无效。
- tag：标记，是存储在高速缓存中的内存地址的一部分，通常是地址的最高位，标识与该缓存行数据关联的主存地址，用于判定高速缓存行缓存的数据地址是否和处理器寻找的地址一致。
- index：索引，也是存储在高速缓存中的内存地址的一部分，通常位于标记之后，用于查找内存地址在高速缓存的哪些行中。
- offset：偏移量，同样是存储在高速缓存中的内存地址的一部分，通常位于地址的低位部分，用于寻找高速缓存行对应的数据。处理器可以按照字（word）、字节（byte）寻找高速缓存行的内容。
- set：组，由相同索引的高速缓存行组成。
- way：路，高速缓存的细分，每个路具有相同的大小并以相同的方式进行索引。

在高速缓存中，基本存储单元为高速缓存行。存储系统把高速缓存和主存储器都划分为相同大小的行。高速缓存与主存储器交换数据是以行为基本单位进行的。每一个高速缓存行都对应于主存中的一个存储块（memory block）。

5.3.2 高速缓存地址映射方式

在Cache中采用地址映射将主存中的内容映射到Cache地址空间。具体而言，就是把存放在主存中的内容按照某种规则放入Cache中，并建立主存地址与Cache地址之间的对应关系。地址映射指当程序装入Cache后，在实际运行过程中，把主存地址变换成Cache地址的方式。Cache与主存间主要存在三种映射方式，分别为直接映射、全相连映射、组相连映射。

1. 直接映射

直接映射（direct mapping）是一种最简单也是最直接的映射方式。在直接映射中，将主存均分为m块，每若干个块组成一个区，其中一个区中的块数取决于Cache中的行数，Cache中有多少行，一个区就由多少块组成。如图5.24所示，在直接映射中，主存中每个区的第i块会映射到Cache中的第i行，主存中的每个地址都对应Cache存储器中唯一的一行。由于主存的容量远远大于Cache存储器，因此在主存中很多地址被映射到同一个Cache行。也就是说，Cache与主存之间是一对多的关系。

直接映射的方法虽然简单，但这种映射方式使得每个主存块在Cache中只有一个特定的行可以存放，如果程序同时用到对应于Cache同一行的两个主存块，就会发生冲突，导致Cache行频繁变换。这种由直接映射导致的Cache存储器中的软件冲突称为颠簸（thrashing）问题。

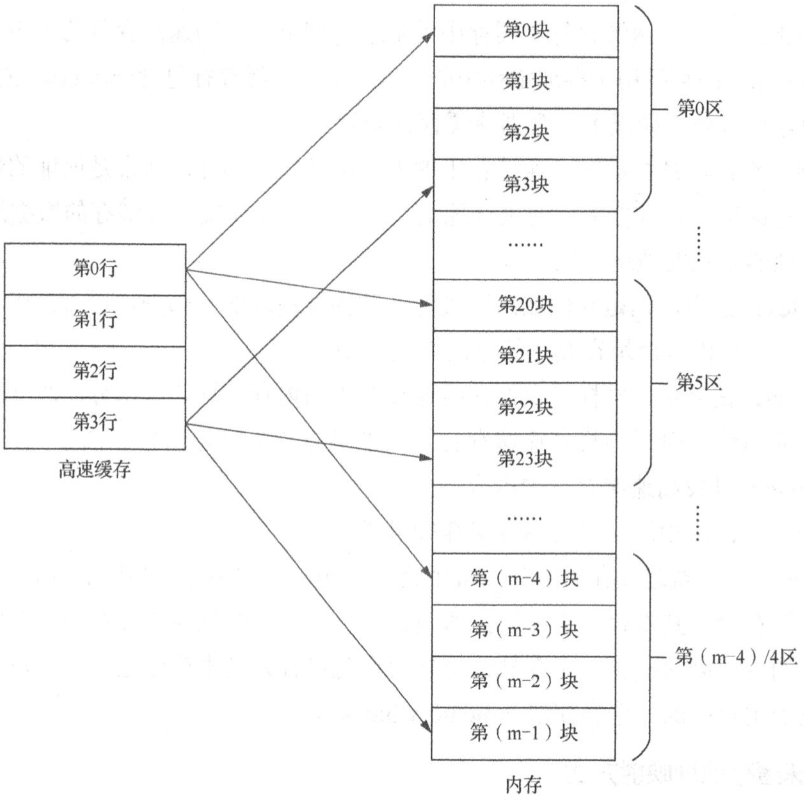

图 5.24　Cache 直接映射方式

2．全相连映射

如图 5.25 所示，在全相连映射（fully associative mapping）中，将主存均分为 m 块，将 Cache 分为 n 行，Cache 中的一行可以存放主存中的任意一块，主存中的一块也可以存放在 Cache 中的任意一行。也就是说，Cache 和主存之间是多对多的关系。

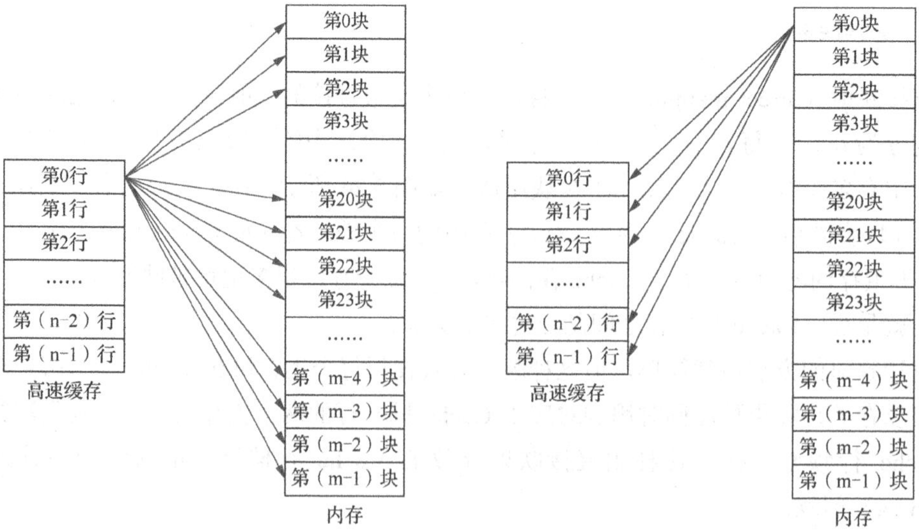

图 5.25　Cache 全相连映射方式

3. 组相连映射

采用全相连映射时，Cache 中的数据存放没有规律，CPU 查找数据时只能对 Cache 进行遍历；而直接映射虽然具有一定的规律，但存在颠簸问题。组相连映射（set associative mapping），是全相连映射与直接映射的折中方式，如图 5.26 所示，在组相连的地址映射和变换中，把主存和 Cache 按同样大小划分为组，每个组都由相同的行数组成。主存中每个区的第 i 块对应 Cache 中的第 i 组，在组相连映射中，可以将主存中每个区的块随意存放在 Cache 中某一组的任意一行中。

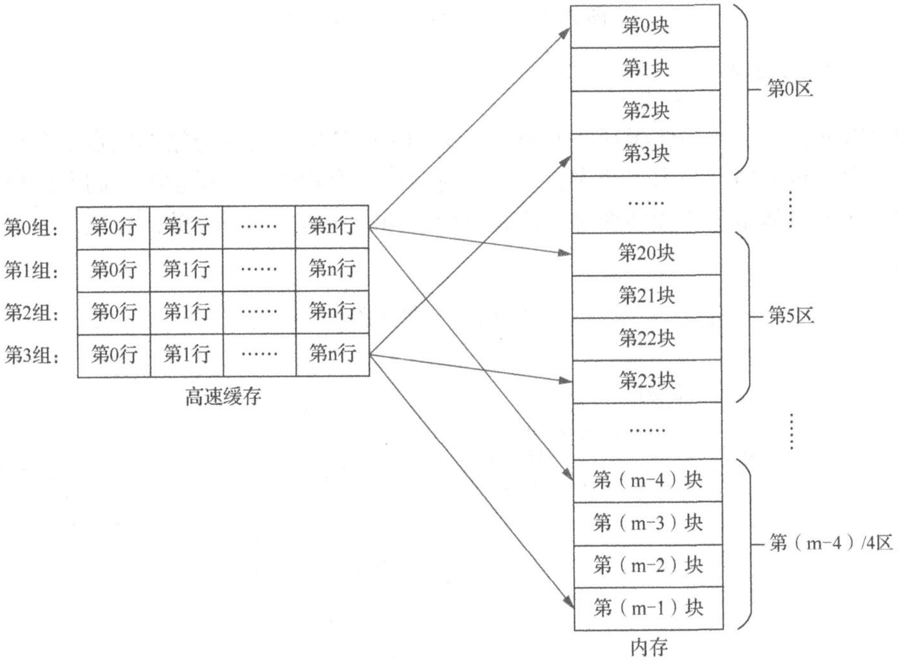

图 5.26　Cache 组相连映射方式

5.3.3　高速缓存分类

CPU 在访问存储器时，访问的是虚拟地址（VA），在经过 MMU 或 TLB 的映射后变成了物理地址（PA）。在获得物理地址后，处理器需要先在高速缓存中查询是否存在对应物理地址的副本。在 ARMv8 中包含物理高速缓存和虚拟高速缓存两种查询方案，分别对应使用物理地址查询和使用虚拟地址查询。

1. 物理高速缓存

得到物理地址后，可以使用物理地址查询高速缓存，这种方案的缺点是 CPU 只有在查询 TLB 和 MMU 后才能访问高速缓存，使得延迟时间相对增加。物理高速缓存工作流程如图 5.27 所示。

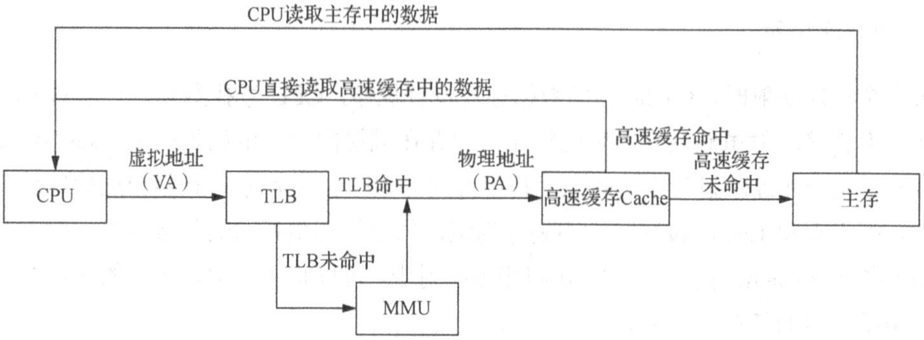

图 5.27 物理高速缓存工作流程

2. 虚拟高速缓存

使用虚拟地址寻址高速缓存，无须访问 TLB 和 MMU，这种方案的缺点是会导致重名和同名问题。重名问题是由多个虚拟地址映射到同一个物理地址引发的；同名问题是因为一个虚拟地址可能由于进程切换等原因映射到不同物理地址而引发的。虚拟高速缓存工作流程如图 5.28 所示。

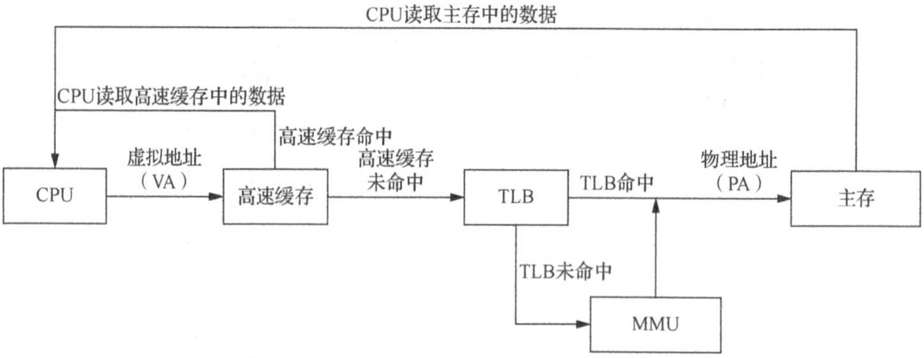

图 5.28 虚拟高速缓存工作流程

在处理器设计阶段就已经决定了使用虚拟地址还是物理地址来访问高速缓存，并且对高速缓存的不同访问方式也会对高速缓存的管理产生影响，当前对高速缓存的访问主要分为以下 3 种方式。

1）VIVT（virtual index virtual tag）：使用虚拟地址的标记域与虚拟地址的索引域。早期的 ARM 处理器一般采用这种方式，在查找高速缓存行过程中不需要使用物理地址，也就不需要使用 MMU 进行地址转换，访问慢、速度快，但是这种方式会导致高速缓存重名问题。例如，当两个虚拟地址对应相同物理地址，却没有映射到同一高速缓存行时，就会产生问题。另外，当发生进程切换时，由于页表可能发生变化，因此要对高速缓存进行清除等操作，效率较低。

2）VIPT（virtual index physical tag）：使用虚拟地址的索引域与物理地址的标记域。在利用虚拟地址索引高速缓存同时，同时会利用 TLB/MMU 将虚拟地址转换为物理地址。然后将转换后的物理地址，与虚拟地址索引到的高速缓存行中的 tag 作比较，如果匹配则命中。这种方式要比 VIVT 实现复杂，当进程切换时，不再需要对高速缓存进行 invalidate 等操作。但是这种方法仍然存在高速缓存重名的问题。

3）PIPT（physical index physical tag）：使用物理地址的标记域与物理地址的索引域。现代的 ARM Cortex-A 大多采用这种方式，由于采用物理地址作为 Index 和 Tag，因此不会产生高速缓存重名问题。不过 PIPT 的方式在芯片的设计方面要比 VIPT 复杂得多，而且需要等待 TLB/MMU 将虚拟地址转换为物理地址后，才能进行高速缓存行查询操作。

5.3.4　高速缓存策略

高速缓存策略用来描述何时应该将一行分配给数据缓存，以及当执行命中数据缓存的存储指令时应该发生什么。

CPU 对高速缓存的操作主要包括读操作和写操作。CPU 对内存的读写指令经过取址、译码发射、执行等一系列操作后会到达加载存储单元（load store unit，LSU），之后会先到达一级高速缓存控制器，并发起探测（probe）操作。对于读操作，发起高速缓存读探测操作，命中时可将数据带回；对于写操作，确定待写的高速缓存行后发起高速缓存写探测操作。

对于写操作：如果在高速缓存中找到对应的高速缓存行，即写命中（write hit），此时会对对应的高速缓存行更新；如果没有在高速缓存中找到对应的高速缓存行，即写未命中（write miss），此时有两种不同的策略可执行：

- 高速缓存进行写分配（write allocation）操作，将数据加载到高速缓存中；
- 高速缓存不进行写分配操作，直接将内容写入主存中。

对于读操作：如果在高速缓存中找到对应的高速缓存行，即读命中（read hit），将会直接从高速缓存中读取对应的数据；如果没有在高速缓存中找到对应的高速缓存行，即读未命中（read miss），此时也有两种不同的策略可执行：

- 先将数据加载到高速缓存中，再从高速缓存中读取数据；
- 不经过高速缓存，直接从主存中读取数据。

（1）高速缓存分配策略

读写高速缓存有一个理想的目标，读和写时要保持外存和高速缓存的数据一致，所以在数据缺失时，需要维护高速缓存内容。高速缓存的分配策略实际上就是在说明，当发生读或写操作时要不要与主存保持严格一致。

1）写分配（write allocation，WA）：CPU 在写时面临两种选择，一种是直接写入外存，另一种是写入高速缓存，该选择由 WA 控制。如果使能了 WA，在发生写操作未命中时，CPU 会分配一个高速缓存行，然后把准备写的数据存入高速缓存；若 WA 没有使能，那么 CPU 会直接绕过高速缓存，把数据写入主存中。

2）读分配（read allocation，RA）：在读操作未命中时，CPU 分配高速缓存行，将要读取的数据加载到高速缓存中，然后从高速缓存中读取。

（2）高速缓存更新策略

当执行高速缓存写探测操作并且写命中时，在写入时会对高速缓存进行更新，主要分为以下两种模式。

1）回写模式（write-back，WB）：当执行写操作时，只会先更新高速缓存上的数据，并将高速缓存行标记为脏缓存。只有在高速缓存行被更新时，才会将被改写的数据更新到下一级高速缓存或主存。如图 5.29 所示，这种模式减少了总线带宽需求和总线周期，缺点是增加了缓存一致性的实现难度。

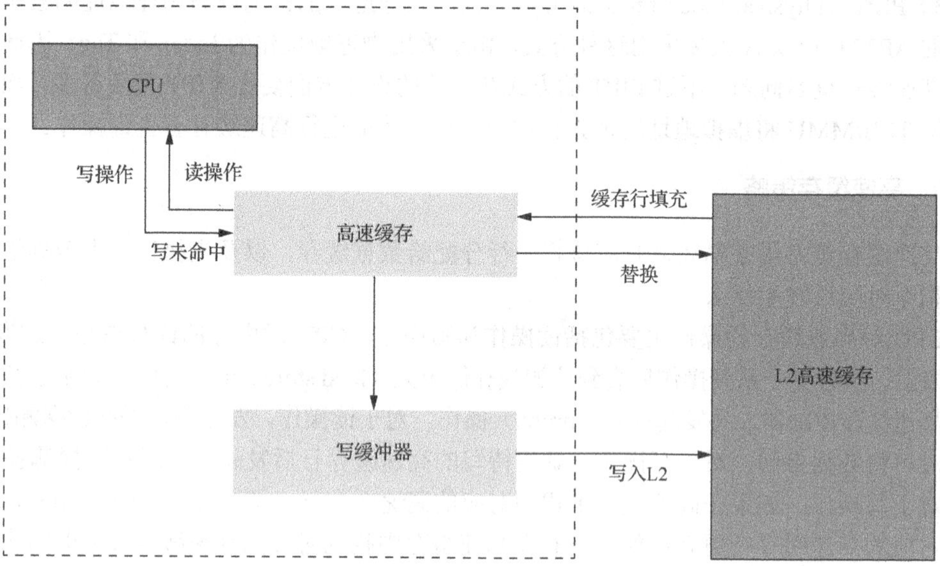

图 5.29　回写模式

2）直写模式（write-through，WT）：写操作同时更新各级高速缓存和主存，这不会将高速缓存行标记为脏缓存。如图 5.30 所示，这种模式利用了高速缓存中的数据始终与主存储器中数据匹配的特点，容易保证缓存一致性，缺点是会消耗过多的总线带宽和总线周期，性能较差。

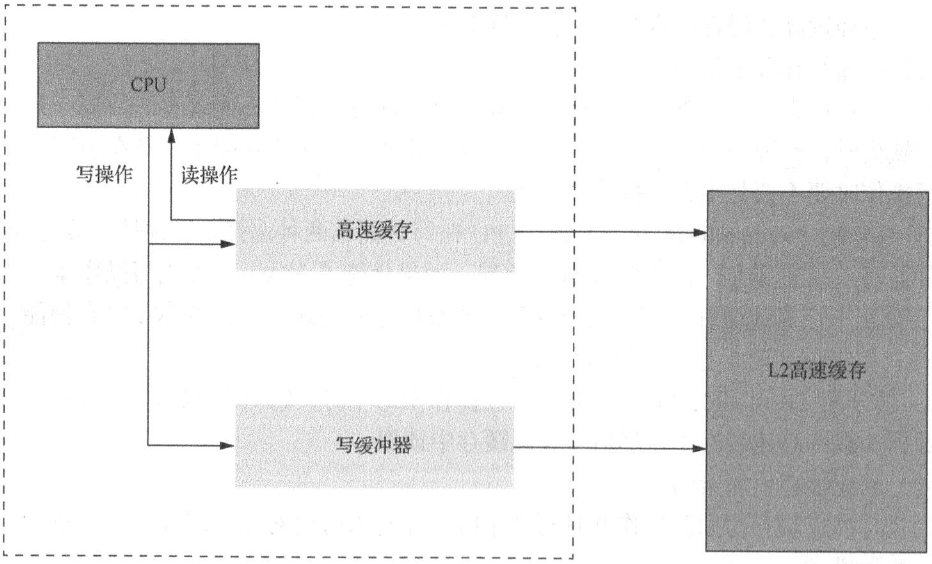

图 5.30　直写模式

高速缓存的容量远小于主存的容量，当高速缓存容量已满时，从主存调入数据块的同时需要将高速缓存中的数据块替换出去。主要有以下 4 种替换方法。

1）随机法（random policy）：用随机数发生器产生一个随机数，对对应的高速缓存行进行替换。这种方法的优点是简单易实现，缺点是命中率低，即 CPU 从高速缓存中读到有用的数据的概率较低。

2）先进先出（FIFO）：将最先进入的高速缓存行替换出去。这种方法的优点同样是简单易实现，但也存在命中率较低的问题，因为最先进入的数据可能被多次命中，但被优先替换出去了。

3）近期最少使用（least recently used，LRU）：将近期最长时间没有使用的高速缓存行替换出去。这种方法的优点是有效反映了程序的局部性，缺点是需要独立的计数模块，系统开销大。

4）最不经常使用（least frequently used，LFU）：替换一段时间内使用次数最少的高速缓存行。这种方法的优点是合理且命中率高，缺点是需要多个定时器，实现起来较为困难。

在 Cortex-A57 处理器中，一级高速缓存采用 LRU 算法，二级高速缓存采用随机法。

（3）高速缓存管理

高速缓存的管理主要包括以下 3 种情况。

- 无效（invalidate）：针对整个高速缓存或某个高速缓存行，对应的数据会被丢弃。
- 清理（clean）：针对整个高速缓存或者某个高速缓存行，相应的高速缓存行会被标记为脏缓存，数据会写回到下一级高速缓存或者主存中，这只对数据缓存可用。
- 清零（zero）：使高速缓存中的内存块清零，这只对数据缓存可用。通常作用是预取和加速，如程序需要一大块内存，内存需要被清零，通常高速缓存控制器会把零数据写入对应的高速缓存行上，如果程序主动使用清零指令，则会大大减少内部总线的带宽。

使用虚拟地址对一个高速缓存行进行操作时，需要首先明确高速缓存的操作范围，ARMv8 定义了两种高速缓存的内存观察角度（PoC 和 PoU）来实现基于虚拟地址清理或无效高速缓存。

1）全局缓存一致性角度（point of coherency，PoC）：整个处理器的全局角度，这里包含 CPU、DSP、GPU、DMA 等，旨在描述所有能够访问内存的单元，PoC 保证整个系统的内存都是一致的。如图 5.31 所示，对于一个特定的地址，PoC 指可以访问内存的所有观察者，如内核、DSP 或 DMA 引擎，能够访问内存的点，保证能够看到相同的内存位置的副本。

2）处理器缓存一致性角度（point of unification，PoU）：如图 5.32 所示，一个 CPU 核心的 PoU 指令和数据高速缓存及 TLB 保证能看到同一个内存位置的拷贝点。例如，在一个有哈佛一级缓存和用于缓存映射表项的 TLB 的系统中，一个统一的二级缓存将是 PoU 点。如果没有外部高速缓存，主内存将是 PoU 点。

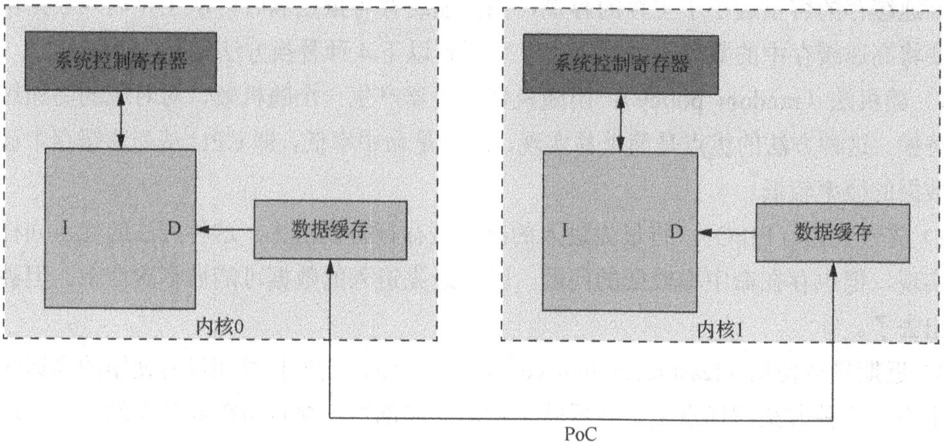

图 5.31 PoC

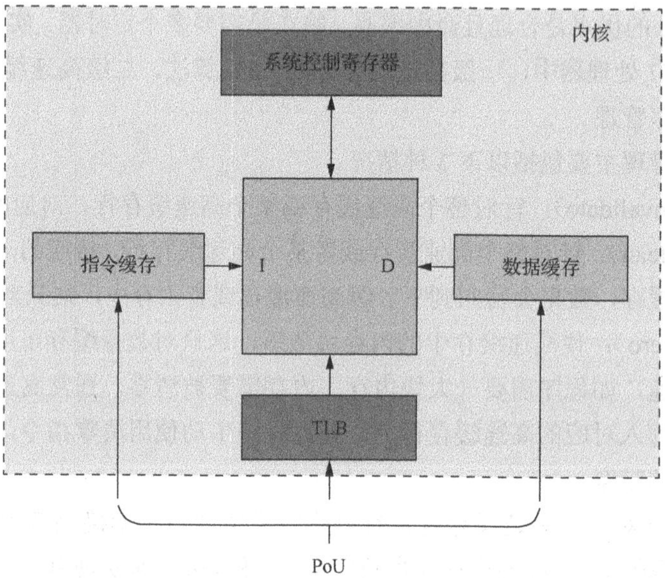

图 5.32 PoU

当外存的内容被更改并且需要从缓存中删除陈旧数据时，可能需要清除或无效缓存，与 MMU 相关的活动（如更改访问权限、缓存策略或虚拟地址到物理地址的映射），或者在指令缓存和数据缓存必须对动态生成的代码（如 JIT 编译器和动态库加载器）进行同步时，也可能需要这些维护操作。

AArch64 缓存维护操作是通过以下指令执行的。

```
<cache> <operation>{, <Xt>}
```

表 5.9 和表 5.10 列出了可对数据缓存和指令缓存进行的操作。

表 5.9 数据缓存操作

缓存类型	操作命令	操作
数据缓存（DC）	CISW	清理和无效化组（路）
	CIVAC	清理和无效化 PoC 的虚拟地址
	CSW	清除组（路）
	CVAC	清除 PoC 的虚拟地址
	CVAU	清除 PoU 的虚拟地址
	ISW	无效化组（路）
	IVAC	无效化 PoC 的虚拟地址
	ZVA	虚拟地址清零

表 5.10 指令缓存操作

缓存类型	操作命令	操作
指令缓存（IC）	IALLUIS	无效化 PoU、内部共享缓存
	IALLU	无效化 PoU、内部共享缓存
	IVAU	无效化 PoU 的虚拟地址

接收一个地址参数的指令采用一个 64 位寄存器，这个寄存器包含了需要维护的虚拟地址。这个地址没有对齐限制。

接收 Set、Way、Level 参数的指令采用一个 64 位寄存器，其低 32 位遵循 ARMv7 体系结构中描述的格式。

AArch64 数据缓存无效化地址指令（DC IVAC），需要写权限，否则会产生权限错误。

所有指令缓存维护指令都可以相对于其他的指令缓存维护指令、数据缓存维护指令及加载和存储指令以任何顺序执行，除非在这些指令之间执行 DSB。

除 DC ZVA 外，指定地址的数据缓存操作只有在指定相同地址时才能保证按相对于彼此的程序顺序执行。指定地址的操作相对于所有不指定地址的维护操作是按程序顺序执行的。

5.3.5 高速缓存属性

5.2.5 节介绍了普通内存类型可以设置不同的共享属性，包括不可共享、内部共享和外部共享三个选项。对于高速缓存，也可分为内部共享高速缓存和外部共享高速缓存。

高速缓存属于内部共享还是外部共享，其实在处理器的设计阶段就已经确定了。内部共享高速缓存通常指 CPU 内部集成的高速缓存，最靠近处理器内核；外部共享高速缓存指通过系统总线扩展的高速缓存。

如图 5.33 所示，CPU 内部集成了 L1 高速缓存和 L2 高速缓存，二者共同组成了 CPU 的内部共享高速缓存。除此之外，还通过系统总线扩展了 L3 高速缓存，也就是外部共享高速缓存。

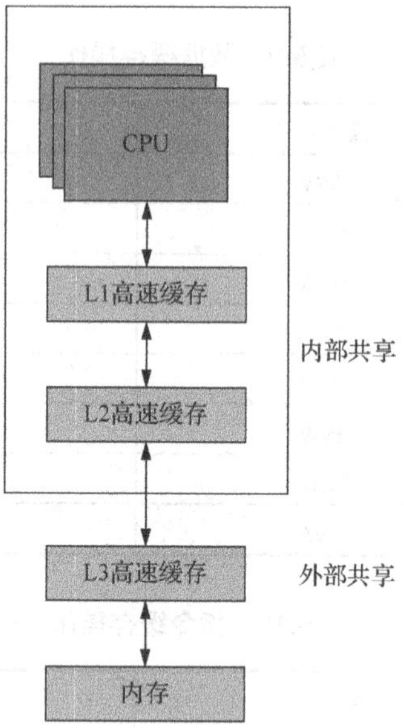

图 5.33　内部共享和外部共享高速缓存

对于内存而言，除了 CPU 可以访问内存外，ARM 系统中还存在其他可以访问内存的硬件单元，常见的包括 DMA 设备、GPU 等。它们具有访问内存总线的能力，是处理器之外的对内存的观察点。在 ARM 系统中，CPU 及其他可以访问内存的硬件单元都是通过系统总线与内存连接，对内存进行访问的。为了保证系统中所有可访问内存的硬件单元的缓存一致性，根据共享的范围，将高速缓存分成了 4 个共享域（share domain）。

- 不可共享域：该区域只能被一个处理器访问，其他处理器无法访问。
- 系统共享域：系统中所有可以访问内存的硬件单元都可以访问和共享这个区域。
- 外部共享域：表示对应区域的处理器和具有访问内存能力的硬件单元（如 GPU 等）都可以相互访问和共享高速缓存。
- 内部共享域：表示对应区域的处理器可以访问高速缓存，但系统中其他区域的硬件单元不能访问。

5.3.6　高速缓存控制寄存器

系统高速缓存控制器主要用于控制高速缓存属性，存储一些与高速缓存相关的信息。与高速缓存相关的系统寄存器主要包括以下几个。

（1）CLIDR_EL1

CLIDR_EL1 寄存器，即缓存级别 ID 寄存器，用来表示高速缓存的类型，以及系统最多支持多少级的高速缓存，在 ARM 中最多支持 7 个缓存级别，如图 5.34 所示。

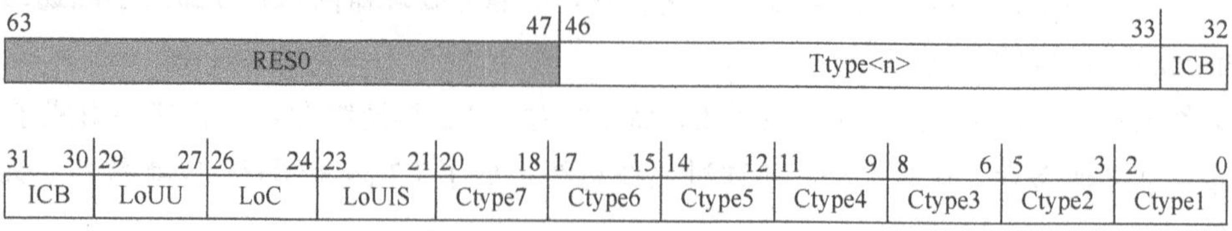

图 5.34　CLIDR_EL1 寄存器

其中，Ctype<x>（1≤x≤7，ARM 最多支持 7 级高速缓存）用于描述对应级别下高速缓存类型，字段的不同表示所代表的含义如表 5.11 所示。

表 5.11　Ctype<x>字段含义

字段	含义
0b000	无高速缓存
0b001	指令高速缓存
0b010	数据高速缓存
0b011	分离高速缓存
0b100	联合高速缓存

其他配置信息说明如下。

- LoUIS[21, 23]：表示缓存层次结构的统一内部共享（PoU）边界的高速缓存级别。
- LoC[24, 26]：表示缓存层次结构的 PoC 边界所在的高速缓存级别。
- LoUU[27, 29]：表示缓存层次结构的单处理器中 PoU 边界的高速缓存级别。
- ICB[30, 32]：表示缓存层次结构中内部缓存的边界。
- Ttype<n>[2(n-1)+33, 2(n-1)+34]，1≤n≤7：表示高速缓存标记域的类型，指实现的缓存类型，并且可以使用架构缓存维护指令进行管理，这些指令在每个级别（从 1 级到最多 7 级缓存层次结构）操作。

（2）CTR_EL0

CTR_EL0 寄存器，即缓存类型寄存器，用来表示高速缓存的相关信息，如高速缓存行大小、高速缓存策略等，如图 5.35 所示。

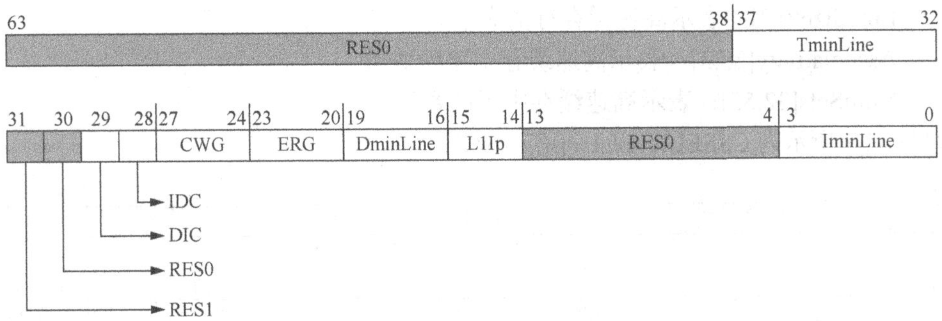

图 5.35　CTR_EL0 寄存器

其配置信息说明如下。

- IminLine[0,3]：表示指令高速缓存行的大小。
- L1Ip[14,15]：L1 指令缓存策略，表示一级指令缓存的索引和标记策略，如表 5.12 所示。

表 5.12　L1Ip 字段含义

字段	含义
0b00	通过 VMID 指定高速缓存策略为物理索引物理标记（VPIPT）

续表

字段	含义
0b01	通过 ASID 指定高速缓存策略为虚拟索引虚拟标记（AIVIVT）
0b10	指定高速缓存策略为虚拟索引物理标记（VIPT）
0b11	指定高速缓存策略为物理索引物理标记（PIPT）

- DminLine[16,19]：表示数据高速缓存行或联合高速缓存行的大小。
- ERG[20,23]：表示独占访问的最小粒度。
- CWG[24,27]：表示高速缓存写回粒度。
- IDC[28]：表示高速缓存清理时是否需要满足指令对数据的一致性。
- DIC[29]：表示高速缓存无效时是否需要满足数据对指令的一致性。
- TminLine[32,37]：表示高速缓存行中标签的大小。

（3）CCSIDR_EL1 和 CSSELR_EL1

可以利用 CCSIDR_EL1、CSSELR_EL1 寄存器来查询每一级缓存的相关信息。如图 5.36 所示为 CCSIDR_EL1 寄存器配置信息。

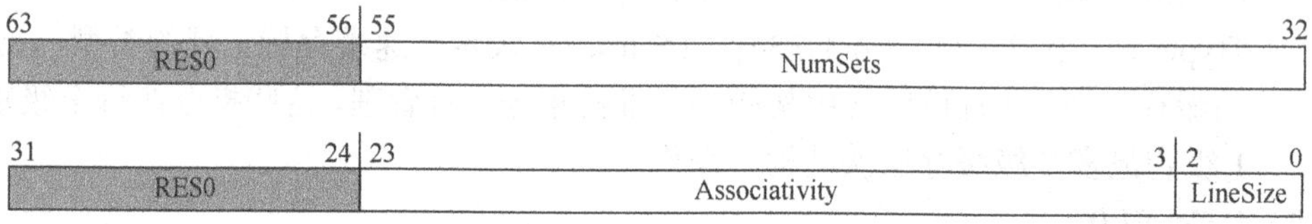

图 5.36　CCSIDR_EL1 寄存器配置信息

其配置信息说明如下。

- LineSize[0,2]：表示高速缓存行的大小。
- Associativity[3,23]：表示高速缓存中路的数量。
- NumSets[32,55]：表示高速缓存中组的数量。

如图 5.37 所示为 CSSELR_EL1 寄存器配置信息。

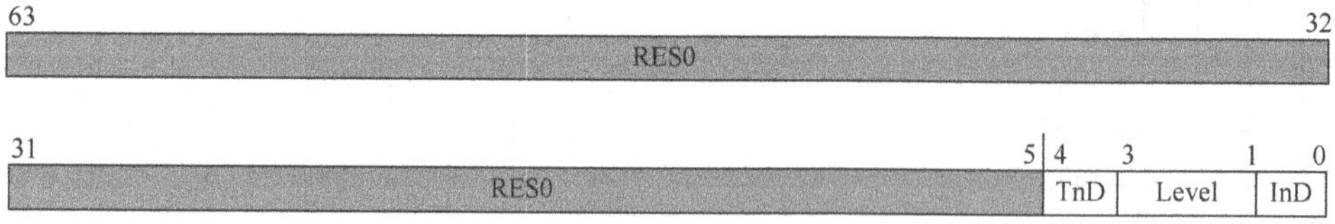

图 5.37　CSSELR_EL1 寄存器配置信息

其配置说明如下。

- InD[0]：表示指定高速缓存的类型。0 表示数据高速缓存或联合高速缓存，1 表示指令高速缓存。
- Level[1,3]：表示指定要查询的高速缓存级别。
- TnD[4]：表示高速缓存标记类型。0 表示数据、指令或者联合高速缓存，1 表示独立分配标记的高速缓存。

（4）DCZID_EL0

可以通过 DCZID_EL0 寄存器指定清理操作 DC ZVA 的数据块大小。如图 5.38 所示为

DCZID_EL0 寄存器配置信息。

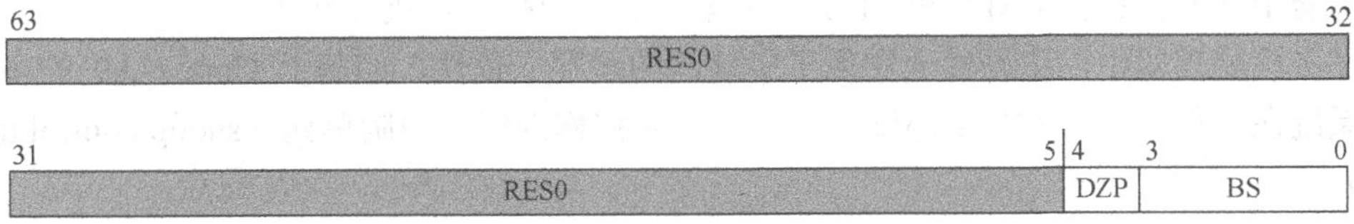

图 5.38　DCZID_EL0 寄存器配置信息

其配置信息说明如下。

- BS[0,3]：表示清理操作中指定数据块的大小。
- DZP[4]：表示是否禁止数据归零。该字段表示允许还是禁止使用 DC ZVA 指令。

5.4　缓存一致性

随着对处理器性能要求的不断提高，单核处理器受到功耗等因素的限制，性能无法实现进一步的提升，由此 ARM 的处理器逐渐由单核向多核发展，在 Cortex-A 系列的处理器中，Cortex-A9 之后诞生了多核处理器。在多核处理器中，包含多个内核 CPU，通常每个内核 CPU 都有自己独立的一个 L1 高速缓存，而多个内核 CPU 之间可共享一个 L2 高速缓存。以此类推，一个 CPU 中可能存在多级的高速缓存，对于同一数据，既可能存储在主存中，也可能存储在各级高速缓存中，由此产生了缓存一致性的问题。

例如，对于内存中的某一地址 X，在执行命令时，CPU0 先访问该内存地址，对应的数据会加载到 CPU0 的 L1 高速缓存中，之后其他 CPU 需要访问该地址时，因为内存地址 X 中的数据有多个副本，无法确定应该从主存还是 CPU0 的高速缓存中读取对应的数据；进一步地，如果 CPU0 在执行命令时更改了数据，此时的多个副本也会存在不一致的问题，也就是缓存一致性问题。

缓存一致性问题，主要是由多核处理器的主存保持着全局状态，而不同内核又各自拥有独立的高速缓存，不同内核对自身高速缓存的操作无法及时更新到其他内核的高速缓存或主存中，同一数据的多个副本不一致导致的。也就是说，缓存一致性关注的就是同一数据在多个高速缓存和主存中的一致性问题。

要解决多核处理器中的缓存一致性问题，也就是要保证每一次的读取操作都要读取到最新的值。当前主流方法是采用缓存一致性协议，通过在处理器多核之间建立一个协议，在硬件上实行总线侦听，保证不同缓存之间的一致性。

5.4.1　缓存一致性分类

缓存一致性根据系统设计的复杂度可以分为以下两种类型。

- 多核间的缓存一致性：指多核 CPU 中内核之间的缓存一致性。
- 系统间的缓存一致性：指 CPU 内核间的缓存一致性和全系统间的缓存一致性，如 CPU 与 GPU 之间的缓存一致性。

在单核处理器中，只有一个 CPU 和高速缓存，因此也就不存在多 CPU 之间的缓存一致性问题，本节所介绍的缓存一致性指的也是多核间的缓存一致性。但需要注意的是，单核处理器中依然会存在 DMA 和 CPU 高速缓存之间的缓存一致性问题。

在多核处理器中，在硬件上实现了多核间的缓存一致性，如基于 Cortex-A9 的多核处理器系统在硬件上支持 MESI 协议，该硬件单元被称为侦听控制单元（snoop control unit，SCU）。

在 ARM 的大小核体系结构中，如图 5.39 所示，处理器包含多个 CPU 簇，有大核和小核之分，每个 CPU 簇又包含多个内核，此时由 SCU 来保证 CPU 内核间的缓存一致性，由缓存一致性控制器来保证 CPU 簇之间的缓存一致性。常用的缓存一致性控制器有 CCI-400 等。

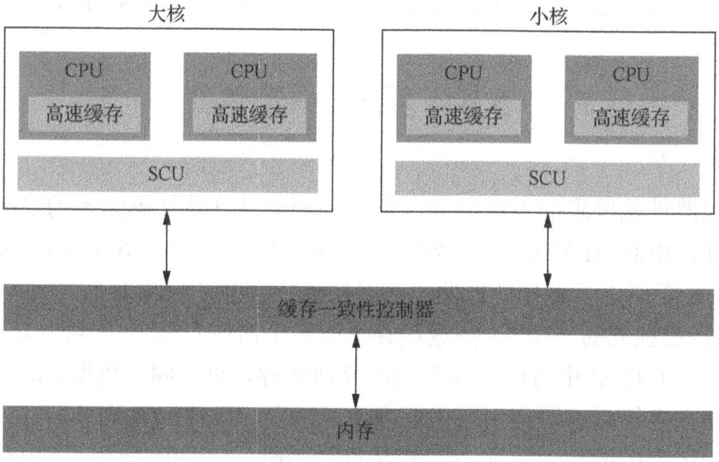

图 5.39　ARM 多核系统缓存一致性

随着 ARM 体系的快速发展，ARM 系统的复杂度也越来越高。如图 5.40 所示，当前 ARM 系统中，一般还会包含 GPU、具有 DMA 功能的外设等，这些设备都具有独立访问内存的能力，因此这些设备也必须通过设计硬件单元保证缓存一致性。当前广泛采用的硬件单元是 ACE，各模块通过 ACE 与缓存一致性控制器相连，实现系统间的缓存一致性。

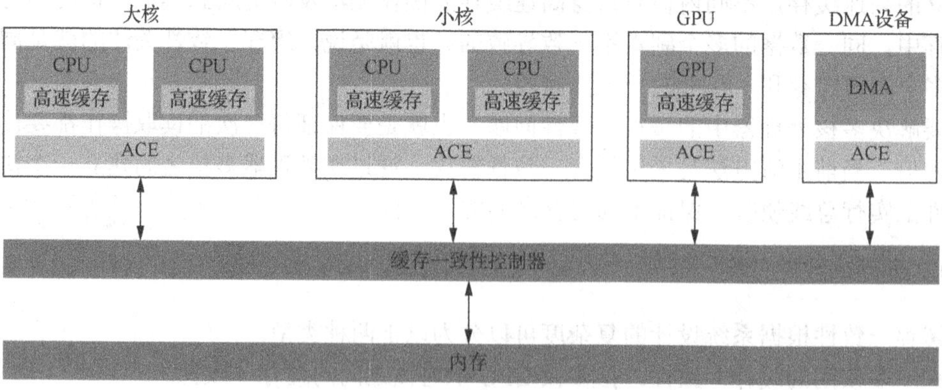

图 5.40　系统间的缓存一致性

5.4.2　缓存一致性协议

当前解决缓存一致性问题的方案就是利用缓存一致性协议，其基本原理是维护缓存中数据块的状态，从而当处理器访问某个数据块时可以知道该数据块的有效性及最新数据块的位置，进而获取写入其访问的存储地址的最新值。当前的缓存一致性协议主要分为两种：目录协议和总线监听协议。

- 目录协议：使用目录来保存缓存中的数据块状态，用于全局统一管理高速缓存的状态。
- 总线监听协议：每个高速缓存都要被监听或者监听其他高速缓存的总线活动。

当前使用最多的缓存一致性协议是 MESI 协议，它属于总线监听协议。MESI 中每个高速缓存行都有四个状态，分别是修改（M）、独占（E）、共享（S）、无效（I）。

M 状态：表示该缓存行中的内容被修改了，并且该缓存行只被缓存在该 CPU 中。这个状态的缓存行中的数据和内存中的数据不一样，当其他 CPU 要读取该缓存行的内容时，或者其他 CPU 要修改该缓存对应的内存中的内容时，缓存中的数据会被写入内存。

E 状态：表示该缓存行对应内存中的内容只被该 CPU 缓存，其他 CPU 没有缓存该缓存对应内存行中的内容。这个状态的缓存行中的内容和内存中的内容一致。该缓存可以在任何其他 CPU 读取其对应内存中的内容时变成 S 状态；或者，在本地处理器写该缓存时变成 M 状态。

S 状态：表示数据不仅存在于该 CPU 缓存中，还存在于其他 CPU 缓存中。这个状态的数据和内存中的数据是一致的。当有一个 CPU 修改该缓存行对应的内存的内容时会使该缓存行变成 I 状态。

I 状态：表示该缓存行中的内容是无效的。

图 5.41 所示为 MESI 状态转移图，Local Read 和 Local Write 分别代表本地 CPU 读写。Bus Read 和 Bus Write 分别代表总线监听到一个来自其他 CPU 的读写。

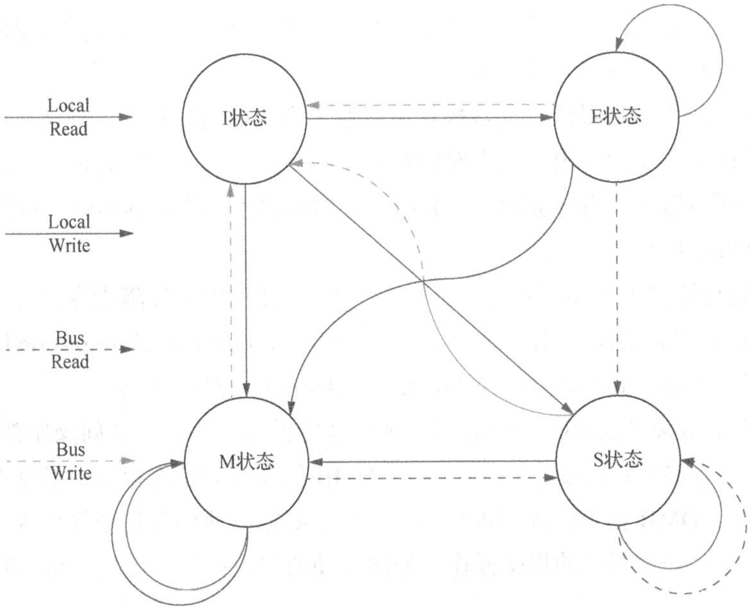

图 5.41　MESI 状态转移图

对于多核间的缓存一致性问题，通常使用硬件维护缓存一致性，实现一种总线监听的控制单元，在多核间实现 MESI 协议，前面介绍的 SCU 就是 ARM 通常采用的硬件单元。

5.4.3 存储一致性

现代 CPU 并非完全按照顺序执行程序指令。为了提高并行效率，多核处理器系统一般乱序执行指令，但最终得到的结果与顺序执行的结果是一致的。在多核处理器系统中，当一个处理器内核在乱序执行指令对内存进行访问时，可能会对其他观察者产生影响，导致其他观察者观察到的内存访问顺序与实际访问顺序可能不同，从而引发存储一致性问题。简言之，就是系统中不同的处理器对不同地址的访问次序问题。缓存一致性解决的是多处理器对同一地址的访问一致性问题，而存储一致性问题是多处理器对多个内存地址的访问次序引发的问题，无论是否使能高速缓存，系统中都会存在存储一致性问题。

（1）内存顺序

内存顺序描述了计算机 CPU 获取内存的顺序，内存排序既可能发生在编译器编译期间，也可能发生在 CPU 指令执行期间。为了尽可能地提高计算机资源利用率和性能，编译器会对代码进行重新排序，CPU 会对指令进行重新排序、延缓执行、各种缓存等，以达到更好的执行效果。但是任何排序都不能违背代码本身所表达的意义，在多线程环境下，如无锁（lock-free）数据结构的设计中，指令的乱序执行会造成无法预测的行为。

（2）弱一致性内存模型

ARM 处理器支持弱一致性内存模型，CPU 对内存的访问可以分为以下两种情况。

- 共享访问：多个处理器可以同时以读操作的方式访问同一个位置的内存，这并不会引发存储一致性问题。
- 竞争访问：多个处理器可以同时访问一个位置的内存，但至少包含一个写操作。这存在竞争访问，写操作和读操作的不同次序会导致读操作最终返回不同的值，因此要避免竞争访问的出现。

在 ARM 系统中，通过添加同步操作可以避免竞争访问的发生，同步之后的处理器可以放宽对内存访问次序的要求。基于对内存的不同访问方式，可以将内存访问指令分为数据访问指令和同步指令（内存屏障指令）两类，对应的内存模型称为弱一致性内存模型。

（3）内存屏障指令

ARM64 处理器采用内存屏障指令实现同步内存访问，内存屏障指令又可分为数据存储屏障（data memory barrier，DMB）指令、数据同步屏障（data synchronization barrier，DSB）指令、指令同步屏障（instruction synchronization barrier，ISB）指令。

1）数据存储屏障（DMB）指令保证当所有在它前面的存储器访问操作都执行完毕后，才提交其后面的存储器访问操作。也就是说，DMB 指令后面的内存访问指令不会被重排到 DMB 指令之前。DMB 指令仅仅对内存访问指令、数据高速缓存指令等有效，而对其他指令的顺序无影响。处理器中的提交操作一般用于使所提交的操作能更改机器状态，如存储器状态。

2）数据同步屏障（DSB）指令比 DMB 指令更加严格，它确保其前面的存储器访问操作都执行完毕后，才执行在其后面的指令。也就是说，DSB 指令后面的任何指令都需要等 DSB 指令之前的内存访问指令、高速缓存指令执行完毕后才可执行。

3）指令同步屏障（ISB）指令可以刷新处理器中的流水线，从而使程序顺序中在 ISB 指令之后的指令只有在 ISB 指令执行完成之后才能从主存或缓存中取出，保证 ISB 指令之前的指令都执行完成后才能执行其后的指令。ISB 指令通常用于实现上下文切换的效果。

内存屏障指令的执行规则如下。

- 内存屏障指令后面的所有数据访问指令必须等待内存屏障指令执行完后才可以执行。
- 对于多条内存屏障指令，必须按顺序执行。

5.5 实　验

5.5.1 恒等映射

MMU 是 ARM 芯片内部用于提供虚拟地址（VA）到物理地址（PA）转换功能的模块，当 BIOS 跳转到操作系统的入口时，MMU 是关闭的。在 ARMv8 处理器中有个问题：无法达到 MMU 配置和高速缓存相互分离，使能高速缓存功能的前置条件是必须使能 MMU。因此对于 ARMv8 内存管理，需要学会如何配置 MMU，这部分会被应用于操作系统中。

当前的 ARM 处理器一般采用多级流水线结构，同一时刻各级流水线都在运行不同的指令，实现了指令的并行处理，从而提升处理器的性能。在多级流水线结构中，开启 MMU 之前，处理器会预先读取多条指令，这些指令是以物理地址的形式预取的，处理器访问的也是物理地址，而当 MMU 开启之后，处理器访问的地址变为虚拟地址，之前已经预取的指令也会使用虚拟地址的形式访问，由 MMU 完成虚拟地址到物理地址的转换。为了保证 MMU 开启前后处理器对预取指令处理的连续性，可以将一部分虚拟地址映射到同等数值的物理地址上，也就是恒等映射（identity mapping）。恒等映射关系如图 5.42 所示。

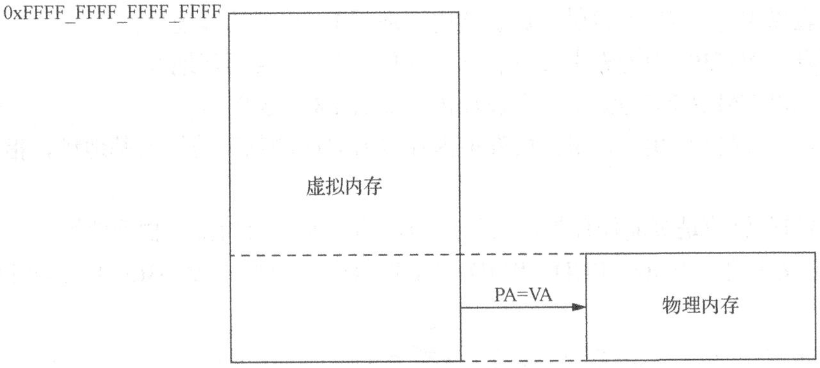

图 5.42　恒等映射关系

本节的实验目的是在树莓派的处理器上建立一个恒等映射，低 512MB 的内存恒等映射到虚拟地址 0～512MB 的地址空间，采用 4KB 页表粒度，四级页表，48 位的地址宽度创建该映射。恒等映射建立流程如图 5.43 所示。

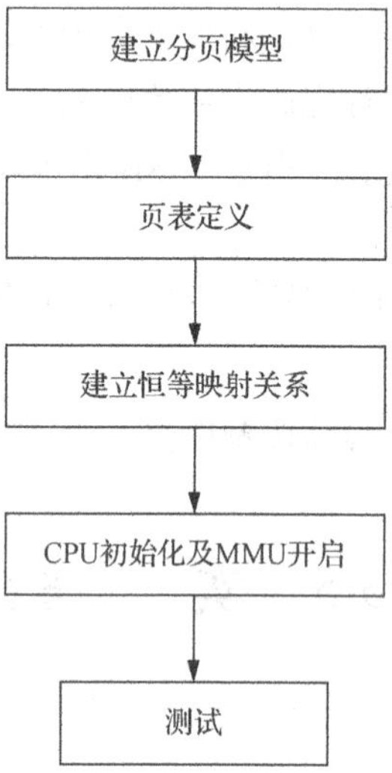

图 5.43　恒等映射建立流程

（1）建立分页模型

本实验采用四级分页模型，分别对应 ARMv8 体系结构中的 L0～L3 页表，结构如下。

- 页全局目录（page global directory，PGD）。
- 页上级目录（page upper directory，PUD）。
- 页中间目录（page middle dIrectory，PMD）。
- 页表（page table，PT）。

在 4KB 页表粒度下，四级分页模型在 64 位虚拟地址中的划分情况如图 5.44 所示。

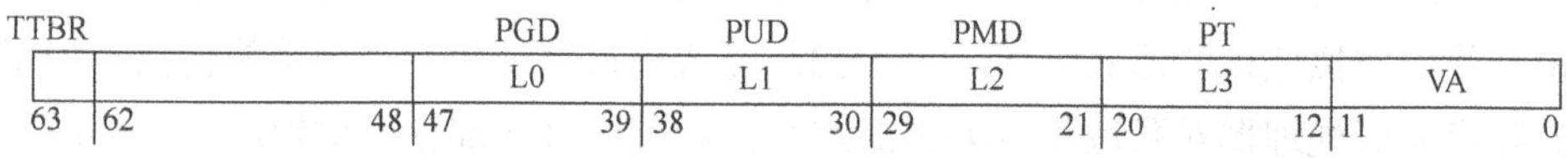

图 5.44　四级分页模型在 64 位虚拟地址中的划分情况

L0 页表以 VA[39:47]为索引，页表项内存放着 L1 页表的基地址。

L1 页表以 VA[30:38]为索引，页表项内存放着 L2 页表的基地址。

L2 页表以 VA[21:29]为索引，页表项内存放着 L3 页表的基地址。

L3 页表以 VA[12:20]为索引，页表项内存放着对应的物理地址的基地址，指向 4KB 的页面。

VA[0:11]存放的是页面偏移量，与物理地址的基地址相加得到物理地址。

用宏定义来建立 PGD、PUD、PMD、PT 四级分页模型，VA_BIS 代表 48 位宽度的虚拟地址。

```
/* PGD */
#define PGDIR_SHIFT 39
```

```
#define PGDIR_SIZE (1UL << PGDIR_SHIFT)
#define PGDIR_MASK (~(PGDIR_SIZE-1))
#define PTRS_PER_PGD (1 << (VA_BITS - PGDIR_SHIFT))
/* PUD */
#define PUD_SHIFT 30
#define PUD_SIZE (1UL << PUD_SHIFT)
#define PUD_MASK (~(PUD_SIZE-1))
#define PTRS_PER_PUD (1 << (PGDIR_SHIFT - PUD_SHIFT))
/* PMD */
#define PMD_SHIFT 21
#define PMD_SIZE (1UL << PMD_SHIFT)
#define PMD_MASK (~(PMD_SIZE-1))
#define PTRS_PER_PMD (1 << (PUD_SHIFT - PMD_SHIFT))
/* PTE */
#define PTE_SHIFT 12
#define PTE_SIZE (1UL << PTE_SHIFT)
#define PTE_MASK (~(PTE_SIZE-1))
#define PTRS_PER_PTE (1 << (PMD_SHIFT - PTE_SHIFT))
```

其中，PGDIR_SHIFT、PUD_SHIFT、PMD_SHIFT、PTE_SHIFT 分别表示各级页表在虚拟地址中的起始偏移量。

PGDIR_SIZE、PUD_SIZE、PMD_SIZE、PTE_SIZE 分别表示各级页表的页表项所能映射区域的大小。

PGDIR_MASK 用于屏蔽虚拟地址中 PUD 索引、PMD 索引、PT 索引字段的所有位，PUD_MASK 用于屏蔽虚拟地址中 PMD 索引、PT 索引字段的所有位，PMD_MASK 用于屏蔽虚拟地址中 PT 索引字段的所有位，PTE_MASK 用于屏蔽虚拟地址中 PT 索引字段的所有位。

PTRS_PER_PGD、PTRS_PER_PUD、PTRS_PER_PMD、PTRS_PER_PTE 分别表示各级页表中页表项的个数。

除此之外，ARMv8 体系页表结构还支持 2MB 大小的块映射，定义如下。

```
#define SECTION_SHIFT    PMD_SHIFT
#define SECTION_SIZE (1UL << SECTION_SHIFT)
#define SECTION_MASK (~(SECTION_SIZE-1))
```

其中，SECTION_SHIFT 表示块映射在虚拟地址中的真实偏移量，SECTION_SIZE 表示块映射的页表项所能映射区域的大小，SECTION_MASK 用于屏蔽虚拟地址中 SECTION 索引字段的所有位。

（2）页表定义

要创建页表，首先要建立各级页表的页表项，即页表项描述符，前面 5.2.3 节有详细介绍，其中 L0～L2 页表项描述符很相似，这里主要介绍 L3 页表项描述符（PTE 描述符）。它包含以下属性。

```
/* L3 页表项描述符 */
#define PTE_TYPE_MASK  (3UL << 0)
#define PTE_TYPE_FAULT (0UL << 0)
#define PTE_TYPE_PAGE  (3UL << 0)
#define PTE_TABLE_BIT  (1UL << 1)
#define PTE_USER       (1UL << 6)     /* AP[1] */
#define PTE_RDONLY     (1UL << 7)     /* AP[2] */
#define PTE_SHARED     (3UL << 8)     /* SH[1:0] */
#define PTE_AF         (1UL << 10)    /* AF */
#define PTE_NG         (1UL << 11)    /* nG */
#define PTE_DBM        (1UL << 51)    /* DBM */
#define PTE_CONT       (1UL << 52)    /* Contiguous */
#define PTE_PXN        (1UL << 53)    /* PXN */
#define PTE_UXN        (1UL << 54)    /* UXN */
#define PTE_HYP_XN  (1UL << 54)       /* HYP 模式 XN */
```

PTE 页面描述符如图 5.45 所示，各位参数的意义在 5.2.3 节有详细的描述。

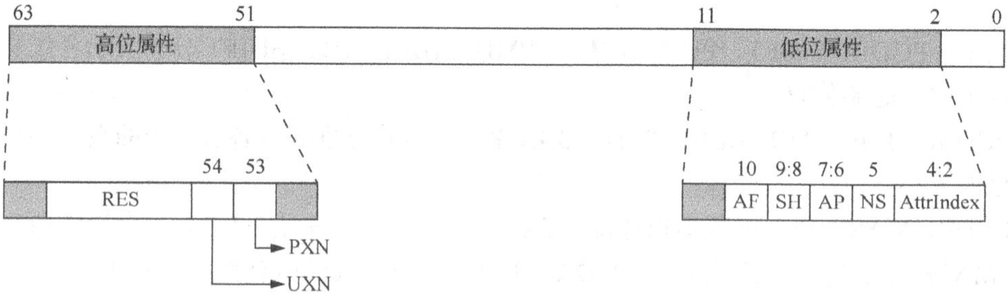

图 5.45　PTE 描述符

PTE_TYPE_PAGE：page 类型，11 位。

PTE_USER：访问权限，AP[6]，用户权限。

PTE_RDONLY：访问权限，AP[7]，只读权限。

PTE_SHARED：共享，SH[9:8]。

PTE_AF：访问表示，AF[10]。

PTE_PXN：执行特权，PXN[53]。

PTE_UXN：执行非特权，UXN[54]。

以上在页表项中描述的是地址属性，除此之外，还需要设定内存属性。如 5.2.5 节所述，内存属性是描述 Device 内存与 Normal 内存的，内存属性没有放在页表项中，而是放在 MAIR_ELn 寄存器中，寄存器把 64 位内存分为 8 个段，这 8 个段中在页表项中第 11 位（AttrIdex[2:0]，占 3 位正好表示 0～7）来索引 MAIR_ELn 的段号，进而获得内存属性信息。下面定义的 PMD_ATTRINDX 就是用于索引内存属性。

在 5.2.5 节中介绍过，Device 类型内存属性主要分为 4 种：Device-nGnRnE、Device-nGnRE、Device-nGRE、Device-GRE。Normal 类型内存属性主要分为写直通策略型和回写

策略等。在本实验中，页表项的属性分别定义如下。

```
    #define PROT_DEVICE_nGnRnE   (PROT_DEFAULT | PTE_PXN | PTE_UXN | PTE_
DIRTY | PTE_WRITE | PTE_ATTRINDX(MT_DEVICE_nGnRnE))
    #define PROT_DEVICE_nGnRE    (PROT_DEFAULT | PTE_PXN | PTE_UXN | PTE_
DIRTY | PTE_WRITE | PTE_ATTRINDX(MT_DEVICE_nGnRE))
    #define PROT_NORMAL_NC (PROT_DEFAULT | PTE_PXN | PTE_UXN | PTE_DIRTY |
PTE_WRITE | PTE_ATTRINDX(MT_NORMAL_NC))
    #define PROT_NORMAL_WT (PROT_DEFAULT | PTE_PXN | PTE_UXN | PTE_DIRTY |
PTE_WRITE | PTE_ATTRINDX(MT_NORMAL_WT))
    #define PROT_NORMAL (PROT_DEFAULT | PTE_PXN | PTE_UXN | PTE_DIRTY |
PTE_WRITE | PTE_ATTRINDX(MT_NORMAL))
```

对于不同类型的页面，需要采用不同类型的内存属性。其中，PAGE_KERNEL 表示操作系统内核的普通内存页面；PAGE_KERNEL_RO 表示操作系统内核中只读的普通内存页面；PAGE_KERNEL_ROX 表示操作系统内核中只读的、可执行的普通内存页面；PAGE_KERNEL_EXEC 表示操作系统内核中可执行的普通内存页面。

```
    #define PAGE_KERNEL PROT_NORMAL
    #define PAGE_KERNEL_RO ((PROT_NORMAL & ~PTE_WRITE) | PTE_RDONLY)
    #define PAGE_KERNEL_ROX ((PROT_NORMAL & ~(PTE_WRITE | PTE_PXN)) | PTE_
RDONLY)
    #define PAGE_KERNEL_EXEC (PROT_NORMAL & ~PTE_PXN)
```

然后建立页表数据结构，在 L0～L3 页表中页表项的宽度均为 64 位，可以使用 C 语言的 unsigned long long 数据类型描述。

```
    typedef u64 pteval_t;
    typedef u64 pmdval_t;
    typedef u64 pudval_t;
    typedef u64 pgdval_t;

    typedef struct {
       pteval_t pte;
    } pte_t;
    #define pte_val(x)  ((x).pte)
    #define __pte(x)  ((pte_t) { (x) })

    typedef struct {
       pmdval_t pmd;
    } pmd_t;
    #define pmd_val(x)  ((x).pmd)
```

```
#define __pmd(x) ((pmd_t) { (x) })

typedef struct {
   pudval_t pud;
} pud_t;
#define pud_val(x) ((x).pud)
#define __pud(x) ((pud_t) { (x) })

typedef struct {
   pgdval_t pgd;
} pgd_t;
#define pgd_val(x) ((x).pgd)
#define __pgd(x) ((pgd_t) { (x) })
```

分别建立页表项目 pte_t、pmd_t、pud_t、pgd_t。pte_t 表示一个 PTE 页表项，pmd_t 表示一个 PMD 页表项，pud_t 表示一个 PUD 页表项，pgd_t 表示一个 PGD 页表项。

（3）建立恒等映射关系

页表存储在内存中，需要利用软件完成页表的创建，而页表的遍历是由 MMU 自动完成的。本节将手动建立并填充四级页表的相关页表项，包括代码段、数据段还有外设段的恒等映射。

- 代码段：代码具有只读、可执行的属性，映射到 PAGE_KERNEL_ROX。
- 数据段：属于普通类型内存，映射到 PAGE_KERNEL。
- 外设段：主要是树莓派 4B 的寄存器地址空间，属于设备类型内存，映射到 PROT_DEVICE_nGnRnE。

第一级页表（PGD 页表）是在链接脚本中预留的，需要先在链接文件的数据段中为 PGD 页表预留出 4KB 的内存空间，其他页表是在恒等映射过程中动态创建的。

```
/* 数据段 */
_data = .;
.data : { *(.data) }
. = ALIGN(4096);
idmap_pg_dir = .;
. += 4096;
_edata = .;
```

idmap_pg_dir 指向的地址空间为 4KB，用于存放 PGD 页表。

接下来创建各级页表的恒等映射，如图 5.46 所示，递进式地创建页表空间，使用的函数包括__create_pgd_mapping()、alloc_init_pud()、alloc_init_pmd()、alloc_init_pte()，每一级页表都通过调用 early_pgtable_alloc 来分配页表 4KB 的空间。

● __creat_ pgd_mapping

  ◆alloc_init_ pud→early_ pgtable_alloc

    ■alloc_init_ pmd →early_ pgtable_alloc

      ★alloc_init_ pte →early_ pgtable_alloc

图 5.46 分级建立页表

对于代码段，起始地址设为_text_boot，结束地址设为_etext，在 create_identical_mapping()函数中实现。

对于数据段，起始地址设为_etext，结束地址设为内存结束地址 TOTAL_MEMORY (512*0x100000)，也是在 create_identical_mapping()函数中实现。

```
static void create_identical_mapping(void)
{
    unsigned long start;
    unsigned long end;
    /*代码段恒等映射*/
    start = (unsigned long)_text_boot;
    end = (unsigned long)_etext;
    __create_pgd_mapping((pgd_t *)idmap_pg_dir, start, start,
            end - start, PAGE_KERNEL_ROX,
            early_pgtable_alloc,
            0);
    /*数据段恒等映射*/
    start = PAGE_ALIGN((unsigned long)_etext);
    end = TOTAL_MEMORY;
    __create_pgd_mapping((pgd_t *)idmap_pg_dir, start, start,
            end - start, PAGE_KERNEL,
            early_pgtable_alloc,
            0);
}
```

对于外设段，起始地址为PBASE(0xFE000000)，映射大小为DEVICE_SIZE(0x2000000)，在函数 create_mmio_mapping()中实现。

```
static void create_mmio_mapping(void)
{
    __create_pgd_mapping((pgd_t *)idmap_pg_dir, PBASE, PBASE,
            DEVICE_SIZE, PROT_DEVICE_nGnRnE,
            early_pgtable_alloc,
            0);
}
```

其中，__create_pgd_mapping()函数用于一级页表的创建及填充。

```
static void __create_pgd_mapping(pgd_t *pgdir, unsigned long phys,
        unsigned long virt, unsigned long size,
        unsigned long prot,
        unsigned long (*alloc_pgtable)(void),
        unsigned long flags)
{
    pgd_t *pgdp = pgd_offset_raw(pgdir, virt);
    unsigned long addr, end, next;

    phys &= PAGE_MASK;
    addr = virt & PAGE_MASK;
    end = PAGE_ALIGN(virt + size);

    do {
        next = pgd_addr_end(addr, end);
        alloc_init_pud(pgdp, addr, next, phys,
                prot, alloc_pgtable, flags);
        phys += next - addr;
    } while (pgdp++, addr = next, addr != end);
}
```

上述代码各个参数所代表的含义如表 5.13 所示。

表 5.13　__create_pgd_mapping()函数参数列表

参数	含义
pgdir	页全局目录（PGD）的基地址
phys	映射物理地址的起始地址
virt	映射虚拟地址的起始地址
size	映射区域的大小
prot	内存映射属性
alloc_pgtable	分配下一级页表的函数，PGD 页表在 ID 文件中分配，其他页表在动态过程中分配
flags	传递页表创建过程中的标识位

（4）CPU 初始化及 MMU 开启

CPU 的初始化主要是对 MAIR 和 TCR 寄存器的配置，由 cpu_init()函数实现，包括内存属性的配置、MAIR 寄存器的配置、TCR 寄存器的配置等步骤。

enable_mmu()函数用于打开 MMU。依次执行 cpu_init()和 enable_mmu()函数后即可打开 MMU。创建和打开 MMU 的过程封装在函数 paging_init()中。

（5）测试

当创建页表并打开 MMU 后，需要进一步测试 MMU 能否正常工作。分别访问一个经过恒等映射和未经过恒等映射的内存地址，当访问到未经过恒等映射的内存地址时，MMU

会触发页表访问错误。

使用 test_access_map_address()函数访问 TOTAL_MEMORY-4096 地址，该地址被映射过；使用 test_access_unmap_address()函数访问 TOTAL_MEMORY+ 4096 地址，该地址未被映射，CPU 访问该地址时会触发一级页表访问错误。

```
static int test_access_map_address(void)
{
    unsigned long address = TOTAL_MEMORY - 4096;
    *(unsigned long *)address = 0x55;
    printk("%s access 0x%x done\n", __func__, address);
    return 0;
}

static int test_access_unmap_address(void)
{
    unsigned long address = TOTAL_MEMORY + 4096;
    *(unsigned long *)address = 0x55;
    printk("%s access 0x%x done\n", __func__, address);
    return 0;
}
```

代码编译后将可执行程序放入树莓派的 microSD 卡内，接通电源启动树莓派，在串口端输出执行结果，如图 5.47 所示。

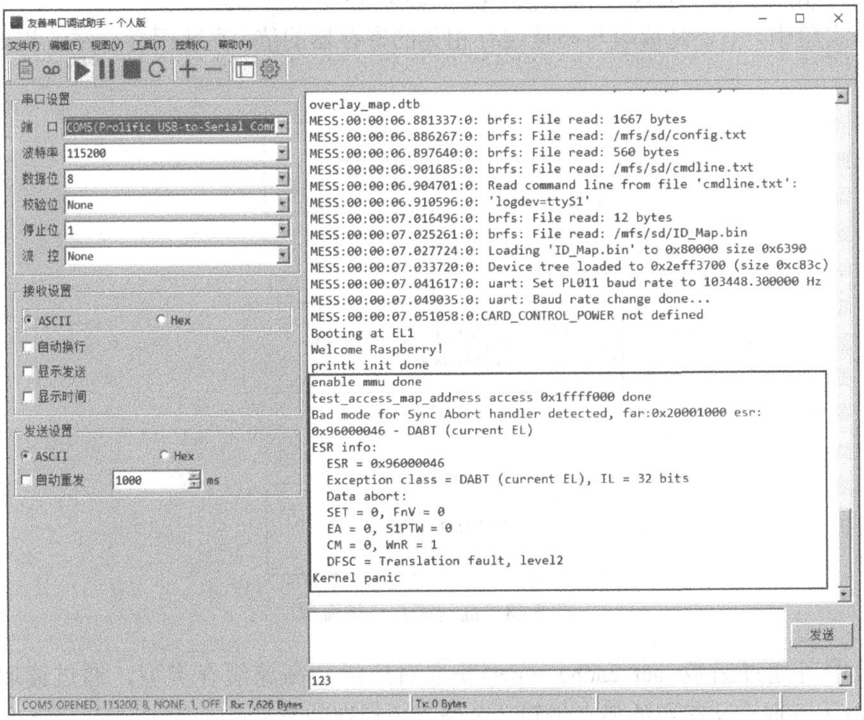

图 5.47　串口端输出执行结果

在串口端的输出中，可以看到执行 test_access_map_address()函数时，系统访问了 TOTAL_MEMORY-4096 地址；而执行 test_access_unmap_address()函数时，系统访问了 TOTAL_MEMORY+4096 地址，触发了一个二级页表异常，报错的地址为 0x20001000，可以判断出 MMU 能够正常工作。

5.5.2 高速缓存自举

系统高速缓存的基本信息，如系统支持的高速缓存级数、高速缓存行的大小等信息，均在 ARM 结构设计之初就已经确定，并将这些信息存储在 ARMv8 提供的相关系统寄存器中。对高速缓存进行操作时，读者一方面可以查阅芯片的设计手册查找所需高速缓存的相关信息；另一方面也可以访问系统寄存器获取高速缓存信息。本节将实验如何通过读取系统寄存器来获取高速缓存信息。

本次实验中，通过读取树莓派 4B 中的系统寄存器，获取高速缓存的相关信息，主要包括以下内容。

- ARM 系统包含最多几级高速缓存？
- 每一级高速缓存是独立高速缓存还是联合高速缓存？
- 每一级高速缓存的路和组分别是多少？对应高速缓存的容量是多少？
- PoC 指的是哪一级高速缓存？
- 单处理器的 PoU 是哪一级的高速缓存？
- 内部共享的 PoU 指的是哪一级高速缓存？
- L1 指令高速缓存是实现的 VIPT 还是 PIPT？

在本实验中，主要是读取与高速缓存相关的寄存器的值。高速缓存自举流程如图 5.48 所示。

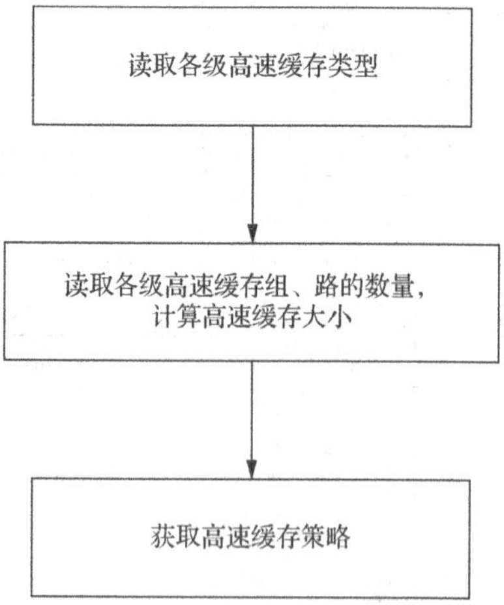

图 5.48　高速缓存自举流程

实验中可通过函数 get_cache_type()获取对应级别高速缓存类型，通过读取寄存器 CLIDR_EL1 获取高速缓存的最高级别及各级高速缓存的类型。

```
/* 获取高速缓存的类型*/
static inline enum cache_type get_cache_type(int level)
{
   unsigned long clidr;
   if (level > MAX_CACHE_LEVEL)
      return CACHE_TYPE_NOCACHE;
   clidr = read_sysreg(clidr_el1);
   return CLIDR_CTYPE(clidr, level);
}
```

使用函数 get_cache_set_way()：首先通过写 CSSELR_EL1 寄存器，告知要查询哪一级高速缓存，然后通过读 CCSIDR_EL1 寄存器的值，获取该级别高速缓存的路的数量和组的数量，以及高速缓存的大小。

```
static void get_cache_set_way(unsigned int level, unsigned int ind)
{
   unsigned long val;
   unsigned int line_size, set, way;
   int tmp;
   /* 写 CSSELR_EL1 寄存器,告知要查询哪一级高速缓存*/
   tmp = (level -1) << CSSELR_LEVEL_SHIFT | ind;
   write_sysreg(tmp, CSSELR_EL1);
   /* 读取 CCSIDR_EL1 寄存器的值 */
   val = read_sysreg(CCSIDR_EL1);
   set = (val & CCSIDR_NUMSETS_MASK) >> CCSIDR_NUMSETS_SHIFT;
   set += 1;
   way = (val &  CCSIDR_ASS_MASK) >> CCSIDR_ASS_SHIFT;
   way += 1;
   line_size = (val & CCSIDR_LINESIZE_MASK);
   line_size = 1 << (line_size + 4);
   printk(" %s: set %u way %u line_size %u size %uKB\n",
          ind ? "i-cache":"d/u cache", set, way, line_size,
          (line_size * way * set)/1024);
}
```

然后在函数 init_cache_info()中，调用以上两个函数，获取每一级高速缓存信息。读取寄存器 CLIDR_EL1 中的 ICB、LOUU、LOC 和 LOUIS 位，分别得到内部共享高速缓存边界、单核处理器 PoU 的高速缓存边界、PoC 的高速缓存边界、内部共享 PoU 的高速缓存边界。读取寄存器 CTR_EL0 的 L1Ip 位得到 L1 指令高速缓存策略。

```
int init_cache_info(void)
{
   int level;
```

```
        unsigned long ctype;
        printk("parse cache info:\n");
        for (level = 1; level <= MAX_CACHE_LEVEL; level++) {
            /* 获取高速缓存类型*/
            ctype = get_cache_type(level);
            /* 如果高速缓存类型为NONCACHE,则退出循环 */
            if (ctype == CACHE_TYPE_NOCACHE) {
                level--;
                break;
            }
            printk("   L%u: %s, cache line size %u\n",
                    level, cache_type_string[ctype], cache_line_size());
            if (ctype == CACHE_TYPE_SEPARATE) {
                get_cache_set_way(level, 1);
                get_cache_set_way(level, 0);
            } else if (ctype == CACHE_TYPE_UNIFIED)
                get_cache_set_way(level, 0);
        }
        /*
         * 获取ICB,LOUU,LOC和LOUIS
         * ICB: 内部共享高速缓存边界
         * LOUU: 单核处理器 PoU 的高速缓存边界
         * LOC: PoC 的高速缓存边界
         * LOUIS:内部共享 PoU 的高速缓存边界
         * */
        unsigned clidr = read_sysreg(clidr_el1);
        printk("   ICB:%u LoUU:%u LoC:%u LoUIS:%u\n",
                CLIDR_ICB(clidr), CLIDR_LOUU(clidr),
                CLIDR_LOC(clidr), CLIDR_LOUIS(clidr));
        unsigned ctr = read_sysreg(ctr_el0);
        printk("   Detected %s I-cache\n", icache_policy_str[CTR_L1IP
(ctr)]);
        return level;
    }
```

代码编译后将可执行程序放入树莓派的 microSD 卡内，接通电源启动树莓派，在串口端输出执行结果，如图 5.49 所示。

在串口端的输出中，可以看到系统输出的高速缓存信息。

在树莓派 4B 中，共有 L1、L2 两级高速缓存。其中，L1 级高速缓存属于分离式（独立）高速缓存，包括指令高速缓存和数据高速缓存两部分，高速缓存行的大小为 64B；指令高速缓存共 256 组 3 路，大小为 256×3×64B=48KB；数据高速缓存共 256 组 2 路，大小为 256×2×64B=32KB；L2 级高速缓存中只有数据高速缓存，高速缓存行的大小也是 64B，包含 1024 组 16 路，大小为 1024×16×64B=1024KB=1MB。

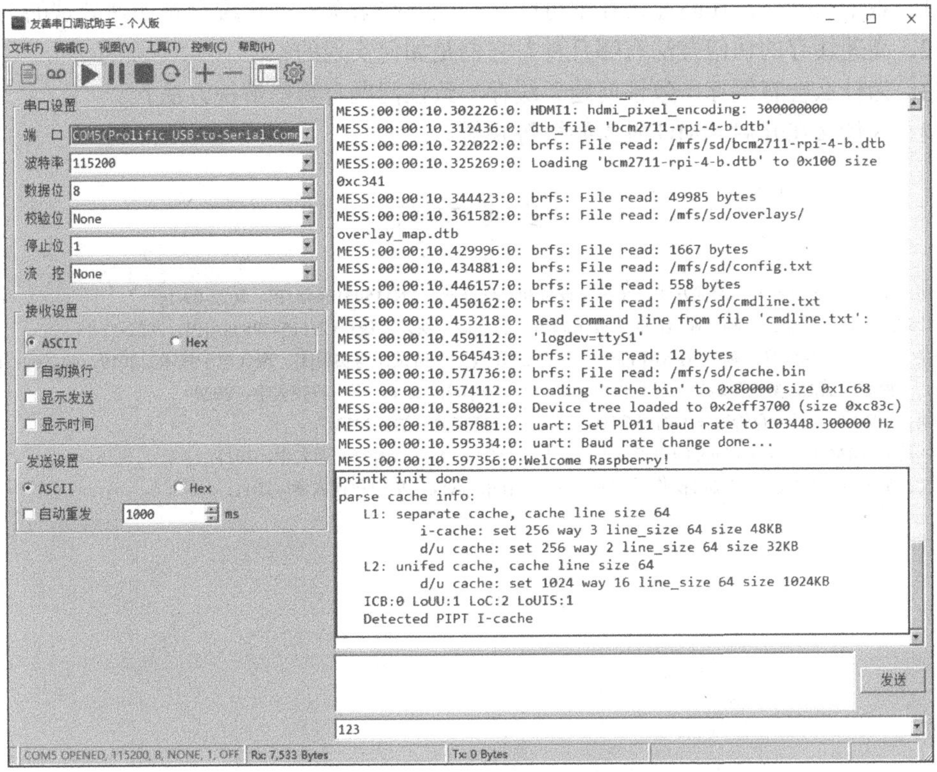

图 5.49　串口端输出

寄存器 CLIDR_EL1 中，LOUU 值为 1，表示 PoU 的边界为 L1 高速缓存；LoC 值为 2，表示 PoC 的边界为 L2 高速缓存；LOUIS 值为 1，表示内部共享 PoU 的边界为 L1 高速缓存。

最后，检测到 L1 指令高速缓存是按照 PIPT 的方式实现的。

习　题

1．现代处理器中为什么要使用虚拟内存？虚拟内存解决了什么问题？

2．在建立页表时，为什么要使用多级页表？多级页表相较于一级页表有什么优点？

3．简要描述在 4KB 三级页表中由虚拟内存查找物理内存地址的映射方法。

4．TLB 中存放的是什么内容？TLB 在地址转换过程中有什么作用？

5．ARMv8 中的两种内存类型 Normal 和 Device 有什么区别？如何确认内存属性？

6．TCR 寄存器中，如何控制输入地址的最大值？

7．在 L0～L2 页表项中，如何区分不同类型的页表项描述符？

8．简述 ARM 内核获取内存中数据的流程。

9．高速缓存的作用是什么？高速缓存是如何存储内存中数据的？

10．高速缓存的不同映射方式有什么区别？各有什么优缺点？

11．对于写操作，在高速缓存中可能会发生哪些情况？高速缓存是如何处理的？

12．高速缓存的访问方法有哪几种？它们是如何实现的？

13．为什么会有缓存一致性问题？缓存一致性问题有哪些解决方法？

14．为什么在开启MMU时需要恒等映射？

参考文献

[1] 刘玉明．ARM架构平台内存测试方法、系统、设备和存储介质：CN115061864A[P]．2022-09-16.

[2] 洪丰，刘永平，刘富刚．一种工业ARM主板条码串号的存储方法及系统：CN115469808A[P]．2022-12-13.

[3] 焦新泉，袁小康，储成群．基于ARM-Linux平台的USB数据存储设计与实现[J]．现代电子技术，2019，42（6）：6-9.

[4] 于乐．一种面向ARM架构的轻量级异构内存页面迁移机制[D]．武汉：华中科技大学，2020.

[5] 李国银．ARM的虚拟内存管理技术的研究[D]．北京：北京交通大学，2013.

[6] 张渡．基于ARM的嵌入式Linux的内存管理研究与优化[D]．西安：西安交通大学，2011.

[7] 刘博文．基于ARM的嵌入式实时操作系统的内存管理[D]．武汉：华中科技大学，2011.

第6章

嵌入式人工智能

6.1 人工智能简述

6.1.1 人工智能的发展

人工智能技术集合了统计学、计算机科学、信息学、生物认知学、神经科学等众多学科，目前在图像识别、自然语言处理、智能机器人等领域取得了显著成果。人工智能的出现为促进生产力提升、降低岗位工作难度、加速科技创新提供了全新的动力，是新一轮科技革命和产业变革的重要驱动力量之一。

“人工智能”一词最早是在1956年的达特茅斯会议上提出的。在该会议上，约翰·麦卡锡（John McCarthy，数学家）、马文·李·闵斯基（Marvin Lee Minsky，人工智能与认知学专家）、克劳德·香农（Claude Shannon，信息论创始人）、艾伦·纽厄尔（Allen Newell，计算机科学家）等对“用机器模仿人类学习及其他方面的智能”主题进行了两个月的讨论，确定了人工智能最初的发展路线与发展目标，因此1956年也被称作“人工智能元年”。1959年，IBM公司的计算机专家阿瑟·李·塞缪尔（Arthur Lee Samuel，计算机科学家）提出了机器学习理论，根据这一理论设计了能够与人类进行对弈的西洋跳棋程序，并于1962年战胜了美国的西洋跳棋大师。1973年，第一个人形机器人Wabot-1在日本早稻田大学诞生，它可以进行简单日语对话、测量距离和方向，两手有触觉，可搬运物体。

20世纪70年代初，受限于当时计算机内存和处理速度，再加上数学模型和数学方法有一定的缺陷，人工智能进入第一次低谷。1982年，美国生物学家约翰·约瑟夫·霍普菲尔德（John Joseph Hopfield）根据物理学原理设计了一种网络——霍普菲尔德神经网络，它由运算放大器和电容电阻元件组成，每一单元相当于一个神经元。输入信号以电压形式加到各单元上。各个单元相互连接，接收到电压信号以后，网络各部分的电流和电压达到某个稳定状态，输出电压表示问题的解。1986年，反向传播（back propagation，BP）算法出现，使大规模神经网络的训练成为可能，将人工智能推向了第二个黄金期。

1997年，IBM公司的“深蓝”计算机战胜国际象棋大师加里·卡斯帕罗夫（Garry Kim·Vich Kasparov），开启了人工智能技术发展的第三次浪潮。近年来，随着GPU技术的不断发展，算力不断增强，这为数据驱动深度学习提供了发展的可能，人工智能的瓶颈不断被打破。与此同时定制化处理器的研制成功为人工智能技术的落地提供了基础，人工智能步入了新的急速发展的黄金时代[1]。

图6.1展示了人工智能技术的发展路线。

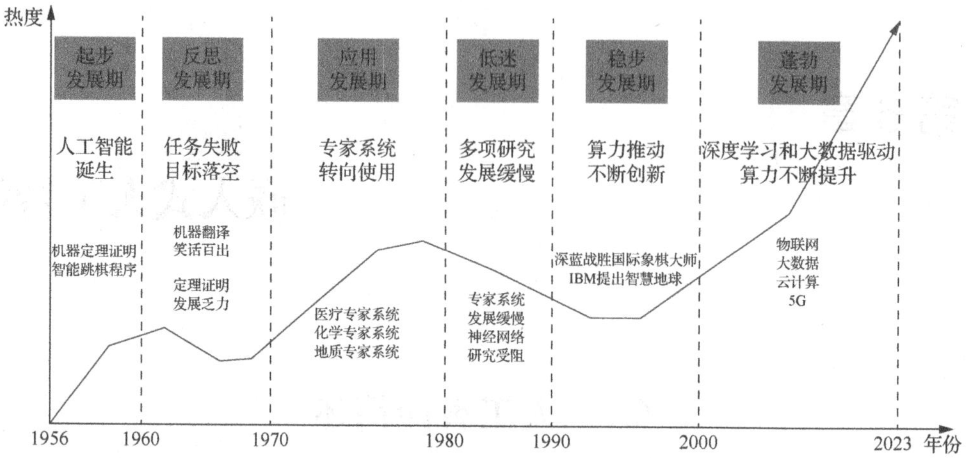

图 6.1　人工智能技术的发展路线

人工智能最近十年发展迅猛，在机器学习、自然语言处理、计算机视觉、自适应技术等领域都得到了长足的发展。清华大学数据显示，计算机视觉、语音识别、自然语言处理是中国市场规模最大的三个应用方向，分别占比 34.9%、24.8%和 21%。同时，人工智能是我国深化供给侧改革、推进数字经济发展的重要技术支撑。美国麦肯锡咨询公司的统计数据表明，人工智能每年能创造 3.5 万亿至 5.8 万亿美元的商业价值，使传统行业商业价值提升 60%以上。

人工智能产业链包括基础层、技术层和应用层。基础层提供了数据及算力资源，包括芯片、开发编译环境、数据资源、云计算、大数据支撑平台等关键环节，是支撑产业发展的基座。技术层包括各类算法与深度学习技术，并通过深度学习框架和开放平台实现了对技术和算法的封装，快速实现商业化，推动人工智能产业快速发展。应用层是人工智能技术与各行业的深度融合，细分领域众多、领域交叉性强，呈现出相互促进、繁荣发展的态势。

我国人工智能在应用层等领域发展相对成熟，而基础层和技术层则受限于技术理论和发展水平，处于发展阶段。基础层的芯片研发技术掌握在部分欧美发达国家手中，已有实力雄厚的企业布局于该层面，且技术研发水平处于世界领先地位。在芯片领域，目前以美国公司为主导。根据市调机构指南针智能（Compass Intelligence）在 2018 年针对全球 100 余家人工智能芯片企业的排名，在 Top10 企业中，美国有 8 家企业上榜，荷兰和日本各一家企业上榜，而我国暂无企业跻身前十，仅有华为（海思）位居第 12 名，寒武纪和地平线分列第 22 位和第 24 位。我国的人工智能芯片企业数量相对较少，芯片研发技术尚不成熟。

人工智能应用场景多样，我国人工智能企业已在金融、医疗、零售、安防、教育、机器人等领域实现广泛布局。在金融领域，一方面科技巨头和细分领域新锐成为技术提供商，另一方面传统金融机构也正在利用自身资源创立或与互联网科技公司合作的方式，搭建自有人工智能技术服务体系。在医疗领域，计算机视觉技术应用相对成熟，大部分创业者集中在影像识别领域，医疗影像识别的准确率不断提高。安防作为人工智能最先应用的领域之一，算法、芯片和解决方案等应用形式都相对丰富。除此之外，人工智能也在推动零售商向自动化、智能化、创新化方向发展[2]。图 6.2 展示了人工智能的主要应用行业。

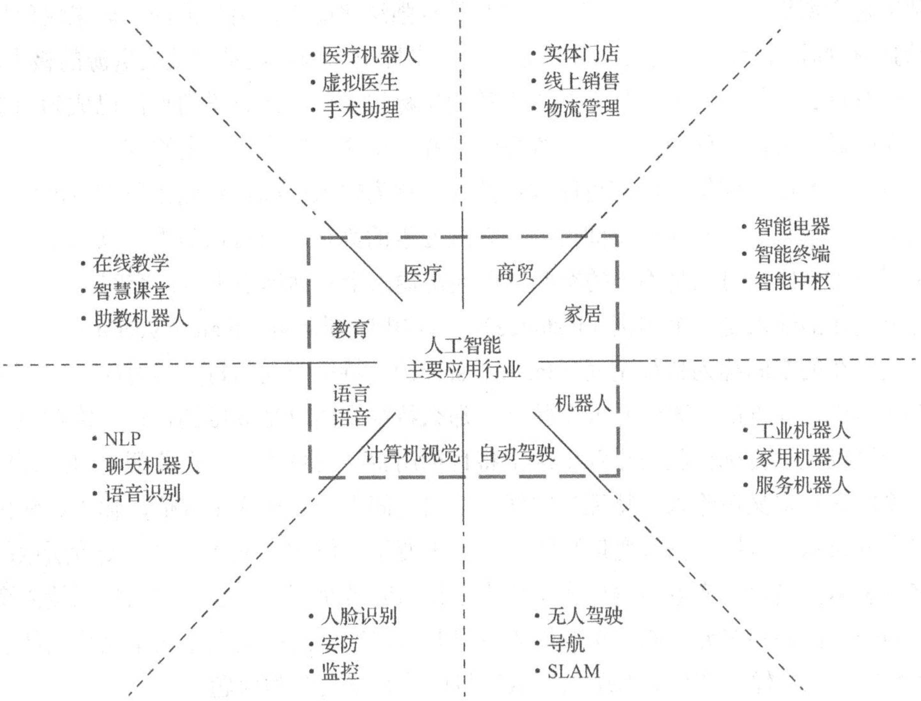

图 6.2 人工智能的主要应用行业

6.1.2 机器学习

机器学习也常被称作统计学习，是概率论、统计学、信息论、计算理论、最优化理论及计算机科学等多个领域的交叉学科。统计学习是计算机系统通过运用数据及统计方法提高系统性能的机器学习。统计学习的对象是数据，关于数据的基本假设是同类数据（具有某种共同性质的数据，如网页数据、文本数据、图像数据等）具有一定的统计规律性，这是统计学习的前提。由于它们具有统计规律性，因此可以用概率统计方法来加以处理，例如，可以用随机变量描述数据中的特征，用概率分布描述数据的统计规律。统计学习的目的是对数据进行预测和分析，特别是对未知的新数据进行预测和分析。统计学习的方法有监督学习（supervised learning）、非监督学习（unsupervised learning）、半监督学习（semi-supervised learning）和强化学习（reinforcement learning）等。所谓监督、半监督与非监督，是指给定的训练数据样本（学习样本）是否带有已标记的类别信息，有就是监督，一部分有一部分没有就是半监督，完全没有就是非监督。目前研究最为广泛的算法大多都是监督学习。在监督学习中，模型通过对大量有标记的训练例进行学习，使其具有对未见示例的预测能力。在分类问题中，预测的标记是示例的类别，而在回归问题中预测的标记是示例所对应的实值输出。随着数据收集和存储技术的飞速发展，收集大量未标记的（unlabeled）示例已相当容易，而获取大量有标记的示例则相对较为困难，因为获得这些标记可能需要耗费大量的人力物力。事实上，在真实世界问题中通常存在大量的未标记示例，但有标记示例则比较少，尤其是在一些在线应用中这一问题更加突出。显然，如果只使用少量的有标记示例，那么利用它们所训练出的学习系统往往很难具有强泛化能力；另一方面，如果仅使用少量“昂贵的”有标记示例而不利用大量“廉价的”未标记示例，则是对数据资源的极大浪费。因此，在有标记示例较少时，如何利用大量的未标记示例来改善学习性能已成为当前机器学习研究中最受关注的问题之一，半监督学习就是在这种环境下产生的。

在监督学习中，将输入所有可能取值的集合称为输入空间，将输出所有可能的取值称为输出空间，输入空间与输出空间可以是有限元素的集合，也可以是整个欧氏空间，两者可以是同一个空间也可以是不同的空间，但通常输出空间远远小于输入空间。

每个具体的输入是一个实例（instance），通常由特征向量（feature vector）表示。所有特征向量存在的空间称为特征空间（feature space），特征空间的每一维对应一个特征。比如说特征向量是 n 维的，表示有 n 个特征，那么特征空间也是 n 维的，每一维对应一个特征。在计算机视觉目标检测与跟踪中经常将目标用特征向量表示。在监督学习过程中，将输入与输出看作定义在输入（特征）空间与输出空间上的随机变量取值，输入、输出变量用大写字母表示，习惯上输入变量写作 X，输出变量写作 Y，输入、输出变量所取的值用小写字母表示。当输入变量与输出变量均为连续值时就是回归问题，回归按照输入变量的个数分为一元回归和多元回归，按照输入变量与输出变量之间的关系类型又分为线性回归和非线性回归；当输出变量为有限的离散变量的值时就是分类问题。

监督学习假设输入和输出的随机变量 X 和 Y 遵循联合概率分布 $P(X, Y)$，$P(X, Y)$表示分布函数或分布密度函数。在学习的过程中，往往假定联合概率分布函数 $P(X, Y)$存在，但对学习系统而言，联合概率分布的具体定义是未知的。监督学习中通常假设数据存在一定的统计规律，且 X 和 Y 具有联合概率分布。监督学习的目的是学习一个由输入到输出的映射，这一映射由模型来表示，学习的目的是找到最好的这样的模型。监督学习的模型可以是概率模型或非概率模型，由条件概率 $P(X|Y)$或决策函数 $Y=f(X)$表示，传统的算法都是基于这两种模型进行的。模型的假设空间包含所有可能的条件概率分布或决策函数。具体的监督学习系统如图 6.3 所示。

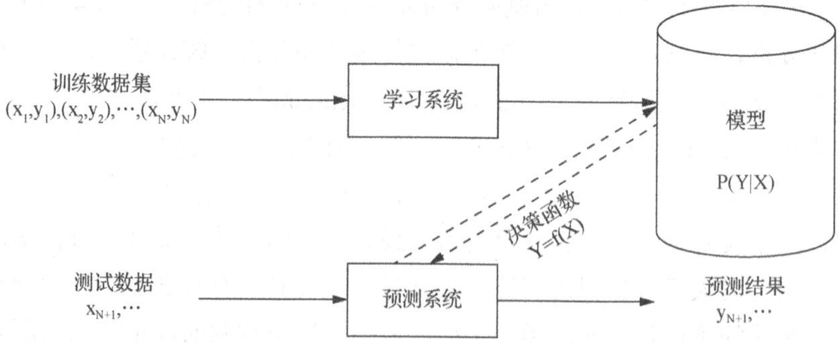

图 6.3　监督学习系统

6.1.3　深度学习

深度学习是机器学习的一种特殊情况。深度学习起源于对神经网络的研究，20 世纪 60 年代，受神经科学对人脑结构研究的启发，为了让机器也具有类似人一样的智能，人工神经网络被提出用于模拟人脑处理数据的流程。最著名的深度学习算法称为感知机。但随后人们发现，两层结构的感知机模型不包含隐层单元，输入是人工预先选择好的特征，输出是预测的分类结果，因此只能用于学习固定特征的线性函数，而无法处理非线性分类问题。Minsky 等指出了感知机的这一局限，由于当时其他人工智能研究学派的抵触等原因，使得对神经网络的研究遭受到巨大的打击，陷入低谷。直到 20 世纪 80 年代中期，反向传播（back propagation，BP）算法的提出，提供了一条学习含有多隐层结构神经网络模型的途径，让神经网络研究得以复苏。

由于增加了隐层单元，多层神经网络比感知机具有更灵活且更丰富的表达力，可用于建立更复杂的数学模型，但同时也增加了模型学习的难度，特别是当包含的隐层数量增加时，使用 BP 算法训练网络模型常常会陷入局部最小值，而在计算每层节点梯度时，在网络低层方向会出现梯度衰竭的现象。因此，训练含有许多隐层的深度神经网络一直存在困难，导致神经网络模型的深度受到限制，制约了其性能。

2006 年之前，大多数机器学习仍然在探索浅层结构（shallow structured）架构，这种架构上包含了一层典型的非线性特征变换的单层，而缺乏自适应非线性特征的多层结构。如常规的隐马尔可夫模型（hidden Markov model，HMM）、线性或非线性动态系统、条件随机域（conditional random field，CRF）、最大熵（max-entropy）模型、支持向量机（support vector machine，SVM）、逻辑回归、内核回归和具有单层隐层的多层感知器（multi layered perceptron，MLP）神经网络。这些浅层学习模型有一个常见属性，就是由仅有的单层组成的简单架构负责转换原始输入信号或输入特征为特定问题特征空间时，其过程不可观察。以支持向量机为例，它是一种浅层线性独立模型，当使用内核技巧时具有一层特征转换层，否则具有零层特征转换层。浅层架构在许多简单或受限问题中，早已被证明卓有成效，但是受限于建模与表现能力，在处理涉及自然信号（如人的讲话、自然的声音和语言、自然的图像和视觉场景）等更为复杂的现实应用时，产生了困难。

在实际应用中，如对象分类问题（对象可以是文档、图像、音频等），人们不得不面对的一个问题是如何用数据来表示这个对象，当然这里的数据并非初始的像素或者文字，也就是这些数据比初始数据具有更为高层的含义，这里的数据往往指的是对象的特征。例如，人们常常将文档、网页等数据用词的集合来表示，根据文档的词集合表示到一个词组短语的向量空间模型（vector space model，VSM）中，然后才能根据不同的学习方法设计出适用的分类器来对目标对象进行分类。因此，选取什么特征或者用什么特征来表示某一对象对于解决一个实际问题非常重要。然而，人为地选取特征的时间代价非常昂贵，另外劳动成本也高，而所谓的启发式的算法得到的结果往往不稳定，结果好坏经常是依靠经验和运气。于是，人们考虑通过自动学习来完成特征抽取这一任务。深度学习（deep learning，DL）的产生就是缘于此任务，它又被称为无监督的特征学习（unsupervised feature learning），从这个名称就可以知道这是一个没有人为参与的特征选取方法。

BP 神经网络是一种多层的前馈神经网络，其主要的特点是，信号是前向传播的，而误差是反向传播的。只含一个隐层的神经网络模型如图 6.4 所示。

BP 神经网络的过程主要分为两个阶段，第一阶段是信号的前向传播，从输入层经过隐含层，最后到达输出层；第二阶段是误差的反向传播，从输出层到隐含层，最后到输入层，依次调节隐含层到输出层的权重和偏置，输入层到隐含层的权重和偏置。

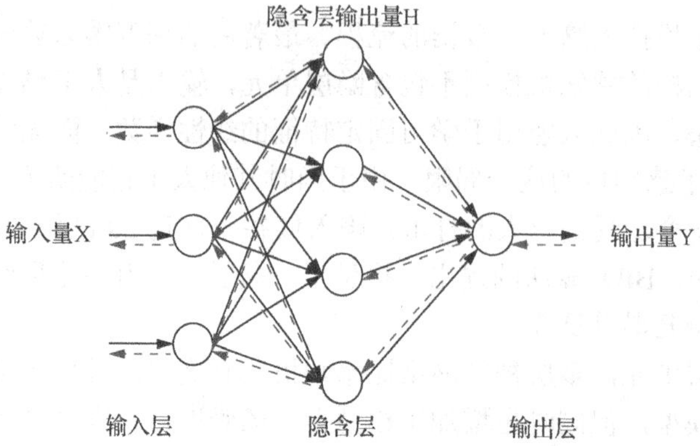

图 6.4　BP 神经网络

神经网络（neural network）是人工智能研究领域的一部分，当前较流行的神经网络是深度卷积神经网络（deep convolutional neural network，CNN），基础的 CNN 由卷积（convolution）、激活（activation）和池化（pooling）三种结构组成。CNN 输出的结果是每幅图像的特定特征空间。当处理图像分类任务时，人们会把 CNN 输出的特征空间作为全连接层或全连接神经网络（fully connected neural network，FCN）的输入，用全连接层来完成从输入图像到标签集的映射，即分类。当然，整个过程最重要的工作就是确定如何通过训练数据迭代调整网络权重，也就是确定后向传播算法。目前主流的卷积神经网络，如著名的 VGG、ResNet 等都是由简单的 CNN 调整、组合而来。

CNN 目前在很多研究领域取得了巨大的成功，例如，语音识别、图像识别、图像分割、自然语言处理等。目前，人工智能技术的快速发展得益于深度学习框架实现了对算法的封装。谷歌、微软、亚马逊和 Facebook（脸谱网，现已更名为 Meta，意为元宇宙）等巨头，推出了 TensorFlow、CNTK、MXNet、PyTorch 和 Caffe2 等深度学习框架，并得到了广泛应用。此外，谷歌、Open AI LAB、Facebook 还推出了 TensorFlow、TFLite、Tengine 和 QNNPACK 等轻量级的深度学习框架。近年来，国内也涌现了多个深度学习框架。百度、华为推出了 PaddlePaddle（飞桨）、MindSpore，中国科学院计算技术研究所、复旦大学研制了 SeetaFace、FudanNLP。此外，小米、腾讯、百度和阿里巴巴也相继推出了 MACE、NCNN、PaddleLite、MNN 等轻量级的深度学习框架。国内深度学习框架在全球占据了一席之地，但美国的 TensorFlow 和 PyTorch 仍是主流。下面介绍几种典型的深度学习框架。

1. TensorFlow

TensorFlow 是一个开源软件库，用于各种感知和语言理解任务的机器学习。当前它被 50 多个团队用于研究和生产谷歌商业产品，如语音识别、Gmail、谷歌相册和搜索。TensorFlow 最初由 Google Brain 开发，用于谷歌的研究和生产，于 2015 年 11 月 9 日在 Apache2.0 开源许可证下发布。从 2010 年开始，谷歌大脑项目创建 DistBelief 并将其作为他们第一代专有的机器学习系统。50 多个团队在谷歌和其他 Alphabet 公司在商业产品部署了 DistBelief 的深度学习神经网络，包括谷歌搜索、谷歌语音搜索、广告、谷歌相册、谷歌地图、谷歌街景、谷歌翻译和 YouTube。谷歌指派计算机科学家，如杰弗里·辛顿（Geoffrey Hinton）和杰夫·迪恩（Jeff Dean），简化和重构了 DistBelief 的代码库，使其变成一个更快、更健壮的应用级别代码库，形成了 TensorFlow。2009 年，杰弗里·辛顿领导的研究小组大大减少了使用 DistBelief 的神经网络的错误数量，实现了在广义反向传播的科学突破。值得注意的是，其突破直接使谷歌语音识别软件中的错误减少了至少 25%。

TensorFlow 提供了一个 Python API，以及 C++、Haskell、Java、Go 和 Rust API。第三方包可用于 C#、NETCore、Julia、R 和 Scala。TensorFlow 的底层核心引擎由 C++实现，通过通用远程过程调用（general remote procedure call，gRPC）协议实现网络互访、分布式执行。虽然它的 Python、C++、Java API 共享了大部分执行代码，但是有关反向传播梯度计算的部分仍需要不同语言单独实现。当前只有 Python API 较为丰富地实现了反向传播部分。所以大多数人使用 Python 进行模型训练，但是可以选择使用其他语言进行线上推理。TensorFlow 在 Windows 和 Linux 上支持使用 Bazel 或 CMake 构建，在某些平台上也支持直接使用 GNU Make 进行编译。

2. PyTorch

PyTorch 是一个开源的 Python 机器学习库，该库基于 Torch，底层由 C++实现，主要应用于人工智能领域，如自然语言处理。它最初由 Facebook 的人工智能研究团队开发，并且被用于 Uber（优步）的概率编程软件 Pyro。PyTorch 的设计追求最少的封装，尽量避免重复“造轮子”。不像 TensorFlow 中充斥着 session、graph、operation、name_scope、variable、tensor、layer 等全新的概念，PyTorch 的设计遵循 tensor→variable(autograd)→nn.Module 三个由低到高的抽象层次，分别代表高维数组（张量）、自动求导（变量）和神经网络（层/模块），而且这三个抽象之间联系紧密，可以同时进行修改和操作。简洁的设计带来的另外一个好处就是代码易于理解。PyTorch 的源码只有 TensorFlow 的十分之一左右，更少的抽象、更直观的设计使得 PyTorch 的源码易于阅读。PyTorch 主要有两大特征：类似 NumPy 的张量计算，可使用 GPU 加速；基于带自动微分系统的深度神经网络。

PyTorch 的灵活性不以速度为代价，在许多评测中，PyTorch 的速度表现胜过 TensorFlow 和 Keras 等框架。框架的运行速度和程序员的编码水平有极大关系，但同样的算法，使用 PyTorch 实现的更有可能快过用其他框架实现的。

PyTorch（Caffe2）通过混合前端、分布式训练，以及工具和库生态系统，实现快速、灵活的实验和高效生产。PyTorch 和 TensorFlow 具有不同计算图实现形式，TensorFlow 采用静态图机制（预定义后再使用），PyTorch 采用动态图机制（运行时动态定义）。PyTorch 具有以下高级特征。

- 混合前端：新的混合前端在急切模式下提供易用性和灵活性，同时无缝转换到图形模式，以便在 C++运行环境中实现速度和功能的优化。
- 分布式训练：通过利用本地支持集合操作的异步执行，可从 Python 和 C++访问对等通信，优化了性能。
- Python 优先：PyTorch 是为了深入集成到 Python 中而构建的，因此它可以与流行的库、Cython 和 Numba 等软件包一起使用。
- 丰富的工具和库：活跃的研究人员和开发人员为社区建立了丰富的工具和库生态系统，用于扩展 PyTorch 并支持从计算机视觉到强化学习等领域的开发。
- 本机 ONNX 支持：以标准 ONNX（开放式神经网络交换）格式导出模型，并在与 ONNX 兼容的平台、运行时或可视化工具中使用。

- C++前端：PyTorch 的纯 C++接口。它遵循已建立的 Python 前端的设计和体系结构，旨在实现高性能、低延迟和裸机 C++应用程序的研究，使用 GPU 和 CPU 优化的深度学习张量库。

3. Caffe

Caffe 即快速特征嵌入的卷积结构（convolutional architecturefor fast feature embedding），是一个深度学习框架，最初由加利福尼亚大学伯克利分校开发。Caffe 在伯克利软件分发（Berkeley software distribution，BSD）许可证下开源，使用 C++编写，带有 Python 接口。贾扬清在加州大学伯克利分校攻读博士期间创建了 Caffe 项目。项目现托管于 GitHub，拥有众多贡献者。Caffe 支持多种类型的深度学习架构，面向图像分类和图像分割，还支持 CNN、区域卷积神经网络（regional convolutional neural network，RCNN）、长短期记忆（long short-term memory，LSTM）和全连接神经网络设计。Caffe 支持基于 GPU 和 CPU 的加速计算内核库，如 NVIDIA cuDNN 和 Intel MKL。

Caffe 应用于学术研究项目、初创原型，甚至视觉、语音和多媒体领域的大规模工业应用。雅虎还将 Caffe 与 ApacheSpark 集成在一起，创建了一个分布式深度学习框架 CaffeOnSpark。2017 年 4 月，Facebook 发布了 Caffe2，加入了递归神经网络等新功能。2018 年 3 月底，Caffe2 并入 PyTorch。

Caffe 完全开源，并且在多个活跃社区沟通解答问题，同时提供了一个用于训练、测试的完整工具包，可以帮助使用者快速上手。此外 Caffe 还具有以下特点。

- 模块性：Caffe 以模块化原则设计，实现了对新的数据格式、网络层和损失函数的轻松扩展。
- 表示和实现分离：Caffe 已经用谷歌的 ProtoclBuffer 定义模型文件。使用特殊的文本文件 prototxt 表示网络结构，以有向非循环图形式的网络构建。
- Python 和 MATLAB 结合：Caffe 提供了 Python 和 MATLAB 接口，供使用者选择熟悉的语言调用部署算法应用。
- GPU 加速：利用了 MKL、OpenBLAS、cuBLAS 等计算库，利用 GPU 实现计算加速。

4. Keras

Keras 是一个用 Python 编写的开源神经网络库，能够在 TensorFlow、MicrosoftCognitiveToolkit、Theano 或 PlaidML 上运行。Keras 旨在快速实现深度神经网络，专注于用户友好、模块化和可扩展性，是开放式神经电子智能机器人操作系统（open neural electronic intelligent robot operating system）项目研究工作的部分产物。Keras 的主要开发者是谷歌工程师弗朗索瓦·肖莱（Francois Chollet），此外其 GitHub 项目页面包含 6 名主要维护者和超过 800 名直接贡献者。Keras 在其正式版本公开后，除部分预编译模型外，按麻省理工学院（Massachusetts Institute of Technology，MIT）许可证开放源代码。

2017 年，谷歌的 TensorFlow 团队决定在 TensorFlow 核心库中支持 Keras。弗朗索瓦·肖莱解释道，Keras 被认为是一个接口，而非独立的机器学习框架。它提供了更高级别、更直观的抽象集，无论使用何种计算后端，用户都可以轻松地开发深度学习模型。自 CNTKv2.0 开始，微软也向 Keras 添加了 CNTK 后端。

Keras 包含许多常用神经网络构建块的实现，如层、目标、激活函数、优化器和一系列工具，可以更轻松地处理图像和文本数据。其代码托管在 GitHub 上，社区支持论坛包括 GitHub 的问题页面和 Slack 通道。除标准神经网络外，Keras 还支持卷积神经网络和递归神经网络，支持的其他常见实用公共层有 Dropout（随机失活）、批量归一化和池化层等。Keras 允许用户在智能手机（iOS 和 Android）、网页或 Java 虚拟机上制作深度模型，还允许在图形处理器和张量处理器的集群上使用深度学习模型的分布式训练。

5. PaddlePaddle

PaddlePaddle 是一个端到端开源深度学习平台，集深度学习训练和预测框架、模型库、工具组件和服务平台为一体，拥有兼顾灵活性和高性能的开发机制、工业级的模型库、超大规模分布式训练技术、高速推理引擎及系统化的社区服务等五大优势，致力于让深度学习技术的创新与应用更简单。2019 年 10 月 16 日，在首届世界科技与发展论坛上，百度发布了飞桨产业级深度学习开源开放平台。

飞桨同时为用户提供动态图和静态图两种计算图。动态图组网更加灵活，调试网络更便捷，实现 AI 想法更快速；静态图部署方便、运行速度快、应用落地更高效。飞桨提供的官方模型，全部经过真实应用场景的有效验证。不仅包含“更懂中文”的自然语言处理（natural language processing，NLP）模型，同时开源了多个视觉领域国际竞赛冠军算法。飞桨同时支持稠密参数和稀疏参数场景的超大规模深度学习并行训练，支持万亿规模参数、数百个节点的高效并行训练，提供强大的深度学习并行技术。

飞桨提供高性价比的多机 CPU 参数服务器解决方案，基于真实的推荐场景的数据验证，可有效解决超大规模推荐系统、超大规模数据、自膨胀的海量特征及高频率模型迭代的问题，实现了高吞吐量和高加速比。飞桨支持多框架、多硬件和多操作系统，为用户提供高兼容、高性能的多端部署能力。依托业界领先的底层加速库，利用 PaddleLite 和 PaddleServing 分别实现了客户端侧和服务器上的部署。飞桨提供了高效的自动化模型压缩库 PaddleSlim，实现了高精度的模型体积优化，并提供了业界领先的轻量级模型结构自动搜索 Light-NAS，对比 MobileNetv2 在 ImageNet1000 数据集上分类任务无损的情况下，FLOPS 减少了约 17%。

6.2　图形处理器概述

图形处理器（graphics processing unit，GPU）是一种专门在个人计算机、工作站、游戏机和移动设备（如平板电脑、智能手机等）上进行图像和图形相关运算工作的微处理器。

GPU 使显卡减少了对 CPU 的依赖，并进行部分原本 CPU 的工作，尤其是在 3D 图形处理时 GPU 所采用的核心技术有硬件 T&L（几何转换和光照处理）、立方环境材质贴图和顶点混合、纹理压缩和凹凸映射贴图、双重纹理四像素 256 位渲染引擎等，而硬件 T&L 技术可以说是 GPU 的标志。GPU 的生产商主要有 NVIDIA（英伟达）和 ATI（冶天）。

6.2.1　GPU 发展历程

专用图形硬件从 1944 年 MIT 的 Whirlwind 项目开始出现，并于 20 世纪 80 年代逐渐成形，但图形处理器或 GPU 这个名词直到 1999 年才由 NVIDIA 公司创造，此后逐渐发展为同时具备高速图形处理能力和通用计算能力的强大硬件。表 6.1 列出了 GPU 的发展历程。

表 6.1　GPU 的发展历程

时间	GPU 发展史中的重要成就
1944 年	MIT 开展的 Whirlwind 项目首次设计实时图形显示硬件
1982 年	以 Geometry Engine 为代表的专用图形处理芯片出现
1985 年	图形加速硬件出现在大规模市场产品中，如 Commodore 公司的 Amiga 计算机
1991 年	S3 公司设计首个二维图形加速芯片 S3 86C911
1995 年	NVIDIA 公司设计首个三维图形加速芯片 NV1
1999 年	NVIDIA 公司提出 GPU 概念，GeForce 256 GPU 首次实现基于硬件的几何转换与光照处理
2001 年	NVIDIA 推出第一个可编程渲染图形处理器 GeForce 3
2005 年	ATI 公司推出首个统一渲染图形处理器，用于 Xbox360
2006 年	NVIDIA 推出首个针对计算机统一渲染图形的处理器
2011 年	AMD（超威）公司推出 CPU / GPU 融合处理器（APU）

1980 年以前的图形硬件都只具备固定的图形功能，其中多数只支持帧缓冲功能，因此属于图形加速器范畴，还不能称为 GPU。1980 年后出现了以 IBM Professional Graphics Controller（专业图形控制器）为代表的专用图形卡，用 Intel 8088 芯片实现图形功能，是现代显卡的雏形。1982 年出现的 Geometry Engine(几何引擎)和 1985 年出现的 Pixel-Planes（像素平面）是最早的专用图形处理器，开始具备有限编程处理能力。Geometry Engine 拥有图形处理指令集，支持流水线式指令处理。如图 6.5 所示，其硬件组织为 12 级流水线，其中前 4 个用于顶点坐标变换，中间 6 个用于图形剪裁（即判断图形是否位于用户可见屏幕），最后两个用于视角分割。Geometry Engine 还不是完整的处理器，不具备取指令功能，因此只能作为协处理器工作，由主处理器向其发送控制指令和数据[3]。

在当时的背景下，Geometry Engine 和 Pixel-Planes 属于高端图形硬件范畴，价格昂贵，尚不能被大众消费市场接受。但是这些技术为后续 GPU 的发展提供了技术储备，从 1985 年开始，ATI、S3、3DFX、ViewLogic、Matrox、NVIDIA、Imagination、Rendition 等专业图形加速硬件公司如雨后春笋般出现，普遍把目标定位于消费级市场。早期 GPU 产品大多定位于 2D 显示加速卡，直到 1996 年 3DFX 公司推出 Voodoo 图形芯片组，标志着 3D 图形加速卡市场正式出现。事实上，该芯片组并不是单一的处理器，而是由帧缓冲处理芯片、纹理映射芯片和显示数模转换芯片组成的系列。因此，也将 Voodoo 图形芯片组称为第 0 代 GPU。图 6.6 所示为使用 Voodoo 图形芯片组的 DIAMOND Monster（钻石怪兽）3D 显卡。Voodoo 图形芯片组实现了图形流水线中从光栅化到帧缓冲的功能，顶点处理仍由 CPU 完成并经由外设部件互连（peripheral component interconnect，PCI）标准总线传输给 GPU，如图 6.7 所示。Voodoo 图形芯片组取得了巨大成功，一度占据 80%以上的相关市场，此后 GPU 的发展就是在此技术上沿着图形流水线继续增加功能。但是，3DFX 公司之后的发展并不顺利，2001 年不得不停止运营。不过，3DFX 公司的技术专利被 NVIDIA 公司收购，而核心技术人员之后也加入了 NVIDIA 公司，因此 Voodoo 的血脉通过 NVIDIA GPU 一直保存至今。

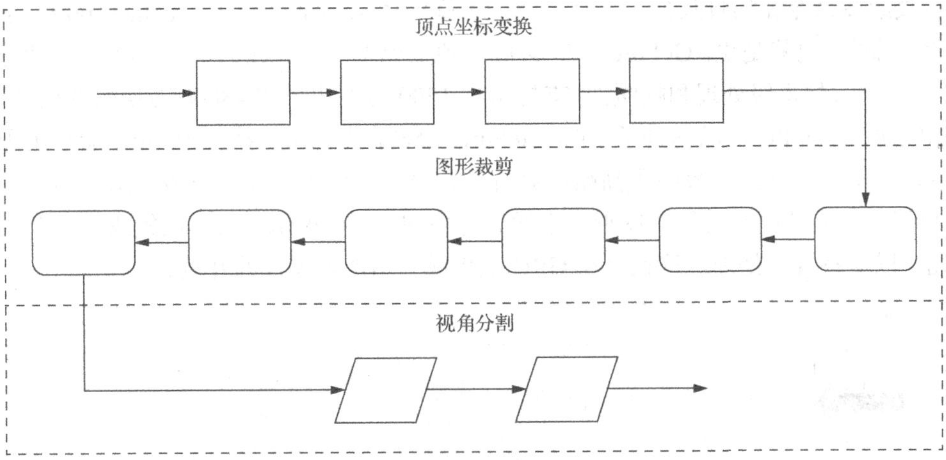

图 6.5 Geometry Engine 流水线

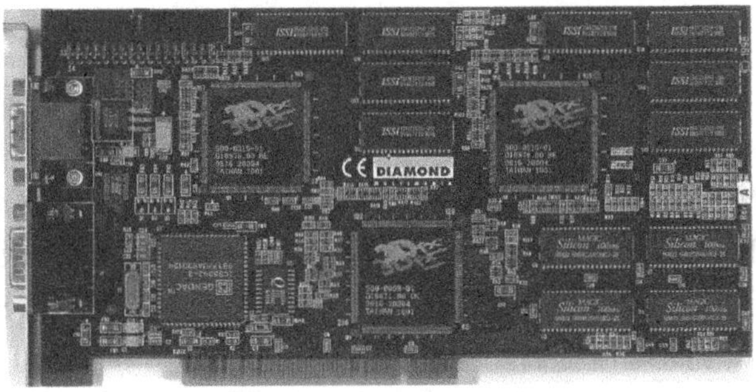

图 6.6 使用 Voodoo 图形芯片组的 DIAMOND Monster 3D 显卡

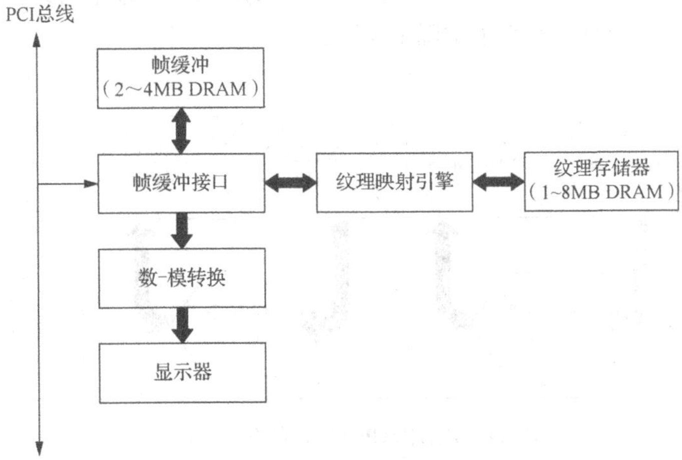

图 6.7 第 0 代 GPU 实现的图形功能

20 世纪 90 年代末，GPU 市场逐渐形成 NVIDIA 公司和 ATI 公司双雄争霸的情形。1999 年，NVIDIA 公司设计了 GeForce 256 图形处理器，正式定义了 GPU 这个名词。因此，GeForce 256 图形处理器是当之无愧的第一代 GPU。差不多同一时期，ATI 公司也推出了 Radeon 7500 GPU。如图 6.8 所示，GeForce 256 GPU 首次将完整的图形流水线集成到单一芯片上，从

CPU 接收绘图命令和场景数据，并且用性能更好的 AGP（advanced graphics port）总线代替了 PCI 总线。也就是说，GeForce 256 集成了顶点处理（即 T&L）、图元组装（包括剪裁）、光栅化和内插、像素级处理和帧缓冲，支持每秒 1500 万多边形和 48000 万像素的处理速度，在显示帧速率上 GPU 产品提升了 50%。GeForce 256 的出现第一次使得 GPU 能够用于消费级市场，改变了 GPU 一般用于高端计算机辅助设计应用的局面。应该注意的是，第一代 GPU 仍然只能支持固定功能的图形流水线。有趣的是，GeForce 256 还集成了一个运动补偿单元，以支持视频处理，这也是在 GPU 上集成专用加速硬件的开端。

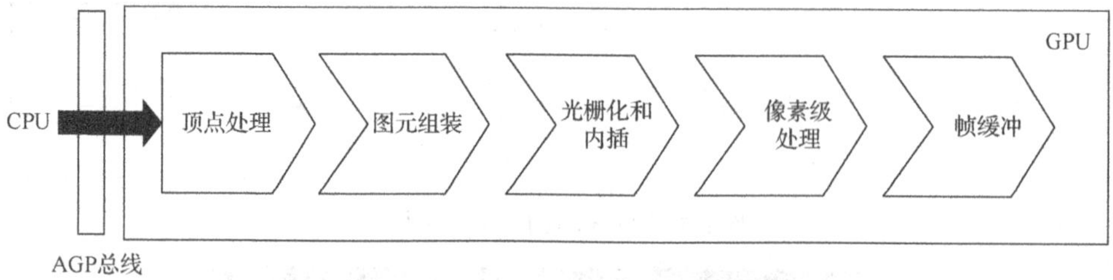

图 6.8　第一代 GPU 实现的图形流水线

2001 年，真正具有编程能力的第二代 GPU 出现了，代表产品为 NVIDIA 公司的 GeForce 3 GPU 和 ATI 公司的 Radeon 7500/8500 GPU。如图 6.9 所示，第二代 GPU 的编程能力体现在顶点处理阶段，GPU 可以接受顶点渲染程序（vertex shader）和片元级渲染程序（fragment shader）。同时，片元级渲染程序还可以使用专用的纹理存储器。GeForce 3 不仅增加了编程能力，其处理能力也得到大幅度提高，支持每秒 5000 万多边形和 96000 万像素的处理速度。可编程渲染程序已经可以支持复杂的动画效果，如脸部的皱纹和水波的涟漪都可以呈现复杂的光照效果。Doom 3 是最早成功利用可编程渲染的游戏，经过全新设计的顶点和片元渲染代码，其图形效果相对早期版本实现了飞跃。

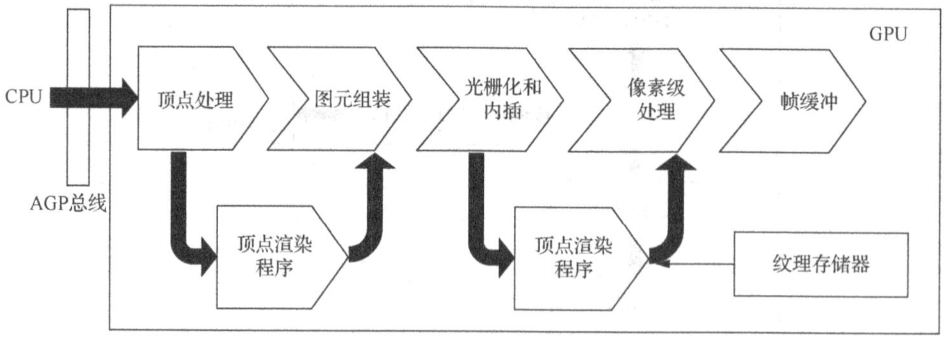

图 6.9　第二代 GPU 实现的图形流水线

2004 年出现的 NVIDIA GeForce 6 系列 GPU 是对第二代 GPU 的丰富和拓展，可以将其归类为第 2.5 代 GPU。第 2.5 代 GPU 的峰值计算能力全面超过了同期的 CPU，因此基于 GPU 的通用计算概念开始产生。此时，GPU 拥有顶点处理器和片元处理器两种计算资源，分别采用不同的硬件体系结构，其中前者为矢量浮点单元，功能相对简单，而后者具有较强的编程能力。因此，这个阶段的通用计算一般使用编程性能更好的片元处理器。

早期的 GPU、显卡的型号和命名比较混乱，随着市场的逐渐成形，目前已逐渐形成规律。一般，制造商会在研发阶段为每一代 GPU 芯片分配特殊的代号和名称，形成产品后按照性能分级形成新的型号，相应的，显卡还会有自己的代号。例如，NVIDIA 公司的 NV40 GPU 是其研发代号，产品化后根据性能有 GeForce 6500、GeForce 6700、GeForce 6800 等多个型号、其中 GeForce 6800 是功能较强的成熟产品，相应显卡有 GeForce 和 Quadro 两个序列，前者针对消费市场，后者针对高端图形应用市场。

到 2005 年，主要的 GPU 制造商都使用顶点处理器和片元处理器两种计算资源。然而，合理配置这两种资源的问题却始终没有得到解决。特别是两种处理器数量的最佳比例是随应用的变化而变化的，因此经常出现一种处理器不够用而另一种处理器闲置的情况。因此，从 2005 年开始，GPU 体系结构方面的最大变化在于引入了统一渲染内核（unified shader processor）概念，即 GPU 装备一组完全相同的、具有较强编程能力的内核，根据任务情况在顶点和片元处理任务之间动态分配。最早拥有统一内核的 GPU 是 ATI 公司为 Microsoft Xbox 游戏机设计的 Xenos。与以往 GPU 明显不同的是，Xenos 拥有 64 个完全相同的流处理单元（streaming processing units）。每个单元配备 5 个计算单元和 1 个分支处理部件，以超长指令字（very long instruction word，VLIW）方式调度执行程序。2006 年，NVIDIA 公司推出了 G80 处理器，它装备 GeForce 8000 系列显卡，这标志着 GPU 开始全面采用统一渲染内核。从 G80 开始，NVIDIA GPU 体系结构已经全面支持通用编程，同时 NVIDIA 公司也推出了著名的 CUDA 编程技术，为 GPU 通用程序设计提供了第一套完整工具。对于 NVIDIA G80 GPU 的体系结构，其组织形式比 Xenos 多一个层次。NVIDIA G80 GPU 拥有 8 个流多处理器（streaming multiprocessor），各自独立执行。每个流多处理器拥有 8 个流处理器（也被称为 CUDA 内核），以 SIMD 方式并行执行。NVIDIA G80 GPU 采用硬件多线程技术，多组线程共享一个流多处理器的硬件，分时执行，以隐藏存储器延时。

从此，GPU 设计厂商必须在设计 GPU 时兼顾图形和通用计算的需求。NVIDIA 公司在 G80 之后又推出 G90、Fermi、Kepler 和 Maxwell 等多代 GPU，其通用计算能力越来越强大。ATI/AMD 公司后续推出的 GPU 开始采用新一代图形内核，并且借助 OpenCL 标准的推出，全面支持 GPU 通用计算。特别是在 2011 年，AMD 公司首先将多个 CPU 内核和 GPU 内核集成在同一芯片上，称为加速处理器（acceleration processing unit，APU），从而形成了一类新的处理器。

6.2.2 GPU 的功能

在今天，GPU 已经不再局限于 3D 图形处理，GPU 通用计算技术发展已经引起业界关注，事实也证明在浮点运算、并行计算等方面，GPU 已可以提供数十倍乃至于上百倍于 CPU 的性能。GPU 通用计算方面的标准目前主要有 OpenCL、CUDA、ATI STREAM。其中，开放运算语言（open computing language，OpenCL）是第一个面向异构系统通用目的并行编程的开放式、免费标准，也是一个统一的编程环境，便于软件开发人员为高性能计算服务器、桌面计算系统、手持设备编写高效轻便的代码，而且广泛适用于多核心处理器（CPU）、图形处理器（GPU）、Cell 类型架构及数字信号处理器等其他并行处理器，在游戏、娱乐、科研、医疗等领域都有广阔的发展前景，AMD-ATI、NVIDIA 现在的产品都支持 OpenCL。NVIDIA 公司在 1999 年发布 GeForce 256 图形处理芯片时首先提出了 GPU 的概念。GPU 使显卡减少了对 CPU 的依赖，并进行部分原本 CPU 的工作，尤其是在进行 3D 图形处理时。

GPU 主要有以下三个特点：提供了多核并行计算的基础结构，且核心数非常多，可以支撑大量数据的并行计算；拥有更高的访存速度；更高的浮点运算能力。浮点运算能力是关系处理器的多媒体、3D 图形处理的一个重要指标。现在的计算机技术中，由于大量多媒体技术的应用，浮点数的计算大大增加，如 3D 图形的渲染等工作，因此浮点运算的能力是考察处理器计算能力的重要指标。

随着嵌入式人工智能的到来，由于 GPU 在浮点计算、并行计算等计算方面性能卓越，GPU 变成研究深度学习和神经网络不可或缺的工具。

现在 GPU 除了绘制图形外，还实现了很多额外的功能，综合起来有以下方面。

- 图形绘制：这是 GPU 最基础、最核心的功能。为大多数 PC 桌面、移动设备、图形工作站提供图形处理和绘制功能。
- 物理模拟：GPU 硬件集成的物理引擎（PhysX、Havok），为游戏、电影、教育、科学模拟等领域提供了成百上千倍性能的物理模拟，使得以前需要长时间计算的物理模拟得以实时呈现。
- 海量计算：计算着色器及流输出的出现，各种可以并行计算的海量需求得以实现。
- 人工智能计算：近年来，人工智能的崛起推动 GPU 集成了 AI Core 运算单元，反哺 AI 运算能力的提升，给各行各业带来了计算能力的提升。
- 其他计算：音视频编解码、加解密、科学计算、离线渲染等都离不开现代 GPU 的并行计算能力和海量吞吐能力。

6.2.3 GPU 的物理架构

GPU 的物理架构又分为宏观物理架构和微观物理架构。从宏观物理结构上看，现代大多数桌面级 GPU 的大小跟数枚硬币同等大小，甚至比一枚硬币还小，如图 6.10 所示。

图 6.10 GPU 宏观物理结构

本书主要介绍 GPU 的微观物理架构，GPU 的微观结构因不同厂商、不同架构会有所差异，但核心部件、概念、运行机制大同小异。本书主要介绍 NVIDIA GPU 的微观物理结构。

1. NVIDIA Tesla 架构

现代三维图形处理单元（GPU）已经从一个固定功能的图形管道发展到一个计算能力超过多核 CPU 的可编程并行处理器。传统的图形管道包括两个独立的可编程阶段：执行顶点着色程序的顶点处理器和执行像素着色程序的像素片段处理器。NVIDIA Tesla 架构，于 2006 年 11 月引入 GeForce 8800 GPU，统一并扩展了顶点和像素处理器。通过 CUDA2-4 并行编程模型和开发工具，可以实现用 C 语言编写的高性能并行计算应用。特斯拉统一图形和计算架构可在可扩展的 GeForce 8 系列 GPU 和 Quadro GPU 家族中使用，适用于笔记本计算机、台式计算机、工作站和服务器。它还为 2007 年推出的用于高性能计算的特斯拉 GPU 计算平台提供了处理架构。

Tesla 的主要设计目标是在统一的处理器架构上执行顶点和像素碎片着色程序。统一将支持不同顶点和像素处理工作负载的动态负载平衡，并允许引入新的图形着色器阶段，例如，DX10 中的几何着色器。它还让单个团队专注于设计快速高效的处理器，并允许共享昂贵的硬件，如纹理单元。统一处理器的通用性为全新的 GPU 并行计算能力打开了大门。这种通用性的缺点是难以在不同的着色器类型之间实现有效的负载平衡。其他关键的硬件设计需求包括架构可伸缩性、性能、功率和区域效率。特斯拉的架构师在开发微软 Direct3D DirectX 10 图形 API 的同时开发了图形功能集。他们在开发 CUDA C 并行编程语言、编译器和开发工具的同时开发了 GPU 的计算功能集。

近年来，NVIDIA 率先使用 GPU 加速计算密集型工作负载，推出了 G80 GPU 和 NVIDIA CUDA 并行计算平台。今天，NVIDIA Tesla GPU 加速了数千个高性能计算的应用，涉及许多领域，包括计算流体动力学、医学研究、机器视觉、金融建模、量子化学、能源发现等。NVIDIA Tesla GPU 安装在许多世界顶级超级计算机上，使越来越复杂的模拟跨越多个领域。数据中心正在使用 NVIDIA Tesla GPU 来加速大量的高性能计算和大数据应用程序，同时也支持先进的人工智能和深度学习系统。

Tesla 的架构基于一个可扩展的处理器阵列。图 6.11 显示了一个 GeForce 8800 GPU 的框图，该 GPU 具有 128 个流处理器（stream processor，SP）核，由 16 个流多处理器（stream multi-processor，SM）组成，分布在 8 个称为纹理/处理器集群（texture/processor cluster，TPC）的独立处理单元中。工作流程从上到下，从带有系统 PCI Express 总线的主机接口开始。由于其统一处理器设计，Tesla 的物理架构与图形流水线阶段的逻辑顺序并不相似。然而，这里将使用逻辑图形管道流来解释体系结构。

在最高级别，GPU 的可伸缩流处理器阵列（stream processor array，SPA）执行 GPU 的所有可编程计算。该可伸缩存储器系统由外部 DRAM 控制和固定功能的光栅操作处理器（raster operation processor，ROP）组成，可直接在存储器上执行颜色和深度帧缓冲操作。一个互连网络携带从 SPA 到 ROP 计算出的像素碎片颜色和深度值。该网络还将纹理内存读请求从 SPA 路由到 DRAM，并通过二级缓存从 DRAM 读取数据返回到 SPA。

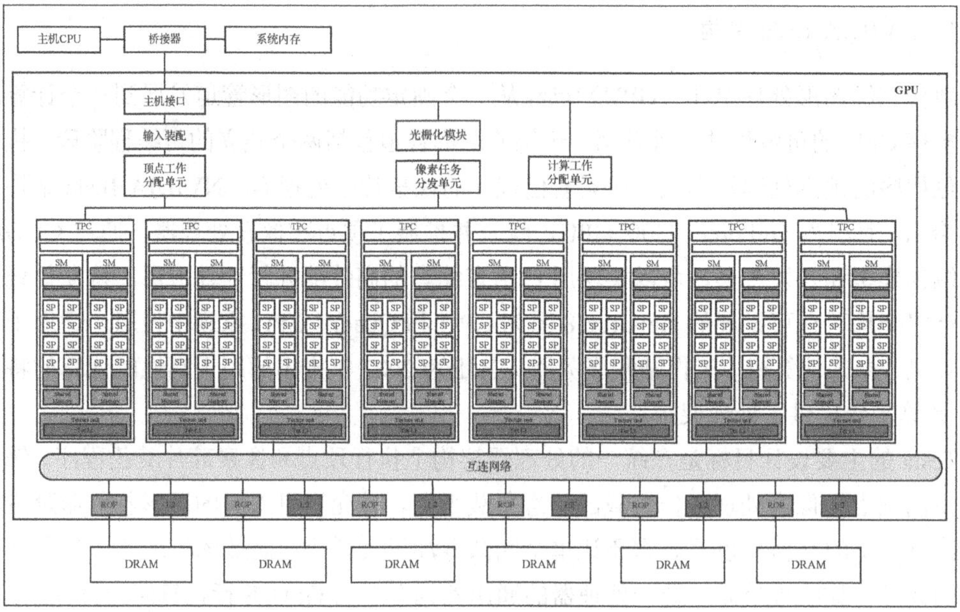

图 6.11　特斯拉统一图形和计算 GPU 架构

图 6.11 中的其余块将输入工作交付给 SPA。输入汇编程序按照输入命令流的指示收集顶点工作。顶点工作分发块将顶点工作数据包分发到 SPA 中的各个 TPC 上。TPC 执行顶点着色程序和几何着色程序。产生的输出数据被写入片上缓冲区。这些缓冲区随后将它们的结果传递给 viewport/clip/setup/raster/zcull 块，以栅格化成像素片段。像素工作分配单元将像素碎片分配到适当的 TPC 进行像素碎片处理。阴影像素碎片通过互连网络进行深度和颜色 ROP 单元处理。计算工作分配块将计算线程数组分配给 TPC。SPA 接受并处理多个逻辑流同时工作。GPU 单元、处理器、DRAM 和其他单元的多个时钟域允许独立的电源和性能优化。

GPU 主机接口单元与主机 CPU 通信，响应 CPU 的命令，从系统内存中提取数据，检查命令的一致性，并进行上下文切换。输入汇编程序收集几何原语（点、线、三角形、线带和三角形带），并获取相关的顶点输入属性数据。在 GPU 核心时钟上，它的峰值速率为每个时钟一个原语和 8 个标量属性，通常为 600 MHz。工作分配单元将输入汇编器的输出流转发给处理器阵列，处理器阵列执行顶点、几何图形和像素着色程序，以及计算程序。顶点和计算工作分配单元以循环方案将工作交付给处理器。

SPA 执行图形着色器线程程序和 GPU 计算程序，并提供线程控制和管理。SPA 中的每个 TPC 大致对应以前架构中的一个 4 像素单元，TPC 的数量决定了 GPU 的可编程处理性能，并且可以从小型 GPU 的一个 TPC 扩展到高性能 GPU 的 8 个或更多 TPC。

如图 6.12 所示，每个 TPC 包含一个几何控制器、一个 SM 控制器（system management controller，SMC）、两个流多处理器（SM）和一个纹理单元。图 6.13 展开了每个 SM，并显示它的 8 个 SP 核。为了平衡数学运算和纹理运算的预期比率，一个纹理单元服务于两个短信。这种结构比例可以根据需要调整。

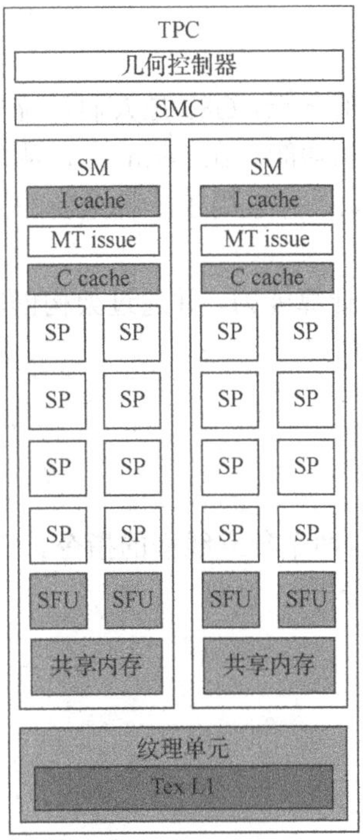

图 6.12 结构/处理器集群（TPC）

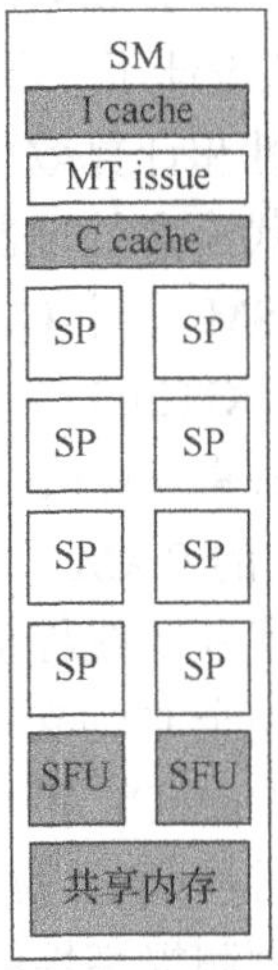

图 6.13 流多处理器（SM）

几何控制器通过引导 TPC 中所有的原语、顶点属性和拓扑流，将逻辑图形顶点管道映射到物理 SM 上的再循环。它管理专用的片内输入输出顶点属性存储，并根据需要转发内容。

DX10 有两个处理顶点和基元的步骤：顶点着色器处理和几何着色器处理。顶点着色器先独立处理，其典型操作包括位置空间转换、颜色和纹理坐标的生成。几何着色器在顶点着色器处理之后工作，处理整个图元及其顶点。其典型操作是模具阴影生成和立方体贴图纹理生成的边缘挤压。几何着色器输出原语进入后期剪辑、视口转换和栅格化像素片段。

SM 是一个统一的图形和计算多处理器，可以执行顶点、几何图形和像素碎片着色程序及并行计算程序。如图 6.13 所示，SM 由 8 个流处理器核、2 个特殊功能单元（special function unit，SFU）、一个多线程指令获取和发出单元（MT issue）、一个指令缓存、一个只读常量缓存和一个 16KB 的读写共享内存组成。共享内存保存并行计算所需的图形输入缓冲区或共享数据。为了让图形工作负载通过 SM 流水线，顶点、几何图形和像素线程有独立的输入和输出缓冲区。工作负载的到达和离开可以独立于线程执行。几何线程使用独立的输出缓冲区，它为每个线程生成可变数量的输出。

每个 SP 核包含一个乘法-加法单元（multiply-add，MAD）单元，给 SM 8 个 MAD 单元。SM 使用它的两个 SFU 单元来实现超越函数和属性插值——从定义原语的顶点属性中插值像素属性。每个 SFU 还包含 4 个浮点乘数。SM 使用 TPC 纹理单元作为第三个执行单元，并使用 SMC 和 ROP 单元来实现外部内存加载、存储和原子访问。SP 和共享内存库之间的低延迟互连网络提供了共享内存访问。

2. NVIDIA Fermi 架构

Fermi 架构的实现是自 G80 以来 GPU 架构最重要的飞跃。G80 是人们对统一图形和计算并行处理器的最初设想。GT200 扩展了 G80 的性能和功能。在 Fermi 上，从之前的两个处理器和所有为它们编写的应用程序中获得了所有知识，并采用了一种全新的方法来设计创造世界上第一个计算 GPU。

Fermi 团队设计了一种处理器，极大地提高了原始计算能力，并通过架构创新，极大地提高了可编程性和计算效率。Fermi 主要架构的亮点如下。

（1）第三代流多处理器（SM）

- 每个 SM 32 个 CUDA 内核，是 GT200 的 4 倍。
- 8 倍于 GT200 的峰值双精度浮点性能。
- 双线程束（warp）调度器同时调度和分派来自两个独立线程的指令。
- 64KB 的 RAM，可配置共享内存和一级缓存分区。

（2）第二代并行线程执行 ISA

- 具有完全 C++支持的统一地址空间。
- 针对 OpenCL 和 DirectCompute 进行了优化。
- 支持转换到 64 位寻址的内存访问指令。
- 通过预测提高性能。

（3）改进的内存子系统

- NVIDIA Parallel DataCache ™ 层次结构，具有可配置的一级缓存和二级缓存。
- 首款支持 ECC 内存的 GPU。
- 大大提高了原子存储器的运行性能。

（4）NVIDIA GigaThread ™ 引擎

- 10 倍应用程序上下文切换速度。
- 并发内核执行。
- 无序线程块执行。
- 双重叠内存传输引擎。

第一款基于 Fermi 架构的 GPU 采用了 30 亿个晶体管，CUDA 核多达 512 个。CUDA 内核为线程的每个时钟执行浮点或整数指令。512 个 CUDA 内核被组织在 16 个 SM 中，每个 SM 包含 32 个内核。GPU 有 6 个 64 位内存分区，用于 384 位内存接口，支持总计 6 GB 的 GDDR5 DRAM 内存。主机接口通过 PCI Express 将 GPU 连接到 CPU。GigaThread 全局调度程序将线程块分配给 SM 线程调度程序。如图 6.14 所示，Fermi 的 16 个 SM 被放置在一个普通的二级缓存周围。每个 SM 是一个垂直的矩形条带，包含橙色部分（调度程序和调度）、绿色部分（执行单元）和浅蓝色部分（寄存器文件和一级缓存）。

第三代 SM 引入了几项架构创新，使其不仅成为迄今为止最强大的 SM，而且也是最善于编程、最高效的 SM。每个 SM 配备 32 个 CUDA 处理器，是之前的 SM 设计的 4 倍。每个 CUDA 处理器都有一个完全流水线的整数算术逻辑单元（arithmetic logic unit，ALU）和浮点单元（floating-point unit，FPU）。之前的 GPU 使用 IEEE 754-1985 浮点算法。Fermi 体系结构实现了新的 IEEE 754-2008 浮点标准，为单精度和双精度算术提供了融合乘法-加法（fused multiply-add，FMA）指令。与乘法-加法（MAD）指令相比，FMA 改进了乘法和加法，只需最后一个舍入步骤，加法精度不会降低。FMA 指令比单独执行操作更准确。GT200 实现了双精度 FMA。

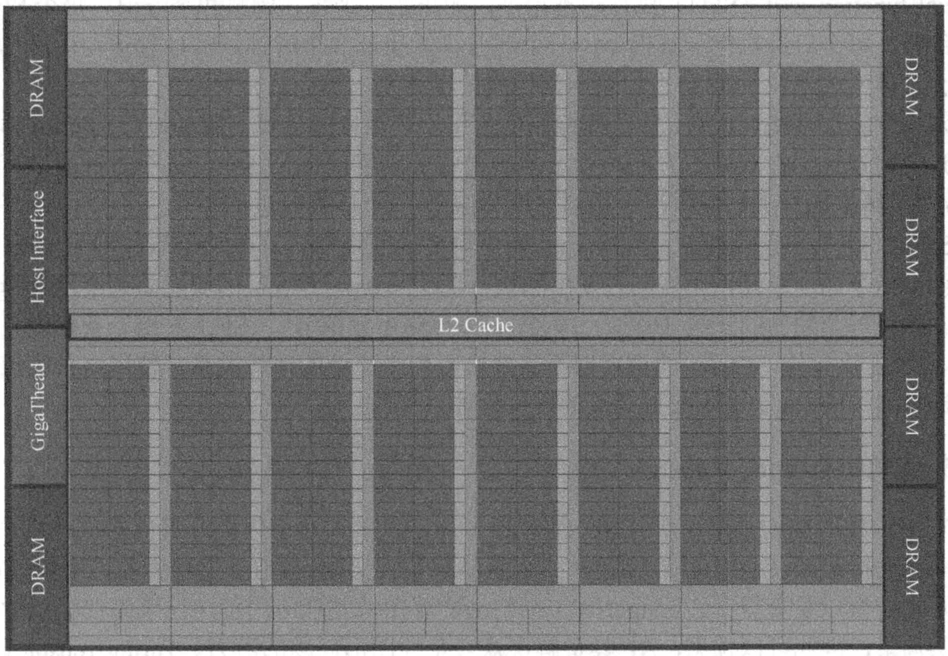

图 6.14　Fermi 物理架构图

在 GT200 中，整数 ALU 被限制为 24 位精度的乘法运算，因此整数运算需要多指令仿真序列。在 Fermi 体系结构中，新设计的整数 ALU 支持所有指令的全部 32 位精度，符合标准编程语言要求。整数 ALU 经过优化，也可以有效地支持 64 位和扩展精度运算；支持各种指令，包括布尔、移位、移动、比较、转换、位字段提取、位反向插入和填充计数。图 6.15 是 SM 的指令流程图。

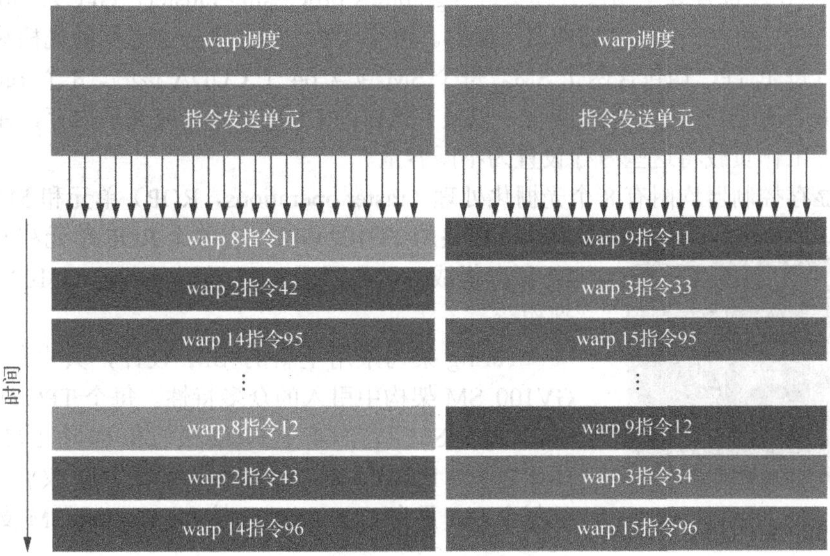

图 6.15　SM 的指令流程图

每个 SM 有 16 个加载（存储）单元，允许为每个时钟 16 个线程计算源地址和目标地址。支持单元在每个地址加载并存储数据以缓存或动态随机存取数据。特殊功能单元（special function unit，SFU）执行超越指令，如正弦、余弦、倒数和平方根。每个 SFU 的每个线程、每个时钟执行一条指令；一个翘曲执行超过 8 个时钟。SFU 管道与调度单元分离，允许调度单元在 SFU 被占用时向其他执行单元发出指令。

双精度算法是线性代数、数值模拟和量子化学等高性能计算应用的核心。Fermi 体系结构经过专门设计，在双精度方面达到了前所未有的高度；每个 SM、每个时钟最多可以执行 16 个双精度融合乘加操作，这是 GT200 架构的一个显著改进。

SM 以 32 个平行线程（称为 warp）为一组来调度线程。每个 SM 都有两个 warp 调度器和两个指令调度单元，允许同时发出和执行两个 warp。Fermi 的双翘曲调度器选择两个翘曲，并从每个翘曲向一组 16 核、16 个加载/存储单元或 4 个 SFU 发出一条指令。因为 warp 是独立执行的，Fermi 的调度器不需要检查指令流中的依赖关系。使用这种优雅的双重问题模型，Fermi 实现了接近峰值的硬件性能。

3. NVIDIA Turing 架构

Turing 核心架构采用全新 GPU 处理器（SM）架构，可有效提升着色器执行效率，同时还配备支持最新 GDDR6 显存技术的全新显存系统架构。得益于这两大关键配置，Turing 的图形性能得以显著提升。ImageNet Challenge①等图像处理应用程序已率先在深度学习领域初尝硕果，因此可以预见，AI 具备解决众多重要图形问题的潜力。Turing Tensor（图灵张量）核心可助力一套基于深度学习的神经服务，不仅能为基于云的系统提供快速 AI 推理，还可在游戏和专业图形领域实现出色的图形效果。

NVIDIA Turing 是世界上先进的 GPU 架构。高端 TU102 GPU 拥有 186 亿个晶体管，这些晶体管均采用 TSMC 12 nm FFN（FinFET NVIDIA）高性能制造工艺打造而成。

Turing TU102 GPU 在 Turing GPU 系列中性能最为出众，本书重点介绍 Turing TU102 GPU。TU104 和 TU106 GPU 的基本架构与 TU102 相同。

TU102 GPU 包含 6 个图像处理集群（graphics processing cluster，GPC）、36 个纹理处理集群（TPC）和 72 个流多处理器（SM）。每个 GPC 均包含一个专用的光栅化引擎和 6 个 TPC，且每个 TPC 均包含两个 SM。每个 SM 包含 64 个 CUDA 核心、8 个 Tensor 核心、1 个 256KB 寄存器堆、4 个纹理单元，以及 96KB 的 L1 数据缓存或共享内存，并且可根据计算或图形工作负载将这些内存设置为不同容量。

每个显存控制器均附有 8 个光栅化处理（raster operations，ROP）单元和 512KB 的 L2 缓存。完整的 TU102 GPU 由 96 个 ROP 单元和 6144KB 的 L2 缓存组成。可参照图 6.16 了解 Turing TU102 GPU 的内部构造。

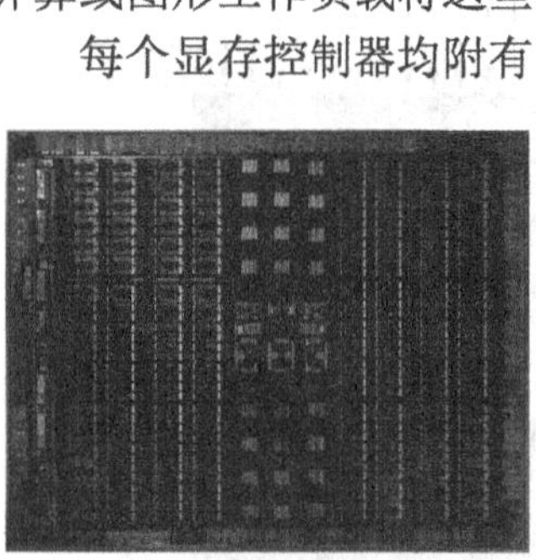

图 6.16　Turing TU102 GPU

Turing 架构采用全新的 SM 设计，其中包含在 Volta GV100 SM 架构中引入的众多特性。每个 TPC 均包含两个 SM，每个 SM 共有 64 个 FP32 核心和 64 个 INT32 核心。相比之下，Pascal GP10x GPU 的每个 TPC 仅有一个 SM，且每个 SM 只含 128 个 FP32 核心。Turing SM 支持并行执

① ImageNet Challenge 为 ImageNet 挑战赛中的图像处理应用程序。

行 FP32 与 INT32 运算，并可执行类似 Volta GV100 GPU 的独立线程调度。每个 Turing SM 还拥有 8 个混合精度 Turing Tensor 核心和 1 个 RT 核心。可参照图 6.17 了解 Turing TU102 SM 的内部构造。

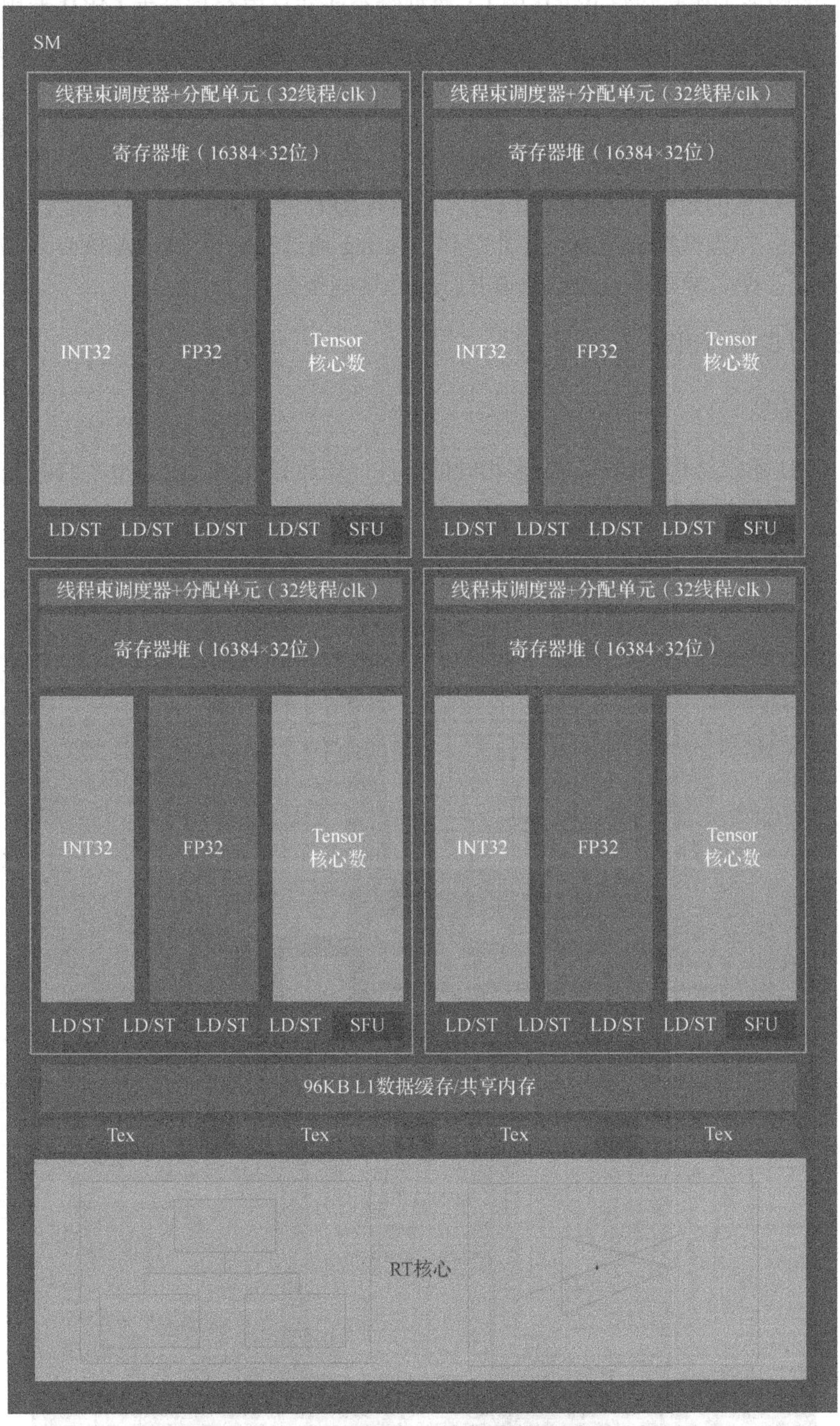

图 6.17　Turing TU102 流多处理器（SM）

将 Turing SM 划分为 4 个处理块，每个处理块均包含 16 个 FP32 核心、16 个 INT32 核心、2 个 Tensor 核心、1 个线程束调度器和 1 个分配单元。每个处理块还具有一个新型 L0 指令缓存和一个 64KB 寄存器堆。这 4 个处理块共享一个组合式 96KB L1 数据缓存或共享内存。传统的图形工作负载将 96KB 的 L1 数据缓存或共享内存划分为 64KB 专用图形着色器 RAM，以及 32KB 纹理缓存和寄存器堆溢出区。计算工作负载可将 96KB 划分为 32KB 共享内存和 64KB L1 数据缓存，或 64KB 共享内存和 32KB L1 数据缓存。

Turing 对核心执行数据通道做了重大改进。现代着色器工作负载通常会混合包含 FP 算术指令（如 FADD 或 FMAD）和更简单的指令（如用于寻址和获取数据的整数加法、浮点比较或处理结果的最小值及最大值等）。在以往的着色器架构中，每当运行其中一个非 FP 数学指令时，浮点数据通道就会停止运作。Turing 通过在每个 CUDA 核心旁添加第二个并行执行单元，使之能与浮点数据通道并行执行这些指令。

6.2.4 GPU 的运行机制

1. 渲染总览

现代 GPU 不仅结构相似，有很多相同的部件，在运行机制上也有很多共同点。图 6.18 是 Fermi 架构的运行机制总览图。

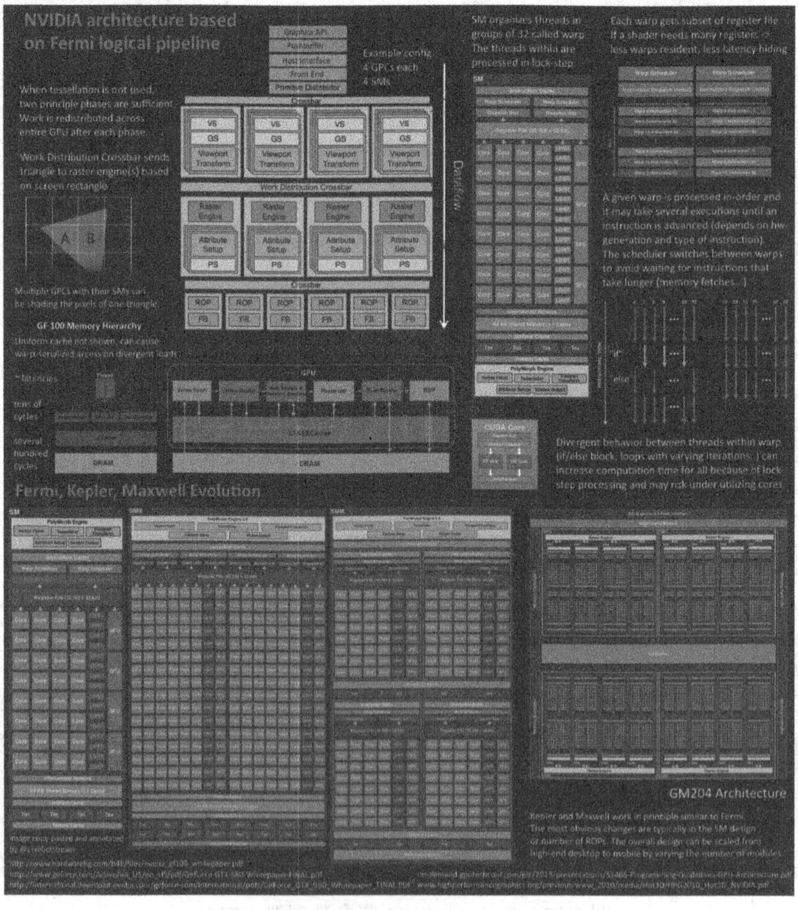

图 6.18 Fermi 架构的运行机制总览

从 Fermi 开始 NVIDIA 使用类似的原理架构，使用一个 Giga Thread Engine（Giga 线程引擎）来管理所有正在进行的工作，GPU 被划分成多个图形处理集群（graphics processing cluster，GPC），每个 GPC 拥有多个 SM（SMX、SMM）和一个光栅化引擎（raster engine），它们之间有很多的连接，最显著的是 Crossbar，它可以连接 GPC 和其他功能性模块（如 ROP 或其他子系统）。

程序员编写的 shader 是在 SM 上完成的。每个 SM 包含许多为线程执行数学运算的核心。例如，一个线程可以是顶点或像素着色器调用。这些核心和其他单元由 Warp Scheduler（线程束调度器）驱动，Warp Scheduler 管理一组 32 个线程作为 warp 并将要执行的指令移交给 Dispatch Unit（调度单元）。

GPU 中实际有多少这些单元（每个 GPC 有多少个 SM，多少个 GPC……）取决于芯片配置本身。例如，GM204 有 4 个 GPC，每个 GPC 有 4 个 SM，但 Tegra X1 只有 1 个 GPC 和 2 个 SM，它们均采用 Maxwell 设计。SM 设计本身（内核数量、指令单位、调度程序……）也随着时间的推移而发生变化，并帮助芯片变得如此高效，可以从高端台式机扩展到笔记本计算机移动端。

如图 6.19 所示，对于某些 GPU（如 Fermi 部分型号）的单个 SM，其包含如下内容。

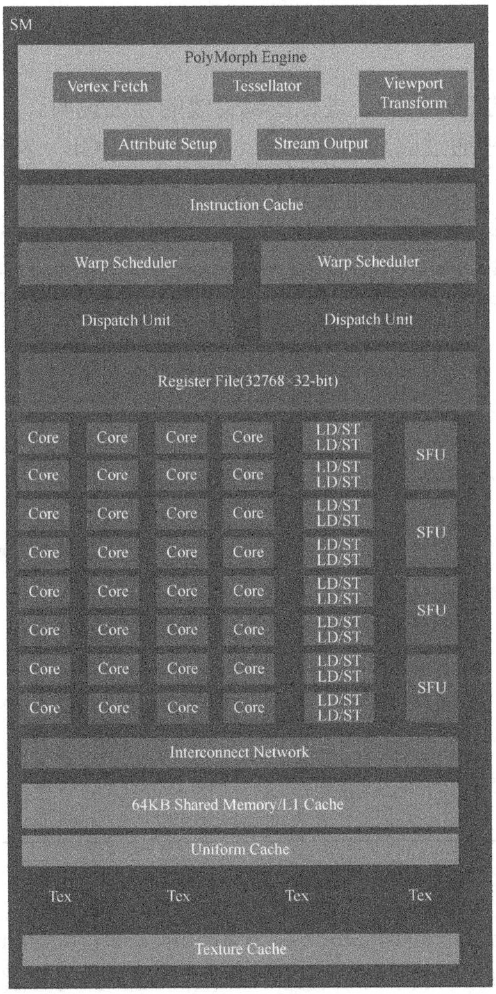

图 6.19　SM 架构

- 32 个 Core（运算核心，也称流处理器）。
- 16 个 LD/ST（load/store）模块加载和存储数据。
- 4 个 Special function unit（SFU）执行特殊数学运算（sin、cos、log 等）。
- Register File（128KB 寄存器）。
- 64KB Shared Menory/L1 Cache（64KB L1 缓存）。
- Uniform Cache（全局内存缓存）。
- 纹理读取单元。
- Texture Cache（纹理缓存）。
- PolyMorph Engine（多边形引擎）：多边形引擎负责 Attribute Setup（属性装配）、Vertex Fetch（顶点拉取）、曲面细分 [由 Tessellator（镶嵌器）完成]、栅格化 [由 Viewport（视口）完成]。
- 2 个 Warp Scheduler：这个模块负责 warp 调度，一个 warp 由 32 个线程组成，warp 调度器的指令通过 Dispatch Unit 送到 Core 执行。
- Instruction Cache（指令缓存）。
- Interconnect Network（内部链接网络）。

2. 逻辑管线

下面以 Fermi 家族的 SM 为例，进行逻辑管线的详细说明。

如图 6.20 所示，程序通过图形 API（DX、GL、WEBGL）发出 drawcall 指令，指令会被推送到驱动程序，驱动会检查指令的合法性，然后会把指令放到 GPU 可以读取的 Pushbuffer（推送缓冲区）中。经过一段时间或者显式调用 flush 指令后，驱动程序把 Pushbuffer 的内容发送给 GPU，GPU 通过 Host Interface（主机接口）接收这些命令，并通过 Front End（前端）处理这些命令。

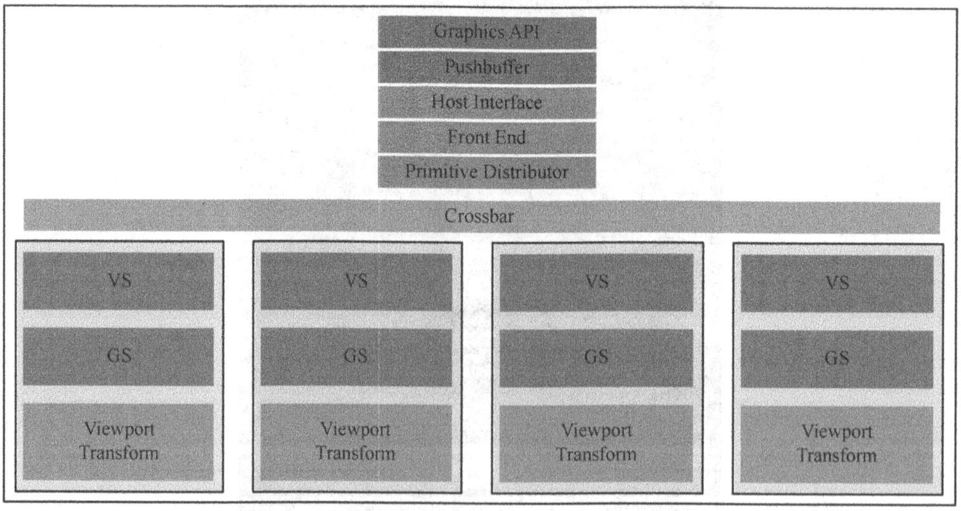

图 6.20 逻辑管线架构

在图元分配器（primitive distributor）中开始工作分配，处理 indexbuffer 中的顶点产生三角形分成批次（batches），然后发送给多个 PGC。这一步的理解就是提交 n 个三角形，分配给 PGC 同时处理。在 GPC 中，每个 SM 中的 Poly Morph Engine 负责通过三角形索引

（triangle index）取出三角形的数据（vertex data），即图 6.19 中的 Vertex Fetch 模块。

在获取数据之后，在 SM 中以 32 个线程为一组的 warp 来调度，开始处理顶点数据。warp 是典型的单指令多线程（SIMT，SIMD 单指令多数据的升级）的实现，也就是 32 个线程同时执行的指令是一样的，只是线程数据不一样，这样的好处就是一个 warp 只需要一个套逻辑对指令进行解码和执行，芯片可以做得更小、执行更快，可以这么做是因为 GPU 需要处理的任务是天然并行的。

SM 的 warp 调度器会按照顺序分发指令给整个 warp，单个 warp 中的线程会锁步（lock-step）执行各自的指令，如果线程碰到不激活执行的情况也会被遮掩。被遮掩的原因有很多，如当前的指令是 if（true）的分支，但是当前线程的数据的条件是 false，或者循环的次数不一样（如 for 循环次数 n 不是常量，或被 break 提前终止了但是别的还在执行），因此在 shader 中的分支会显著增加时间消耗，一个 warp 中的分支除非 32 个线程都执行到 if 或者 else 语句块，否则相当于所有的分支都执行一遍，线程不能独立执行指令而是以 warp 为单位，而这些 warp 之间才是独立的。

warp 中的指令可以被一次完成，也可能经过多次调度完成。例如，通常 SM 中的 LD/ST 单元数量明显少于基础数学操作单元。由于某些指令比其他指令需要更长的时间才能完成，特别是内存加载，warp 调度器可能会简单地切换到另一个没有内存等待的 warp，这是 GPU 克服内存读取延迟的关键，只是简单地切换活动线程组。为了使这种切换非常快，调度器管理的所有 warp 在寄存器文件中都有自己的寄存器。这里就会产生矛盾，着色器需要越多的寄存器，就会给 warp 留下越少的空间，就会产生越少的 warp，这时候在碰到内存延迟的时候就会只是等待，而没有可以运行的 warp 可供切换。一旦 warp 完成了顶点着色器的所有指令，运算结果就会被视口变换模块处理，三角形会被裁剪然后准备栅格化，GPU 会使用 L1 和 L2 缓存来进行顶点着色器和像素着色器的数据通信。

接下来这些三角形将被分割，然后分配给多个图像处理集群，三角形的范围决定它将被分配到哪个光栅引擎（raster engines），每个光栅引擎覆盖了多个屏幕上的方形像素，这等于把三角形的渲染分配到多个方形像素上面。也就是像素阶段就把按三角形划分变成了按显示的像素划分了。SM 上的 Attribute Setup 保证了从 vertex-shader 来的数据经过插值后是 pixel-shade 可读的。GPC 上的光栅引擎在它接收到的三角形上工作，负责这些三角形的像素信息的生成［同时会处理裁剪（clipping）、背面剔除和 Early-Z①剔除］。32 个像素线程将被分成一组，或者说 8 个 2×2 的像素块，这是像素着色器上的最小工作单元，在这个像素线程内，如果没有被三角形覆盖就会被遮掩，SM 中的 warp 调度器会管理像素着色器的任务。

接下来的阶段就和 vertex-shader 中的逻辑步骤完全一样，但是变成了在像素着色器线程中执行。由于不耗费任何性能就可以获取一个像素内的值，因此锁步执行非常便利，所有线程可以保证所有指令可以在同一点。

最后一步，现在像素着色器已经完成了颜色的计算还有深度值的计算，在这个点上，人们必须考虑三角形的原始 API 顺序，然后才将数据移交给渲染输出单元（render output unit，ROP），一个 ROP 光栅处理器内部有很多 ROP 处理单元，在 ROP 中处理深度测试，和 framebuffer 的混合，深度和颜色的设置必须是原子操作，否则两个不同的三角形在同一个像素点会发生冲突和错误。

---

① Early-Z 为提前深度测试与 Z 缓冲区拒绝（early depth test and Z-buffer rejection）。

3. 资源机制

GPU 的部分架构与 CPU 类似，也有多级缓存结构：寄存器、L1 缓存、L2 缓存、GPU 显存、系统显存，如图 6.21 所示。

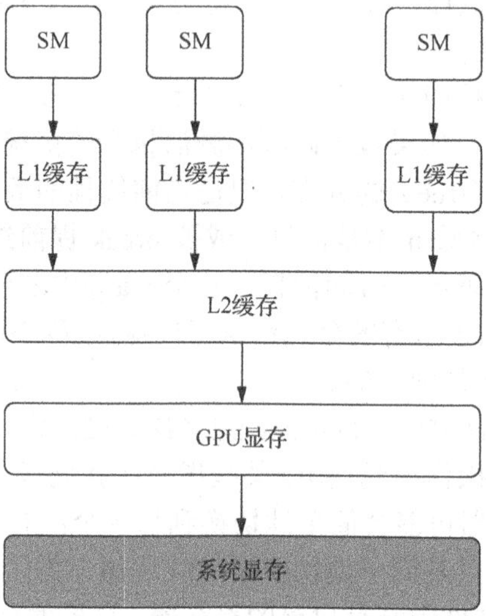

图 6.21　GPU 缓存结构

它们的存储速度从寄存器到系统内存依次降低，如表 6.2 所示。

表 6.2　缓存结构存储速度

存储类型	寄存器	共享内存	L1 缓存	L2 缓存	纹理、常量缓存	全局内存
访问周期/ns	1	1～32	1～32	32～64	400～600	400～600

根据 CPU 和 GPU 是否共享内存，又可分为两种类型的 CPU-GPU 架构，如图 6.22 所示。

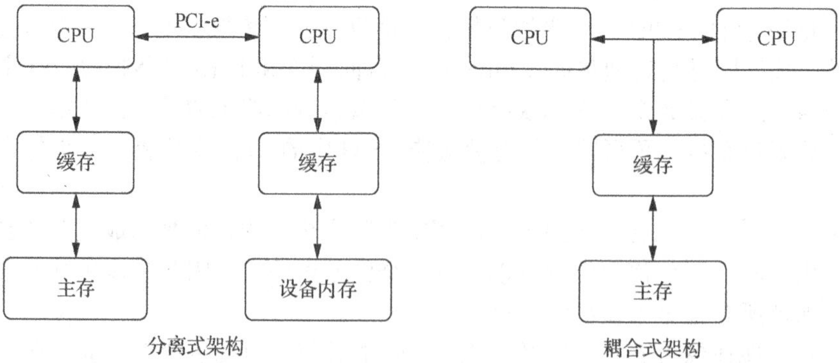

图 6.22　CPU-GPU 架构

图 6.22 左图是分离式架构，CPU 和 GPU 各自有独立的缓存和内存，它们通过 PCI-e 等总线通信。这种结构的缺点在于 PCI-e 相对于两者具有低带宽和高延迟，数据的传输成了性能瓶颈。目前，分离式架构使用非常广泛，如个人计算机、智能手机等。

图 6.22 右图是耦合式架构，CPU 和 GPU 共享内存和缓存。AMD 的 APU 采用的就是

这种结构，目前主要应用于游戏主机，如 PS4。

在存储管理方面，分离式架构中 CPU 和 GPU 各自拥有独立的内存，两者共享一套虚拟地址空间，必要时会进行内存拷贝。对于耦合式架构，GPU 没有独立的内存，与 GPU 共享系统内存，由 MMU 进行存储管理。

图 6.23 是分离式架构的资源管理模型。

（1）内存映射 I/O

- CPU 与 GPU 的交流是通过内存映射 I/O（memory mapped I/O，MMIO）进行的。CPU 通过 MMIO 访问 GPU 的寄存器状态。
- 直接存储器访问（direct memory access，DMA）传输大量的数据通过 MMIO 进行命令控制。
- I/O 端口可用于间接访问 MMIO 区域，像 Nouveau 等开源软件从来不访问它。

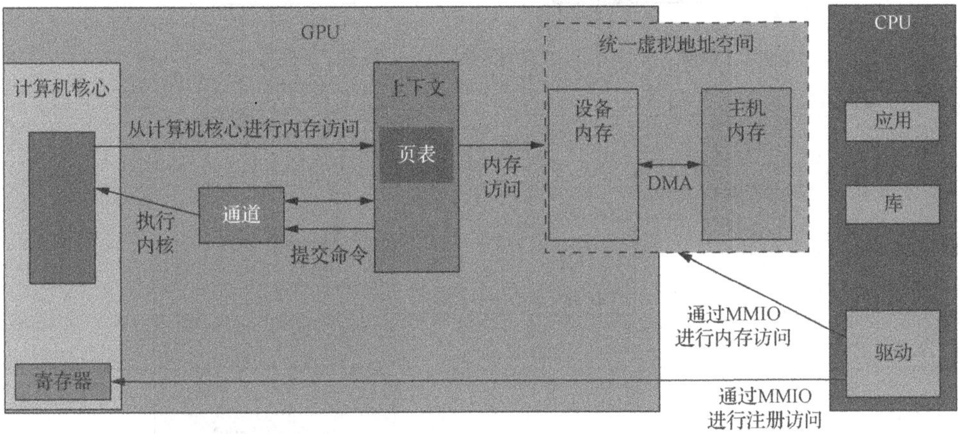

图 6.23　分离式架构的资源管理模型

（2）GPU 上下文

- GPU 上下文代表 GPU 计算的状态。
- 在 GPU 中拥有自己的虚拟地址。
- GPU 中可以并存多个活跃态下的上下文。

（3）GPU 通道

- 任何命令都是由 CPU 发出的。
- 命令流（command stream）被提交到硬件单元，也就是 GPU 通道。
- 每个 GPU 通道关联一个上下文，而一个 GPU 上下文可以有多个 GPU 上下文。
- 每个 GPU 上下文包含相关通道的 GPU 通道描述符，每个描述符都是 GPU 内存中的一个对象。
- 每个 GPU 通道描述符都存储了通道的设置，其中就包括页表。
- 每个 GPU 通道在 GPU 内存中都分配了唯一的命令缓存，通过 MMIO 对 CPU 可见。
- GPU 上下文切换和命令执行都在 GPU 硬件内部调度。

（4）GPU 页表

- GPU 上下文在虚拟地址空间由页表隔离其他上下文。

- GPU 页表隔离 CPU 页表，位于 GPU 内存中。
- GPU 页表的物理地址位于 GPU 通道描述符中。

（5）PFIFO Engine

- PFIFO 是 GPU 命令提交通过的一个特殊部件。
- 所有访问通道控制区域的执行指令都被 PFIFO 拦截。
- GPU 驱动使用通道描述符来存储相关的通道设定。
- PFIFO 将读取的命令转交给图形处理引擎。

除此之外，CPU-GPU 之间也会进行数据交换，图 6.24 是分离式架构的 CPU-GPU 的数据流程图。

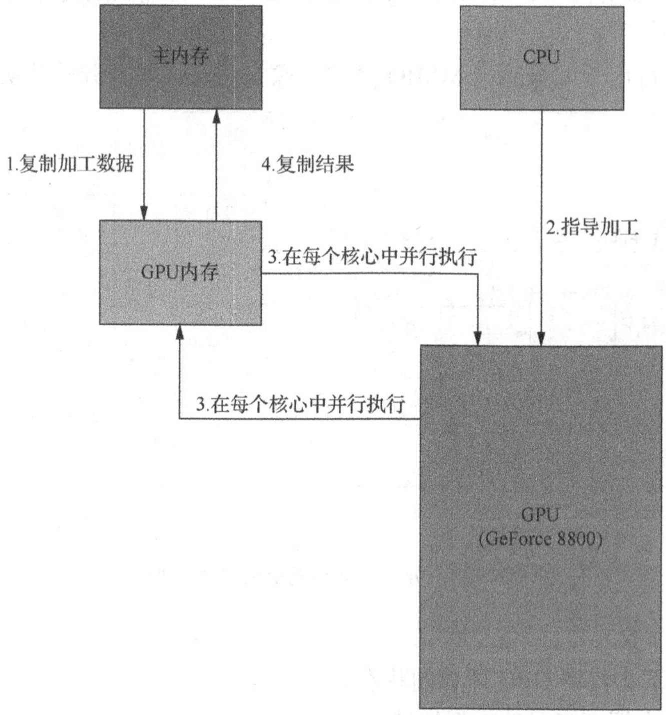

图 6.24　分离式架构的 CPU-GPU 的数据流程图

将主存的处理数据复制到显存中。

- CPU 指令驱动 GPU。
- GPU 中的每个运算单元并行处理。此步会从显存存取数据。
- GPU 将显存结果传回主存。

6.3　人工智能芯片

6.3.1　人工智能芯片的发展

本节主要介绍人工智能芯片的发展历程、发展现状和发展趋势。到目前为止，人工智能芯片的发展历程主要可以分为四个阶段。

第一阶段（2006年以前）：在这一阶段，尚未出现突破性的人工智能算法，且能够获取的数据也较为有限，传统通用CPU能够完全满足当时的计算需要，学界和产业界均对人工智能芯片没有特殊需求，因此人工智能芯片产业的发展一直较为缓慢。

第二阶段（2006～2010年）：在这一阶段，游戏、高清视频等行业快速发展，同时助推了GPU产品的迭代升级。2006年，GPU厂商英伟达发布了统一计算设备架构（compute unified device architecture，CUDA），第一次让GPU具备了可编程性，让GPU的核心流处理器既具有处理像素、顶点、图形等渲染能力，又同时具备通用的单精度浮点处理能力，即令GPU既能做游戏和渲染，也能做并行度很高的通用计算，英伟达称之为图形处理计算单元（graphics processing compute unit，GPCPU）。统一计算设备架构推出后，GPU编程更加易用便捷，研究人员发现，GPU所具有的并行计算特性比通用CPU的计算效率更高，更适用于深度学习等人工智能先进算法所需的“暴力计算”场景。在GPU的助力下，人工智能算法的运算效率提高了几十倍，由此，研究人员开始大规模使用GPU开展人工智能领域的研究和应用。

第三阶段（2010～2015年）：2010年之后，以云计算、大数据等为代表的新一代信息技术高速发展并逐渐开始普及，云端采用“CPU+GPU”混合计算模式使得研究人员开展人工智能所需的大规模计算更加便捷高效，进一步推动了人工智能算法的演进和人工智能芯片的广泛使用，同时也促进了各种类型的人工智能芯片的研究与应用。

第四阶段（2016年至今）：2016年，采用张量处理单元（tensor processing unit，TPU）架构的谷歌旗下DeepMind公司研发的人工智能系统阿尔法围棋（AlphaGo）击败了世界冠军韩国棋手李世石，使得以深度学习为核心的人工智能技术得到了全球范围内的极大关注。此后，业界对人工智能算力的要求越来越高，而GPU价格昂贵、功耗高的缺点也使其在场景各异的应用环境中受到诸多限制，因此，研究人员开始研发专门针对人工智能算法进行优化的定制化芯片。大量人工智能芯片领域的初创公司在这一阶段涌现，传统互联网巨头也迅速入局该领域争夺市场，专用人工智能芯片呈现出百花齐放的格局，在应用领域、计算能力、能耗比等方面都有了极大的提升。

人工智能芯片产业中，传统芯片企业在人工智能芯片领域优势地位明显，互联网及IT巨头纷纷加大人工智能芯片的自研力度，与此同时，国内人工智能芯片行业发展迅猛，但仍处于起步阶段，类脑芯片领域呈现异军突起之势[4]。

英伟达、英特尔、AMD、高通等传统芯片厂商凭借在芯片领域多年的领先地位，迅速切入人工智能领域，积极布局，目前处于引领产业发展的地位，在GPU和FPGA方面基本处于垄断地位。英伟达推出了Tesla系列GPU芯片，专门用于深度学习算法加速；推出了Tegra处理器，应用于自动驾驶领域，并提供配套的研发工具包。AMD于2018年推出了Radeon Instinct系列GPU，主要应用在数据中心、超算等人工智能算力基础设施上，用于深度学习算法加速。当前，GPU作为业界使用最为广泛、人工智能计算最成熟的通用型芯片，成为数据中心、超算等大型算力设施的首选，占据人工智能芯片的主要市场份额。在效率和场景应用要求大幅提升和变化之前，GPU仍是人工智能芯片领域的主要领导者。

表6.3展示了国外典型的人工智能芯片产品。

表 6.3 国外典型人工智能芯片产品

公司	典型人工智能芯片	发布年份	技术架构	功能任务
英伟达	Tesla V100 Tesla A100	2017 2020	GPU GPU	云端训练、云端推理 云端训练、云端推理
英特尔	Nervana NNP-T Nervana NNP-1	2019 2019	NNP-T1000 NNP-T1000	云端训练 云端训练
IBM	TrueNorth	2015	类脑芯片	边缘端推理
谷歌	TPUv3 Edge TPU	2018 2018	ASIC ASIC	云端训练、云端推理 边缘端推理
苹果	A14	2020	ARM 架构 SoC	边缘端推理
AMD	EPYC2	2019	Zen2 架构	云端推理
ARM	ARM Cortex-M55 ARM Ethos-U55	2020 2020	ARM Helium Micro NPU	边缘端推理 边缘端推理
高通	晓龙 888 Cloud AI 100	2020 2020	ARM 架构 SoC ASIC	边缘端推理 云端推理
三星	Exynos 2100	2021	ARM 架构 SoC	边缘端推理
Xilinx（赛灵思）*	Versal ACAP	2019	SoC	云端推理等

* Xilinx 于 2020 年被 AMD 收购。

2015 年以来，谷歌、IBM、微软、苹果、亚马逊等国际互联网及 IT 巨头纷纷跨界开展人工智能芯片研发，力图突破算力瓶颈，并把核心部件掌握在自己手中。例如，2016 年，谷歌发布了针对开源框架 TensorFlow 的芯片 TPU，并帮助 AlphaGo 击败了李世石。近年来，谷歌还推出了可在 Google Cloud Platform 中使用的云端芯片 Cloud TPU，以及用于边缘端推理的 Edge TPU，力图打造闭环生态。2017 年，微软发布了基于现场可编程门阵列（field programmable gate array，FPGA）芯片组的低时延深度学习云平台——Project Brainwave，让微软的各种服务可以更迅速地支持人工智能功能。2018 年，亚马逊发布了高性能推理芯片 AWS Inferentia，支持 TensorFlow、Caffe2 等主流框架。

目前，在 CPU、GPU 等高端通用芯片领域，我国的设计能力与国外先进水平仍然差距较大，部分自研芯片采用 ARM 架构等国外成熟芯片架构和 IP 核等进行设计，自主研发能力较弱。但是，人工智能技术大规模应用于安防、金融、政务、自动驾驶、智能家居等领域，促进了各类专用人工智能芯片的发展，一些初创型企业，如中科寒武纪、地平线机器人、云天励飞等也开始在人工智能芯片领域有所建树。我国人工智能芯片企业基本围绕边缘端语音、视觉芯片进行开发，从事云端芯片研发尤其是云端训练芯片的企业较少，仅华为、百度等有产品推出，我国云端芯片与国外技术水平差距仍然较大。此外，我国还尚未形成有影响力的“芯片—算法—平台—应用—生态”的产业生态环境，企业多热衷于追逐市场热点，缺乏基础技术积累，研发后劲不足。表 6.4 展示了我国典型的人工智能芯片产品。

表 6.4 我国典型的人工智能芯片产品

公司	典型人工智能芯片	发布年份	技术架构	功能任务
中科寒武纪	思元 270 思元 220	2019 2019	ASIC ASIC	云端推理 边缘推理

续表

公司	典型人工智能芯片	发布年份	技术架构	功能任务
地平线机器人	征程二代 旭日	2019 2019	ASIC ASIC	边缘推理 边缘推理
华为	昇腾 310 昇腾 910	2018 2019	达芬奇架构 达芬奇架构	边缘推理 云端训练
中星微电子	星光智能一号 VC0759	2019	ASIC	边缘推理
云天励飞	DeepEye1000	2019	SoC	边缘推理
灵汐科技	天机芯	2019	类脑芯片	边缘推理
比特大陆	算丰 BM1684 算丰 BM1880	2019 2018	ASIC ASIC	云端推理 边缘推理
百度	昆仑	2018	FPGA	云端训练、云端推理
平头哥半导体	含光 800 玄铁 910	2019 2019	FPGA RISC-V	云端推理 边缘推理
依图科技	求索	2019	ARM 架构	云端推理

IBM 公司率先在类脑芯片领域取得了突破，2014 年推出了 TrueNorth 类脑芯片，该芯片采用 28nm 工艺，集成了 54 亿个晶体管，包括 4096 个内核、100 万个神经元和 2.56 亿个神经突触。2019 年，清华大学施路平教授团队发布了类脑芯片“天机芯”，它采用 28nm 工艺流片，包含约 40000 个神经元和 1000 万个突触，支持同时运行卷积神经网络、循环神经网络及神经模态脉冲神经网络等多种神经网络，是全球首款既能支持脉冲神经网络，又能支持人工神经网络的异构融合类脑计算芯片。西井科技发布的 DeepSouth 芯片，核心是用 FPGA 模拟神经元以实现脉冲神经网络的工作方式，包含约 5000 万个神经元和高达 50 多亿个神经突触，可以直接在芯片上完成计算，并在“无网络”情况下使用。处理相同计算任务时，DeepSouth 芯片的功耗仅为传统芯片的几十至几百分之一。浙江大学与杭州电子科技大学共同研发了“达尔文”芯片，集成了 500 万个晶体管，包含 2048 个硅材质的仿生神经元和约 400 万个神经突触，可从外界接受并累积刺激，产生脉冲信号，处理和传递信息。

随着以人工智能、物联网、5G 等为核心的新一代信息技术的高速发展，涌现出越来越多新的应用场景和需求。未来物联网领域将需要体积更小、功耗更低、能效比更高的人工智能芯片。常见的边缘端芯片如手机中的人工智能芯片，其功耗一般在几百毫瓦至几瓦，云端训练芯片的工作功耗则更高，通常要达到数百瓦，而超低功耗人工智能芯片的工作功耗一般只有几十毫瓦甚至更低。同时，由于芯片的计算模块在大多数时间处于休眠状态，只有在发生相关事件时才会在事件驱动技术的支持下被激活为工作状态，这样就进一步降低了平均功耗。如在以智能手表为代表的智能可穿戴设备领域，设备的电池容量因尺寸等受到极大限制，而此类设备需要具备心率检测、手势识别、语音识别等智能生物信号处理功能，因此需要集成体积小且能效比超高的人工智能加速芯片，降低对电池的消耗；在智能家居等领域，具备人脸识别、指纹识别等功能的智能门锁须由电池供电，而且不能经常更换电池，否则会降低用户体验，这就对门锁中执行人脸识别等功能的智能模块提出了极高的能效比要求。除消费电子之外，制造业等工业应用场景中也需要使用超低功耗人工智能芯片，如安装在机械臂、管道等重要设备和环境中的智能传感器须由电池供电，使用超低功耗人工智能芯片则可以有效减少电池消耗，大幅降低此类设备的维护成本。

当前，传统通用芯片的性能提升逐渐走向瓶颈，通用处理器架构越来越难以满足需求各异的人工智能算法和广泛的应用场景的需求，对新型架构人工智能芯片的需求日益增长，为各类初创型中小企业带来新的市场机遇。然而，芯片领域过高的技术门槛和知识产权壁垒，严重阻碍了人工智能芯片的进一步技术创新和发展。开源芯片的兴起有望突破这一瓶颈。开源芯片大幅降低了芯片设计领域的门槛，为企业节省了芯片架构和 IP 核等方面的授权费用，有效降低了企业的研发成本。同时，由于开源社区的开发者持续不断地对开源芯片进行更新迭代，企业可以免费获取到最新、最优化的版本，并向社区贡献自己的力量，不断提升行业整体发展水平，有效促进人工智能芯片产业的繁荣。2014 年，美国加州大学伯克利分校的研究团队正式发布了“RISC-V”开源精简指令集架构，它具有灵活简洁、模块化、扩展性强、易实现等优点，可以较好地适应专用硬件设备、高性能计算设备、低功耗嵌入式设备等众多应用领域的需要，而且“RISC-V”完全免费，可以被任何人自由地用于任何目的。因此，“RISC-V”也成为目前推广度、普及度最高的开源芯片项目。此外，加州大学伯克利还创建了开源服务社区，向开发者们提供完善的软件工具链。目前，“RISC-V”已有大量的开源实现和流片案例，如西部数据公司于 2018 年发布了基于“RISC-V”的自研处理器架构 SweRV；阿里巴巴平头哥半导体有限公司于 2019 年正式发布了基于“RISC-V”的处理器玄铁 910；中国科学院计算技术研究所于 2021 年 6 月发布了国产开源高性能“RISC-V”处理器核“香山”，其首版架构“雁栖湖”即将流片。

近年来，人工智能技术在语音识别、视频图像识别等应用领域取得突破性的进展，但要从单点突破走向全面开花，需要人工智能领域产生像 CPU 一样的通用人工智能计算芯片，适用于任意人工智能应用场景。目前，短期内人工智能芯片仍以“CPU+GPU+AI 加速芯片”的异构计算模式为主，中期会重点发展可自重构、自学习、自适应的人工智能芯片，未来会走向通用的人工智能芯片。通用人工智能芯片就是能够支持和加速任意人工智能计算场景的芯片，即通过一个通用的数学模型，最大程度概括出人工智能的本质，其在经过一定程度的学习后，能够精确、高效地处理任意场景下的智能计算任务。通用人工智能芯片发展的主要难点在于通用性和实现的复杂度，同时，还面临着传统冯·诺依曼架构的技术瓶颈及摩尔定律接近物理极限这两大挑战。未来，随着芯片的制程工艺、新型半导体材料和物理器件等出现新突破，以及人类对大脑和智能本身形成更深层次的认知，有望实现真正意义上的通用人工智能芯片。

6.3.2 FPGA 芯片

近年来，随着人工智能与大数据技术的发展，深度神经网络在语音识别、自然语言处理、图像理解、视频分析等应用领域取得了突破性进展。深度神经网络的模型层数多、参数量大且计算复杂，对硬件的计算能力、内存带宽及数据存储等有较高的要求。FPGA 作为一种可编程逻辑器件，具有可编程、高性能、低能耗、高稳定、可并行和高安全的特点。FPGA 与深度神经网络的结合成为推动人工智能产业应用的研究热点。本节主要介绍 FPGA 的开发设计、开发方式和 FPGA 在人工智能方面的相关应用。

FPGA 允许无限次编程，并利用小型查找表来实现组合逻辑。FPGA 可以定制化硬件流水线，可以同时处理多个应用或在不同时刻处理不同应用，具有可编程、高性能、低能耗、高稳定、可并行和高安全的特点，在通信、航空航天、汽车电子、工业控制、测试测量等领域有很大的应用市场。人工智能产品往往是针对某些特定应用场景定制的，定制化芯片的适用性明显比通用芯片的适用性高。FPGA 成本低并且具有较强的可重构性，可进行无限编程。因此，在芯片需求量不大或者算法不稳定的时候，往往使用 FPGA 去实现半定制的人工智能芯片，这样可以大大降低从算法到芯片电路的成本。随着人工智能技术的发展，FPGA 在加速数据处理、神经网络推理、并行计算等方面表现突出，并在人脸识别、自然语言处理、网络安全等领域取得了很好的应用[5]。

FPGA 是基于可编程逻辑器件发展的一种半定制电路，可以使用硬件描述语言（Verilog 或 VHDL）或 C、C++、OpenCL 编程，利用小型查找表来实现组合逻辑，并对 FPGA 上的门电路及存储器之间的连线进行调整，从而实现程序功能。早在 20 世纪 60 年代，Gerald Estrin（杰拉德·埃斯特林）就提出了可重构计算的概念。1985 年，Xilinx 推出了全球第一款 FPGA 产品 XC2064，该产品采用 2μm 制作工艺，包含 64 个逻辑单元、85000 个晶体管和数量不超过 1000 个的门。1992 年，GANGLION 成为神经网络首次在 FPGA 上实现运行的项目。1996 年，卷积神经网络首次在 Altera（阿尔特拉）公司的 EPF81500 上实现运行。随着神经网络的迅速发展，FPGA 做了一系列针对其需求的开发设计，如 Xilinx 推出的 Versal AI Core 系列和 xDNN 处理引擎为深度神经网络推理加速带来突破性的改善。另外，为了促进深度神经网络的发展，不少公司推出神经网络编译及框架，如 ALAMO 编译器和 Lattice（莱迪思）公司设计的 sensAI 编译器、FP-DNN 框架和 FPGAConvNet 框架。经过 30 多年的发展，FPGA 的制作工艺、逻辑单元和晶体管的封装密度均得到了飞速提升。

随着深度神经网络的不断发展，衍生出的智能化产品也越来越多。FPGA 的应用领域已经从原来的通信扩展到消费电子、汽车电子、工业控制、测试测量等更广泛的领域。在学术界，FPGA 与深度神经网络结合的应用也得到越来越多的关注，成为研究热点。下面将从目标跟踪、语音识别、网络安全、智能控制 4 个方向来介绍 FPGA 与深度神经网络结合的产业应用现状[6]。

1. 目标跟踪

目标跟踪近年来发展迅速，不少研究者在研究如何在 FPGA 上实现目标跟踪系统，从而推动产业应用。目标跟踪系统在军事侦察、安防监控等诸多方面均有广泛的应用前景。目前，较多研究主要将 FPGA 作为协处理器的目标跟踪系统，用于实时视觉跟踪。不同的实时视觉跟踪系统设计中使用的方法也不尽相同，如 mean shift（均值漂移）跟踪算法、豪斯多夫距离（Hausdorff distance）算法、光流法等，计算边缘/角点检测、静止背景和噪声滤波等优化操作也常常在实际中进行应用。近年来，随着深度神经网络模型的不断发展，其跟踪网络性能明显优于传统方法。

跟踪系统设计中方法的选择主要是根据应用中使用者对 FPGA 设备要求的侧重点进行的。当然，多数侧重于实现低功耗和低成本的实时目标跟踪。设计者会在跟踪精确度与成本之间做一种均衡，在满足精度需求的基础上，尽可能降低功耗与成本。因此，人们常常需要对部署的深度网络模型进行简化操作，如剪枝和量化操作。

2. 语音识别

目前，深度神经网络除了在图像和视频领域应用越来越广泛以外，基于 FPGA 的语音识别系统也成为研究热点。由于其庞大的市场需求，语音识别发展速度异常迅猛。在智能语音识别产品中，为保证一定的灵活性和移动性，往往在 FPGA 上部署语音识别模型，以满足智能与生产落地的需求。在其相关研究中，语音识别模型主要有连续隐马尔可夫模型、液体状态机、递归神经网络等。

在调查过程中，可以发现 LSTM 模型已成为目前 FPGA 部署的典型的语音识别模型，被成功并广泛地应用于人工智能应用。深鉴科技的企业级语音服务（enterprise speech service，ESE）语音识别引擎因其深度压缩技术引起了轰动。以其为代表的相关研究表明，研究者主要希望将语音模型简化并部署在 FPGA 上，从而实现高性能且高效的语音识别效果。

3. 网络安全

网络安全与入侵检测也是 FPGA 与深度神经网络结合的一个重要应用，主要对网络系统中收集的信息进行分析，然后通过某种模型判断是否存在异常的行为。基于 FPGA 的网络安全与入侵检测系统就是为了对网络进行实时监控，并在网络系统异常或者有外来攻击时进行及时的反应，以保证网络系统的安全性。关于该方面的研究也越来越多，有降低 FPGA 的计算要求的深度神经网络算法实现在线异常入侵检测系统，也有利用可重构硬件辅助网络入侵检测系统，以及利用 FPGA 搭建网络传输异常检测体系结构等。这些系统往往都可以被集成在可重构系统中，作为辅助系统使用。

4. 智能控制

除了以上几种典型的应用，基于 FPGA 的深度神经网络系统还在智能控制领域得到了广泛的应用，与传统的 Intel i5 2.3 GHz CPU 相比，Virtex 7 FPGA 的速度提高了 43 倍。提出了一种最大功率点动态跟踪控制器，该动态控制器主要采用基于级联神经网络的最大功率点跟踪（maximum power point tracking，MPPT）算法，从变速条件下的无线供电充电系统（wireless power charging system，WPCS）中提取最大功率。通过实验得出，与传统的 MPPT 算法相比，基于级联神经网络的 MPPT 算法的控制器的控制效率更高，能对风速改变提供更好的响应。将基于 FPGA 的深度神经网络用于实际控制，打破了传统逻辑控制模式，实现了控制系统的自动化和智能化。

6.3.3 ASIC 芯片

专用集成电路（application specific integrated circuit，ASIC）指应特定用户要求和特定电子系统的需要而设计、制造的集成电路。ASIC 从性能、能效、成本上均极大超越了标准芯片，非常适合 AI 计算场景，是当前大部分 AI 初创公司开发的目标产品。

ASIC 是为实现特定场景应用要求时，而定制的专用 AI 芯片。除了不能扩展以外，其在功耗、可靠性、体积方面都有优势，尤其在高性能、低功耗的移动设备端更是如此。定制的特性有助于提高 ASIC 的性能功耗比，缺点是电路设计需要定制，相对开发周期长，功能难以扩展。谷歌的 TPU、寒武纪的 GPU、地平线的 BPU 都属于 ASIC 芯片。谷歌的 TPU 性能是 CPU 和 GPU 方案的 30～80 倍，与 CPU 和 GPU 相比，TPU 对控制电路进行了简化，因此减少了芯片的面积，降低了功耗[7]。

本书主要讲解谷歌的 AI 芯片 TPU。TPU 指令从主机通过 PCI-e Gen3 x16 总线发送到指令缓冲区。内部块通常由 256B 宽的路径连接在一起。从右上角开始，矩阵相乘单元是 TPU 的核心。它包含 256×256 个乘累加器（multiply-accumulate，MAC），可以对有符号或无符号整数执行 8 位乘加运算。16 位产品被收集在矩阵单元下面的 4 个 32 位累加器（accumulators）中。4MB 表示 4096256 个 32 位的累加器。矩阵单位产生一个 256 个元素的部分和每个时钟周期。当混合使用 8 位权值和 16 位激活时（或反之亦然），矩阵单元（matrix unit）以半速度计算，当两者都是 16 位时，它以四分之一速度计算。它每个时钟周期读写 256 个值，可以执行矩阵乘法或卷积。矩阵单元拥有一个 64KB 的权重块，加上一个用于双缓冲的块（以隐藏移动一个块所需的 256 个周期）。本单元是为稠密矩阵设计的。由于部署时间的原因，省略了稀疏的体系结构支持。在未来的设计中，稀疏性将是优先考虑的问题。

矩阵单元的权值通过片上权值 FIFO 进行分级，该 FIFO 从一个称为权值内存的片外 8GB DRAM 中读取（对于推断，权值是只读的；8GB 支持许多同时活动的模型）。中间结果保存在 24MB 片上统一缓存器中，可以作为矩阵单元的输入。一个可编程的 DMA 控制器负责管理数据的传输，可以在不需要 CPU 介入的情况下，直接从一个设备或存储器区域将数据传输到另一个设备或存储器区域，或者从存储器区域将数据传输到设备。

图 6.25 显示了 TPU 模具的平面图。24MB 的统一缓冲区几乎是模型的三分之一，矩阵乘法单元是四分之一，所以数据路径几乎是模型的三分之二。选择 24MB 大小，一方面是为了匹配模具上矩阵单元的间距，另一方面是为了简化编译器。控制器只有 2%。

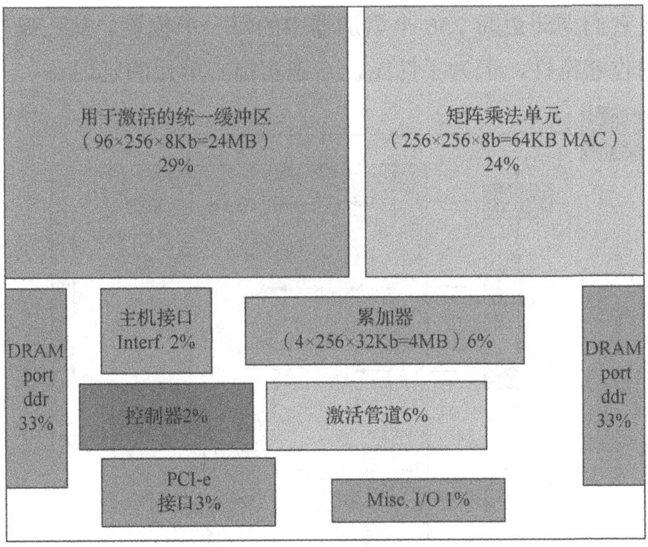

图 6.25 TPU 模具的平面图

由于指令通过相对较慢的 PCI-e 总线发送，TPU 指令遵循复杂指令集计算机（complex instruction set computer，CISC）传统，包括一个重复字段。这些 CISC 指令的每条指令的平均时钟周期（clock period）通常是 10～20。它共有十几条指令，但下面这五条是关键的指令。

- Read_Host_Memory：从 CPU 主机内存读取数据到统一缓冲区。
- Read_Weights：从权重内存中读取权值存入 FIFO，作为到矩阵单元的输入。
- MatrixMultiply/Convolve：使矩阵单元执行矩阵乘法或从统一缓冲区到累加器的卷积。矩阵运算接受大小可变的 B×256 输入，将其乘以一个 256×256 的矩阵，并产生 B×256 的输出，以 B 流水线循环完成。
- Activate：执行人工神经元的非线性功能，可选择 ReLU、Sigmoid 等。它的输入是累加器，输出是统一的缓冲器。它还可以使用芯片上的专用硬件执行卷积所需的池操作，因为它连接到非线性函数逻辑。
- Write_Host_Memory：将数据从统一缓冲区写入 CPU。

TPU 微体系结构的原理是让矩阵单元保持忙碌状态。它对 CISC 指令使用 4 个阶段的管道，其中每个指令在一个单独的阶段执行。这个计划通过将其他指令的执行与 MatrixMultiply 指令重叠来隐藏它们的执行。为此，Read_Weights 指令遵循解耦访问/执行的原则，因为它可以在发送地址之后完成，但在从 Weight Memory 中获取权值之前完成。如果输入激活或重量数据没有准备好，矩阵单元会停止。

由于读取一个大的 SRAM 需要比算术多得多的能量，矩阵单元通过减少统一缓冲区的读写，使用收缩执行来节省能量。它依靠的是来自不同方向的数据，这些数据以一定的间隔到达数组中的单元，并在那里进行组合。图 6.26 显示数据从左侧流入，权重从顶部加载。一个给定的 256 元乘积运算作为一个对角波阵面通过矩阵。权值是预加载的，并与前进波一起作用于新区块的第一个数据。控制和数据被流水线化，给人一种错觉，即 256 个输入同时被读取，并且它们立即更新 256 个累加器中的每一个位置。从正确性的角度看，软件不知道矩阵单元的收缩特性，但为了性能，它确实担心单元的延迟。

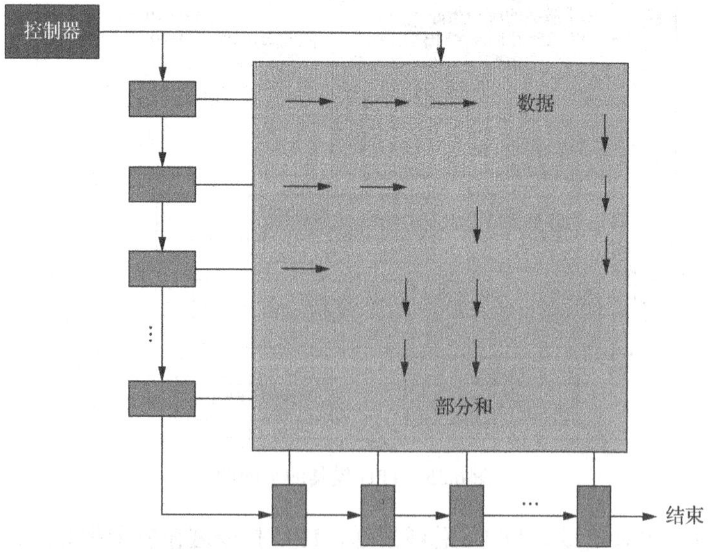

图 6.26　矩阵相乘单元的收缩数据流

TPU 软件栈必须与那些为 CPU 和 GPU 开发的软件栈兼容，这样应用程序才能快速地移植到 TPU 上。运行在 TPU 上的应用程序部分通常是用 TensorFlow 编写的，并被编译成可以运行在 GPU 或 TPU 上的 API。和 GPU 一样，TPU 堆栈也被划分为用户空间驱动程序和内核驱动程序。内核驱动程序是轻量级的，只处理内存管理和中断。它是为长期稳定而设计的。用户空间驱动程序频繁更改。它设置和控制 TPU 的执行，将数据重新格式化为 TPU 顺序，将 API 调用转换为 TPU 指令，并将它们转换为应用程序二进制文件。用户空间驱动程序在第一次评估时编译模型，缓存程序映像并将权重映像写入 TPU 的权重内存；第二次及后续评估以全速运行。TPU 完全从输入到输出运行大多数模型，最大限度地提高了 TPU 计算时间与 I/O 时间的比率。计算通常是一次一层完成的，重叠执行允许矩阵相乘单元隐藏大多数非关键路径操作[8]。

习　题

1．简述 GPU 目前的技术瓶颈。
2．深度学习是当前人工智能领域的热门，试列举基于深度学习的现实生活实例。
3．GPU 和 CPU 有什么区别？分工是什么？
4．你对人工智能芯片的发展有什么看法？
5．ASIC 芯片是基于什么结构的可编程逻辑器件？其基本结构由哪几部分组成？
6．GPU 拥有强大的算力，试列举其功能和对应的应用场景。
7．简述 L1 Cache 和 L2 Cache 的功能和异同点。
8．GPU 的异构计算对 CPU 性能有什么影响？作用是什么？
9．你知道哪些国内外人工智能芯片产品？请简述它们的特点。
10．FPGA 是基于什么结构的可编程逻辑器件？其基本结构由哪几部分组成？
11．简述 FPGA 芯片和 ASIC 芯片的异同，分别适合哪些实际场景。
12．简述 CPU 与 GPU 之间如何实现数据交换。

参 考 文 献

[1] 袁裕璜．人工智能简述[J]．中国高新区，2019（11）：55，90.
[2] 张威，蔡齐祥．人工智能产业与管理若干问题的思考[J]．科技管理研究，2018，38（15）：145-154.
[3] 熊庭刚．GPU 的发展历程、未来趋势及研制实践[J]．微纳电子与智能制造，2020，2（2）：36-40.
[4] 施羽暇．人工智能芯片技术体系研究综述[J]．电信科学，2019，35（4）：114-119.
[5] 张惠国，顾涵．FPGA 芯片设计与测试技术研究[M]．苏州：苏州大学出版社，2022.
[6] 常魏巍．FPGA 芯片建模方法研究[D]．西安：西安电子科技大学，2018.
[7] 蒲天磊，千奕，敬雅冉，等．用于 PET 读出的多通道滤波成形 ASIC 芯片研制[J]．电子科技大学学报，2020，49（6）：837-842.
[8] 池雅庆，廖峰，刘毅．ASIC 芯片设计从实践到提高[M]．北京：中国电力出版社，2007.

第 7 章

ARM 架构产品及其操作系统

ARM 发展至今，处理器已经过七八次架构升级，使得相关产品性能更加稳定成熟。其中，ARM 架构中当前应用最为流行的当属 Cortex 系列化产品。Cortex 系列在 V6 架构的 ARM11 处理器之后被首次推出，并逐步占据了嵌入式应用的绝大部分市场。

在国内，以华为为首的高科技公司推出了麒麟、昇腾和鲲鹏等全新的 AI 处理器，并且还将 5G 技术与之融合，衍生出了一系列的国产 ARM 芯片。同时，华为还通过自主研发，在 2019 年 8 月 9 日发布了一款面向万物智能互联未来的操作系统——鸿蒙系统（Harmony OS，鸿蒙 OS），这是第一款基于微内核的全场景分布式操作系统。华为消费者业务 CEO 余承东在介绍鸿蒙 OS 开发初衷时表示："随着全场景智慧时代的到来，华为认为需要进一步提升操作系统的跨平台能力，包括支持全场景、跨多设备和平台的能力以及应对低时延、高安全性挑战的能力，因此逐渐形成了鸿蒙 OS 的雏形，可以说鸿蒙 OS 的出发点和 Android、iOS 都不一样，是一款全新的基于微内核的面向全场景的分布式操作系统，能够同时满足全场景流畅体验、架构级可信安全、跨终端无缝协同及一次开发多终端部署的要求，鸿蒙应未来而生。"

7.1　国外 ARM 架构产品

7.1.1　Cortex-M55

ARM Cortex-M55 处理器是 ARM 最具人工智能能力的 Cortex-M 处理器，也是第一款采用 ARM Helium 向量处理技术的处理器，带来了增强、节能的数字信号处理（digital signal processing，DSP）和机器学习（machine learning，ML）性能。Cortex-M55 通过 Cortex-M 的易用性、单一工具链、优化的软件库和业界领先的嵌入式生态统，为各种 IoT 用例提供了一种简单的人工智能实现方法。ARM Cortex-M55 处理器框图如图 7.1 所示。

Helium 特指 M-Profile Vector Extension（简称 MVE），属于 M 系列 CPU 中的新矢量扩展和专用矢量执行单元，这使得它成为该系列中首款支持单指令多数据流（SIMD）功能的处理器。新增功能使得新内核的 DSP 性能提升了 5 倍，结合针对机器学习工作负载的优化指令和 MVE，整体表现可提高至原性能的 15 倍。

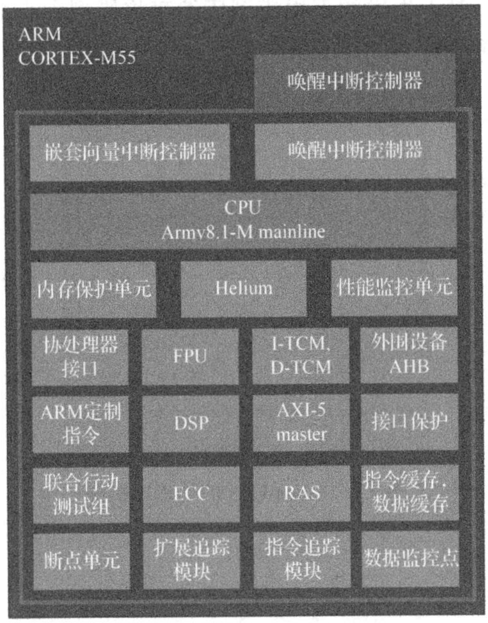

图 7.1 ARM Cortex-M55 处理器框图

此外，浮点单元（FPU）支持向量和标量半精度和单精度浮点数据类型。此外，FPU 还为标量双精度浮点计算提供支持。与使用单精度浮点相比，半精度浮点每个时钟周期处理的数据量是单精度浮点的两倍，从而减少了数据存储的内存占用。这是声音和传感器数据处理应用的理想选择，这些应用的数据分辨率较低，但仍需要较高的动态范围。

协处理器接口为定制和可扩展性打开了大门，从而在频繁的计算操作中进一步降低了系统的功耗。尽管这个功能对 Cortex-M 系列来说并不新鲜，但它是一个重要的功能，允许片上系统（system on chip，SoC）设计人员创建紧密耦合的硬件加速器，以提升整体的处理性能。此外，还具有新的调试增强功能，包括带有 8 个 16 位事件计数器的性能监视单元（performance monitoring unit，PMU）、允许访问缓存状态的直接缓存访问寄存器，以及将调试可见性限制到特定软件分区的非特权调试扩展（unprivileged debugging extension，UDE）。

7.1.2 Ethos-U55

Ethos-U55 是一种新的机器学习处理器，称为 microNPU，专门用于在面积受限的嵌入式和物联网设备中加速 ML 推理[1]。Ethos-U55 与支持人工智能的 Cortex-M55 处理器相结合，使机器学习性能提高至现有基于 Cortex-M 的系统的 480 倍。Ethos-U55 的处理器框图如图 7.2 所示。

与前几代 Cortex-M 相比，能效为机器学习工作负载（如 ASR）提供了高达 90%的节能。灵活的设计支持各种流行的神经网络，包括 CNN 和循环神经网络（recurrent neural network，RNN），可用于音频处理、语音识别、图像分类和目标检测。此外，它还具有离线编译和优化神经网络、执行运算符、层融合及层重新排序的功能，以提高性能并将系统内存需求减少高达 90%。对于先进的无损模型压缩可将模型大小减少高达 75%，从而提高系统推理性能并降低功耗。

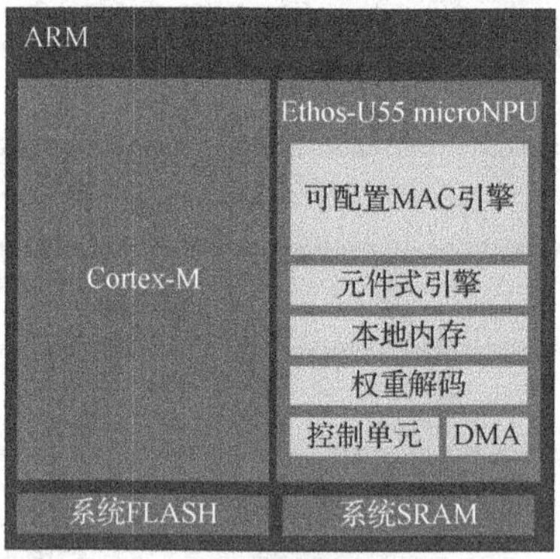

图 7.2　Ethos-U55 的处理器框图

7.2　昇　　腾

从基础研究出发，立足于自然语言处理、计算视觉和自动驾驶等领域，华为公司于 2018 年推出了昇腾系列处理器，可以对整型数或浮点数提供强大高效的乘加计算力。在设计上，昇腾处理器意图突破目前人工智能芯片在功耗、运算性能和效率上的约束，极大地提升了能效比[2]。

昇腾处理器采用华为公司自研的硬件架构，专门针对深度神经网络运算特征量身定制，实现了算力和能效比的大幅度提升。每个矩阵计算单元可以由单条指令完成 4096 次的乘加运算，并且在处理器的内部可以进行多维度的计算模式，打破了其他人工智能芯片的局限性，增加了计算的灵活度。由于昇腾处理器具有强大的算力，并且在硬件体系结构上针对深度神经网络进行了特殊的优化，使之能以极高的效率完成目前主流深度神经网络的前向计算，因此在智能终端等领域拥有广阔的应用前景。

7.2.1　硬件架构概览

昇腾处理器本质上是一个片上系统，其逻辑图如图 7.3 所示，可以应用在与图像、语音、视频、文字处理等相关的场景。其主要的架构组成部件包括特制的计算单元、大容量的存储单元和相应的控制单元。该处理器大致可划分为控制 CPU（control CPU）、AI 计算引擎（包括 AI Core 和 AI CPU）、任务调度器（task scheduler，TS）、多层级的片上系统缓存（cache）或缓冲区（buffer）、数字视觉预处理模块（digital vision pre-processing，DVPP）等。处理器可以采用 LPDDR4 高速主存控制器接口，价格较低。目前主流片上系统处理器的主存一般由双倍速率内存（double data rate，DDR）或高带宽存储器（high bandwidth memory，HBM）构成，用来存放大量的数据。HBM 相对于 DDR 存储带宽较高，是行业的发展方向。其他通用的外设接口模块还包括 USB、磁盘、网卡、GPIO、I2C 和电源管理接口等。

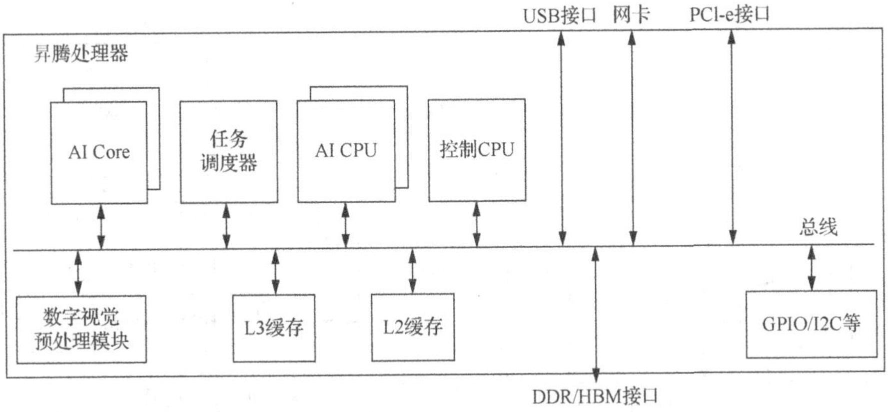

图 7.3　昇腾处理器逻辑图

1. 达芬奇架构

达芬奇架构是华为自研的面向 AI 计算特征的全新计算架构，具备高算力、高能效、灵活可裁剪的特性，是实现万物智能的重要基础。具体而言，达芬奇架构采用三维数据立方体（3D data cube）针对矩阵运算做加速，大幅提升了单位功耗下的 AI 算力，每个 AI Core 可以在一个时钟周期内实现 4096 个 MAC 操作，相比传统的 CPU 和 GPU 实现数量级的提升。达芬奇架构本质上是为了适应某个特定领域的常见应用和算法，通常称为特定域架构（domain specific architecture，DSA）芯片[3]。

昇腾处理器的计算核心主要由 AI Core 构成，负责执行与标量、向量和张量相关的计算密集型算子。AI Core 采用了达芬奇架构，其基本结构如图 7.4 所示，从控制上可以看作一个相对简化的现代微处理器的基本架构。它提供了三种基础计算资源：矩阵计算单元（cube unit）、向量计算单元（vector unit）和标量计算单元（scalar unit）。这三种计算单元分别对应张量、向量和标量三种常见的计算模式，在实际的计算过程中各司其职，形成了三条独立的执行流水线，在系统软件的统一调度下互相配合达到优化的计算效率。此外，矩阵计算单元和向量计算单元内部还提供了不同精度、不同类型的计算模式。AI Core 中的矩阵计算单元目前可以支持 INT8 和 FP16 的计算；向量计算单元目前可以支持 FP16 和 FP32 及多种整型数的计算。

（1）计算单元

计算单元是 AI Core 中提供强大算力的核心单元，是 AI Core 的“主力军”。AI Core 计算单元主要包含矩阵计算单元、向量计算单元、标量计算单元和累加器，如图 7.5 中灰色区域所示。矩阵计算单元和累加器主要完成与矩阵相关的运算，向量计算单元负责执行向量运算，标量计算单元主要负责各类型的标量数据运算和程序的流程控制。

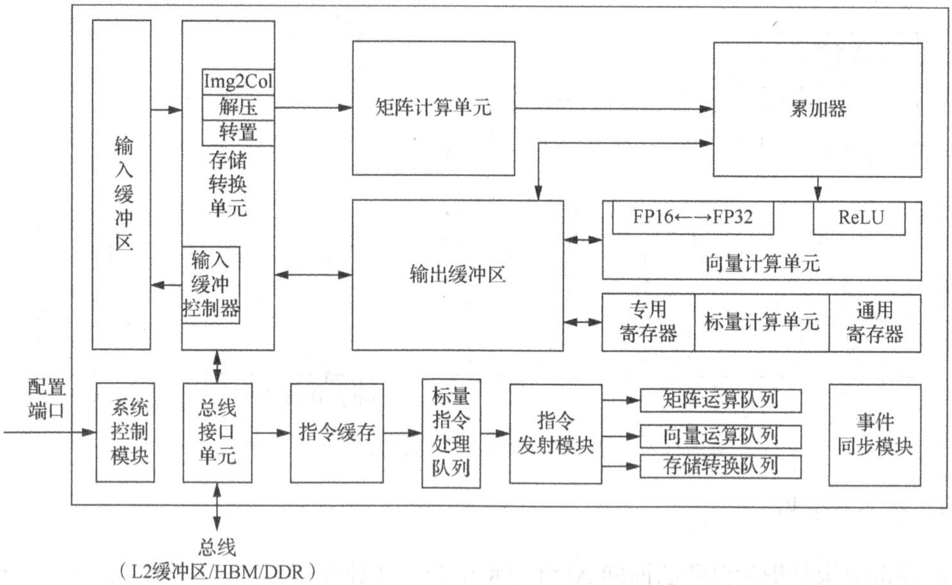

图 7.4　AI Core 基本结构

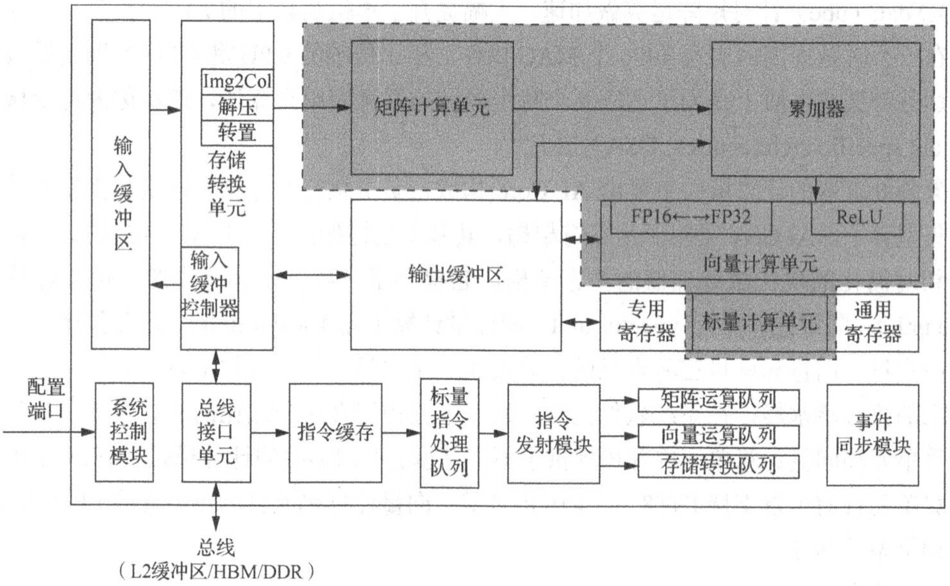

图 7.5　计算单元结构

（2）存储系统

AI Core 的片上存储单元和相应的数据通路构成了存储系统。众所周知，几乎所有的深度学习算法都是数据密集型的应用。对于昇腾处理器而言，合理设计数据存储和传输结构对于系统的最终运行性能至关重要。不合理的设计往往会成为系统性能瓶颈，从而白白浪费片上海量的计算资源。AI Core 通过各种类型的分布式缓冲区之间的相互配合，为深度神经网络计算提供大容量和及时的数据供应，为整体计算性能消除数据流传输的瓶颈，从而支撑深度学习计算中所需要的大规模、高并发数据的快速有效提取和传输。AI Core 中的存储单元由存储转换单元、缓冲区和寄存器组成，如图 7.6 中的灰色区域所示。

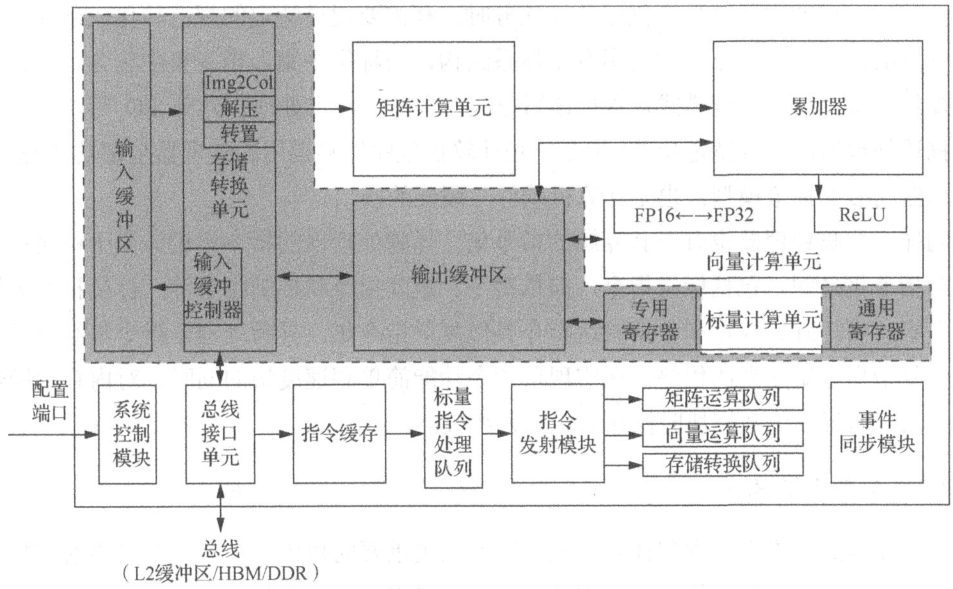

图 7.6　存储单元结构

（3）控制单元

在达芬奇架构下，控制单元为整个计算过程提供指令控制，是 AI Core 的“司令部”，负责整个 AI Core 的运行。控制单元的主要组成部分为系统控制模块、总线接口单元、指令缓存、标量指令处理队列、指令发射模块、矩阵运算队列、向量运算队列、存储转换队列和事件同步模块，如图 7.7 中灰色区域所示。

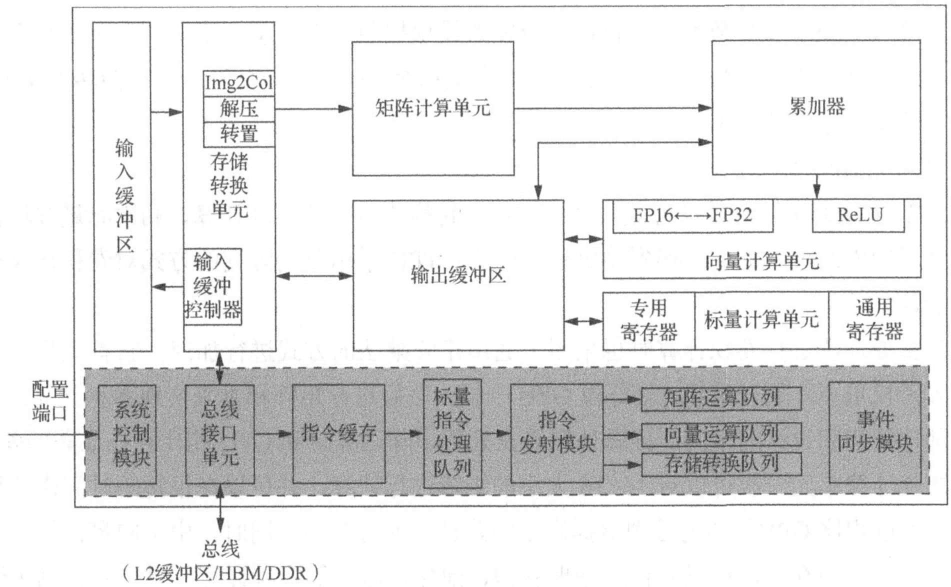

图 7.7　控制单元结构

（4）指令集设计

任何程序在处理器芯片中执行计算任务时，都需要通过特定的规范转化成硬件能够理解并处理的语言，这种语言称为指令集体系结构，简称指令集。指令集中包含数据类型、基本操作、寄存器、寻址模式、数据读写方式、中断、异常处理、外部 I/O 等，每条指令都会描述处理器的一种特定功能。指令集是计算机程序能够调用的处理器全部功能的集合，是处理器功能的抽象模型，也是计算机软件与硬件的接口。

同样，昇腾处理器也有一套专属的指令集。昇腾处理器的指令集设计介于精简指令集和复杂指令集之间，包括标量指令、向量指令、矩阵指令和控制指令等。标量指令类似精简指令集，而矩阵、向量和数据搬运指令类似复杂指令集。昇腾处理器指令集结合精简指令集和复杂指令集两者的优势，在实现单指令功能简单和速度快的同时，对内存的操作也比较灵活，搬运较大数据块时操作简单、效率较高。

2. 卷积加速原理

在深度神经网络中，卷积计算一直扮演着至关重要的角色。在一个多层的卷积神经网络中，卷积计算的计算量往往是决定性的，将直接影响系统运行的实际性能。作为人工智能加速器的昇腾处理器自然也不会忽略这一点，并且从软硬件架构上都对卷积计算进行了深度优化[4]。

（1）卷积加速

利用 AI Core 来加速通用卷积计算，总线接口从核外 L2 缓冲区或者直接从内存中读取卷积程序编译后的指令，并送入指令缓存中，完成指令预取等操作，等待标量指令处理队列进行译码。如果标量指令处理队列当前无正在执行的指令，就会即刻读入指令缓存中的指令，并进行地址和参数配置，再由指令发射模块按照指令类型分别送入相应的指令队列执行。在卷积计算中首先发射的指令是数据搬运指令，该指令会被发送到存储转换队列中，再最终转发到存储转换单元中。

（2）架构比对

GPU 采用通用矩阵乘法方式，将卷积计算转换成擅长的矩阵计算，利用海量线程在多个时钟周期内通过并行处理得到输出特征矩阵。TPU 采用脉动阵列的方式对卷积计算进行直接加速。

昇腾处理器进行卷积计算时也采用了通用矩阵乘法的方式进行加速。它首先将输入特征矩阵和权重矩阵展开重组，就好像 GPU 一样，然后进行矩阵相乘来实现卷积计算。但是由于硬件架构和设计的不同，昇腾处理器在处理矩阵运算时和 GPU 相比存在显著的差异。因为矩阵计算单元一次可以对 16×16 大小的矩阵进行计算，并可以在很短的时间内计算出结果，所以相比 GPU，昇腾处理器提高了矩阵计算的吞吐率。同时，由于向量计算单元和标量计算单元的存在，可以并行地处理卷积、池化、激活等多种计算，进一步提高了深度神经网络计算过程的并行性。

7.2.2 软件架构概览

昇腾处理器的达芬奇架构在硬件设计上采用了计算资源的定制化设计功能，执行与硬件高度匹配，为卷积神经网络计算性能的提升提供了强大的硬件基础。为配套对应的达芬奇架构，昇腾软件栈提供了计算资源、性能调优的运行框架，以及功能多样的配套工具，是一套完整的解决方案，可以使昇腾处理器发挥出极佳的性能。

1. 神经网络软件流

为完成一个神经网络应用的实现和执行，昇腾软件栈在深度学习框架到昇腾处理器之间架起了一座桥梁，也就是一条功能齐全且支撑神经网络高性能计算的软件流，为神经网络从原模型到中间的计算图特征再到最终独立执行的离线模型提供了快速转换的捷径。

神经网络软件主要包含流程编排器（matrix），框架管理器（framework），运行管理器（runtime）、数字视觉预处理模块、张量加速引擎（tensor boost engine，TBE）、任务调度器等功能模块，主要用来完成神经网络模型的生成、加载和执行等功能。

2. 开发工具

在构建网络执行的过程中，如果没有相应的开发工具，就需要投入大量的人力物力，无形之中增加了开发的预算。目前，昇腾处理器所有的工具链都集成在 Mind Studio 开发平台上。Mind Studio 提供了基于芯片的算子开发、调试、调优及第三方算子的开发功能，同时提供了网络移植、优化和分析功能，为用户开发应用程序带来了极大的便利。Mind Studio 通过网页的方式面向开发者，提供了针对算子开发、网络模型的开发、计算引擎的开发及应用的开发等功能。

7.2.3 昇腾处理器举例

目前基于达芬奇架构，华为主要推出了昇腾 310 和昇腾 910 处理器，下面对这两款芯片进行简单的介绍[5]。

1. 昇腾 310

昇腾 310 是一款高能效、灵活可编程的人工智能处理器，在典型配置下整数精度（INT8）算力达到 16TOPS①，半精度（FP16）算力达到 8TOPS，功耗仅为 8W。其采用自研的华为达芬奇架构，集成了丰富的计算单元，提高了 AI 计算完备度和效率，进而扩展该芯片的适用性。它加速了全 AI 业务流程，大幅提高了 AI 全系统的性能，有效降低了部署成本。其具体图片如图 7.8 所示。

2. 昇腾 910

昇腾 910 是业界算力最强的 AI 处理器，基于达芬奇架构 3D Cube 技术，实现业界最佳

---

① 1TOPS 代表处理器每秒可进行一万亿次操作。

AI 性能与能效，架构灵活伸缩，支持云边端全栈全场景应用。在算力方面，昇腾 910 完全达到设计规格，FP16 算力达到 320 TFLOPS，整数精度（INT8）算力达到 640 TOPS，功耗 310W。其具体图片如图 7.9 所示。

图 7.8　昇腾 310 处理器

图 7.9　昇腾 910 处理器

7.3　鲲　　鹏

在处理器领域，华为公司已经拥有了用于终端设备的麒麟系列，以及面向 AI 运算的昇腾系列。2019 年 1 月，华为公司向业界发布了高性能的数据中心处理器——鲲鹏处理器（图 7.10）。华为鲲鹏处理器基于 ARM 架构，同样功能性能占用的芯片面积更小、功耗更低、集成度更高，更多的硬件 CPU 核具备更好的并发性能[6]。本节以鲲鹏 920 系列处理器为例全面介绍鲲鹏处理器。

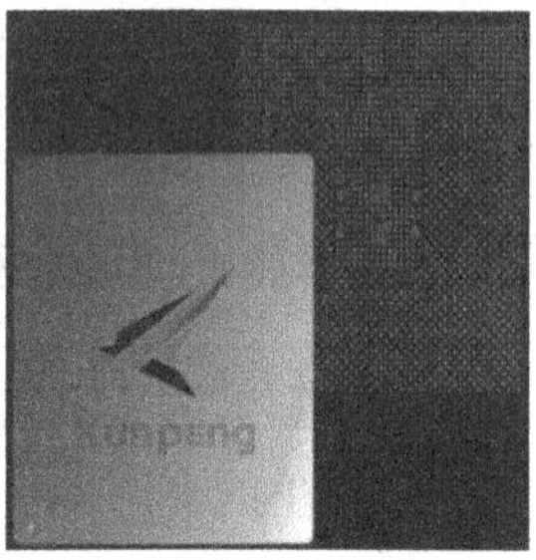

图 7.10　鲲鹏处理器

7.3.1　硬件架构概览

鲲鹏处理器是华为自主设计的高性能服务处理器片上系统。以鲲鹏 920 处理器的片上系统为例：集成最多 64 个自研处理器内核，其典型主频为 2.6GHz；采用三级 Cache 结构，每个处理器内核集成 64KB 的 L1 I Cache（L1 指令 Cache）和 64KB 的 L1 D Cache（L1 数据 Cache），每核独享 512KB L2 Cache；内置 8 个第 4 代双数据率（double data rate 4，DDR4）同步动态随机存取存储器（synchronous dynamic random access memory，SDRAM）控制器；集成了 PCI Express 控制器，支持×16、×8、×4、×2、×1 PCI Express 4.0，并向下兼容 PCI Express 3.0/2.0/1.0；系统内置 16 个串行接口 SCSI①（serial attached SCSI，SAS）或串行高级技术附件（serial advanced technology attachment，SATA）。其片上系统的基本组成如图 7.11 所示。

鲲鹏 920 芯片还是世界上第一款支持 CCIX Cache 一致性接口的处理器。鲲鹏 920 处理器片上系统集高性能、高吞吐率、高集成度和高能效于一身，将通用处理器计算推向了新高度。

① SCSI 为小型计算机系统接口（small computer system interface）。

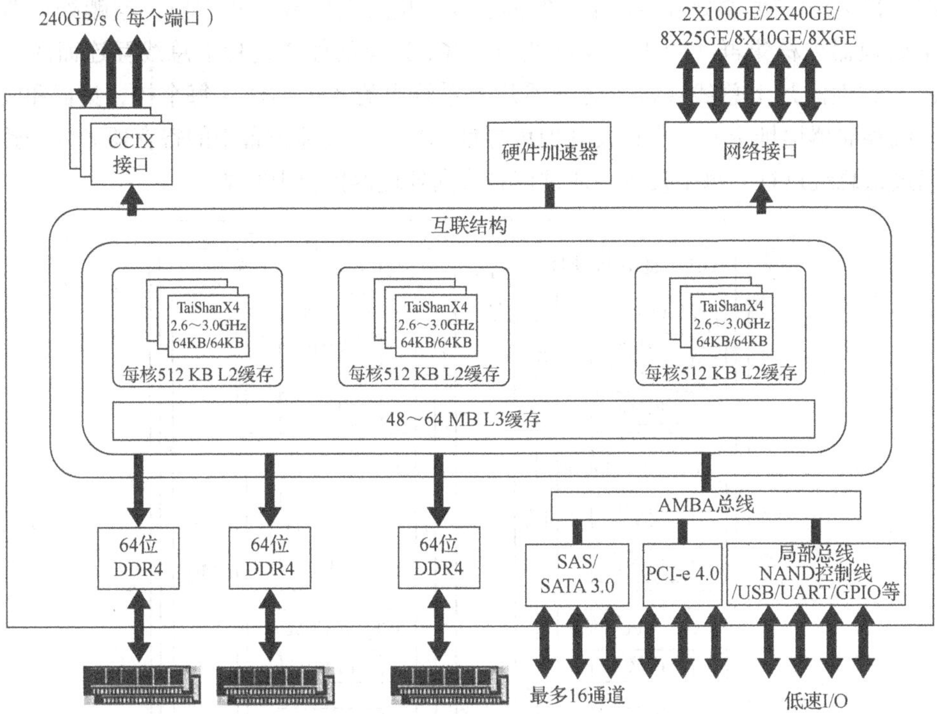

图 7.11　鲲鹏 920 处理器片上系统的基本组成

1. 逻辑架构

在鲲鹏处理器逻辑架构中，连接片上系统内各个组成部件的是 Cache 协议一致性片上总线。片上总线提供了各个处理器内核、设备和其他部件对系统存储器地址空间的一致性访问通道。各个总线主控者通过总线访问存储器中的数据或者设备接口内的寄存器，设备发出的中断请求也通过总线传递给处理器内核。鲲鹏处理器芯片的逻辑结构如图 7.12 所示。

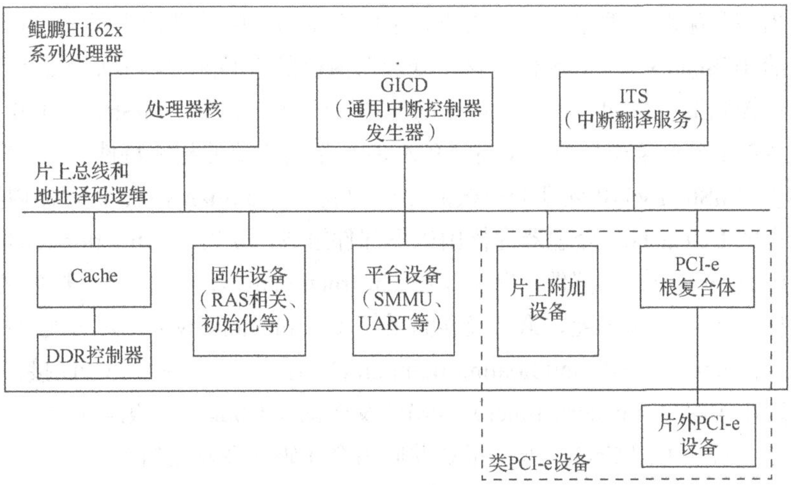

图 7.12　鲲鹏处理器芯片的逻辑结构

图 7.13 给出了鲲鹏处理器片上系统的组成。从图 7.13 中可以看出，鲲鹏处理器系统由若干处理器内核集群（CCL）、I/O 集群（ICL）等部件通过片上总线互连而成。支持 Cache 一致性的片上总线连接了处理器片上系统中的各个部件，每个核、集群和其他部件对系统存储器地址空间、集群及其他可寻址部件（如其他设备中的寄存器）的一致性访问均通过该总线进行。每个设备也通过该总线向处理器提交中断请求。

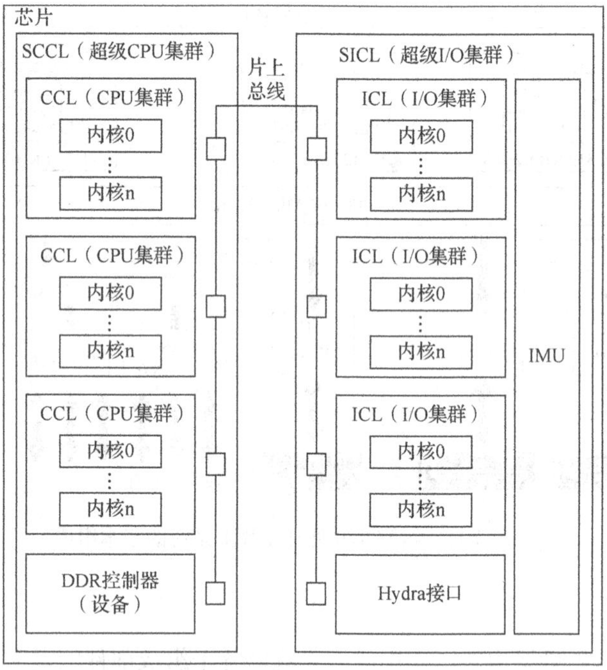

图 7.13 鲲鹏处理器片上系统的组成

注：IMU 为惯性测量单元（inertial measurement unit）。

2. 内核架构

处理器内核是鲲鹏处理器芯片的核心。不同版本的鲲鹏处理器内置了 24～64 个高性能、低功耗的 TaiShan V110 处理器内核。处理器内核是鲲鹏处理器最基本的计算单元，通常是运算器和控制器组成的可以执行指令的处理器的核心组件。TaiShan V110 处理器内核完整实现了 ARMv8-A 架构规范，支持 ARMv8-A 架构规范的相关特性。

图 7.14 为 TaiShan V110 处理器内核的顶层功能图，TaiShan V110 处理器内核集成了处理器及其私有的 L2 Cache。处理器内核由以下部件组成：取指（instruction fetch）部件、指令译码（instruction decode）部件、指令分发（instruction dispatch）部件、整数执行（integer execute）部件、加载/存储单元、第二级存储系统（L2 memory system）、增强的 SIMD 与浮点运算单元（advanced SIMD and floating-point unit），通用中断控制器 CPU 接口（GIC CPU interface），通用定时器（generic timer）、PMU 及调试（debug）与跟踪（trace）部件等。

取指部件负责从 L1 I Cache 取出指令并向指令译码部件发送指令，每个周期最多发送 4 条指令。鲲鹏 920 的取指部件支持动态分支预测和静态分支预测。

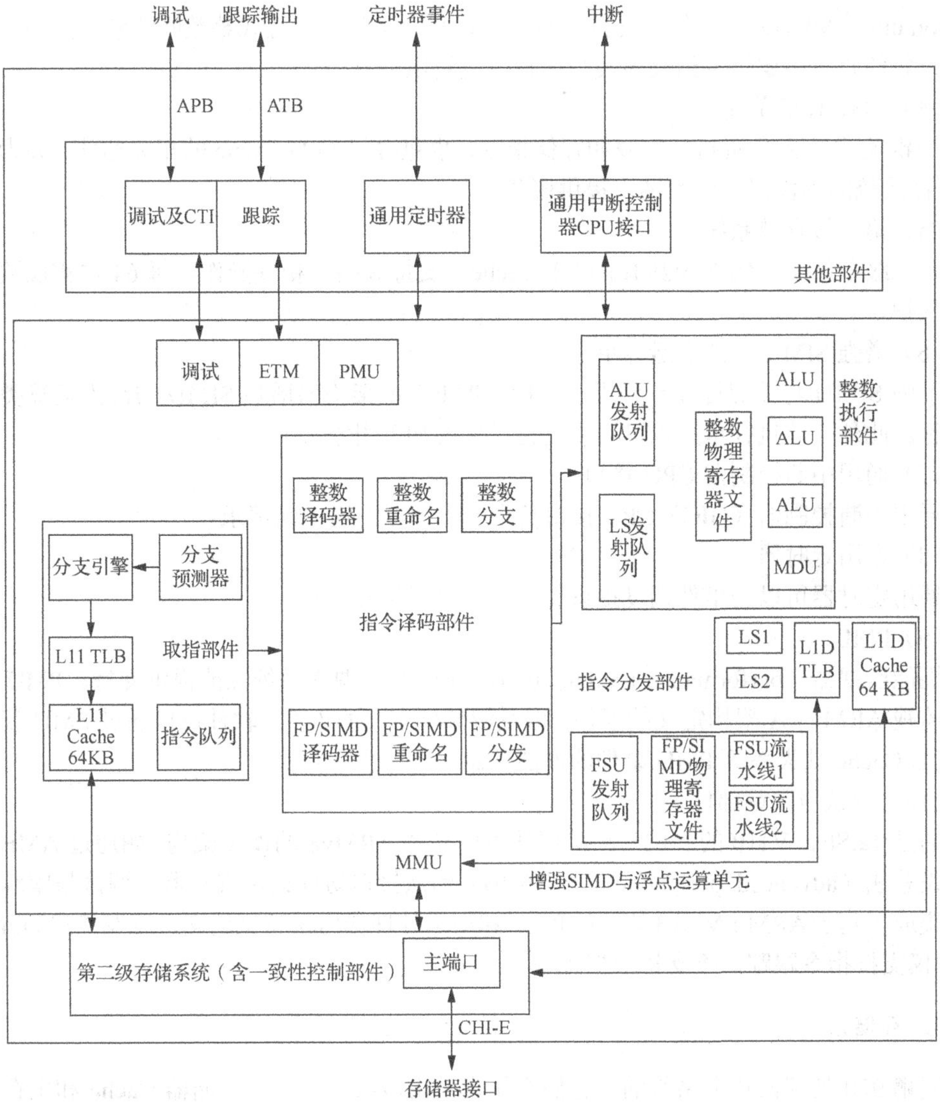

图 7.14 TaiShan V110 处理器内核的顶层功能图

注：CTI 为核心瓦片接口（core tile interface）；ETM 为嵌入式追踪宏块（embedded trace macroblock）。

（1）指令译码部件

指令译码部件负责 A64 指令集的译码，支持 A64 指令集中的增强 SIMD 及浮点指令集。指令译码部件也负责完成寄存器重命名操作，通过消除写后写（write-after-write，WAW）和写后读（read-after-write，WAR）冒险支持指令的乱序执行。

（2）指令分发部件

指令分发部件控制译码后的指令被分发至执行单元的指令流水线的时间，以及返回结果被放弃的时间。指令分发部件包含 ARM 处理器内核的众多寄存器，如通用寄存器文件、增强 SIMD 及浮点寄存器文件和 AArch64 状态下的系统寄存器等。

（3）整数执行部件

整数执行部件包含三条算术逻辑部件（ALU）流水线和一条整数乘除运算单元（multiplication/

division unit，MDU）流水线，支持整数乘加运算，也包含交互式整数除法硬件电路、分支与指令条件码解析逻辑及结果转发与比较器逻辑电路等。

（4）加载/存储单元

加载/存储单元负责执行加载和存储指令，也包含了 L1 D Cache 的相关部件，并为来自 L2 存储系统的存储器一致性请求提供服务。

（5）第二级存储系统

第二级存储系统包含 512KB 的 L2 Cache，支持 8 路组相联操作，每 64 位实现数据纠错码保护。

（6）增强 SIMD 与浮点运算单元

增强 SIMD 与浮点运算单元用于支持 ARMv8-A 架构的增强 SIMD 与浮点运算类指令的执行。此外，该执行单元也可用于支持可选的加密引擎。

（7）通用中断控制器 CPU 接口

通用中断控制器（GIC）CPU 接口负责向处理器发送中断请求。

（8）通用定时器

通用定时器可以为事件调度提供支持，并可以触发中断。

（9）PMU

性能监视器（performance monitor unit，PMU）为调优系统性能提供支持。PMU 部件可以监视 ARMv8-A 架构定义的事件，以及鲲鹏自定义的事件。软件可以通过 PMU 获取诸如 L1 D Cache 缺失率等 PMU 事件的性能信息。

（10）调试与跟踪部件

通过 TaiShan V110 的调试与跟踪部件可以支持 ARMv8 的调试架构，如通过 AMBA 先进外设总线（advanced peripheral bus，APB）的从接口访问调试寄存器。调试与跟踪部件中也集成了基于 ARM PMUv3 架构的 PMU 和用于处理器内核调试的交叉触发接口。TaiShan V110 仅支持指令跟踪，不支持数据跟踪。

3. 存储系统

鲲鹏 920 处理器片上系统的内存储系统也是由多级高速缓冲存储器 Cache 和主存构成的。图 7.15 给出了鲲鹏 920 处理器片上系统的内存储系统的组成示意图。

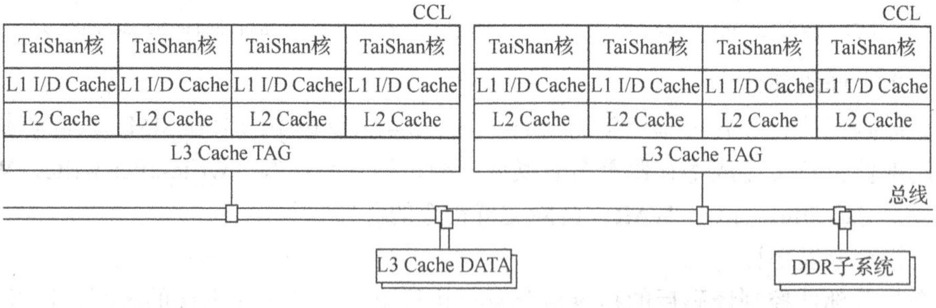

图 7.15　鲲鹏 920 处理器片上系统的内存储系统组成示意图

（1）L3 Cache DATA

L3 Cache 是系统级片上三级高速缓存，该 Cache 被 CPU、各种加速器和 I/O 设备共用。鲲鹏 920 系统的 L3 Cache 也是系统的最末级 Cache（last level cache，LLC）。L3 Cache 由

L3 Cache TAG 和 L3 Cache DATA 两部分组成：L3 Cache TAG 是 L3 Cache 的协议处理模块；L3 Cache DATA 是 L3 Cache 的数据存储区，用于缓存主存数据。图 7.16 给出了鲲鹏 920 处理器片上系统 L3 Cache 的组成与操作流程示意图，从图中可以看出访问主存和 Cache 时的系统数据流。

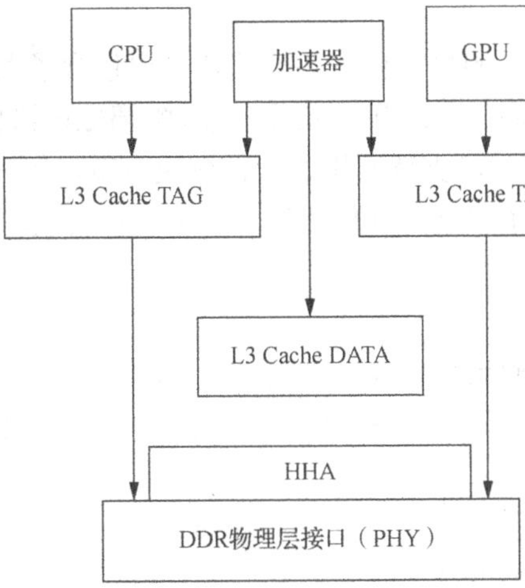

图 7.16　鲲鹏处理器 L3 Cache 的组成与操作流程示意图

注：HHA 为硬件辅助寻址（hardware assisted addressing）。

（2）DDR 控制子系统

如图 7.17 所示，鲲鹏 920 处理器的每个 DDR 控制器子系统包括 RAS 控制器（RAS controller，RASC）、高性能控制器（high performance controller，HPC）、动态存储器控制器（dynamic memory controller，DMC）和高速物理层（high-speed PHY，HSPHY）4 个模块。鲲鹏 920 处理器片上系统支持 ARMv8-A 架构的可靠性、可用性和可服务性（reliability，availability and service ability，RAS）特性，RAS 控制器即用于实现 DDR 控制器子系统的 RAS 特性。鲲鹏 920 处理器的每个 DDR 通道数据位宽为 72 位，其中有效数据占 64 位，可选的校验数据占 8 位。RAS 控制器使用 DDR 接口数据总线的 8 位校验数据。

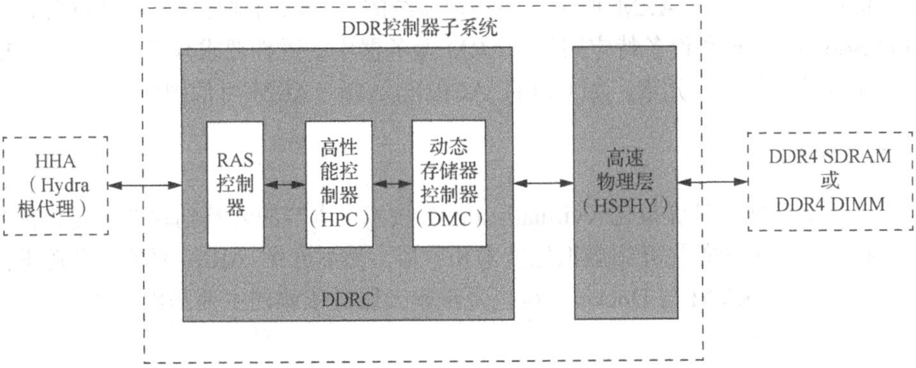

图 7.17　鲲鹏 920 处理器片上 DDR 控制器子系统组成示意图

高性能控制器用于对系统访问进行高效率、高服务质量的调度。动态存储器控制器完成系统地址到 DDR SDRAM 物理地址的转换，以便使该系统访问符合 DDR4 协议

（JESD79-4B）规范，并通过 DFI 协议(DFI 4.0)将访问请求发送到 HSPHY。

高速物理层通过 I/O 与片外 DDR4 SDRAM 或 DDR4 DIMM 连接，将 DFI 协议转换为 DDR4 协议，并通过对接口时序的微调和对接口特性的校准实现采样窗口的最大化。

7.3.2 软件架构概览

华为鲲鹏产品不仅仅局限于鲲鹏系列服务器芯片，更包含了兼容的服务器软件，以及建立在新计算架构上的完整软硬件生态和云服务生态。鲲鹏处理器作为全面兼容 ARMv8-A 64 位体系结构的通用服务器芯片，支持通用的软件解决方案，华为集成 ARM+Linux 技术与生态，为鲲鹏应用开发提供了丰富的软件资源、应用迁移实践环境及开发套件。

1. 鲲鹏服务器软件生态

整个鲲鹏生态体系基于鲲鹏系列芯片，提供了 TaiShan 服务器和鲲鹏云服务器，并围绕鲲鹏相关的产品和服务构筑软件生态。鲲鹏生态全栈架构及硬件特定软件如图 7.18 所示。

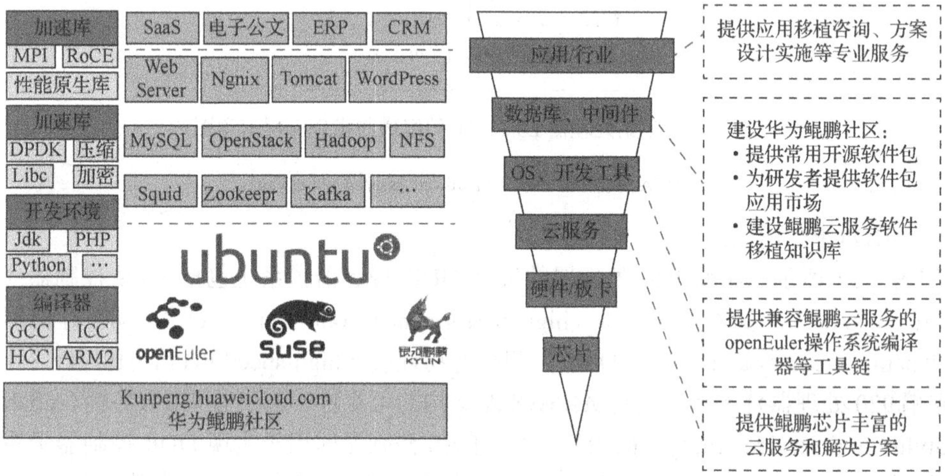

图 7.18　鲲鹏生态全栈架构及硬件特定软件

硬件特定软件指的是 ARM 服务器中特定系统的、常以固件形式提供的软件，主要包括所谓的 Boot Loader 和设备特定固件。ARM 服务器中的固件要求规范 SBSA 与 SBBR，以及其中涉及的一些重要元素，如 UEFI、ACPI 与 ATF（ARM 可信固件）。

2. 云基础软件

云计算的基础技术是虚拟化（virtualization）技术，本节的云基础软件主要包括系统虚拟化软件和容器。下面首先介绍虚拟化技术和容器，然后介绍 ARM 服务器开源虚拟化主流解决方案：Xen、KVM 与 Docker。这也是鲲鹏云服务依赖的主要基础软件。

（1）虚拟化技术

虚拟化技术是实现云计算的基础技术。这里所谓的“云”是一种能够抽象、汇集和共享整个网络中的可扩展计算资源（包括网络、服务器、存储、应用软件、服务等）的 IT 环境。创建云的目的通常是进行云计算，也就是在系统中运行工作负载的行为。狭义的云计算一般指 IT 基础设施的交付和使用模式，指通过网络以按需、易扩展的方式获得所需的计算资源（硬件、平台、软件）。虚拟化系统结构如图 7.19 所示，通过虚拟化仿真出来的计算机系统称作虚拟机，把运行虚拟机的底层机器称为主机，运行在虚拟环境上的软件称为客户机。

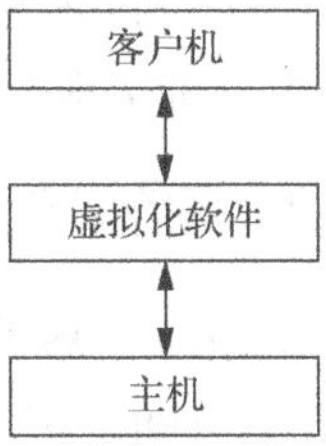

图 7.19　虚拟化系统结构

（2）容器

在不同应用程序之间共享硬件资源的另一种方法是借助容器。容器是一种轻量级的操作系统级别的虚拟化手段。与创建硬件虚拟实例的管理程序不同，容器提供了旨在共享单个操作系统的更轻量级的机制。在容器中运行的应用程序认为它具有对操作系统副本的非共享访问权。容器是在操作系统层面上实现虚拟化，直接复用本地主机的操作系统。实现上，一般由操作系统内核提供隔离机制。允许存在多个相互隔离的用户空间实例，这样的实例称为容器。

7.3.3　鲲鹏处理器举例

本节将鲲鹏 920 处理器与鲲鹏其余系列处理器的主要性能参数作对比来体现优越性。

鲲鹏 920 是目前业界最高性能 ARM-based 处理器。该处理器采用 7nm 制造工艺，基于 ARM 架构授权，由华为公司自主设计完成。通过优化分支预测算法、提升运算单元数量、改进内存子系统架构等一系列微架构设计，大幅提高了处理器性能。典型主频下，SPECint Benchmark 评分超过 930，超出业界标杆 25%。同时，能效比优于业界标杆 30%。鲲鹏 920 以更低功耗为数据中心提供更强性能。

7.4　Harmony 操作系统

2019 年 8 月 9 日，华为公司在东莞举行的华为开发者大会（HDC.2019）上正式发布了华为鸿蒙操作系统（HUAWEI HarmonyOS）。2020 年 9 月 10 日，华为鸿蒙操作系统升级至 HarmonyOS 2.0 版本。本节将对 HarmonyOS 进行详细介绍。

7.4.1　系统定义

HarmonyOS 是一款“面向未来”、面向全场景（移动办公、运动健康、社交通信、媒体娱乐等）的分布式操作系统[7]。在传统的单设备系统能力的基础上，HarmonyOS 提出了基于同一套系统能力、适配多种终端形态的分布式理念，具备支持多种终端设备的能力。

- 对消费者而言：HarmonyOS 能够将生活场景中的各类终端进行能力整合，形成一个“超级虚拟终端”，可以实现不同终端设备之间的快速连接、能力互助、资源共享，匹配合适的设备、提供流畅的全场景体验。
- 对应用开发者而言：HarmonyOS 采用了多种分布式技术，使得应用程序的开发实现与不同终端设备的形态差异无关，降低了开发难度和成本。这能够让开发者聚焦上层业务逻辑，更加便捷、高效地开发应用。

- 对设备开发者而言：HarmonyOS 采用了组件化的设计方案，可以根据设备的资源能力和业务特征进行灵活裁剪，满足不同形态的终端设备对操作系统的要求。

7.4.2 系统架构

HarmonyOS 整体遵从分层设计，从下向上依次为内核层、系统基础服务层、框架层和应用层。HarmonyOS 系统架构如图 7.20 所示。

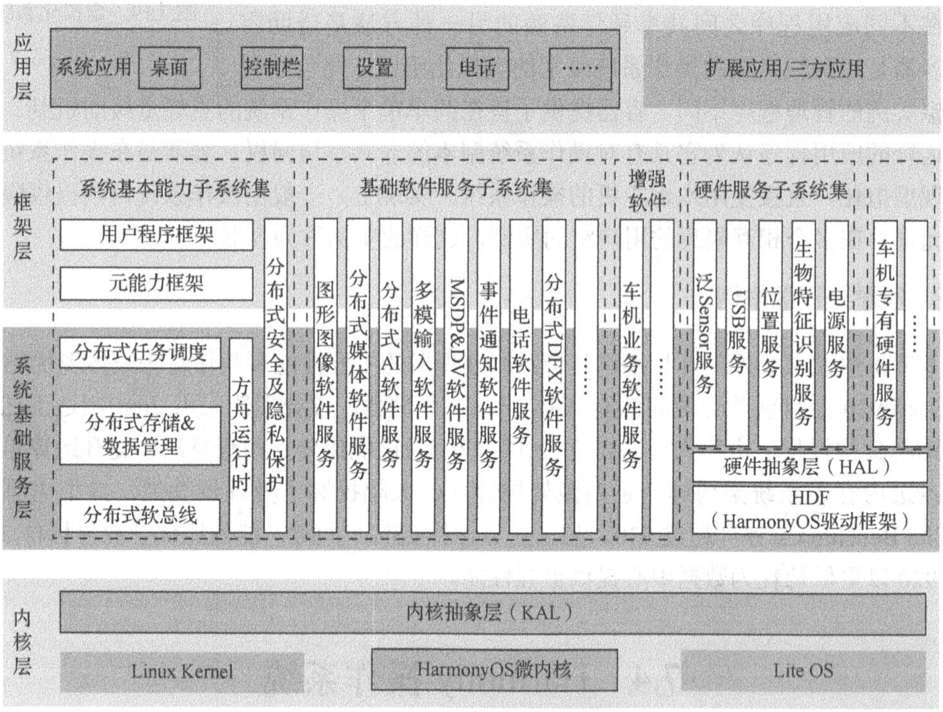

图 7.20　HarmonyOS 系统架构

（1）内核层

HarmonyOS 采用多内核设计（Linux 内核、HarmonyOS 微内核或者 Lite OS），支持针对不同资源受限设备选用适合的 OS 内核。内核抽象层（kernel abstract layer，KAL）通过屏蔽多内核差异，对上层提供基础的内核能力，包括进程/线程管理、内存管理、文件系统、网络管理和外设管理等。

- 内核子系统：内核抽象层（KAL）通过屏蔽多内核差异，对上层提供基础的内核能力，包括进程/线程管理、内存管理、文件系统、网络管理和外设管理等。
- 驱动子系统：HarmonyOS 驱动框架（HarmonyOS drive frame，HDF）是 HarmonyOS 硬件生态开放的基础，用于提供统一外设访问能力和驱动开发、管理框架。

（2）系统基础服务层

系统基础服务层是 HarmonyOS 的核心能力集合，通过框架层对应用程序提供服务，主要包括以下几部分。

- 系统基本能力子系统集：为分布式应用在 HarmonyOS 多设备上的运行、调度、迁移等操作提供了基础能力，由分布式软总线、分布式数据管理、分布式任务调度、分布式数据管理等子系统组成。

- 基础软件服务子系统集：为 HarmonyOS 提供公共的、通用的软件服务，由图形图像、分布式媒体、分布式 AI、多模输入、MSD&DV、事件通知、电话、分布式 DFX 等子系统组成。
- 增强软件服务子系统集：为 HarmonyOS 提供针对不同设备的、差异化的能力增强型软件服务，由智慧屏专有业务、穿戴专有业务、IoT 专有业务等车机业务软件子系统组成。
- 硬件服务子系统集：为 HarmonyOS 提供硬件服务，由泛 Sensor 服务、USB 服务、位置服务、生物特征识别服务、电源服务等子系统组成。

根据不同设备形态的部署环境，基础软件服务子系统集、增强软件服务子系统集、硬件服务子系统集内部可以按子系统粒度裁剪，每个子系统内部又可以按功能粒度裁剪。

（3）框架层

框架层为 HarmonyOS 的应用程序提供了 Java、C、C++、JavaScript 等多语言的用户程序框架和 Ability 框架，以及各种软硬件服务对外开放的多语言框架 API。

（4）应用层

应用层包括系统应用和第三方非系统应用。HarmonyOS 的应用由一个或多个特征能力（feature ability，FA）或粒子能力（particle ability，PA）组成。其中，FA 有 UI 界面，提供与用户交互的能力；而 PA 则无 UI 界面，提供后台运行任务的能力及统一的数据访问抽象。基于 FA/PA 开发的应用，能够实现特定的业务功能，支持跨设备调度与分发，旨在为用户提供一致、高效的应用体验。

7.4.3 技术特性

HarmonyOS 能够实现万物互连、硬件互助和资源共享，依赖的关键技术主要包括分布式软总线、分布式数据管理、分布式任务调度和分布式设备虚拟化等。

（1）分布式软总线

分布式软总线是手机、手表、平板、智慧屏、车机等多种终端设备的统一基座，是分布式数据管理和分布式任务调度的基础，为设备之间的无缝互连提供了统一的分布式通信能力，能够快速发现并连接设备，高效地传输任务和数据。分布式软总线示意图如图 7.21 所示。

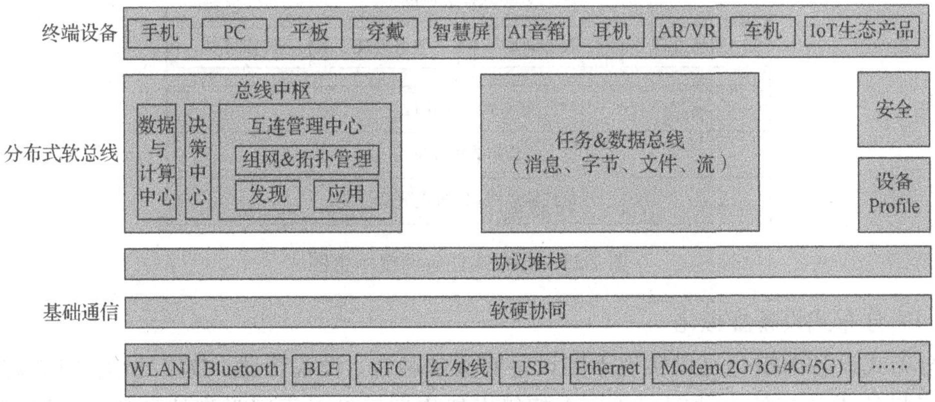

图 7.21　分布式软总线示意图

（2）分布式数据管理

分布式数据管理位于分布式软总线之上，用户数据不再与单一物理设备进行绑定，而是将多设备的应用程序数据和用户数据进行同步管理，应用跨设备运行时数据无缝衔接，让跨设备数据处理如同本地处理一样便捷。分布式数据管理示意图如图 7.22 所示。

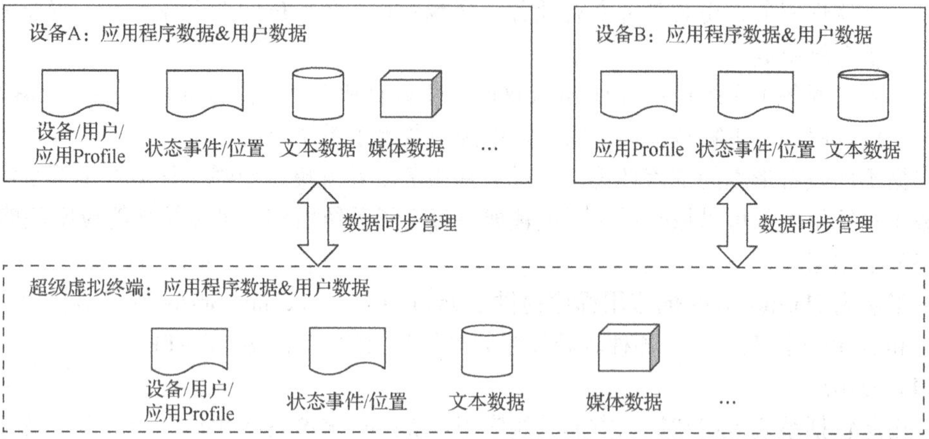

图 7.22　分布式数据管理示意图

（3）分布式任务调度

分布式任务调度基于分布式软总线、分布式数据管理等技术特性，构建统一的分布式服务管理，支持对跨设备的应用进行远程启动、远程控制、绑定/解绑、迁移等操作。在具体的场景下，能够根据不同设备的能力位置、业务运行状态、资源使用情况，并结合用户的习惯和意图，选择最合适的设备运行分布式任务。分布式任务调度示意图如图 7.23 所示。

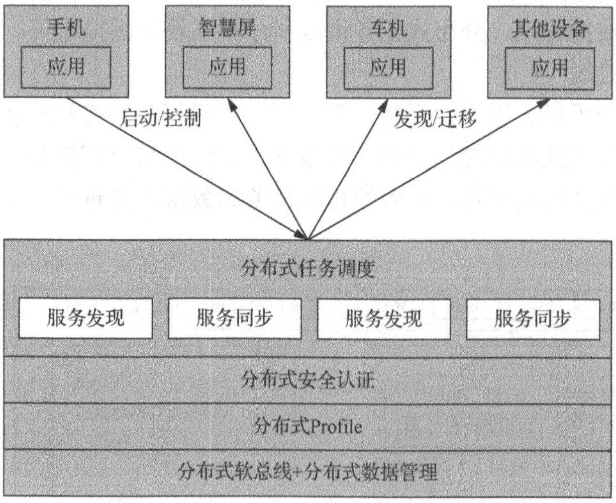

图 7.23　分布式任务调度示意图

（4）分布式设备虚拟化

分布式设备虚拟化可以实现不同设备的资源融合、设备管理、数据处理，将周边设备作为手机能力的延伸，共同形成一个超级虚拟终端。针对不同类型的任务，为用户匹配并选择能力最佳的执行硬件，让业务连续地在不同设备间流转，充分发挥不同设备的资源优势。分布式设备虚拟化示意图如图 7.24 所示。其中，Kit 为工具包，SDK（software development Kit）为软件开发工具包。

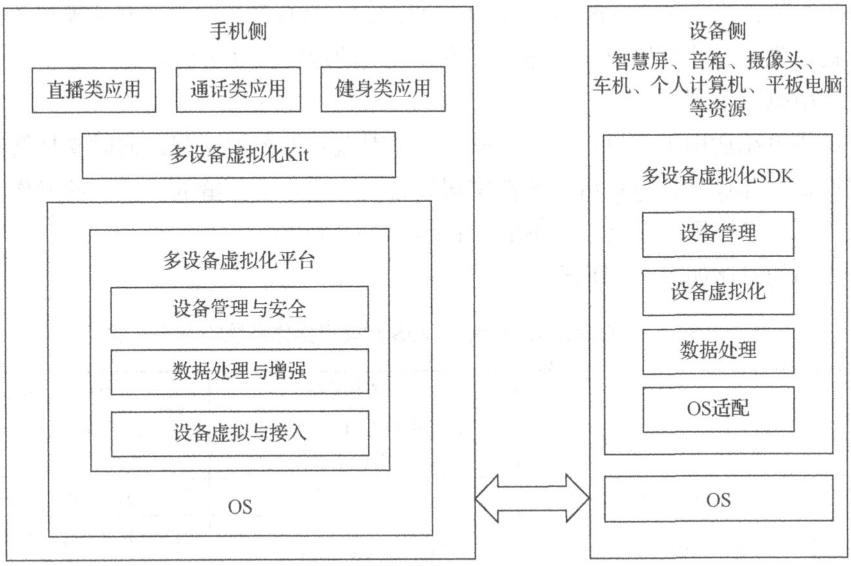

图 7.24　分布式设备虚拟化示意图

7.4.4　OpenHarmony 与其他操作系统的对比

鸿蒙操作系统基于 Linux 内核，采用微内核架构，相比安卓操作系统更加轻巧，可以适配个人计算机、手机、智能穿戴设备、车载设备等，是面向下一代网络的操作系统。

1. 与 iOS 对比

iOS 是由苹果公司开发的移动操作系统，最早于 2007 年问世，主要部署在 iPhone 上，属于类 UNIX 的商业操作系统。下面将介绍其与鸿蒙系统的区别。

（1）原理不同

iOS 是全世界第一款基于 FreeBSD 系统且采用“面向对象”概念的操作系统。鸿蒙操作系统则是一款“面向未来”，基于微内核的面向全场景的分布式操作系统。

（2）操作机制不同

鸿蒙操作系统采用分布式操作机制，不同硬件之间可以相互调用优势资源，以最大化硬件资源的使用率。iOS 只能基于苹果设备之间的共享互操作机制。

2. 与安卓操作系统对比

安卓操作系统是一款开源的操作系统，拥有良好的生态。下面介绍其与鸿蒙操作系统的区别。

（1）系统架构不同

安卓操作系统是基于 Linux 的宏内核设计的操作系统。宏内核包含了操作系统绝大多数的功能和模块，而且这些功能和模块都具有最高的权限，只要一个模块出错，整个系统就会崩溃，这也是安卓操作系统容易崩溃的原因。安卓操作系统的优点就是系统开发难度低。

鸿蒙操作系统是基于 Linux 的微内核设计的操作系统。微内核仅包括操作系统必要的功能模块（任务管理、内存分配等），处在核心地位、具有最高权限，其他模块不具有最高权限。也就是说，其他模块出现问题，对整个系统的运行没有阻碍。

（2）使用范围不同

安卓操作系统适用于手机，而鸿蒙操作系统对设备兼容性更强，同时支持智能手机、智能穿戴设备、计算机、电视机等智能家居设备，形成一个无缝的、统一的操作系统，并且兼容所有的安卓应用，适用于当下的 5G 和物联网时代。

三者之间的对比如表 7.1 所示。

表 7.1　OpenHarmony 与 iOS 和安卓操作系统的对比

项目	iOS	安卓操作系统	OpenHarmony
支持硬件	iPhone、iPad	手机、平板电脑、TV、车载设备、手表等	支持 100KB～4GB 内存的各种设备
编程语言	Swift、Objective-C	Java、C++	Java、JS、C、C++
多线程支持	PThread+GCD	PThread+用户线程池	PThread+用户线程池+系统线程池管理
分布式支持	苹果设备之间共享互操作机制	需要在 gRPC 基础上开发分布式机制	分布式调度，分布式数据，分布式调用机制
进程管理机制	“假”后台	“真”后台	“真”后台
安全管理	应用的沙箱	基于 Linux 的应用隔离	基于 Linux 的应用隔离
应用管理	需要越狱才能从第三方平台安装应用	可在用户授权下安装单独安卓应用程序包	需要越狱才能从第三方平台安装应用

从表 7.1 可以看出，OpenHarmony 在设计上综合了安卓操作系统与 iOS 的优点，分布式是其最突出的优点。

3. 与其他嵌入式操作系统对比

OpenHarmony 与其他嵌入式操作系统（如 FreeRTOS、RTThread 和 Zircon）的对比如表 7.2 所示。

表 7.2　OpenHarmony 与其他嵌入式操作系统的对比

项目	FreeRTOS	RTThread	Zircon	LiteOS-a
调度器	抢占式、协作式、可选 RR	优先级+RR	FAIR/RR	优先级+ FIFO/RR
POSIX 兼容	支持	部分支持	不支持	支持
线程	支持	支持	支持	支持
内存管理	静态申请、动态申请	静态申请、动态申请	静态申请、动态申请、虚拟内存、共享内存	静态申请、动态申请、虚拟内存

续表

项目	FreeRTOS	RTThread	Zircon	LiteOS-a
支持的 CPU 架构	ARM，AVR，AVR32，ColdFire，ESP32，HCS12，IA-32，Cortex-M3/M4/M7，Infineon XMC4000，MicroBlaze，MSP430，PIC，PIC32，Renesas H8/S，RX100/200/600/700，8052，STM32，TriCore，EFM32	ARM，ARM Cortex-M0/M3/R4/M4/M7，IA-32，AVR32，Blackfin，nios，PPC，M16C，MIPS (loongson-lb-1c，PIC32，xburst)，MicroBlaze，V850，unicore32	AArch64，x86-64	ARM Cortex-a7 RISCV
内核容量	4～9KB	200KB	超过 1MB	10KB～2MB
Shell	NA	Finsh(msh)	N/A	类 Linux
编程方式	C/C++	C/C++	N/A	C/C++，JS

从表 7.2 可以看出，OpenHarmony（LiteOS-a）的内核提供了较为完整的内核功能，属于比较现代的内核，尤其是对 POSIX 的支持比较完善，这就为下游应用的移植带来了便利性；OpenHarmony 的创新 LiteIPC 是非常出色的设计；OpenHarmony 保持着较好的可裁剪性；OpenHarmony 在 acelite 加持下可以通过 JavaScript 进行编程。OpenHarmony 目前最大的短板在于支持的硬件架构有限，这也是需要开源社区去解决的问题。

可以看到，虽然单个树莓派图像分类效率不变。但使用分布式系统后，由于多个树莓派分担处理任务，分类总耗时减少了，因此处理效率得以提升。

习　　题

1．达芬奇架构的组成单元有哪些？各有什么特点？
2．试列举国内外三种 ARM 架构的产品，并简述其特点。
3．TaiShan V110 处理器内核是鲲鹏的核心，它主要由哪些部件组成？
4．简述 L2 Cache 和 L3 Cache 的异同点。
5．Harmony 系统主要分为哪些层？各有什么特点？
6．国内外的 ARM 架构的区别是什么？试说明它们各自的优缺点。
7．昇腾和鲲鹏的区别是什么？
8．试列举昇腾和鲲鹏的实际应用案例。
9．简述 Harmony 系统的特点。
10．人工智能芯片是如何实现计算加速的？
11．对比本章所介绍的几款芯片，简述从设计到生产一款人工智能芯片的流程。
12．对比人工智能芯片与嵌入式系统的异同，简要阐述它们分别适合什么样的实际场景。

参 考 文 献

[1] 苏统华，杜鹏，周斌．昇腾 AI 处理器 CANN 架构与编程[M]．北京：清华大学出版社，2022.
[2] 高玉龙，白旭，吴玮．达芬奇技术开发基础、原理与实例[M]．北京：电子工业出版社，2012.

[3] 秦华标，曹钦平．基于 FPGA 的卷积神经网络硬件加速器设计[J]．电子与信息学报，2019，41（11）：2599-2605.

[4] 梁晓峣．昇腾 AI 处理器架构与编程：深入理解 CANN 技术原理及应用[M]．北京：清华大学出版社，2019.

[5] 戴志涛，刘健培．鲲鹏处理器架构与编程[M]．北京：清华大学出版社，2020.

[6] SKILLMAN A, EDSO T. A technical overview of cortex-m55 and ethos-u55: ARM's most capable processors for endpoint ai[C]. IEEE computer society, 2020: 1-20.

[7] 华为技术有限公司．HCIA-HarmonyOS 应用开发学习指南[M]．北京：人民邮电出版社，2022.

第 8 章 基于树莓派 4B 的综合案例

本章将通过典型案例介绍 ARM 设备的部署流程。首先简述覆铜板表面缺陷智能检测系统的构成，并基于树莓派 4B 硬件平台实现其中的缺陷图像分类功能，最终在此基础上引入分布式处理优化方案。本章将嵌入式设备与人工智能相结合，构建基于深度学习的图像分类系统，并通过综合案例来帮助读者更好地掌握 ARM 嵌入式系统工作机制[1]。

8.1 覆铜板表面缺陷检测系统

覆铜板（copper clad laminate，CCL）全名为覆铜箔层压板，是印制电路板（printed-circuit board，PCB）的上游原料。覆铜板产业链如图 8.1 所示。

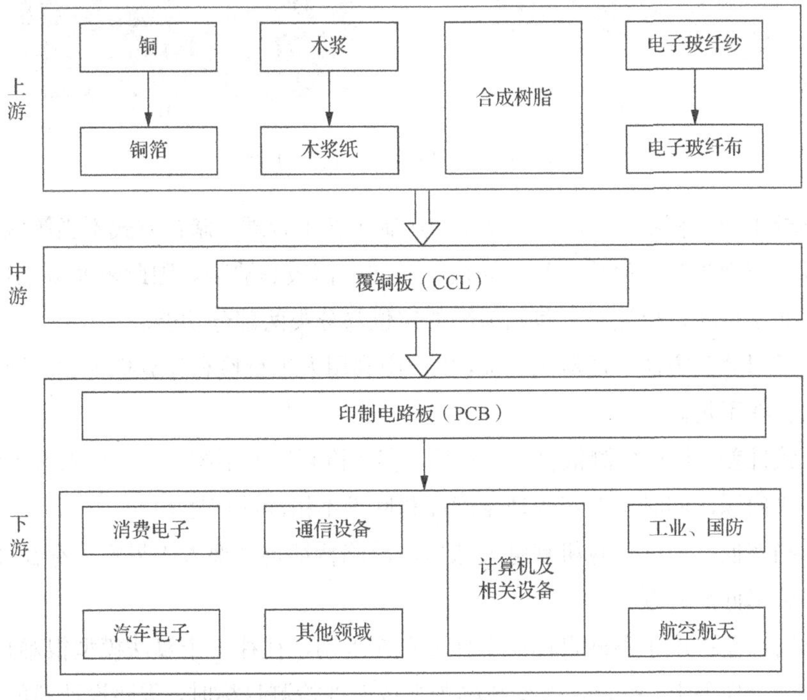

图 8.1　覆铜板产业链

- 上游：原材料供应，包括电子铜箔、玻纤布、树脂、木浆纸等。
- 中游：覆铜板制造，包括各类型覆铜板。
- 下游：PCB 生产厂家及更下游的终端应用领域，包括通信行业、消费电子行业、汽车行业等。

覆铜板生产过程是将增强材料放入树脂中浸泡，在其上覆盖铜箔，再经过热压制作形成板状材料。图 8.2 展示了覆铜板结构和 PCB 实物。

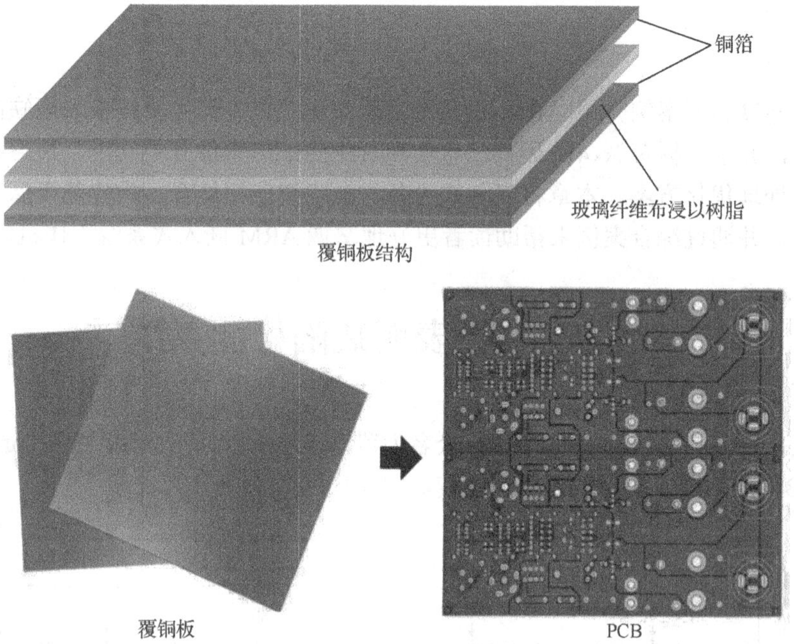

图 8.2　覆铜板结构和 PCB 实物

在覆铜板生产过程中，会因吸附杂质、压制工艺不合理、储存方式不当等因素的影响，致使覆铜板上出现划痕、氧化油污、切边、压凹、褶皱等缺陷。因此表面缺陷检测环节对覆铜板生产非常重要，检测主要包括缺陷的定位与分类两部分功能。

在深度学习分类方法广泛应用之前，生产中利用人工目检和计算机视觉解决分类问题，但这些方法存在不足。

- 一致性差：传统检测依赖人工目检，存在检测标准不统一、无法确保 100%检测覆盖等问题，同时也存在管理难度高和回溯不精准的问题。
- 准确率低：引入计算机视觉方法后，缺陷特征仍需要人工界定，存在效率低下、准确率低的问题。
- 通用性差：由于不同目标识别任务存在差别，往往一个算法模型很难直接迁移到另一个任务上。所以当改变缺陷类型或改变检测目标时，需要设计新的检测规则，任务量大。

针对以上问题，深度学习具有巨大优势：收集大量实际缺陷样本，再通过深度学习算法训练提取缺陷特征，然后将训练结果部署至现场。基于深度学习的缺陷分类方法速度快、结果稳定、人工成本低，被广泛地应用于图像分类领域[2]。

图 8.3 为覆铜板缺陷检测系统架构，主要包括系统自检、图像采集、缺陷检测、界面显示、日志管理等模块。系统结合覆铜板行业需求，使用数字图像处理与人工智能技术检测产品表面缺陷，并根据产线设定完成缺陷记录及报警。引入深度学习后，覆铜板表面缺陷检测系统可以对缺陷进行分类，自动统计缺陷的数量及各类型缺陷概率。进而为工艺改进、产线检修提供数据依据，以求有效减少生产成本、降低次品率、提高产品品质。

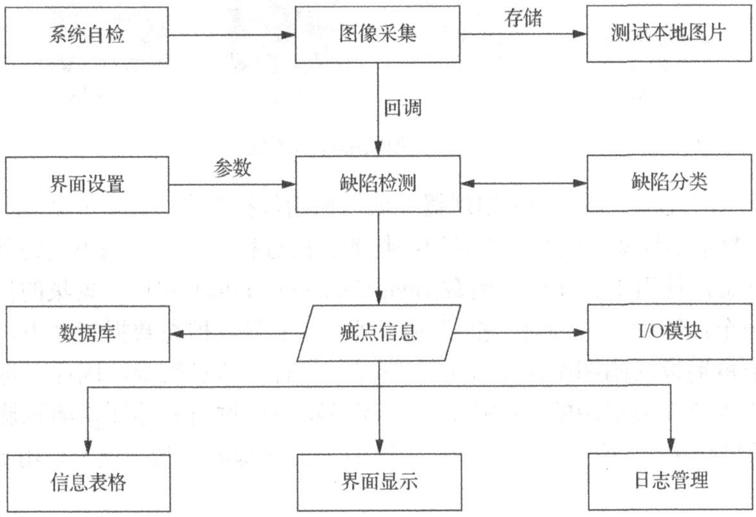

图 8.3　覆铜板缺陷检测系统架构

8.2　缺陷分类方法

本章将利用树莓派模拟覆铜板检测系统中的缺陷分类模块，首先通过本节内容介绍覆铜板表面缺陷识别系统中缺陷分类方法及实现流程，包括数据预处理、模型训练与评估、模型速度优化[3]。

8.2.1　数据预处理

以覆铜板生产现场采集的缺陷样本作为训练集，图 8.4 展示了其中的典型缺陷样本图像。

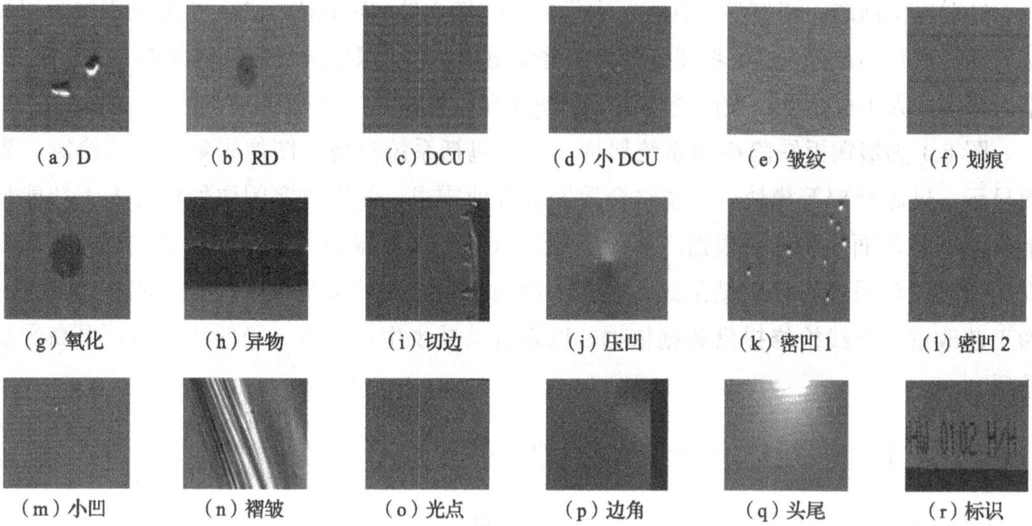

（a）D　（b）RD　（c）DCU　（d）小DCU　（e）皱纹　（f）划痕

（g）氧化　（h）异物　（i）切边　（j）压凹　（k）密凹1　（l）密凹2

（m）小凹　（n）褶皱　（o）光点　（p）边角　（q）头尾　（r）标识

图8.4　典型缺陷样本图像

由于实际生产过程中部分缺陷出现概率低，原始数据库中个别类别数据较少，不同类别的缺陷图片数量不均衡。因此可以对训练集的数据进行扩增，提高模型的鲁棒性。为了扩大训练数据集，使用Keras内置函数ImageDataGenerator()实现数据集的扩增，该图片生成器在每一个训练批次中都对一批样本数据进行增强，扩充数据集大小，增强模型泛化能力。由于覆铜板缺陷图中缺陷部分面积较小，有效信息较少，因此在选择数据扩增的操作时，应避免损失原图的有效信息。实现过程中通过将原始图像随机旋转、左右或上下平移、随机翻转等操作进行数据增广。以D类缺陷原始图像为例，使用数据增广前后的对比如图8.5所示。

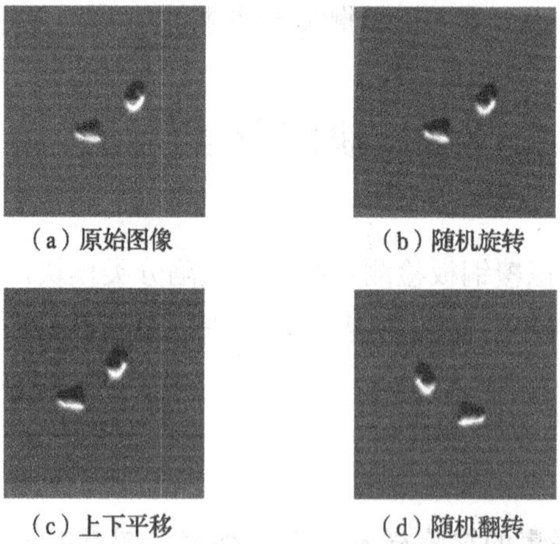

（a）原始图像　（b）随机旋转

（c）上下平移　（d）随机翻转

图8.5　数据增广前后对比图

8.2.2　模型训练与评估

系统中缺陷分类功能基于ResNet18网络模型实现，其网络结构如表8.1所示，优化了特征提取层的结构，以提高缺陷分类准确率。ResNet18采用了残差跳跃式结构，使某一层的输出可以连跨几层作为后面某一层的输入，增加神经网络深度的同时，也降低了计算量和参数数目，拟合高维函数的能力也比普通连接网络更强，这有助于解决深层网络中网络退化、梯度消失和梯度爆炸问题。

表 8.1 ResNet18 网络结构

块名称	卷积层 1	卷积层 2	卷积层 3	卷积层 4	卷积层 5	输出层
ResNet18	7×7，64，步长 2	$\begin{bmatrix}3\times3 & 64\\3\times3 & 64\end{bmatrix}\times2$	$\begin{bmatrix}3\times3 & 128\\3\times3 & 128\end{bmatrix}\times2$	$\begin{bmatrix}3\times3 & 256\\3\times3 & 256\end{bmatrix}\times2$	$\begin{bmatrix}3\times3 & 512\\3\times3 & 512\end{bmatrix}\times2$	平均池化 Softmax
输入尺寸/像素	128×128	64×64	32×32	16×16	8×8	4×4
输出尺寸/像素	64×64	32×32	16×16	8×8	4×4	1×1

（1）训练环境

模型离线训练环境配置如表 8.2 所示，深度学习模型开发框架选择 TensorFlow，可以部署在计算机或嵌入式硬件设备中，既可以运行在 CPU 中也可以运行在 GPU 中，非常便捷。为了加快模型训练的速度，模型训练在 GPU 上进行。

表 8.2 模型离线训练环境配置

名称	版本
Ubuntu	16.04.7 LTS
NVRM	NVIDIA UNIX x86_64 Kernel Module 384.130 Wed Mar 21 03:37:26 PDT 2018
Linux	4.4.0-98-generic
GCC	5.4.0 20160609
Cuda	9.0.176
Cudnn	7.1.3
TensorFlow	1.10.0 (GPU)
Python	3.6.4
Keras	2.0.8
Package	NumPy, tqdm, opencv-python, scikit-learn

（2）训练过程

卷积神经网络的训练过程主要有两个阶段，前向传播阶段和反向传播阶段。在前向传播阶段，数据从输入层经过逐级的变换，传送到输出层。在反向传播阶段，将前向传播得到的结果与预期结果之间的误差反向传播，传送到输入层。图 8.6 展示了卷积神经网络的训练过程。

（3）评估指标

评估指标为训练集准确率（acc）、训练集损失函数的值（loss）、验证集准确率（val_acc）和验证集损失函数的值（val_loss），以及训练集每个类别的准确率和加权准确率。为了增强模型的可诊断性，使用 TensorFlow 的可视化工具 TensorBoard 展示绘制的 accuracy-loss 图像、网络结构等。

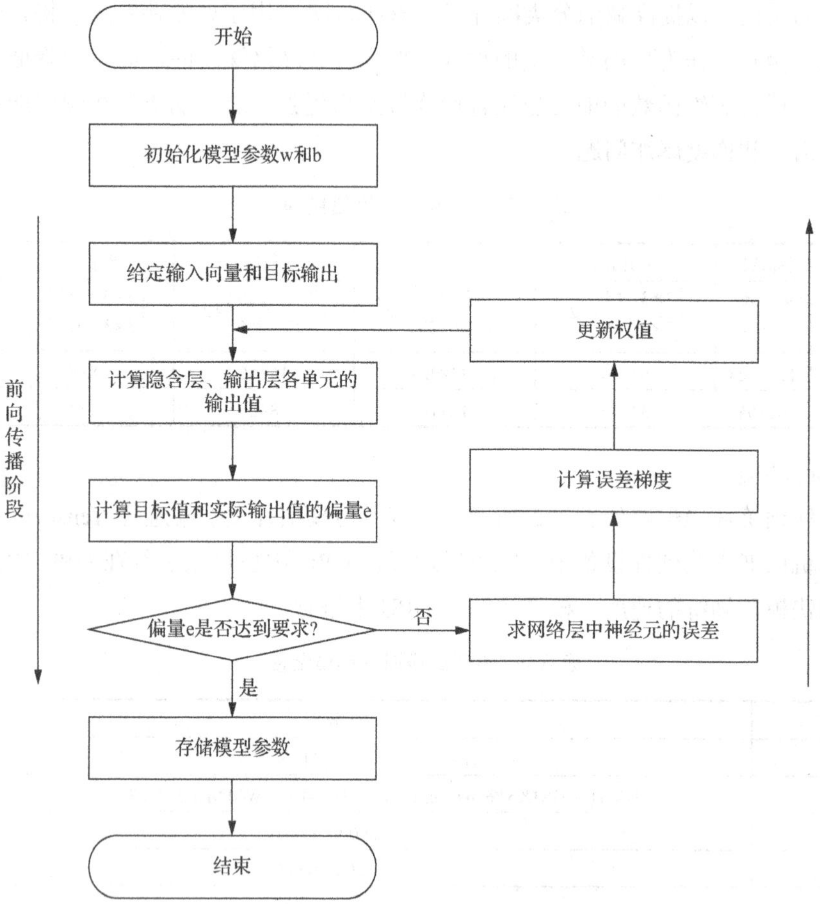

图 8.6　卷积神经网络的训练过程

8.2.3　模型速度优化

深度学习模型训练完成后，通常需要优化模型速度，缩短分类任务耗时。本节将介绍如何使用多线程、分布式系统缩短处理时长。

（1）多线程

单线程处理逻辑中任务被顺序执行，只有一次分类完成后才能进行下一次分类。该流程的缺点是单次分类任务计算量小，客户端与服务端的资源利用率较低。通过多线程方式将串行处理改为并行处理可以减少系统等待时间，当有分类任务被调用时，通过建立线程来执行该任务，无须等待分类结果即可处理后续任务。

线程是操作系统进行运算调度的最小单位，是一个基本的 CPU 执行单元，也是程序执行过程中的最小单元。它被包含在进程中，是进程执行过程中的实际工作单位。一条线程指的是进程中一个单一顺序的控制流，一个进程中可以并发多个线程，每条线程并行执行不同的任务。线程是独立的。如果在一个线程中发生异常，不会影响其他线程。它使用共享内存区域。多线程相比于多进程，更适用于 I/O 密集型任务。

线程有 5 种基本状态，其状态转换如图 8.7 所示。

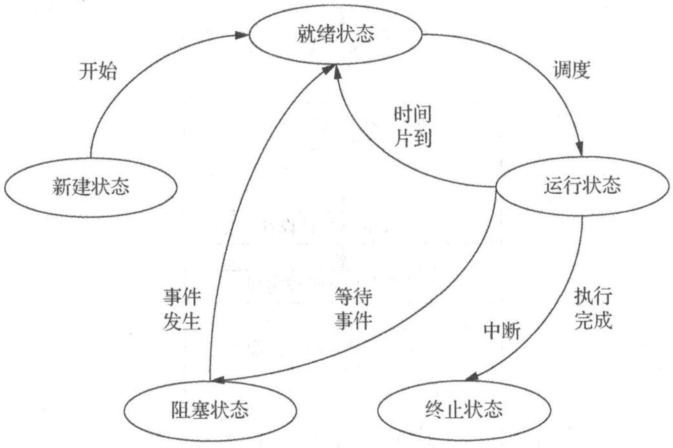

图 8.7　线程状态转换

- 新建：线程被创建。
- 就绪：线程已获得除 CPU 外的所有必要资源，只等待 CPU 时的状态。一个系统会将多个处于就绪状态的进程排成一个就绪队列。
- 运行：线程已获 CPU，正在执行。
- 阻塞：线程为等待事件而阻塞。
- 终止：线程正在从系统中撤销，回收线程的资源。

（2）分布式系统

当一台计算机已经发挥全部计算力，仍然无法达到性能指标时，可利用分布式系统建立一对多网络，提高并行计算能力。即利用更多的机器处理数据，上位机将所有任务分为若干份，并行发送给多张显卡同时工作，最后将处理结果和编号进行汇总并返回结果。使用分布式系统，虽然每张缺陷图像的分类时间不变，但由于待分类缺陷图像集被多张显卡同时处理，每一块显卡都提供分类服务，总体上减少了缺陷分类处理时间，提高了总体工作效率。通过增加分类业务处理单元提高缺陷分类效率的方式可扩展性极强，性价比较高。

8.3　基于树莓派 4B 的深度学习图像分类系统

本章前两节中已经分析了覆铜板表面缺陷检测系统的行业需求，并介绍了其系统架构及缺陷分类方法的实现流程。本节以树莓派 4B 作为硬件平台，将训练好的缺陷分类模型部署到嵌入式设备，在嵌入式系统中使用 C++和 Python 语言编写程序代码，实现基于深度学习的图像分类仿真系统，验证覆铜板缺陷识别系统中的缺陷分类功能，帮助读者更好地理解系统工作机制。

系统实现业务流程如图 8.8 所示。

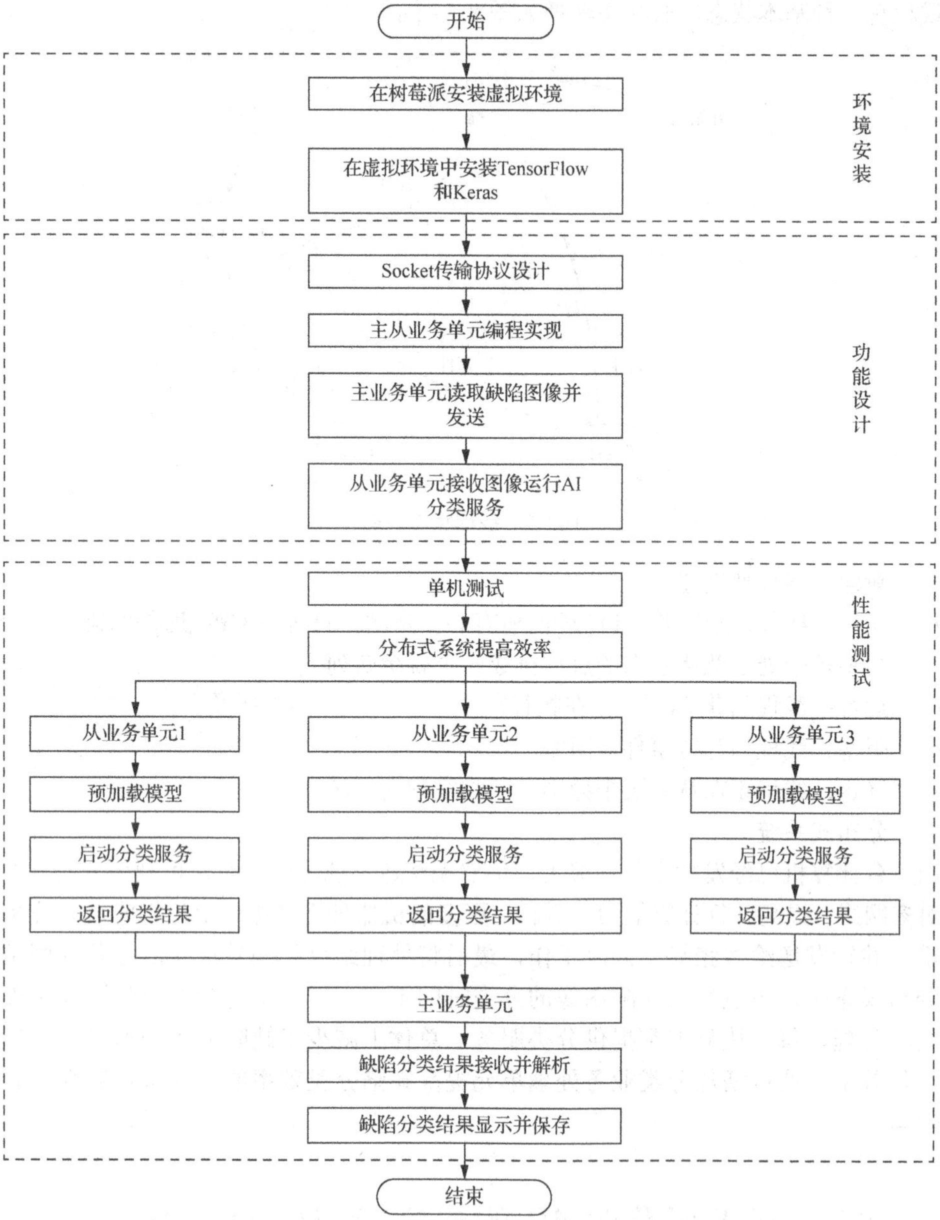

图 8.8　系统实现业务流程

- 环境安装：在树莓派配置深度学习环境以部署模型，运行 AI 分类服务。
- 功能设计：包括传输协议设计和主从业务单元编程实现。
- 性能测试：分别在单树莓派方案与分布式处理方案下测试系统性能。

8.3.1　树莓派环境安装

为树莓派配置深度学习环境，以部署分类模型。树莓派 AI 分类服务运行环境配置如表 8.3 所示。

表8.3 树莓派AI分类服务运行环境配置

运行环境名	版本
TensorFlow	1.14.0
Python	3.7.3
Keras	2.2.5
Package	NumPy、h5py、SciPy

可以按以下步骤为树莓派配置TensorFlow深度学习环境。

（1）检查设备联网状态

软件包升级及其索引更新都需要在联网的情况下进行，使用ping命令可以检查树莓派是否已经连接网络。例如：

```
ping -c 4 www.baidu.com
```

出现图8.9所示情况表明网络连接正常，如果出现域名解析失败或请求超时等提示，需要重新配置网络并检查连接状态。

```
pi@raspberrypi:~ $ ping -c 4 www.baidu.com
PING www.a.shifen.com (110.242.68.3) 56(84) bytes of data.
64 bytes from 110.242.68.3 (110.242.68.3): icmp_seq=1 ttl=255 time=32.4 ms
64 bytes from 110.242.68.3 (110.242.68.3): icmp_seq=2 ttl=255 time=32.8 ms
64 bytes from 110.242.68.3 (110.242.68.3): icmp_seq=3 ttl=255 time=25.9 ms
64 bytes from 110.242.68.3 (110.242.68.3): icmp_seq=4 ttl=255 time=28.10 ms

--- www.a.shifen.com ping statistics ---
4 packets transmitted, 4 received, 0% packet loss, time 12ms
rtt min/avg/max/mdev = 25.901/29.999/32.752/2.791 ms
```

图8.9 检查树莓派网络连接状态

（2）更新软件仓库并安装virtualenv

```
sudo apt-get update                    #更新软件包索引
sudo apt-get -y upgrade                #更新软件包
sudo pip3 install -U virtualenv        #安装虚拟环境 virtualenv
```

树莓派官方镜像自带了Python 2.7.16和Python 3.7.3版本解释器，安装虚拟环境管理包virtualenv，可以避免各个环境的包冲突，明确所需的Python版本，同时也能很好地支持TensorFlow开发环境安装。

（3）创建并激活虚拟环境

```
virtualenv -p python3 ~/my_envs #创建虚拟环境
source ~/my_envs/bin/activate    #激活环境
```

第一条命令在树莓派终端默认路径/home/pi下创建一个虚拟环境，其中-p python3指示将使用Python 3解释器，my_envs为创建的虚拟环境名称，读者可以根据自己的需要填写名称。第二条命令表示激活虚拟环境my_envs，后续安装操作都在此虚拟环境下进行，在虚拟环境里用pip安装的软件包也都会安装到当前的虚拟环境中。

（4）下载编译版本安装包

使用 pip 安装 Python 包时，默认从源码构建，编译耗时长。推荐使用 Piwheels 提供的预编译二进制包离线安装。Piwheels 是一个开源项目，其自动为 Python 包索引（Python package index，PyPI）上的所有项目构建预编译的 Python 包（Python wheels），并能确保树莓派的兼容性。使用 pip 安装 Python 库时，离线安装编译好的版本可以节省大量时间。TensorFlow 和 Keras 编译版本的安装包可以通过 Piwheels 官网下载。

下载完成后，将文件传输到树莓派。在文件所在目录，执行命令安装相应的包，如图 8.10 所示。

```
pi@raspberrypi:~ $ virtualenv -p python3 ~/my_envs
created virtual environment CPython3.7.3.final.0-32 in 21460ms
  creator CPython3Posix(dest=/home/pi/my_envs, clear=False, no_vcs_ignore=False,
 global=False)
  seeder FromAppData(download=False, pip=bundle, setuptools=bundle, wheel=bundle
, via=copy, app_data_dir=/home/pi/.local/share/virtualenv)
    added seed packages: pip==22.3, setuptools==65.5.0, wheel==0.37.1
  activators BashActivator,CShellActivator,FishActivator,NushellActivator,PowerS
hellActivator,PythonActivator
pi@raspberrypi:~ $ source ~/my_envs/bin/activate
(my_envs) pi@raspberrypi:~ $ pip list
Package    Version
---------- -------
pip        22.3
setuptools 65.5.0
wheel      0.37.1
```

图 8.10　创建并激活虚拟环境

（5）安装深度学习框架

通过以下命令安装 TensorFlow1.14.0 和 Keras 2.2.5。

```
pip install tensorflow-1.14.0-cp37-none-linux_armv7l.whl
pip install keras-2.2.5-py2.py3-none-any.whl
```

安装过程中会自动安装所需依赖包，也可以在 Piwheels 官网下载所需版本的已编译好的 Python 包离线安装依赖，需要注意版本对应关系，过低或者过高版本的依赖包都会导致安装环境不可用。完成树莓派深度学习环境安装后，将本书提供的训练好的缺陷分类模型部署到树莓派，即可在树莓派运行 AI 分类服务。图 8.11 为在树莓派中测试安装效果。

```
(my_envs) pi@raspberrypi:~ $ python
Python 3.7.3 (default, Dec 20 2019, 18:57:59)
[GCC 8.3.0] on linux
Type "help", "copyright", "credits" or "license" for more information.
>>> import tensorflow as tf
>>> tf.__version__
'1.14.0'
>>> import keras
Using TensorFlow backend.
>>> keras.__version__
'2.2.5'
```

图 8.11　测试安装效果

8.3.2　树莓派图像分类系统设计

待分类图像文件存储在主业务单元（Windows 系统计算机）中，与服务端建立连接时采用客户端/服务端模式，通过 Socket 将图像数据发送至从业务单元（树莓派 4B），分类完成后通过 Socket 将结果返回主业务单元。分类系统功能框图如图 8.12 所示[4]。

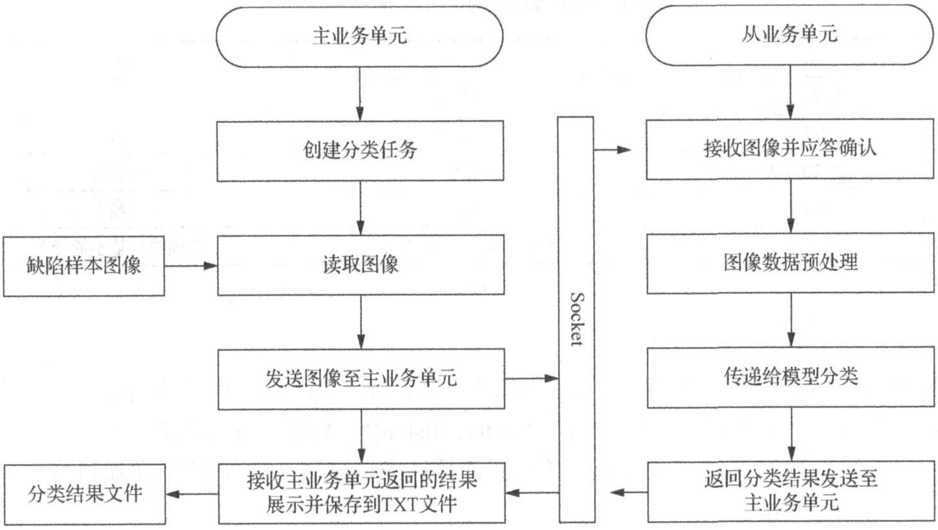

图 8.12　分类系统功能框图

1. Socket 简介

Socket 称为套接字，可以让相同或者不同的设备在两个不同的进程之间进行通信，传输数据。Socket 是介于应用层和传输层之间的一个抽象层，如图 8.13 所示，用于把 TCP/IP 层复杂的操作抽象为简单的接口供应用层调用以实现网络通信。

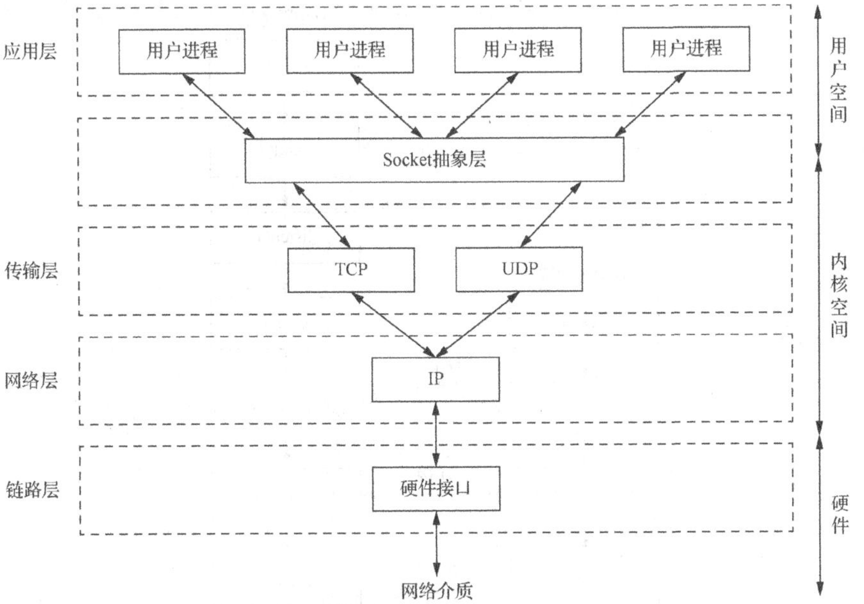

图 8.13　Socket 与 TCP/IP 协议栈

根据数据传输方式不同，基于网络协议的套接字又分为 TCP 套接字和 UDP 套接字，二者的主要区别如表 8.4 所示。

表 8.4　TCP 套接字和 UDP 套接字的区别

区别	TCP	UDP
是否面连接	是	否
是否可靠	是	否
数据传输方式	字节流	数据报
传输效率	低	高
应用场景	传输数据量大的场景	传输数据量小的场景

2. TCP 通信流程

TCP 客户端和服务端 TCP 通信流程如图 8.14 所示。总体流程整理如下。

- 服务端创建套接字后继续调用 bind()、listen()函数进入等待状态。
- 客户端通过调用 connect()函数发起连接请求，自动分配 IP 地址和端口号，无须使用 bind()函数绑定。
- 建立连接后双方可通过调用 send()或 recv()函数进行数据交换。

注意：客户端只能等到服务端调用 listen()函数开始监听后才能调用 connect()函数。同时客户端调用 connect()函数前，服务端有可能率先调用 accept()函数，此时服务端进入阻塞状态，直到客户端调用 connect()函数发起连接请求为止。

TCP 的三次握手如图 8.15 所示，TCP 是面向连接的，必须先启动服务端，然后再启动客户端去连接服务端。图中 SYN 是 Synchronize（同步）的缩写，ACK 是 Acknowledge（确认）的缩写，Seq 的值为发送序号，Ack 的值为确认序号。

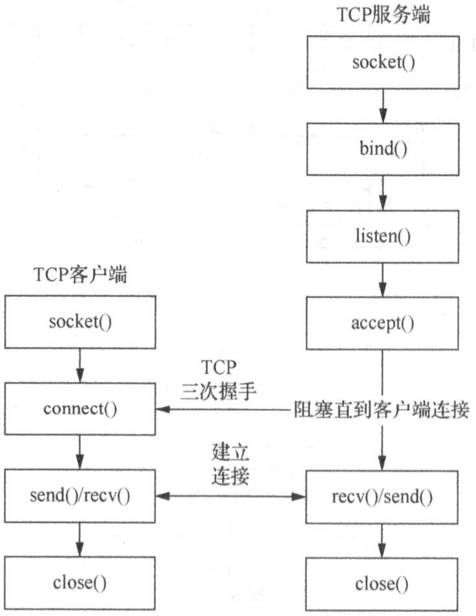

图 8.14　客户端/服务端 TCP 通信流程

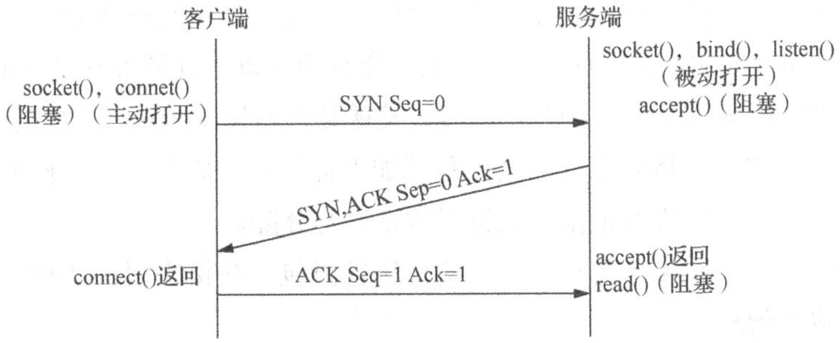

图 8.15　TCP 的三次握手

3. 传输协议

业务单元间的数据传递是分布式业务逻辑中的关键环节，包括图片数据的传递与结果数据的返回，定制通信协议可以确保数据传递的有效性。

传输协议设计实现中需要注意 TCP 是一个“流”协议，数据是一串没有界限的字符，它们连成一片，其间没有分界线。然而通信程序开发需要定义相互独立的数据包，如用于确认的数据包，用于响应请求的数据包等。由于 TCP“流”的特性及网络状况，在进行数据传输时假设分别发送了两段数据 Data1 和 Data2，如图 8.16 所示，在接收端有以下典型情况。

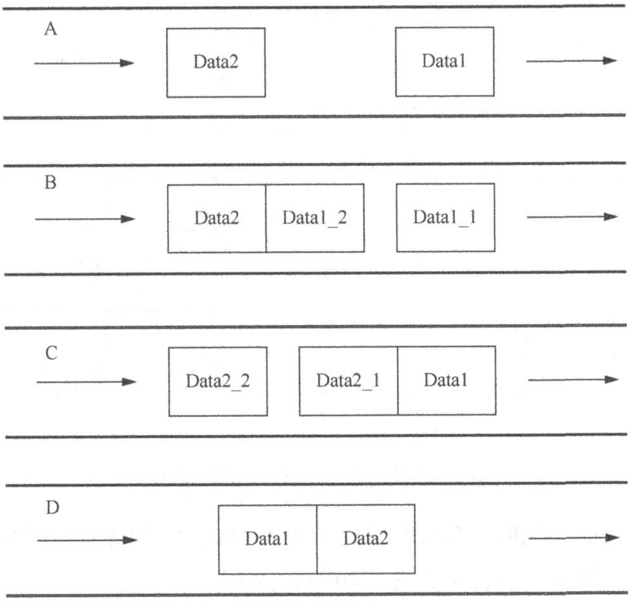

图 8.16　TCP 的拆包和粘包

- 情况 A：先接收到 Data1 的全部数据，然后接收到 Data2 的全部数据。
- 情况 B：先接收到 Data1 的部分数据，然后接收到 Data1 的剩余部分及 Data2 的全部数据。
- 情况 C：先接收到 Data1 的全部数据和 Data2 的部分数据，然后接收到 Data2 的剩余数据。
- 情况 D：一次性接收到 Data1 和 Data2 的全部数据。

对于情况 A 无须特殊处理，不做讨论。对于 B、C、D 的情况就是发生了“拆包和粘包”，导致接收端收到的数据不易区分和处理。通常使用以下几种方法进行解决。

- 提前通知接收端要传送的包的长度：发送数据前使用 send()函数发送字节流长度。
- 加分隔标识符：将要发送的数据首尾加上标识符，放在一个字符串中，一次性发送给接收方，接收方根据标识符对数据进行分隔。
- 自定义包头：在发送端自定义结构体进行封包，在接收端构造相同的结构体对数据包进行解析。

本例中主从业务单元间的交互协议设计如图 8.17 所示。

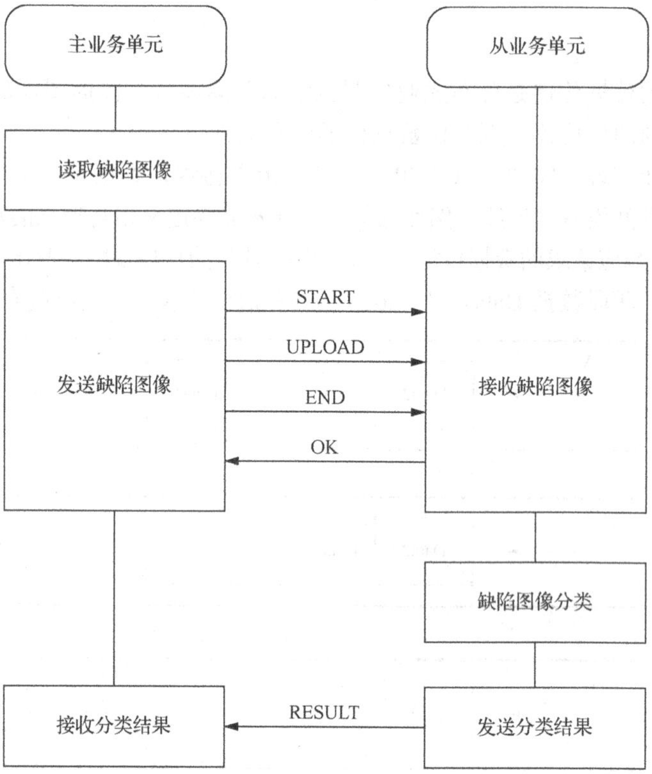

图 8.17　主从业务单元间的交互协议设计

协议中命令字包括 START、UPLOAD、END、OK、RESULT，序号表示当前数据包在发送序列中的次序。各命令的各字段含义如图 8.18 所示。

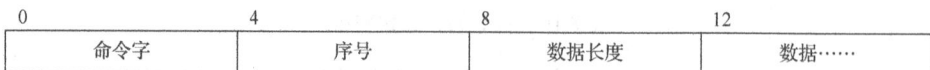

0	4	8	12
命令字	序号	数据长度	数据……

图 8.18　命令字节组成

客户端（C++语言程序）定义 Socket 协议包结构体变量。

```
struct packet
{
    int command;      //命令字
    int seq;          //序号
    int buflen;       //数据长度
    char* buf;        //数据
};
```

服务端（Python 语言程序）使用 struct.unpack()函数解析接收到的结构体数据。

```
head_struct = c.recv(12)    #c是Socket套接字
socket_head = struct.unpack('iii', head_struct)
command = socket_head[0]
seq = socket_head[1]
buflen = socket_head[2]
```

本例中发送端定义的结构体变量中除数据内容外的包头为 3 个整型变量，打包后的大小为 12B。服务端通过解析 struct 结构体包头，得到发送包序号、命令字和数据长度，然后根据数据长度读取完整数据内容。

4. 树莓派和主机文件传输

客户端存储缺陷图像文件，并负责创建任务及发送图像，服务端作为从业务单元运行 AI 分类服务对接收到的缺陷图像数据进行分类处理，需要在主从业务单元间进行文件传输，具体分工如图 8.19 所示。

- 客户端将缺陷图像通过 Socket 发送到服务端，服务端接收并存储缺陷图像。
- 客户端发指令到服务端，便于后期确认发送图像完成，启动分类等动作的执行。

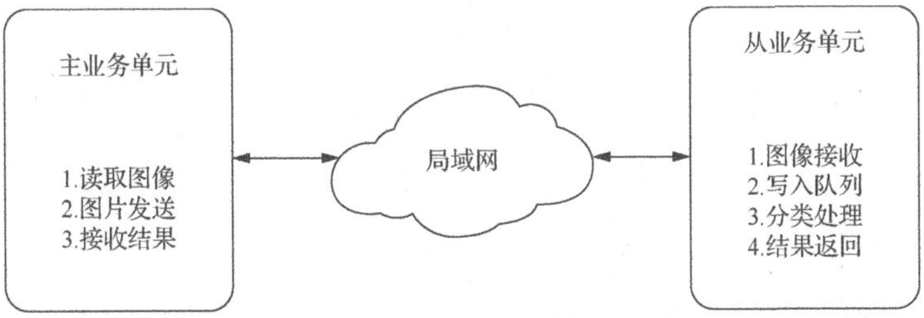

图 8.19 主从业务单元任务分工

按照 TCP Socket 的通信流程，完成 Socket 网络编程，本节提供完整的 TCP 客户端/服务端实现，帮助理解套接字的使用和数据传输方法。图 8.20 给出了本例中客户端发送文件函数的调用顺序。

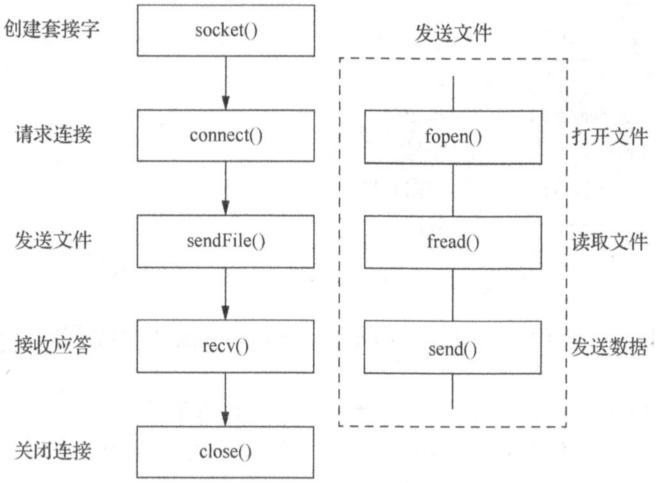

图 8.20　客户端发送文件函数的调用顺序

客户端程序示例代码如下。

```
#include <stdio.h>
#include <stdlib.h>
#include <winsock2.h>
#pragma comment (lib, "ws2_32.lib")
#pragma warning(disable:4996)
#define START 0
#define UPLOAD 1
#define RESULT 2
#define END 3
#define OK 4
#define BUFLEN 4096
struct packet
{
    int command;
    int seq;
    int buflen;
    char* buf;
};
struct packet send_packet;
struct packet recv_packet;
SOCKET socketfd;
char file_path[]="F:\\AI_Test.bmp";
char file_content[BUFLEN]={0};
int packet_seq = 0;
int length = 0;
int SendSocket(SOCKET socketfd, packet packet_to_send)
```

```
{
    int ret = 0;
    int size = packet_to_send.buflen*sizeof(char)+3*sizeof(int);
    char *content=(char*)malloc(size);
    memcpy(content, &(send_packet.command), sizeof(int));
    memcpy(content+sizeof(int), &(send_packet.seq), sizeof(int));
    memcpy(content+2*sizeof(int), &(send_packet.buflen), sizeof(int));
    memcpy(content+3*sizeof(int),send_packet.buf, send_packet.buflen*sizeof(char));
    if(send(socketfd,(char*)content, send_packet.buflen*sizeof(char)+3*sizeof(int), 0)==SOCKET_ERROR )
    {
        printf("发送失败。\r\n");
        ret = -1;
    }
    memset(&content, 0, sizeof(content));
    free(content);
    return ret;
}
void SendFile(char* FilePath)
{
    memset(&send_packet,0, sizeof(send_packet));
    send_packet.command = START;
    send_packet.seq = packet_seq;
    send_packet.buflen = strlen(FilePath);
    send_packet.buf = (char *)malloc(send_packet.buflen+1);
    memset(send_packet.buf,0,send_packet.buflen+1);
    memcpy(send_packet.buf, file_path, strlen(file_path));
    SendSocket(socketfd, send_packet);
    packet_seq++;
    memset(&send_packet.buf, 0, sizeof(send_packet.buf));
    free(send_packet.buf);
    FILE *fd = fopen(FilePath, "rb");
    if (fd < 0) {
        perror("The file you want to trans is not exist!\n");
        exit(1);
    }
    length = fread(file_content,1,BUFLEN,fd);
    while (length >0) {
        send_packet.seq = packet_seq;
        send_packet.command = UPLOAD;
        send_packet.buflen = length;
```

```
        send_packet.buf = (char *)malloc(send_packet.buflen*sizeof(char));
        memcpy(send_packet.buf, file_content, length);
        SendSocket(socketfd, send_packet);
        memset(&send_packet.buf, 0, sizeof(send_packet.buf));
        free(send_packet.buf);
        packet_seq++;
        length = fread(file_content,1,BUFLEN,fd);
    }
    memset(&send_packet,0, sizeof(send_packet));
    send_packet.command = END;
    send_packet.buflen = 0;
    send_packet.seq = packet_seq;
    SendSocket(socketfd, send_packet);
    memset(&send_packet.buf, 0, sizeof(send_packet.buf));
    free(send_packet.buf);
}
int main( )
{
    WSADATA WSAData;
    WSAStartup(MAKEWORD(2, 2), &WSAData);
    struct sockaddr_in server;
    if ((socketfd = socket(AF_INET, SOCK_STREAM, 0)) == -1) {
        perror("socket error\n");
        exit(1);
    }
    char ip[20]="127.0.0.1";
    int port=5555;
    memset(&server,0, sizeof(server));
    server.sin_family = AF_INET;
    server.sin_port = htons(port);
    server.sin_addr.s_addr = inet_addr(ip);
    if( connect(socketfd, (sockaddr*)&server, sizeof(server)) != SOCKET_ERROR )
    {
        printf("连接服务器成功。\r\n");
    }
    else
    {
        printf("连接服务器失败。\r\n");
    }

    for(int i=0; i<3; i++)
```

```
108     {
109         int iret;
110         char buffer[1024]={0};
111         SendFile(file_path);
112         iret=recv(socketfd,buffer,sizeof(buffer),0);
113         if (iret==OK);
114         {
115             printf("发送文件成功，编号%d\n",i+1);
116         }
117     }
118     closesocket(socketfd);
119     return 0;
120}
```

客户端（发送文件）代码说明如下。

- 第 6～10 行、第 12～19 行：定义命令字及 socket 协议包结构体变量。
- 第 22～25 行：初始化文件路径、文件内容、数据包在发送序列中的次序和数据长度相关变量。
- 第 26～43 行：定义 SendSocket()函数，首先使用 sizeof()函数获取要发送的数据在内存中所占用的存储空间，以字节为单位来计数，再使用 malloc()函数为发送内容 content 动态分配内存，memcpy()函数将要发送的内容复制到分配的内存中，使用 send()函数发送数据，然后使用 memset()函数将 content 清零，使用 free()函数释放分配的内存。
- 第 44～82 行：定义发送文件函数 SendFile()。
- 第 46～53 行：发送文件路径。
- 第 57～61 行：打开文件，判断路径是否存在。
- 第 62 行：从文件中读取字节数据到内存缓冲区，文件流的位置指针后移，返回读取的字节数。
- 第 63～74 行：文件读取完之前，循环发送文件数据，发送数据包计数加 1。
- 第 75～81 行：发送文件结束 END 命令字，用于服务端循环接收数据判断。
- 第 87～88 行：创建连接到服务端的套接字。
- 第 95～97 行：初始化结构体变量 sockaddr_in 中的 IP 地址和端口信息，值为目标服务器套接字的 IP 地址和端口号。
- 第 98 行：调用 connect()函数向服务端发起连接请求。
- 第 111～112 行：连接到服务器后，进行数据交换。
- 第 107～117 行：调用 SendFile()发送文件，并接收服务端应答。
- 第 118 行：调用 closesocket()函数关闭套接字，结束与服务端的连接。

服务端函数调用顺序如图 8.21 所示。

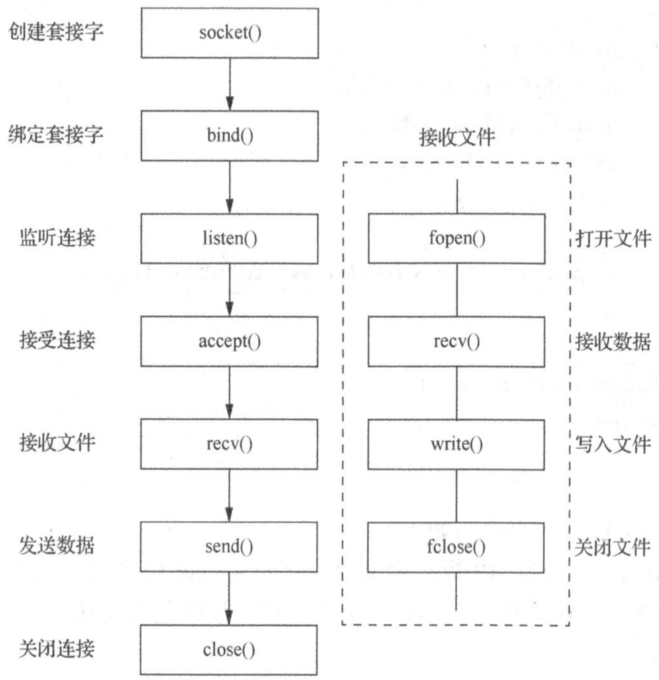

图 8.21　服务端函数调用顺序

服务端程序示例代码如下。

```
import struct
from socket import *
IP = '127.0.0.1'
PORT = 5555
BUFFSIZE = 8192
END = 3
OK = 4
def tcpserver():
    s = socket(AF_INET, SOCK_STREAM)
    s.bind((IP, PORT))
    s.listen(1)
    print("服务器 IP 地址为{},端口号为{}\n".format(IP, PORT))
    c, addr = s.accept()
    recv_count = 0
    while True:
        try:
            head_struct = c.recv(12)
            if head_struct:
                print('已连接服务端,等待接收数据')
            socket_head = struct.unpack('iii', head_struct)
            head_len = socket_head[2]
```

```
22             data = c.recv(head_len)
23             filename = data.decode('utf-8')[3:]
24             print("save file name:" + filename)
25             f = open(filename, 'wb')
26             recv_len = 0
27             recv_mesg = b''
28             head_struct = c.recv(12)
29             socket_head = struct.unpack('iii', head_struct)
30             while socket_head[0] != END:
31                 buffsize = socket_head[2]
32                 recv_mesg_len = 0
33                 while recv_mesg_len < buffsize:
34                     recv_mesg = c.recv(buffsize - recv_mesg_len)
35                     recv_mesg_len += len(recv_mesg)
36                     f.write(recv_mesg)
37                 recv_len += buffsize
38                 head_struct = c.recv(12)
39                 socket_head = struct.unpack('iii', head_struct)
40             f.close()
41             recv_count = recv_count + 1
42             print("接收文件:", data.decode('utf-8'), "编号:", recv_count)
43             string = str(OK)
44             try:
45                 c.send(string.encode())
46                 print("发送：OK")
47             except:
48                 print('发送数据异常，重新启动端口监听')
49                 c, addr = s.accept()
50         except:
51             print('关闭连接')
52             c.close()
53             break
54 if __name__ == '__main__':
55     tcpserver()
```

服务端（接收文件）代码说明如下。

- 第3～5行：初始化服务器IP地址、端口号和缓冲区大小。
- 第9～11行：创建TCP套接字，绑定IP地址和端口号，设置最大连接数量，开始监听，等待客户端连接。
- 第13行：接收连接请求与客户端建立连接，返回创建的套接字。如果等待队列为空，函数不返回，直到出现新的客户端连接。
- 第17～23行：接收并解析文件路径。
- 第25行：调用open()函数以wb模式——字节（二进制）方式往文件中写入数据

创建并打开文件。需要注意的是这里还没有接收文件内容并写入。

- 第 29 行：使用 struct.unpack()函数解包收到的 socket 协议包的命令字、序号和数据长度。
- 第 30～36 行：当接收到的命令字不是 END 时，接收真的文件内容，循环读取数据并写入文件。
- 第 37～39 行：找下一个数据包。
- 第 40～42 行：关闭文件，接收文件计数加 1，输出接收文件的路径和编号。
- 第 43～49 行：向客户端发送应答。
- 第 52 行：调用 close()函数关闭套接字。

8.3.3 多树莓派分布式分类系统

分布式处理方案可以进一步提高分类效率，即使用多个树莓派同时处理分类任务。分布式系统结构如图 8.22 所示，一台计算机作为主业务单元创建任务，读取缺陷图像，同时发送缺陷图像给作为从业务单元的多个树莓派进行分类处理，最后将分类结果汇总并统计。前面已经实现了主机端和树莓派的消息交互，多树莓派分布式分类只要在主业务单元创建多个 Socket 对象连接到不同的从业务单元，并使用多线程来接收从业务单元返回的分类结果即可实现[5]。

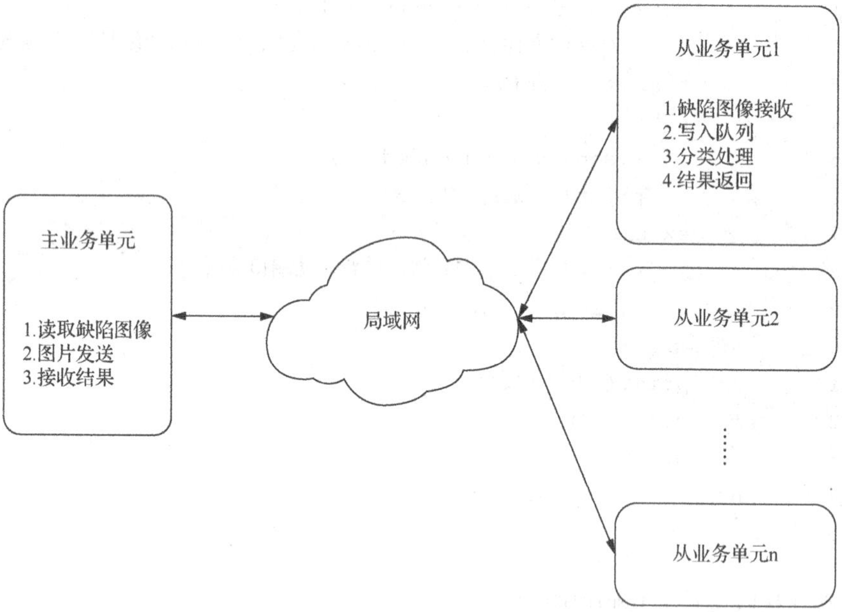

图 8.22　分布式系统结构

1. 多线程处理

本例中客户端代码编写及调试在 Windows 下使用 win32 SDK 编写多线程功能，使用 CreateThread()函数创建线程。

```
HANDLE CreateThread(
```

```
        LPSECURITY_ATTRIBUTES lpThreadAttributes,/*线程安全相关的属性,常置为
NULL*/
        SIZE_T dwStackSize,//新线程的初始化栈的大小,可设置为 0
        LPTHREAD_START_ROUTINE lpStartAddress,/*被线程执行的回调函数,也称为线
程函数*/
        LPVOID lpParameter,//传入线程函数的参数,不需要传递参数时为 NULL
        DWORD dwCreationFlags,//控制线程创建的标志
        LPDWORD lpThreadId/*传出参数,用于获取线程 ID。如果为 NULL,则不返回线程 ID*/
        )
```

各参数说明如下。

- lpThreadAttributes：指向 SECURITY_ATTRIBUTES 结构的指针，决定返回的句柄是否可被子进程继承。如果为 NULL，则表示返回的句柄不能被子进程继承。
- dwStackSize：设置初始栈的大小，以字节为单位，如果为 0，那么默认将使用与调用该函数的线程相同的栈空间大小。任何情况下，Windows 均可根据需要动态延长堆栈的大小。
- lpStartAddress：指向线程函数的指针，函数名称没有限制，但必须以下列形式声明：DWORD WINAPI 函数名（LPVOID lpParam），格式不正确将无法调用成功。
- lpParameter：向线程函数传递的参数，是一个指向结构的指针，不需要传递参数时为 NULL。
- dwCreationFlags：线程创建的标志，可取值 CREATE_SUSPENDED(0x00000004)，创建一个挂起的线程（就绪状态），直到线程被唤醒时才调用；0，表示创建后立即激活；（STACK_SIZE_PARAM_IS_A_RESERVATION(0x00010000)，dwStackSize 参数指定初始的保留堆栈的大小，如果 STACK_SIZE_PARAM_IS_A_RESERVATION 标志未指定，dwStackSize 将会设为系统预留的值。
- lpThreadId：保存新线程的 ID 和返回值。函数成功，返回线程句柄，否则返回 NULL。如果线程创建失败，可通过 GetLastError 函数获得错误信息。

2. 乒乓模式

为了提升模型分类效率，采用乒乓模式。设置两个列表用于存储从 Socket 接收到的待分类数据，在一个周期的时间内向表 A 中插入数据，并将表 B 中的数据传递给深度学习模型进行分类，下一个周期表 A 和表 B 的角色进行转换。这样做的优点是可以将待分类的缺陷图像数据压缩成一个多维向量，一并输入深度学习模型，返回结果向量。可以降低深度学习模型调用开销。乒乓模式分类服务伪代码如下。

```
创建日志;
Tensorflow 模型预加载;
配置 Socket 相关变量;
```

```
启动定时器;
启动分类服务;
循环接收缺陷图像并发送应答;
将图像数据写入队列;
从队列中取出数据调用预测函数处理后以乒乓模式写入两个列表;
定时切换两个列表,一个写入,一个分类,将列表中数据压缩成多维向量;
获取当前时间,记为 start;
将打包好的数据传递给 Tensorflow 进行分类;
获取当前时间,记为 end,end 与 start 之差即为分类耗时,多次测试取平均值;
将分类结果打包发送给从业务单元;
接收数据异常时终止程序。
```

分类服务主要流程如图 8.23 所示，核心部分代码主要用于日志管理、模型的加载与调用、Socket、结构体、队列等。读者可根据流程独立完成。

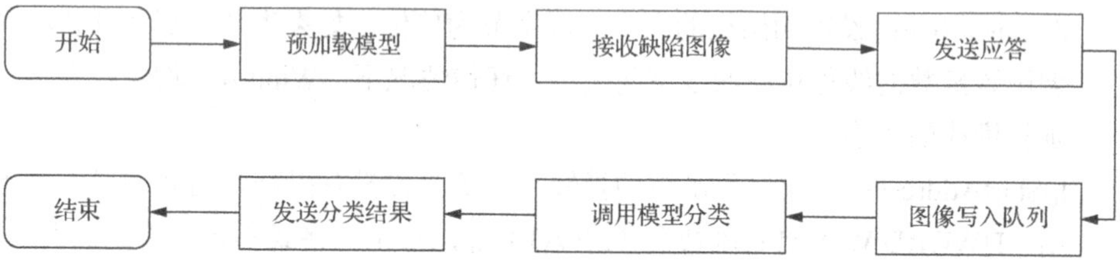

图 8.23　分类服务主要流程

8.3.4　系统性能测试

本节进行系统性能测试，准备已安装深度学习开发环境并部署分类模型的树莓派 4B。整体硬件环境如图 8.24 所示。

图 8.24　整体硬件环境

为统计各种情况下的分类耗时，在读取待分类数据集前和输出所有图片分类结果后分别调用函数获得系统时间，两次分别记为 T_{start} 和 T_{end}，记缺陷数据集图片总数为 Count，则图片分类平均耗时：

$$T_{average}=(T_{end}-T_{start})/Count$$

对比单机方案与分布式方案在处理缺陷图片分类任务的耗时，针对 100 张缺陷样本测试集，分别在单机系统、分布式系统 2 从机和 3 从机情况下各测试 10 次取平均值。图片处理时间测试数据如表 8.5 所示。

表 8.5　图片处理时间测试数据

树莓派个数/个	处理图片数量/张	总耗时/s	平均耗时/ms
1	100	15.027	150
2	100	8.612	86
3	100	6.319	63

可以看到，虽然单个树莓派图像分类效率不变。但使用分布式系统后，由于多个树莓派分担处理任务，分类总耗时减少了，因此处理效率得以提升。

习　　题

1．通常意义上的人工智能芯片指什么？举例说明树莓派和搭载人工智能芯片的开发板的区别。

2．人工智能算法在嵌入式系统中面临哪些挑战？

3．主流深度学习框架有哪些？以一个框架为例说明它如何对嵌入式设备进行支持。

4．缺陷检测是工业上非常重要的一个应用，通常包括缺陷的检测与分类，请给出几种深度学习算法在缺陷检测领域中的应用。

5．以覆铜板表面缺陷识别系统为例，通过流程图说明训练一个图像分类模型并部署到嵌入式设备的基本流程。

6．数据集对深度学习模型的训练很重要，可以通过哪些途径获取数据集？

7．面对专业领域和定制化场景，往往需要自己动手采集和制作数据集。根据自己感兴趣的方向，制作自己的图像分类数据集，并使用 Python 对图像数据集进行整理，包括图片重命名和格式的统一。

8．训练深度学习模型需要大量的数据，而训练数据不足是一个大问题。一种有效解决数据不足的方法就是数据增强（data augmentation），那么什么是数据增强？尝试使用 Keras 内置函数 ImageDataGenerator()扩增自己采集的数据集，谈一谈为什么需要数据增强。

9．学习使用 Tensorflow 搭建一个简单的卷积神经模型，或者使用经典的模型修改其输出以适应自己的分类任务，并在准备好的数据集上进行训练和测试。

10．图像分类模型评估指标有哪些？尝试使用 TensorFlow 的可视化工具 TensorBoard 展示绘制的 accuracy-loss 图像、网络结构等，以增强模型的可诊断性。

11．如果在树莓派上的推理无法满足实时性需求，可以从哪些方面入手对模型推理速度进行优化？

参 考 文 献

[1] 陈佳林. 智能硬件与机器视觉：基于树莓派、Python 和 OpenCV[M]. 北京：机械工业出版社，2020.
[2] 马宇峰，羊轶涛，马佳明，等. 基于深度学习的 PCB 板元件检测与识别系统设计[J]. 电子世界，2021（8）：192-193.
[3] 皮特・梅布里，大卫・哈斯. 高效树莓派学习指南[M]. 肖文鹏，译. 2 版. 北京：机械工业出版社，2020.
[4] 苏祥林，陈文艺，闫洒洒. 基于树莓派的物联网开放平台[J]. 电子科技，2015，28（9）：35-37，41.
[5] 贺鹏飞，刘志航，王菲菲，等. 基于树莓派和 YOLOv5 的 PCB 瑕疵检测[J]. 单片机与嵌入式系统应用，2023，23（2）：45-48.